铝的腐蚀
与化学钝化技术

李翀 王爱祥 朱小辉 陆国建 等 编著

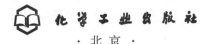
·北京·

内容简介

　　铝及铝合金优异的加工性能和耐腐蚀性是它被广泛应用的主要原因。本书着重从铝的腐蚀特性、腐蚀机理和影响因素方面进行系统的阐述，总结介绍国内外铝化学钝化的分类、特性、机理，而且对化学钝化的工艺应用和影响因素进行了详尽的介绍和讨论，还涉及性能检验与试验方法，兼顾实用性和科学性。

　　本书适合从事铝的腐蚀与防护、表面处理相关领域工作的工程技术人员阅读参考，对于铝材加工和使用有关的各行业从业人员也具有较高的参考价值。

图书在版编目（CIP）数据

　　铝的腐蚀与化学钝化技术/李翀等编著 . —北京：化学工业出版社，2024.3
　　ISBN 978-7-122-45100-2

　　Ⅰ . ①铝…　Ⅱ . ①李…　Ⅲ . ①铝-腐蚀②铝-钝化工艺　Ⅳ . ①TG178.2

　　中国国家版本馆 CIP 数据核字（2024）第 037035 号

责任编辑：韩亚南　段志兵　　　　文字编辑：姚子丽　师明远
责任校对：田睿涵　　　　　　　　装帧设计：王晓宇

出版发行：化学工业出版社
　　　　　（北京市东城区青年湖南街 13 号　邮政编码 100011）
印　　装：北京科印技术咨询服务有限公司数码印刷分部
787mm×1092mm　1/16　印张 17½　字数 448 千字
2024 年 5 月北京第 1 版第 1 次印刷

购书咨询：010-64518888　　　售后服务：010-64518899
网　　址：http://www.cip.com.cn
凡购买本书，如有缺损质量问题，本社销售中心负责调换。

定　　价：158.00 元

序言

    我国是全球最大的铝生产国和消费国,铝因其轻质、高强度、延展性、导电性和耐腐蚀性等特性,在交通运输、建筑、电子电力、包装等行业领域被广泛应用。近年来,随着科技的发展和环保需求的提高,铝的应用领域不断扩大,市场需求持续增长。特别是由于汽车轻量化长期趋势和光伏产业快速发展,使得铝在新能源、汽车行业的应用不断扩展。有统计显示,在我国现有的 124 个产业中,与铝相关的产业有 113 个。"以铝代钢、以铝节木、以铝节铜、以铝代塑",获得了广泛的社会共识。同时,铝行业也面临着资源短缺、环境污染、能源消耗大等挑战,这也推动了铝行业在技术创新、绿色发展等方面的探索。

    铝合金在使用过程中会发生不同形式的腐蚀破坏,不同类型的铝合金腐蚀形态也有很大的不同。为了避免和减缓腐蚀、延长服役期限、提高装饰效果,最常用的方法之一是在铝合金表面进行钝化处理,形成防腐蚀层或者金属-涂层过渡层,这在粉末喷涂、电泳涂漆、喷漆等涂装工艺中得到大量的应用。

    铝的化学钝化技术国内做了不少研发工作,但缺乏系统完备的技术资料,在这方面浙江五源科技有一定基础,这支团队曾与本人所在单位合作攻关 "铝合金无铬化硅烷表面处理工艺"项目,而我一直希望从环境友好的新视角推动中国铝材表面处理行业的发展和转型方面再做一些工作,因此我与王一建和陆国建两位商议,提出编写一本关于铝的腐蚀与钝化技术的专业书籍,推荐陆国建和李翀两位负责编写,在化学工业出版社的指导下,商议确定了内容和目标,并细化到章节内容。在编写中,我尽可能地为他们提供了技术资料和个人见解。

    本书从铝的腐蚀基础理论和腐蚀特性开始,总结介绍国内外铝化学钝化的分类、特性、机理、影响因素和工艺应用,力求理论联系实际,兼顾实用性和科学性,希望有助于我国铝材化学钝化技术的研发、生产和应用,对行业的发展有促进和推动作用。

    在编写的三年多时间里,社会经济形势严峻,同时企业的研发生产又极度紧张,给本书的编写工作增加了很多客观上的困难,让我一直心系着这本书能否顺利出版,五源科技的各位同人最终完成全书的编写,总算令我放下牵挂,在一丝轻松情绪中感到由衷高兴,在此表示祝贺。

朱祖芳于北京

前言

　　铝和铝合金越来越多地进入人们的生产活动和生活领域，铝材的腐蚀和防护问题、表面处理和表面装饰技术也越来越得到重视。铝材的使用避免不了会遇到各种形式的腐蚀现象，在不同条件下腐蚀的原因各不相同，影响因素也非常复杂。铝的化学钝化则是应用极为广泛的防腐蚀技术，它利用特定的介质与铝进行反应形成钝化膜，来降低铝表面的腐蚀活性。钝化膜的质量与钝化剂化学组成、金属材质、工艺参数、生产设备以及环境条件等复杂因素相关。钝化的过程常常首先发生铝与特定介质的腐蚀反应，需要有控制地利用铝的腐蚀反应来形成合格的钝化膜。因此，我们认为将腐蚀和钝化结合起来讨论，更有利用于理解和应用化学钝化技术，更有助于解决生产实际问题，达到避免或减缓铝制品腐蚀的目的。

　　本书的编写本着科学性和实用性的原则，顾及各层次相关从业人员的工作需要，不仅详细介绍了铝的腐蚀机理、腐蚀特性，而且探讨了铝腐蚀的影响因素，如材质、自然环境、使用介质等，总结了国内外铝化学钝化的分类、特性、机理、影响因素和工艺应用，以及性能检验与试验方法。

　　本书分 11 章，是由李翀（第 1～5 章）、王爱祥（第 6、7 和 10 章）、陆国建（第 8～9 章）和朱小辉（第 11 章）执笔，在朱祖芳教授指导下完成的。德高望重的朱老师是为铝材表面处理行业做出突出贡献的技术专家，他从本书的策划、构思开始，给予了热情的帮助和支持；在编写全过程中也给予了指导甚至校审，并提供了大量有价值的应用经验和技术资料。另外，本书的编写还得到钟金环博士、樊兆玉博士和高俊伟先生的帮助，借此向这些专家表示衷心的谢意。

　　由于编者业务水平有限，书中难免存在疏漏和不当之处，恭请读者不吝指正。

编著者

2023 年 8 月

目录

第 1 章

铝的性质与铝合金概述

1.1 铝的性质

铝是元素周期表中原子序数为 13 的元素，是第ⅢA 族元素，元素符号为 Al，无同素异构转变。

铝（aluminium）是地壳中最丰富的金属元素，含量仅次于氧和硅，排在第四位的是金属铁。人类使用碳单质进行还原，早就可以由地壳中的铜和铁的化合物获得金属状态的铜和铁，实现铜和铁的冶炼，但由于铝极易被氧化，氧化物难以被碳单质还原，直到电解法的工业应用，铝的冶炼才得以实现。

1.1.1 物理性质

铝是一种银白色轻金属，密度很小，具备良好的导电性、导热性、延展性、光反射性等。铝的主要物理性质见表 1-1，从表中数据可以看出铝的特点。

表 1-1　铝的主要物理性质

性质	数值	性质	数值
原子序数	13	电阻率(25℃)/(Ω·m)	$26.548×10^{-9}$
密度①/(kg/m³)	2698	磁化率(25℃)	$0.6×10^{-3}$
熔点①/℃	660.45	纵向弹性模量/MPa	69000
沸点①/℃	2056	泊松系数(横向变形系数)	0.33
蒸气压/Pa	$3.7×10^{-3}$	表面张力(熔点时)②/(N/m)	0.868
质量内能/(J/kg)	$3.98×10^5$	黏度(熔点时)②/(Pa·s)	0.012
比热容(25℃)/[J/(kg·K)]	897	折射率(白色光)③	0.78～1.48
热导率(27℃)/[W/(m·K)]	237	吸收率(白色光)③	2.85～3.92
线膨胀系数(25℃)/℃⁻¹	$23.1×10^{-6}$	辐射率(20℃,大气中)③	0.035～0.06

① 纯度为 99.65%～99.99% 的工业纯铝。

② 99.996% 高纯铝。

③ 性质随表面状态而异。

铝的一个显著特点是密度小，纯铝密度约为铁或铜的 1/3。显然，铝合金的密度也比较小，合金成分不同，密度有一定变化，主要取决于添加元素的密度。轧制能提高合金的密度，冷加工使合金密度降低、位错增加，但如果经过退火则位错消失、密度增加。

纯铝的强度不高，但可以通过冷加工或添加 Mg、Cu、Mn、Si、Li 等元素合金化，再通过热处理进一步强化，得到很高的强度。

铝的结晶为面心立方晶格结构，因为滑动面较多，所以铝的延展性能优异，可以挤压成各种复杂断面的型材。铝的塑性好，加工速度快，冲压加工铝材时比加工其他金属的冲压力小，模具使用寿命长。铝还可以用各种铸造方法进行铸造加工。

铝在 0℃ 以下时，随着温度降低，强度和塑性不仅不会降低，反而还会提高。

铝的导电性、导热性仅次于银、铜和金，热导率约为铜的 1/2、铁的 3 倍，电阻率约为铜的 1.6 倍，但加入任何合金元素都会使铝的电导率下降。

铝的抛光表面对白色光的反射率达 80% 以上，铝纯度越高反射率越高。同时，铝对红外线、紫外线、电磁波、热辐射等都有良好的反射性能。

1.1.2 化学性质

尽管从电化学的角度看，铝是非常活泼的金属，标准电极电位很低，只有 −1.66V，在结构金属中活泼性次于镁和铍，但金属铝的实际腐蚀进程与腐蚀形式，是属于腐蚀动力学的问题。在干燥空气中铝的表面立即形成厚约 $1\sim3nm$ 的自然氧化膜，实际上，铝及铝合金具有比较好的耐腐蚀性能，在中性大气、天然水、某些化学品以及大部分食品中可以使用许多年。这完全是由于铝表面形成的自然氧化膜的钝性所决定的，也就是说铝的耐腐蚀性能实际上取决于表面形成的铝氧化物的状态和性质。但需要注意的是，铝的粉末与空气混合极易燃烧，熔融的铝能与水剧烈反应。

铝的这种表面氧化膜如果人为地强化生成，其表面钝性比自然氧化膜更强，因此耐腐蚀性也比自然氧化膜更加优良。当然，在使用过程中需要考虑表面氧化膜破损的可能性，尤其在铝与其他金属电偶接触时不能只考虑氧化膜的钝性，还应考虑氧化膜破裂后的金属的活性，这样才不至于发生意外腐蚀或失效事件。

某些铝合金可以采用热处理有效获得良好的力学性能、物理性能和抗腐蚀性能。铝制设备或构件应避免与其他金属直接接触，也不能在含有重金属离子的介质中使用，一般的铝合金通常不耐氯化物的侵蚀，抗垢下腐蚀性能差，Hg 也对铝镁合金有严重腐蚀作用。因为 Al 是两性金属，极易溶于强碱，也能溶于稀酸，故一般只能在近中性（pH 4.5~8.5）的介质中使用。铝在氧化性酸中极易钝化，所以可耐各种浓度的 HNO_3。在弱有机酸（如 HAc）、弱无机酸（如 H_2CO_3）、尿素等介质中耐蚀性优良。

耐蚀铝合金主要有 Al-Mg、Al-Mn、Al-Mn-Mg 和 Al-Mg-Si 四个系列。铝中加入 Mg、Zn、Mn、Cu 等元素后，铝合金的电极电位也随之变化。对每一种元素，当它完全溶于固溶体中时，元素含量的变化对铝的电极电位影响明显，进一步添加析出形成第二相的同种元素，则仅使基体电极电位稍有变化。铝合金的耐蚀性与合金中析出相的电极电位关系很大，当基体为阴极，第二相为阳极时，合金具有较高的耐蚀性；如基体为阳极，第二相为阴极，则第二相的电极电位越高，数量越多，合金的耐蚀性越差。Si 与 Al 的电位虽然相差较大，但其复相合金耐蚀性仍然很好，这是因为在氧化性介质中合金表面生成保护性氧化膜（$Al_2O_3+SiO_2$）。

1.2　铝合金概述

工业用铝材主要有变形铝合金、铸造铝合金、铝复合材料，还有铝粉末冶金产品、泡沫铝等。

变形铝合金通常是通过轧制、挤压、锻造和拉拔等冷加工或热加工进行塑性变形，加工成一定形状的材料，包括板材、带材、箔材、管材、棒材、线材、型材、锻件等。其中有热处理可强化铝合金，包括硬铝合金、超硬铝合金、锻造铝合金；还有热处理不可强化的铝合金，主要包括高纯铝、工业高纯铝、工业纯铝以及各种防锈铝。在航空、汽车、造船、建筑、化工、机械等工业部门有广泛应用。铸造铝合金则主要是通过浇铸或压铸等方式生产铸件产品的铝合金。表1-2汇总了铝及铝合金按照合金成分与热处理方式的不同所进行的分类。

另外，铝复合材料是包括两种及以上的铝合金复合或者铝合金与其他材料复合制成的材料。

表1-2　铝及铝合金按合金成分与热处理方式进行的分类

类别		合金名称	主要成分（合金系）	性能特点	举例
变形铝合金	非热处理合金	工业纯铝	Al（≥99.9%）	塑性好，耐蚀，力学性能差	1A99、1050、1200
		防锈铝	Al-Mn	力学性能较差，抗蚀性好，可焊，压力加工性能好	3A21、5A05
			Al-Mg		5A05
	热处理合金	硬铝	Al-Cu-Mg	力学性能好	2A11、2A12
		超硬铝	Al-Cu-Mg-Zn	室温强度高	7A04、7A09
		锻铝	Al-Mg-Si-Cu	锻造性能好，耐热性能好	6A02、2A70、2A80
			Al-Cu-Mg-Fe-Ni		
铸造铝合金		简单铝硅合金	Al-Si	不能热处理强化，力学性能较好，铸造性能良好	ZAlSi12
		特殊铝硅合金	Al-Si-Mg	可热处理强化，力学性能较好，铸造性能良好	ZAlSi7Mg
			Al-Si-Cu		ZAlSi7Cu4
			Al-Si-Mg-Cu		ZAlSi5Cu1Mg、ZAlSi5Cu6Mg
			Al-Si-Mg-Cu-Ni		ZAlSi12Cu1Mg1Ni1
		铝铜铸造合金	Al-Cu	可热处理强化，耐热性好，铸造性和耐蚀性差	ZAlCu5Mn
		铝镁铸造合金	Al-Mg	力学性能好，抗蚀性好	ZAlMg10
		铝锌铸造合金	Al-Zn	能自动淬火，宜于压铸	ZAlZn11Si7
		铝稀土铸造合金	Al-RE	耐热性、耐蚀性好	ZL109RE

铝合金由晶格固化形成，根据添加元素状态呈现不同的合金性质。

① 置换型固溶体：铝的晶格中部分原子被其他元素替代。

② 侵入型固溶体：添加元素原子体积小，进入了晶格内。

③ 析出粒：在结晶和结晶的晶界处，作为单体粒子析出。

④ 与铝的化合物：具有特定晶格，在晶格或晶界析出。

⑤ 析出的复合粒子：几种元素形成复合化合物粒子，在晶格或晶界析出。

其中①和②是性质均匀的组织，③～⑤是不均匀组织，金属组织进行压加工负载时，组织被切断破坏并分散。

1.2.1　变形铝合金

变形铝的组织致密，成分性能均匀，具有强度高、塑性好、比强度大、批质量稳定等特点，是优秀的轻型材料。

我国已经颁布了三个变形铝合金的相关标准，即GB/T 16474《变形铝及铝合金牌号表示方法》、GB/T 3190《变形铝及铝合金化学成分》和GB/T 16475《变形铝及铝合金产品状态代号》，1×××系纯铝强度最低，7×××系铝锌合金强度最高，按主要合金元素分为9大系列铝合金。

1×××系铝合金：纯铝。其特征是具有优良的抗腐蚀性、高电导率、高热导率、低力学性能及优良的可加工性。典型用途有：化工设备、热交换器、电容器、反射器、包装箱片、建筑和装饰镶边等。

2×××系铝合金：铝铜合金。特别适用于制作对强度/质量比要求高的部件和结构件。除2219合金外，这些合金都具有有限的可焊接性，多数合金具有优良的可机加工性能。常用的用途有：卡车和飞机轮子构件、卡车悬挂系统构件、飞机机身与蒙皮、要求在高达150℃下仍具有良好强度的结构件。

3×××系铝合金：铝锰合金。一般不可用热处理进行强化，但强度比1×××系铝合金高20%以上。塑性好，焊接性能好，抗蚀性仅比高纯铝略低。常用于：饮料包装、罐头、炊事用具、家具、公路标志、幕墙板、贮槽、热交换器等。

4×××系铝合金：铝硅合金。一般不可用热处理进行强化，可用作焊接铝用的焊丝和钎料。4032具有低的热膨胀系数和高耐磨性，适用于制造发动机活塞。

5×××系铝合金：铝镁合金。是一种用途较广的系列，耐蚀性好，在海洋空气中也具有良好的抗蚀性能，可焊性也好。该系合金用途包括：建筑材料、装饰材料、食品包装、家用电器、船舶、汽车结构件等。典型的牌号如5052。

6×××系铝合金：铝镁硅合金。属于可热处理强化合金，具有良好的成形性、可焊接性、机加工性和抗蚀性。在工程应用中尤为重要，主要用于挤压型材，如6063、6463；可用于建筑材料、自行车车架、运输设备、桥梁栏杆和焊接结构件等。

7×××系铝合金：铝锌合金。属于具有中等强度至很高强度的可热处理强化合金，可用于制作飞机机体结构件、移动式设备及其他高应力部件。

8×××系铝合金：以其他合金为主要合金元素的铝合金。

9×××系铝合金：备用合金组。

在旧版标准中，压力加工产品曾分为防锈（LF）、硬质（LY）、锻造（LD）、超硬（LC）、包覆（LB）、特殊（LT）及钎焊（LQ）等七类。常用铝合金材料热处理工艺为退火（M）、硬化（Y）、热轧（R）三种。

一些常用典型的变形铝合金的特性及其应用参见表1-3。

表1-3 常用的变形铝合金的特性及应用

铝合金牌号	合金特性	应用示例
1060	导电性很好,成形性和耐蚀性好,强度高	电线电缆,化工容器
1050,1080	成形性好,阳极氧化容易,是耐蚀性最好的铝合金之一,强度低	铭牌,装饰品,化工容器,焊丝
1100,1200	一般用途,成形性和耐蚀性较好	容器,印刷版,厨具
2104,2024	含铜高,强度高,耐腐蚀性良,用于结构件	飞机大锻件和厚板,轮毂,螺旋桨
2018,2218	锻造性优异,高温强度高,耐蚀差	活塞,汽缸,叶轮
2011	切削性优异,强度高,耐蚀性差	螺钉,机加工部件
3003	比1100强度高10%,加工性和耐蚀性好	厨具,薄板加工件
3004	比3003强度高,深拉性能优,耐蚀性良好	饮料罐,灯具,薄板加工件
4032	锻造合金,耐热和耐磨性优,热膨胀系数小	活塞,汽缸
4043	熔体流动性好,凝固收缩小,阳极氧化变为灰色	焊条,建筑外装
5N01	强度与3003相近,光亮,耐蚀性好	装饰品,高级器具
5005	成形性和耐蚀性好,阳极氧化膜和6063色调匹配	建筑内外装,车船内装
5052	成形性、耐蚀性、可焊性好,疲劳强度高,强度中等	车、船钣金件,油箱油管
5056	耐蚀性、成形性、切割性好,阳极易氧化,染色性好	照相机和通信部件
5083	焊接结构用合金,耐海水和低温性好	车、船、飞机的焊板,低温容器
6101	高强度导电合金	电线电缆,导电排
6063	典型挤压合金,综合性能好,耐蚀性好,阳极氧化容易	建筑型材,管材,车辆、台架等挤压材

铝合金牌号	合金特性	应用示例
6061	比 6063 强度高,可焊性和耐蚀性好	车、船和陆上结构挤压件
6262	耐蚀性高于 2011 的快切削合金,强度接近 6061	照相机、煤气器具部件
7072	电极电位为负,可作为防腐蚀包覆材料	空调器铝箔
7075	强度最高的铝合金之一,耐蚀性差,用 7072 包覆可提高耐蚀性	飞机结构及其他高应力结构件

1.2.2　铸造铝合金

铸造铝合金具有低密度、比强度较高、抗蚀性和铸造性好、受零件结构设计限制小等特点。主要用在汽车工业,约占全球总用量的六成。汽车工业以外的应用领域是机械建筑、电气工程、交通运输、家用电器和五金制品等。

作为铸造材料,具有如下优良的特性:

① 填充狭窄部位的良好流动性;

② 适应其他许多金属所要求的低熔点;

③ 熔融铝的热量可快速向铸模传递,铸造周期较短;

④ 许多铸造铝合金没有热脆开裂和撕裂倾向;

⑤ 化学稳定性好;

⑥ 氢是合金中唯一可溶解的气体,而且氢的可溶解性可以通过时效处理来控制;

⑦ 良好的铸造表面光洁度,铸件表面缺陷很少或没有。

铸造铝合金（ZL）具有与变形铝合金相同的合金系,按化学成分可分为铝硅合金、铝铜合金、铝镁合金和铝锌合金,代号编码分别为 100、200、300、400。除含有强化元素外,还必须含有足够量的共晶元素（主要是 Si）使合金具有相当好的流动性,并易于填充铸造时铸件的收缩造成的空隙。所以铸造铝合金中 Si 元素的最大含量超过多数变形铝合金中 Si 元素的含量。

铝的铸造性、流动性好,铸造时收缩率和裂纹敏感性小,广泛用来铸造形状复杂的耐蚀零件,如管件、泵、阀门、汽缸、活塞等。

根据合金成分的不同,主要有:

Al-Si 系,典型牌号为 ZAlSi7M9,合金号为 ZL101。该系合金抗蚀性、焊接性、流动性均好,膨胀系数、收缩率小,适于铸造结构复杂的零件。

Al-Cu 系,应用最早的铸造铝合金,热稳定性高,热处理效果好,密度高,但耐腐蚀性较差,铸造性能差,产生热裂纹倾向大。经热处理强化,可获得相当高的强度和韧性。典型牌号为 ZAlCu5Mn,合金号为 ZL201。

Al-Mg 系,室温力学性能高,耐腐蚀性能好,但热强性低。具有良好的切削性能,但铸造性能不如 Al-Si 合金。典型牌号为 ZAlMg10,合金号为 ZL301。

Al-Zn 系,Zn 在 Al 中溶解度大,再加入硅及少量镁、铬等元素,具有良好的综合性能。典型牌号为 ZAlZn11Si17,合金号为 ZL401。

一些常用典型的铸造铝合金的特性及其应用参见表 1-4。

表 1-4　典型的铸造铝合金的特性及应用

合金号	合金特性	应用示例
ZL101	成分简单,容易熔炼和铸造,铸造性能好,气密性好、焊接和切削加工性能也比较好,但力学性能不高	适合铸造薄壁、大面积和形状复杂的、强度要求不高的各种零件,如泵的壳体、齿轮箱、仪表壳（框架）及家电产品上的零件等

合金号	合金特性	应用示例
ZL101A	ZL101 的改进型,细化了晶粒,强化了合金的组织,其综合性能高于 ZL101、ZL102,并有较好的抗蚀性能	可用作一般载荷的工程结构件和摩托车、汽车及家电、仪表产品上的各种结构件的优质铸件,如铝轮毂。其使用量目前仅次于 ZL102
ZL102	流动性好,其他性能与 ZL101 差不多,气密性比 ZL101 要好	可用来铸造各种形状复杂、薄壁的压铸件和强度要求不高的薄壁、大面积、形状复杂的金属或砂型铸件。其是民用产品上用得最多的一个铸造铝合金品种
ZL104	因其共晶体量多,又加入了 Mn,抵消了材料中混入的 Fe 的有害作用,有较好的铸造性能和优良的气密性、耐蚀性,焊接和切削加工性能也比较好,但耐热性能较差	适合制作形状复杂、尺寸较大的有较大负荷的动力结构件,如增压器壳体、汽缸盖、汽缸套等零件
ZL105、ZL105A	由于加入了 Cu,降低了 Si 含量,铸造性能和焊接性能都比 ZL104 差,但室温和高温强度、切削工性能都比 ZL104 要好,塑性稍低,抗蚀性能较差。ZL105A 与 ZL105 相比,杂质元素 Fe 的含量降低,提高了合金的强度,有更好的力学性能	适合用作形状复杂、尺寸较大、有重大负荷的动力结构件,如增压器壳体、汽缸盖、汽缸套等零件
ZL106	由于提高了 Si 的含量,又加入了微量的 Ti、Mn,合金的铸造性能和高温性能优于 ZL105,气密性、耐蚀性也较好	可用作一般负荷的结构件及要求气密性较好和在较高温度下工作的零件
ZL107	有优良的铸造性能和气密性能,力学性能也较好,焊接和切削加工性能一般,抗蚀性能稍差	适合制作承受一般动负荷或静负荷的结构件及有气密性要求的零件
ZL108	ZL108 由于含 Si 量较高,又加入了 Mg、Cu、Mn,合金的铸造性能优良,热膨胀系数小,耐磨性好,强度高,且具有较好的耐热性能,但抗蚀性能低	适合制作内燃发动机的活塞及其他要求耐磨的零件以及要求尺寸、体积稳定的零件
ZL109	是复杂合金化的 Al-Si-Cu-Mg-Ni 合金。由于含 Si 量提高,并加入了 Ni,合金具有优良的铸造性能和气密性能以及较高的高温强度,耐磨性和耐蚀性也得到提高,线胀系数和密度也有大幅降低	适合制作内燃发动机活塞及要求耐磨且尺寸、体积稳定的零件
ZL111	有优良的铸造性能,较好的耐蚀性、气密性,高的强度。其焊接和切削加工性能一般	适合铸制形状复杂、承受重大负荷的动力结构件(如飞机发动机的结构件、水泵、油泵、叶轮等),要求气密性较好和在较高温度下工作的零件
ZL112Y、ZL113Y	有很好的铸造性能、气密性能及较好的力学性能	适合铸制要求强度和工作温度较高、气密性好的零件,也可用作活塞等要求耐磨、尺寸体积稳定、传热性能好的其他零件
ZL115	有较好的铸造性能和较好的力学性能	主要用作大负荷的工程结构件及其他零件,如阀门壳体、叶轮等
ZL116	晶粒比 ZL115 的细,具有较好的铸造性能、气密性能及较高的力学性能	适合铸制承受大载荷的动力结构件,如飞机、导弹上的一些零件和民用品上要求综合性能较好的各种零件
ZL117	复杂合金化的 Al-Cu-Mg 过共晶型耐磨合金。合金基体上分布着许多硬度很高的初晶 Si 质点的高级耐磨材料,有很好的铸造性能以及很好的室温和高温强度、低的热膨胀系数	适合铸制内燃发动机活塞、刹车片及其他要求耐磨的尺寸体积稳定的又有高强度的结构件。主要用金属型铸造,也可用砂型铸造
ZL201	有较好的室温和高温力学性能,但塑性一般,焊接和切削加工性能一般,流动性较差,有热裂倾向,抗蚀性较差	适合铸造较高温度(200~300℃)下工作的结构件或常温下承受较大动载荷或静载荷的零件,以及在低温(-70℃)下工作的零件
ZL201A	这种合金大大降低了杂质 Fe、Si 的含量,比 ZL201 有更好的室温和高温力学性能。其切削加工和焊接性能好,但铸造性能较差	可用于在 300℃ 下工作的零件或在常温下承受较大动或静载荷的零件

合金号	合金特性	应用示例
ZL202	有比较好的铸造性能和较高的高温强度、硬度及耐磨性能,但抗蚀性较差	适合铸制工作温度在250℃载荷不大的零件,如汽缸头等
ZL203	降低了Si的含量,流动性稍差,热裂倾向较大,抗蚀性也比较差,但有较高的高温强度和较好的焊接及切削加工性能	适合铸制工作温度在250℃以下承受载荷不大的零件以及常温下有较大载荷的零件,如仪表零件,曲轴箱体等
ZL204A	是高纯度、高强度铸造Al-Cu合金,也有较好的塑性和较好的焊接和切削加工性能,但铸造性能较差	适合铸制有较大载荷的结构件,如支承座、支臂等零件
ZL205A	是目前最常使用的高强度铝合金。有较好的塑性和抗蚀性,切削加工和焊接性能优良,但铸造性能比较差	适合铸制承受大载荷的结构件及一些气密性要求不高的零件
ZL207	有很高的高温强度,铸造性能一般,焊接和切削加工性能也一般,但室温强度不高	适合铸制在400℃下工作的各种结构件。如飞机发动机上的活门壳体、炼油行业中的一些耐热构件等
ZL209	抗拉强度、屈服点、高温强度均比ZL201A高,焊接和切削加工性能也较好,但铸造性能和延伸率均较差	适合铸制在较高温度下工作要求耐磨的各种构件,如内燃发动机上零件等
ZL301	是现有铝合金中抗腐蚀能力最强的一个品种,切削加工性能很好,焊接性能也比较好,强度高,阳极氧化性能好,但铸造工艺复杂,操作麻烦,且铸件易产生疏松、热裂等缺陷	适合铸造工作温度在150℃下的海水等腐蚀介质中有较大载荷的各种零件,如海洋舰船砂锅内的各种构件、石油行业的泵壳体、叶轮、框架等零件
ZL303	高温强度比ZL301好,抗蚀能力好(比ZL301稍差),切削加工性能优异,焊接性能好,铸造性能比ZL301要好,不能热处理,力学性能比ZL301低得多	适合铸造在海水、化工、燃气等腐蚀介质下承受中等载荷的航空发动机、导弹、内燃机、化工泵、油泵、石化气泵壳、转子、叶片等零件
ZL305	因加入了Zn,降低了Mg的含量,铸造性能和自然时效后的组织稳定性均比ZL301和ZL303合金好,产生疏松、热裂的倾向小。因为添加了Ti、Be微量元素,使该合金的综合性能好,抗应力腐蚀能力强,但高温下的力学性能差	适合铸制承受较大载荷的在100℃以下的海水、化工、燃气等腐蚀介质中工作的航空机、内燃机、化工泵、油泵、石化气泵泵壳、转子、叶片等零件
ZL401	ZL401铸造性能很好,缩孔和热裂倾向小,有较好的力学性能,焊接和切削加工性能好,但密度大、塑性低,耐蚀性较差	多用作压铸模具、模板及工作温度不超过200℃、承受中等载荷的航空机、内燃机、车辆等产品上的结构件

1.2.3 铝材的简易鉴别

用一些简单的化学品配制成鉴别试剂,滴于铝试样的表面,根据发生反应现象的特征,可以鉴别铝材的合金类型。步骤如下:

① 去除铝试样表面的油污,用砂纸打磨成清洁的表面。
② 在铝表面滴1滴试剂,放置约2min后,观察反应表面的颜色。
③ 各判别试剂如表1-5所示。
④ 各系铝合金判别试验的反应如表1-6所示。

表1-5 铝材判别试剂表

项目	试剂	反应
A溶液	10%氢氧化钠 80mL 30%过氧化氢 20mL	Al-Mn系合金,呈红色-茶黄色

项目	试剂	反应
B 溶液	高氯酸钾 0.05g 氢氧化钠 3.5g 染料 0.5~1g 水 100mL	Mg 存在时,呈红色
C 溶液	硫酸钙 5g 氯化钙 5g 盐酸 10mL 水 90mL	Zn 存在时,变黑色

表 1-6　各系铝合金判别试验的反应

合金系	A 判别溶液	B 判别溶液	C 判别溶液
1000 系	无色	无色	无色
2000 系	黑色	黑红色	无色
3000 系	茶黄色	浅红色	无色
4000 系	无色	无色	无色
5000 系	5083 呈浅茶色	深红色	5056 呈浅灰色
6000 系	无色	红色	6063 呈浅灰色
7000 系	黑色	黑红色	黑灰色

　　当然准确鉴定铝材的材质,最佳的定量方法是仪器分析法,比如:荧光光谱法、原子发射光谱法、电感耦合等离子体光谱等。将测得的铝材化学成分含量与铝材标准牌号的化学成分含量作比较,即可以判定铝材的牌号。

第 **2** 章

铝及铝合金腐蚀的基本情况

2.1 铝腐蚀的概况

金属腐蚀是金属在环境的作用下，主要由化学或电化学作用引起的破坏或变质，有时还同时涉及机械、物理或生物作用。金属在大气、水、海水、各种溶液、有机环境等的影响下，其外观、表面形貌或力学性能等发生缓慢、渐进或快速退化，这种金属与介质发生作用而形成化合物的过程，可以认为是冶金的逆过程。材料发生了腐蚀使其不能发挥正常功能的现象称为腐蚀失效。

按照环境介质的不同，金属的腐蚀可分为：气体腐蚀、非电解液中的腐蚀、大气腐蚀、土壤腐蚀、电解液中的腐蚀等。其中，气体腐蚀与大气腐蚀的不同在于有无水蒸气的凝聚。在这些介质中，还会因为一些因素的影响，发生以下的腐蚀：外部电流腐蚀、接触腐蚀、应力腐蚀、摩擦腐蚀、生物腐蚀等。

从腐蚀过程的特点来看，铝的腐蚀可以分为物理腐蚀、化学腐蚀、电化学腐蚀三种。物理腐蚀是指金属由于单纯的物理溶解作用而引起的破坏，例如铝被汞溶解。化学腐蚀是金属表面与非电解质直接发生纯化学作用而引起的破坏，其特点是：金属原子与介质两相的界面上直接交换电子，发生直接化学反应；化学介质是不电离不导电的干气体或非电解质溶液。事实上单纯的化学腐蚀是极少见到的，大多数化学介质由于含有少量水分，化学腐蚀转化为电化学腐蚀。电化学腐蚀则是指金属表面与离子导电的介质因发生电化学作用而产生的破坏。电化学腐蚀与化学腐蚀之间不同之处在于前者形成了原电池反应，任何一个电化学腐蚀历程可以至少分为两个相对独立并且可在不同部分（阳极区和阴极区）同时进行的过程——阳极反应和阴极反应，并以流过金属内部的电子流和介质中的离子流联系在一起。

铝的腐蚀有多种形式，有均匀遍及材料表面的均匀腐蚀和只在局部地方出现的局部腐蚀。均匀腐蚀均匀分布在整个铝表面，而局部腐蚀根据腐蚀位置和表现形态不同又分为点蚀、晶间腐蚀、剥蚀、缝隙腐蚀、电偶腐蚀、选择性腐蚀、应力腐蚀等。

要强调的是，铝和铝合金在正常环境下具有良好的耐腐蚀性。其天然的耐蚀性也是铝合金被广泛应用的原因之一，从饮料罐、建筑用材到飞机，铝和铝合金的应用领域非常广泛。铝在自然大气环境当中就能形成自然氧化膜，其良好的耐腐蚀性主要源自这一层具有自愈合性的氧化膜。

2.2 电化学腐蚀热力学基础

在生产实践中，我们常常会遇到判断一个腐蚀过程会不会发生的问题。而腐蚀过程是由于金属与周围介质构成了一个热力学不稳定的体系，这个体系有从不稳定趋向稳定的倾向。对于任何反应，如果反应的自由能变化 $\Delta G < 0$，则表明反应可以进行；从腐蚀电化学的角度，还可以采用电极电位来判断反应能否进行。

金属的标准电极电位可被用来判断金属的腐蚀倾向，当金属的标准电极电位比介质中某一物质的标准电极电位更负，则可能发生腐蚀；反之，则不可能发生腐蚀。

当然，由于纯金属所处的条件和状态并不会是标准状态，实际情况下金属（或合金）的电极电位序并不总是与标准状态下保持一致，要根据在介质中的电偶序来判断电偶腐蚀的可能，例如，铝标准电位比锌更负，分别是 $-1.66V$ 和 $-0.762V$，但在海水中，铝腐蚀电位高于锌，分别是 $-0.60V$ 和 $-0.83V$。又如，铝表面会生成保护性的氧化膜，在介质中，铝有无氧化膜属于两个不同的电极体系了。在铝表面测量的电位与金属的标准电位不对应，铝表面测量的电位实际上是氧化膜和金属的混合电位。

常见金属的标准电极电位见表 2-1。

表 2-1　常见金属在 25℃ 时的标准电极电位　　　　　　　　单位：V

电极过程	$E^{\ominus}$	电极过程	$E^{\ominus}$
$Li \rightleftharpoons Li^+ + e^-$	-3.035	$Ti \rightleftharpoons Ti^+ + e^-$	-0.336
$K \rightleftharpoons K^+ + e^-$	-2.925	$Mn \rightleftharpoons Mn^{3+} + 3e^-$	-0.283
$Ca \rightleftharpoons Ca^{2+} + 2e^-$	-2.87	$Co \rightleftharpoons Co^{2+} + 2e^-$	-0.277
$Na \rightleftharpoons Na^+ + e^-$	-2.741	$Ni \rightleftharpoons Ni^{2+} + 2e^-$	-0.250
$Mg \rightleftharpoons Mg^{2+} + 2e^-$	-2.37	$Mo \rightleftharpoons Mo^{3+} + 3e^-$	-0.2
$Al \rightleftharpoons Al^{3+} + 3e^-$	-1.66	$Sn \rightleftharpoons Sn^{2+} + 2e^-$	-0.136
$Ti \rightleftharpoons Ti^{2+} + 2e^-$	-1.63	$Pb \rightleftharpoons Pb^{2+} + 2e^-$	-0.126
$Zr \rightleftharpoons Zr^{4+} + 4e^-$	-1.55	$Fe \rightleftharpoons Fe^{3+} + 3e^-$	0.036
$Ti \rightleftharpoons Ti^{3+} + 3e^-$	-1.21	$Cu \rightleftharpoons Cu^{2+} + 2e^-$	0.337
$Mn \rightleftharpoons Mn^{2+} + 2e^-$	-1.18	$Cu \rightleftharpoons Cu^+ + e^-$	0.521
$Cr \rightleftharpoons Cr^{2+} + 2e^-$	-0.931	$Ag \rightleftharpoons Ag^+ + e^-$	0.799
$Zn \rightleftharpoons Zn^{2+} + 2e^-$	-0.762	$Hg \rightleftharpoons Hg^{2+} + 2e^-$	0.854
$Cr \rightleftharpoons Cr^{3+} + 3e^-$	-0.74	$Au \rightleftharpoons Au^+ + e^-$	1.68
$Fe \rightleftharpoons Fe^{2+} + 2e^-$	-0.440		

腐蚀电位是在没有外加电流时金属达到一个稳定腐蚀状态时测得的电位，它是被自腐蚀电流所极化的阳极反应和阴极反应的混合电位，即金属在介质中未通过电流时所产生的电位，也称自然电位或自腐蚀电位。几种金属在某些介质溶液中的稳态自腐蚀电位如表 2-2 所示。

表 2-2　某些金属在几种溶液中的稳态电极电位　　　　　　　　单位：V

金属	3%NaCl	0.05mol/L Na$_2$SO$_4$	0.05mol/L Na$_2$SO$_4$+H$_2$S	25℃天然海水
Mg	-1.6	-1.36	-1.65	-1.60
Al	-0.6	-0.47	-0.23	$-0.75(1050A)$
Mn	-0.91	—	—	—
Zn	-0.83	-0.81	-0.84	-1.13
Cr	0.23	—	—	—
Fe	-0.50	-0.50	-0.50	-0.61
Cd	-0.52	—	—	—
Co	-0.45	—	—	—
Ni	-0.02	0.035	-0.21	-0.20
Pb	-0.26	0.26	-0.29	-0.51

金属	3%NaCl	0.05mol/L Na₂SO₄	0.05mol/L Na₂SO₄＋H₂S	25℃天然海水
Cu	0.05	0.24	−0.51	−0.36
Ag	0.20	0.31	−0.27	−0.13
Ti	—	—	—	−0.15
蒙乃尔合金	—	—	—	−0.08
不锈钢	—	—	—	−0.10

合金的腐蚀电位是由金属表面的主要部分——固溶体决定的。合金元素可以改变铝合金的电位，如图 2-1 所示，锌大大降低了电位。7000 系列合金的电负性最强，2000 系列合金的电负性最低。

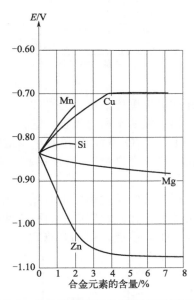

图 2-1　合金元素对铝合金腐蚀电位的影响

最常见铝合金的腐蚀电位列于表 2-3。铝合金中的各化合物相的腐蚀电位可能与固溶体的不一样，这是引起晶间腐蚀、剥落腐蚀或应力腐蚀的热力学因素。

表 2-3　铝合金的腐蚀电位 *

铝合金	热处理方式	电位/mV	铝合金	热处理方式	电位/mV
1060		−750	5456		−780
1100		−740	6005A		−710
1199		−750	6009	T4	−710
2008	T8	−690	6010	T4	−700
	T6	−700	6013	T6,T8	−730
2014	T4	−600	6053		−740
	T6	−690	6060		−710
2017	T4,T6	−600	6061	T4	−710
2024	T3,T4	−600		T6	−740
	T8	−710	6063		−740
2090	T3,T4	−650	7003		−940
	T8	−750	7005		−840
2091	T3,T8	−670	7039	T6,T63	−840

铝合金	热处理方式	电位/mV	铝合金	热处理方式	电位/mV
2219	T3,T4	−550	7049	T7	−750
	T6,T8	−700	7050	T7	−750
3003		−740	7072		−860
3003/7072		−870	7075	T6	−740
3004		−750		T7	−750
5042		−770	7178	T6	−740
5050		−750	7475	T7	−750
5052		−760	8090	T3	−700
5056		−780		T7	−750
5038		−780	42000(A-S7G03)		−820
5086		−760	45000(A-S6U3)		−810
5154		−770	51200(A-G10)		−890
5182		−780	51300(A-G5)		−870
5454		−770	71000(A-Z7GU)		−990

* 在 ASTM G69 标准规定的溶液中测试的电位：含氯化钠 （58.5±0.1）g/L 和 30％双氧水 （9±1）mL/L 的混合溶液。

铝是比较活泼的金属，其标准电极电位很负，为−1.66V。因此，它在热力学上是不稳定的。但由于铝的钝化倾向大，铝和氧的亲和力很强，它在空气中极易氧化，表面生成极薄的致密的氧化膜 （Al_2O_3 或 $Al_2O_3 \cdot H_2O$ 等），这层膜牢固地附着在铝的表面上，而且一旦膜被破坏还能很快地修复，氧化膜可以"自愈"，所以铝和铝合金在许多介质中有良好的耐蚀性。

铝在腐蚀性介质中的电化学行为可以通过铝的电位-pH 值平衡图 （见图 2-2）来进行分析讨论。铝在酸性环境中的稳定性要比在碱性环境中的稳定性高得多。在酸性环境中，当电极电位在−1.66V 以下时，不管 pH 值多低，铝都是稳定的，不发生腐蚀。在碱性环境中，

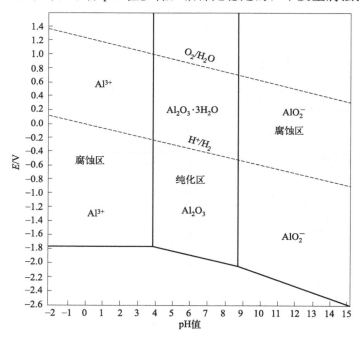

图 2-2　铝的电位-pH 值平衡图

当碱达到一定浓度后，不管铝的腐蚀电位多低，铝都是不稳定的。在稳定区以上，有腐蚀区和钝化区，这与介质的 pH 值有关。当 pH 4～8.6 之间时，铝处于钝化区，在铝的表面能生成钝化膜，使铝具有很好的耐蚀性。当 pH<4 时，为酸性腐蚀区；而 pH>8.6 时，为碱性腐蚀区。可以看出铝在碱性环境比在酸性环境下更容易发生腐蚀。

根据铝的电位-pH 值图进行基本腐蚀热力学分析，可以了解铝在一系列介质和条件下的腐蚀行为，铝在中性介质中的钝化是由于生成了氧化膜的结果：

$$2Al + 4H_2O \Longleftrightarrow Al_2O_3 \cdot H_2O + 6H^+ + 6e^- \tag{2-1}$$

$$2Al + 6H_2O \Longleftrightarrow Al_2O_3 \cdot 3H_2O + 6H^+ + 6e^- \tag{2-2}$$

当 pH 值减小或增大时，铝由于形成了相应的离子而溶解：

$$Al \Longleftrightarrow Al^{3+} + 3e^- \tag{2-3}$$

或者

$$Al + 2H_2O \Longleftrightarrow AlO_2^- + 4H^+ + 3e^- \tag{2-4}$$

与铝在水中的钝化状态相对应的 pH 值范围，随着金属表面所形成的氧化物的组织和进入溶液中的离子（Al^{3+} 和 AlO_2^-）的活度而改变。如果这些离子的活度接近于 1（$a_{AlO_2^-} = 1$，$a_{Al^{3+}} = 1$），那么当形成勃姆体氧化铝（boehmite，$Al_2O_3 \cdot H_2O$）时，限定钝化区 pH 值的范围为 2.67～12.3。

随着活度值的变化，钝化范围按下列方程改变：

$$pH = 2.67 - 0.33 \lg a_{Al^{3+}} \tag{2-5}$$

$$pH = 12.3 + \lg a_{AlO_2^-} \tag{2-6}$$

一般来说，环境中存在的可溶性离子的活度不会达到 1，常常将活度为 10^{-6} 作为边界条件。当活度值等于 10^{-6} 时，钝化范围的 pH 值为 4.7～6.3。

当表面上形成最稳定的拜耳体氧化铝（bayerite，$Al_2O_3 \cdot 3H_2O$）的情况下，钝化范围则为：活度等于 1 时 pH 值为 2～14.6，活度等于 10^{-6} 时 pH 值为 4～8.6。与此相对应的，一般认为铝在 pH 4～8.6 范围内是稳定的，在此范围之外，腐蚀速率将急剧增加。但对铝的合金来说，此范围的界限有所变化，例如 Al-Zn-Mg 系合金，在 pH 3～11 之间，腐蚀速率没有明显增加。

在某些介质中，当溶解机理与式(2-3)、式(2-4) 所描述的溶解机理不同时，铝甚至在 pH>13（如在氨水中）或 pH<1（在浓硝酸中）时，也可以处于钝化状态。

铝制件一般只能在接近中性的介质中使用。在大气和淡水中，铝一般位于钝化区，空气中的氧或溶解在水中的氧及水本身都是很好的铝氧化剂。由于氧化剂的作用，在铝的表面生成一层致密的氧化膜，阻碍了活性铝表面和周围介质的接触，阻止了铝的腐蚀，所以铝在大气和淡水中的耐蚀性很好。

正由于铝表面钝化膜的保护作用，铝也可以耐许多有机酸和溶剂的腐蚀，在浓度小于 10% 或大于 70% 的硝酸和硫酸盐、铝酸盐、硝酸盐等氧化性盐溶液中都很稳定。在弱有机酸（如 HAc）、弱无机酸（如 H_2CO_3）、尿素等介质中耐蚀性优良。铝在氨水中会形成络离子而具有耐蚀性。铝一般不耐盐酸、氢氟酸、硫酸等非氧化性酸和碱的腐蚀。

当然，E-pH 值图只考虑了 H^+、OH^- 对平衡产生的影响，但在实际腐蚀环境中，往往存在着 Cl^-、SO_4^{2-}、PO_4^{3-} 等阴离子，这些阴离子对平衡的影响，会引起一定的误差。E-pH 值图中的 pH 值代表的是溶液中的酸碱浓度，不能代表铝反应界面上的真实浓度和局部反应浓度。

通过测定以下电位（pH 4～9），可绘制出 5086 铝合金在 30g/L NaCl 溶液中的 E-pH

值图，见图 2-3。推测至 pH<4 及 pH>9 的结果则见图 2-4。图中：

① 自腐蚀电位 E_0：没有净电流流入或流出的腐蚀电位。

② 点蚀电位 E_c：点蚀发生的临界电位，又叫击破电位。

③ 再钝化电位 E_p：又称保护电位。小于 E_p 时，不发生点蚀；大于 E_c 时，点蚀形成和发展；在 E_p～E_c 之间时，已发生的点蚀继续发展，但不产生新的蚀孔。

④ 阳极极化下均匀腐蚀电位 E_{ga}：大于此电位时，点蚀可以扩展至整个表面，可认为转为均匀腐蚀。

⑤ 阴极极化下的腐蚀电位 E_{cc}：在此电位以下，在阴极极化的情况下，不存在 Al^{3+} [或 AlO_2^-、$Al(OH)_3$] 的还原，而是发生水的还原析氢反应。

⑥ 阴极极化下的均匀腐蚀电位 E_{gc}：在此电位以下，呈现均匀腐蚀。

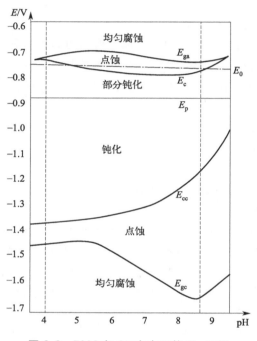

图 2-3 5086 在 Cl⁻ 存在下的 E-pH 图
（pH 4~9）

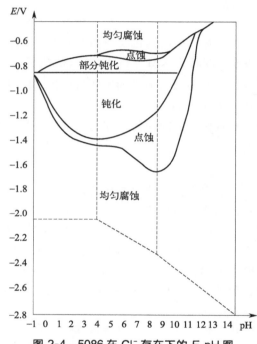

图 2-4 5086 在 Cl⁻ 存在下的 E-pH 图
（推测至 pH< 4 及 pH> 9）

这个 E-pH 图显示：

① 自腐蚀电位 E_0 和点蚀电位 E_c 非常接近。

② 在 pH 值为 4~9 之间时，点蚀电位与 pH 值不相关。

③ 点蚀只在氧化层完全不溶的 pH 值范围内发生。

④ 在 pH 值大于 10 时，不存在钝化区。

2.3 电化学腐蚀动力学基础

腐蚀虽然是自发过程，但是在许多情况下，可以使腐蚀反应变得缓慢，以至于变为无害；有时可以利用少量有限的或者可控的腐蚀，形成氧化膜或者转化膜，腐蚀就会变得非常缓慢。因此从动力学的观点去研究金属腐蚀，比从热力学观点去研究腐蚀的可能性更为重要。

金属的电化学腐蚀是由金属（或合金）和水相之间的电化学反应引起的，具有环境普遍性。铝材所处的环境一般可以分为工业环境和自然环境两大类，只要组成环境的介质中有凝聚态的水存在，哪怕只有很少量的水，铝的腐蚀就会以电化学腐蚀的过程进行。而绝大多数的工业环境和自然环境中，铝都会与凝聚态的水接触。

在水介质中，铝在平衡状态下：

$$Al \Longleftrightarrow Al^{3+} + 3e^- \qquad E = E^{\ominus}$$

由于电流流过电极而引起的电极电位变化叫做极化作用。阳极电位偏离原有的平衡电位而向正方向移动的现象（电位升高），称为阳极极化，阴极电位向负方向变化（电位降低）则称为阴极极化。极化作用可以改变腐蚀速率。

当发生极化时：

氧化
$$Al \longrightarrow Al^{3+} + 3e^- \qquad E > E^{\ominus}$$
$$速率 \qquad zFd[Al^{3+}]/dt = I_{ox} \geqslant 0$$
$$J_{ox} = I_{ox}/S$$

还原
$$Al \longleftarrow Al^{3+} + 3e^- \qquad （在水中不可能,见电位-pH值图）$$
$$2H^+ + 2e^- \longrightarrow H_2 \qquad E < E^{\ominus}$$
$$zFd[H_2]/dt = I_{red} \leqslant 0$$
$$J_{red} = I_{red}/S$$

式中，J 为电流密度；I 为电流；S 为电极表面积；z 为电极反应的得失电子数；F 为法拉第常数，96485C/mol。为使反应朝一个方向进行，相对电极电位必须不为0（过电位 η 不为0），即 $E = E^{\ominus} + \eta$。

如果铝在不同的溶液中阳极极化，根据溶液的性质不同有各种可能性，如图2-5所示。

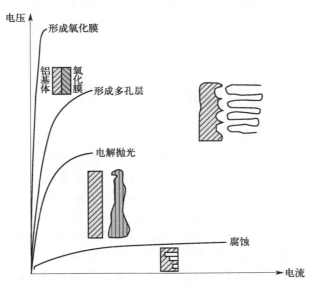

图2-5 铝在不同电解质溶液中的阳极极化示意图

① 氧化膜不可溶：具有高电位差的阻挡层；
② 氧化膜部分溶解：形成多孔氧化膜；
③ 氧化膜在电解质中溶解性更好：电解抛光过程；

④ 铝溶解快于氧化膜生成：均匀腐蚀和点蚀等。

铝在水中的阳极极化过程如下：

$$Al \longrightarrow Al^{3+} + 3e^-$$

阴极吸氧过程则是：

$$O_2 + 2H_2O + 4e^- \longrightarrow 4OH^- \quad (在碱性或中性介质中)$$

$$O_2 + 4H^+ + 4e^- \longrightarrow 2H_2O \quad (在酸性介质中)$$

如果铝在水中阴极极化，则发生析氢反应，会导致铝的阴极腐蚀。

析氢： $$2H^+ + 2e^- \longrightarrow H_2$$

阴极腐蚀： $$Al + 4OH^- \longrightarrow H_2AlO_3 + H_2O + 4e^-$$

为了在铝表面上进行电化学反应，必须在铝表面产生过电位。铝电极可以发生阳极极化或阴极极化。

一种情况是使用外部电源使铝表面阴、阳极化，被称为外部极化。许多铝的表面处理过程，就利用外部电源在铝表面产生阳极或阴极极化。表 2-4 给出了一些例子。

表 2-4　铝的外极化与表面处理举例

外极化	表面处理
阳极极化	阳极氧化 电化学抛光
阴极极化	电镀 电化学着色
阴/阳极交替极化	阳极氧化 蚀刻 电化学着色

第二种情况，铝的表面上产生自发电位差，称为内部极化。此处不存在外部电源，但由于各种原因，例如铝成分的差异，造成铝的局部部位成为阳极或阴极。铝的电化学腐蚀基本上都是发生在微阳极和微阴极之间。在微阳极或微阴极上发生极化，其中氧化和还原过程的总电流总是相等的。

2.4　铝及铝合金的均匀腐蚀

均匀腐蚀是指一种金属表面接触腐蚀介质后产生全面腐蚀的现象。由于腐蚀速率基本相同，微观表面表现为直径较小但有序的腐蚀凹坑，宏观表现为整个表面厚度均匀减薄，同时质量损失较为严重。均匀腐蚀又称全面腐蚀，最基本的特征是腐蚀遍及整个金属表面。腐蚀电化学反应机制、腐蚀速率、腐蚀深度在金属表面的各个部位都保持一致。阴极和阳极尺寸微小且紧密靠拢，很难分辨。当然，实际情况下，所认定的均匀腐蚀（全面腐蚀）允许有一定程度上的不均匀性，但根本上不同于局部腐蚀的特点是材料整体的腐蚀是宏观可测、一目了然的。均匀腐蚀所生成的腐蚀产物可能对金属有保护作用。

铝的均匀腐蚀导致整个金属铝暴露表面的厚度均匀和连续下降，微观表面为直径仅 $1\mu m$ 量级的凹坑。在碱性介质或强酸性介质中，由于铝的天然氧化膜的溶解速度很快，多发生均匀腐蚀。

铝合金在碱中的腐蚀是典型的均匀腐蚀，碱能与铝氧化物反应生成偏铝酸盐和水，因此表面氧化膜的溶解速度快，氧化膜的生成速度远小于溶解速度。腐蚀速率会随时间发生变化。例如，铝浸于氢氧化钠溶液中，经过 40 天、80 天的腐蚀失重速率低于 20 天的，见图

2-6。均匀腐蚀的速率可以通过测量质量损失或释放氢气的量来确定，腐蚀速率可以从每年几微米到每小时几微米不等，这取决于酸或碱的性质。适当的缓蚀剂可以抑制均匀腐蚀。例如，硅酸钠可以大大降低铝在碱性介质中的腐蚀速率。

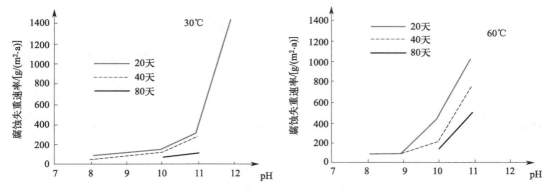

图 2-6　1050 铝在氢氧化钠溶液中腐蚀失重速率的变化

利用铝和铝合金在碱中的均匀腐蚀，工业上广泛采用碱洗的方法来除去铝和铝合金表面的氧化膜和各种油污。刻蚀量是评价铝在碱洗或酸洗时的蚀洗效果的参数之一，是指一段时间后的腐蚀失重。

一般根据均匀腐蚀的腐蚀速率，来评价腐蚀性介质对金属材料的破坏程度，将金属的耐蚀性分为 10 个等级，见表 2-5。

表 2-5　金属的耐蚀性分级

耐蚀性评定	耐蚀等级	腐蚀速率/(mm/a)	失重/[g/(m² · h)]
完全耐蚀	1	<0.001	<0.0003
很耐蚀	2	0.001~0.005	0.0003~0.0015
	3	0.005~0.01	0.0015~0.003
耐蚀	4	0.01~0.05	0.003~0.015
	5	0.05~0.1	0.015~0.031
尚耐蚀	6	0.1~0.5	0.031~0.154
	7	0.5~1.0	0.154~0.31
欠耐蚀	8	1.0~5.0	0.31~1.54
	9	5.0~10.0	1.54~3.1
不耐蚀	10	>10.0	3.1

粗略分级：耐蚀（<0.1mm/a）、可用（0.1~1.0mm/a）、不可用（>1.0mm/a），但是否可用还是要根据实际的应用场合来确定。从腐蚀失重量上来看，均匀腐蚀代表金属的最大破坏，可以根据腐蚀速率来估计铝制设施的寿命。

左景伊、左禹则将铝及铝合金的耐蚀情况进行了分级（见表 2-6），用来评价铝及铝合金在介质中的破坏程度。

表 2-6　铝的腐蚀分级

符号	耐蚀情况,腐蚀率/(mm/a)
☆	优良,<0.05
V	良好,0.05~0.5
○	可用,但腐蚀较重,0.5~1.5
×	不适用,腐蚀严重,>1.5
∞	可能产生孔蚀

按以上的腐蚀分级方法，可以将铝及铝合金在化学介质中的耐蚀性进行分级评价，分别将铝在无机酸，有机酸，碱及氢氧化物，磷酸盐，硫化物、硫酸盐和硫氰酸盐，卤化物和卤素酸盐，碳酸盐、硅酸盐和硼酸盐，金属酸盐、有机酸盐等不同类别的常见化学介质中的耐蚀性数据，列于表 2-7(a)～(i)。

表 2-7　铝及铝合金的耐腐蚀性
(a) 无机酸

介质	浓度/%	温度/℃				介质	浓度/%	温度/℃			
		25	50	80	100			25	50	80	100
硫酸		×				铬酸	15	V	×		
发烟硫酸		V	①			铬酸	>15	×			
硝酸	<0.5	V				氯酸		×			
硝酸	0.5～70	×				次氯酸		×			
硝酸	80～100	V	○	×		高氯酸		×			
硝酸蒸气		×		×		溴酸		×			
红发烟硝酸		V	V	×		四磷酸		×			
白发烟硝酸		V		○		砷酸	<30	×			
盐酸(充气)		×				砷酸	100	V			
盐酸(不充气)		×				亚砷酸	10	V	V	V	V
磷酸(充气)	<70	×				亚砷酸	100	V			
磷酸(充气)	80～100	V				硼酸	10	○	V		×
磷酸(不充气)		×				硼酸	20	V	V		
氢氟酸(充气)		×				硼酸	30		V		×
氢氟酸(不充气)		×				硼酸	100	☆			
氢氟酸蒸气		V				钨酸		×			
氢溴酸		×				硒酸	10	×			
氢碘酸		×				氟硅酸		×			
氢氰酸	<40	V				氟硼酸		×			
氢氰酸	100	V	V	V	V	氟磷酸	干	V			
亚硫酸②	10	V				氯磺酸	90	×			
亚硫酸②	100	V				氯磺酸	干	V	V	V	
焦硫酸		V				氟磺酸		V			
过硫酸		×				氨基磺酸		×			
亚硝酸	10	○				王水		×			
亚硝苯硫酸		×				混酸:硫酸+硝酸		×			
碳酸③	10	☆	×	×	○						
碳酸③	20～90	☆	×								
碳酸③	100	☆	☆	☆	☆						

① 含铜或镁的合金不耐蚀。

② 含铜或镁的合金不耐蚀。

③ 阳极氧化的铝耐蚀性较好。

(b) 有机酸

介质	浓度/%	温度/℃				介质	浓度/%	温度/℃			
		25	50	80	100			25	50	80	100
甲酸④（充气）	0～100	☆	○	×	×	丁二酸	10	V	V	V	○
甲酸蒸气		×			×	丁二酸	25～50	V	V		×
乙酸⑤（充气）	<60	☆	V		×	丁二酸	100	V			
乙酸⑤（充气）	70～90	☆	V	○		马来酸	<20	☆			×
乙酸⑤（充气）	80	☆	V	○	×	苹果酸	<50	V		○	
乙酸⑤（充气）	100	☆	☆	☆	×	酒石酸	<20	☆	○	○	○
乙酸（不充气）	<90	☆	V	○	×	酒石酸	30～50	V	×		
乙酸（不充气）	100	☆	☆	V	×	天冬氨酸		V	V	V	V
丙酸	<50	V			×	谷氨酸		○	○	○	○
丙酸	浓（含微量水）	V				葡萄糖酸	10	V	V	V	V
丁酸⑥	<90	V			×	葡萄糖酸	20～30	V			
丁酸⑥	100	☆	☆	☆		葡萄糖酸	100	V	V	V	V
戊酸	10	V		×		己二酸		V	V	V	V
戊酸	20～50	V				癸二酸		V			
戊酸	100	☆				柠檬酸⑤		V	○	○	○
己酸		☆	☆	☆	☆	苯甲酸	<70	V	V	V	V
庚酸		☆	☆	☆	☆	苯甲酸	100	V	V	V	V
辛酸		☆	☆	☆	☆	水杨酸	10	×			
异辛酸		V				水杨酸	100	V			
癸酸（水>0.1%）		V	V	V	V	单宁酸	<40	V			
硬脂酸		V	V	V	V	单宁酸	100	×			
油酸（水>1%）	90	V				氨基磺酸	<20	×			
油酸（水>1%）	100	V	V	V	V	苯磺酸	<90	×		×	×
松香酸		V	V	V	V	苯磺酸	100	○		×	×
乙醇酸⑦		V				抗坏血酸		☆			×
乳酸	10～50	V	×	×	×	尿酸		×			
草酸（乙二酸）	0～100	V	○		×	氟羧酸		×			
丙二酸	10	V		×							

④ 铝镁合金不耐蚀。

⑤ 不许可含微量铜、锡、铅。

⑥ 铝-硅合金耐至180℃。

⑦ 适于纯铝。

(c) 碱及氢氧化物

介质	浓度/%	温度/℃				介质	浓度/%	温度/℃			
		25	50	80	100			25	50	80	100
氢氧化钠	<100	×				氧化镁	100	V	V	V	
氢氧化钠	100	×（260℃）				氢氧化锂		×			
氢氧化钾		×				氢氧化钡		×			
氢氧化铵	<30	☆	V			氢氧化铝	10	V	V	V	V
氢氧化铵	100	☆	☆	☆	☆	氢氧化铬		V	V	V	V
氢氧化钙		×				氢氧化铯	10	×			
氢氧化镁	10	☆					100	×			

介质	浓度/%	温度/℃ 25	50	80	100	介质	浓度/%	温度/℃ 25	50	80	100
磷酸铵	10	V			×	磷酸铬		○			
磷酸铵	20	×				磷酸镁		V			
磷酸二氢铵(∞)	10	○	×			磷酸三钾	<30	×	×	×	×
磷酸二氢铵(∞)	20	×				磷酸三钠		×			
磷酸二氢钾		×				偏磷酸铵	50~60	V	V	V	V
磷酸二氢钠		×				偏磷酸钠		×			

注：∞表示可能产生孔蚀，见表2-6。

介质	浓度/%	温度/℃ 25	50	80	100	介质	浓度/%	温度/℃ 25	50	80	100
多硫化铵	10	V	V	V	V	硫酸铝	70				×
过硫酸铵	<30	×				硫酸铝	90	×			
过硫酸钾	10	V			×	硫酸铝钾	10	V			
过硫酸钠		×				硫酸镁	<70	☆	☆	☆	☆
焦亚硫酸钠	干	×				硫酸锰	<50				☆
硫代硫酸铵	10	☆	☆	☆	☆	硫酸钠	<30	☆	☆	☆	☆
硫代硫酸铵	20~40	☆				硫酸钠	100	☆	☆	☆	☆
硫代硫酸铵	100	V	V	V	V	硫酸镍		×			
硫代硫酸钠		V	V	V	V	硫酸铅	10	×			
硫化铵	10	V	V	V	V	硫酸铅	100				×
硫化铵	100	V				硫酸氢钠	<30	V			
硫化钙	<20	☆	V	V	V	硫酸钛	10	×			
硫化钾	10	V				硫酸铁		×			
硫化钠	10	×				硫酸铜		×			
硫化钠	100	×				硫酸锌	<20	V			
硫化铁		V				硫酸锌	30~50	○			
硫化锌		V				硫酸亚铁	10	☆			×
硫氰酸铵	<80	V	V	V	V	硫酸亚锡		×			
硫氰酸铵	100	V				亚硫酸铵	<40	○			
硫氰酸钙	10	V	V	V	V	亚硫酸钙	10	V	V	V	V
硫氰酸钠	<30	☆				亚硫酸钾	10	×			
硫氰酸钠	100	V				亚硫酸镁	10	V	V	V	V
硫酸铵	<100	×				亚硫酸钠	10	V	V	V	V
硫酸钙(∞)	10	V	V	V	V	亚硫酸钠	>10	V			
硫酸钙(∞)	100	V	V	V	V	亚硫酸氢钠	<10	V	V	V	V
硫酸铬		○				亚硫酸氢钠	40				×
硫酸钴		×				亚硫酸氢钠	100	V			
硫酸铝	<30	☆			×						

（f）卤化物和卤素酸盐

介质	浓度/%	温度/℃				介质	浓度/%	温度/℃			
		25	50	80	100			25	50	80	100
次氯酸钙			×			氯化铬		×			
次氯酸钾			×			氯化钴		×			
次氯酸钠	10~90	×				氯化钾		×			
碘化钾	10	V	V	V	V	氯化铝	<80	×			
碘化钠		V				氯化镁	<40	V			
氟硅酸铵	20	V	V			氯化钠	<30	○			
氟硅酸镁		V	V	V	V	氯化镍		×			
氟硅酸锌	10	○				氯化铅	10	×			
氟硅酸锌	30	×				氯化铅	100				×
氟化铵	10	V		×		氯化铁		×			
氟化铵	100	×				氯化铜		×			
氟化钙		V	V	V	V	氯化锡	<30	×			
氟化铬		V				氯化锡	90	×			
氟化钾	<20	☆	V	V		氯化锌（∞）	10	☆	☆	○	
氟化铝	<20	☆	☆	☆	☆	氯化锌（∞）	30	×			
氟化镁	10	☆				氯化亚铁	<30	×			
氟化钠	<30	V				氯化亚铜		×			
氟化钠铝		☆	☆	☆	☆	氯化亚锡	<40	×			
氟化氢钠		×				氯酸铵		V			
氟化铈		V	V	V	V	氯酸钾	<20	V	V	V	V
氟硼酸铜		×				氯酸钾	100	V	V	V	V
高氯酸铵（中性）	10	V				氯酸镁		×			
高氯酸铵（中性）	100	V	V	V		氯酸钠		V	V	V	V
高氯酸钾	10	V	V	V	V	四氯化钛		×			
高氯酸钾	20				V	溴化铵	10	×			
高氯酸镁	90	☆				溴化钙	20	○			
高氯酸镁	100	☆				溴化钙	30	○			×
高氯酸钠	<40	○				溴化钾（∞）	10	V	×		
高氯酸钠	70~100	☆	☆	☆	☆	溴化钾（∞）	20	V			
氯化铵（∞）	10	V				溴化钾（∞）	50				×
氯化铵（∞）	20	V	×			溴化钠（∞）	10	○			
氯化铵（∞）	50		×			溴化钠（∞）	40	×			
氯化铵（∞）	100	V				溴化铁		×			
氯化钙	<20	☆	☆	☆	☆	溴酸钠	<50	☆	☆	☆	☆
氯化钙	30	☆	☆	☆	○	亚氯酸钠	10	×			
氯化钙	40~60	☆	☆	☆							

（g）碳酸盐、硅酸盐和硼酸盐

介质	浓度/%	温度/℃				介质	浓度/%	温度/℃			
		25	50	80	100			25	50	80	100
硅酸钙		☆	☆	☆	☆	碳酸钾		☆	☆	☆	V
硅酸钾	10	×				碳酸钾		×			
硅酸钾	100	V				碳酸镁	10	☆			
硅酸镁		V				碳酸钠		×			
硅酸钠	10	×				碳酸氢铵	10	V	V	V	V
硅酸钠	100	☆				碳酸氢铵	100	V			
过硼酸钠	10	×				碳酸氢钙			V	V	V
过碳酸钠	90	V				碳酸氢钾	<30	×			
硼酸钠	<20	V			×	碳酸氢钠	10	V			○
四硼酸钠	<30	V			×	碳酸氢钠	100	V			
碳酸铵	<70	V	V	V	V	碳酸亚铁	10	V			
碳酸铵	100	V									

(h) 金属酸盐

介质	浓度/%	25	50	80	100	介质	浓度/%	25	50	80	100
高锰酸钾	10	☆	☆	☆	☆	铬酸锌		V			
高锰酸钾	20~30	V			V	铝酸钠		×			
铬酸铵	100	V				钼酸铵	90	☆			
铬酸钾	<30	V	V	V	V	钼酸铵	100	☆	☆		
铬酸钾	40				V	重铬酸铵	<100	☆	☆	☆	☆
铬酸钾	100	V				重铬酸铵	100	☆			
铬酸钠		V	V	V	V	重铬酸钾	10	V			
铬酸铅	10	×				重铬酸钾	100	V			
铬酸铅	100				×	重铬酸钠	10	V			

(i) 有机酸盐

介质	浓度/%	25	50	80	100	介质	浓度/%	25	50	80	100
氨基磺酸铵	10	V	V	V	V	柠檬酸铵	<40	V		○	
氨基磺酸钙		V	V	V	V	柠檬酸铵	100	V			○
氨基甲酸铵	100	V				柠檬酸钠		×			
苯甲酸钠	10	V			○	葡萄糖酸钙	<30	V			
苯甲酸钠	100	×				葡萄糖酸铜		×			
丙酸钙			☆			氰化钾	<100	×			
丙酸钠			☆			氰化钠		×			
草酸铵	10	V			○	氰酸钾	10	V			
草酸钙	10	×				氰酸钾	100				V
草酸钙	80				×	氰酸钠	10	V			×
草酸钙	90	×				乳酸钠		×			
草酸钾	10	V				乙酸铵	10	☆	☆	☆	☆
草酸钠		V				乙酸铵	20~50	☆	☆		
谷氨酸钠(pH<7)	<40	V	V	V	V	乙酸铵	100	☆	☆	☆	☆
甲酸铵	10	V	V	V	V	乙酸钙	100	○	○	○	○
甲酸铝	<30	V				乙酸钾	10	V	×		
甲酸铝	100	V	V	V	V	乙酸铝	10	☆	V	V	V
甲酸钠		V	V	V	V	乙酸铝	20	V	V	V	V
酒石酸钾		V	V	V	V	乙酸镁		V			
酒石酸钠	<30	V	V	V	V	乙酸钠		☆			
酒石酸钠	100	V				乙酸镍	10	V			
酒石酸氢钠		V	V	V	V	乙酸铅	10~30	×			
苦味酸铵	10	V	V			乙酸铜		×			
苦味酸铵	100	V				油酸钾		V			

需要注意的是，由于试验条件不同、试验方法或评价方法的差异，耐蚀性结果也会有所偏差，不同文献中的数据也经常会有偏差甚至矛盾。表2-8中列出了一些铝合金在不同的介质中，经过不同试验温度、不同试验时间后的腐蚀速率。

表 2-8 铝及合金的腐蚀数据

牌号	介质	含量	试验温度/℃	试验时间/h	腐蚀速率/(mm/a)
1070A	硝酸	98%	80	3×48	1.65
			60	5×48	0.143
			45	1060	0.12
				1060	0.12
			50	1920	0.17
				1920	0.22
			70	1920	1.4
				1920	1.8
1070A	硝酸	93%	55	720	0.19
1060	硝酸	70%	25	720	3.35
		40%	25	1440	2.05
		75%	25	1440	1.14
		95%	20	1440	0.001
1070A	硫酸	50%	20	—	2.40
1050A	硫酸	0.5%	20	40	0.06
		1%	20	432	0.14
		发烟硫酸+15%SO_3	20	288	0.22
1035	硫酸	10%	20	—	0.84
		25%	20	—	1.52
		90%	20	—	9.4
		100%	20	—	0.05
	亚硫酸	0.3%~0.1%	40		0.13
		0.3%~0.4%	75		1.7
	亚硫酸酐	干燥的	20		0.0014
		液化的	20		0
		潮湿的	100~400		0
1070A、1050A 等 1 系铝	盐酸	1%	20		0.1~1.0
			50		3~10
			98		>10
		5%	20		3~10
1070A、1050A 等 1 系铝	磷酸	1%	20		0.1~1
			50		1~3
			98		0.1~1
		10%	20		1~3
2A12	磷酸	0.6%	常温		0.081
			沸		4.31
1050A	乙酸	30%	沸	240	6.936
		99%	75	240	0.035
			沸	240	0.078
		98%	14~16	624	0.306
			51~66	624	4.00

続表

牌号	介质	含量	试验温度/℃	试验时间/h	腐蚀速率/(mm/a)
1035	乙酸	30%	30		0.014
		30%	沸		9.95
		99%	30	240	0.018
		99%	沸	240	0.079
		98%	14～16	240	0.076
		98%	51～66	240	10.3
		80%	沸	624	4.0
		90%	20	624	0.004
		90%	沸		2.5
		95%	20		0.003
		95%	50		0.01
		95%	沸		1.4
1050A	草酸	0.5%	70～80		0.073
		2%	70～80		0.11
		5%	20		0.116
		5%	70～80		1.11
		10%	20		0.112
		10%	70～80		1.49
1035	草酸	2%	20	840	0.592
		饱和溶液	20	2400	0.019
1050A	铬酸	1%	60～70		0.077
		5%	60～70		0.3
		10%	60～70		0.63
		饱和溶液	20		0.94
		饱和溶液	60～70		3.69
1050A	甲酸	约40%	20		0.04～0.14
		饱和溶液	20		0.02～0.16
1035	甲酸	3%	20		0.0285
		10%			0.0313
		20%			0.0368
1050A	硼酸	5%	20		0.004
1050A	丙烯酸	92.3%	室温		0.0104
1035	水杨酸	1%	80		0.06
		饱和溶液			0.17
1070A	丙烯酸	2%	常温		0.0028
		2%	沸		3.09
		0.5%	沸		0.407
1050A	柠檬酸	1%～10%	20		0.003
		5%	60～70		0.01
1035	乳酸	0.5%	20		0.019
		80%	20		0.018
1050A	硫酸钠	10%	20		0.011
1050A	碳酸钠	约0.25%	20	24	4.54
L0	碳酸氢钠	10%	20		0.00032
1035	乙酸钠	1mol/L	20		0.007
1050A	草酸钠	饱和溶液	—	2400	0.002
1050A	硫酸亚铁	1%	20		0.095
		1%	100		0.65
		10%	20		0.27
		10%	100		9.05

牌号	介质	含量	试验温度/℃	试验时间/h	腐蚀速率/(mm/a)
1035	甲醇	2%	20		0
		20%			0
		40%			0.0004
		75%			0.002
		100%			0.001
1035	乙醇	2%	20		0.006
		20%			0.001
		40%			0.002
		75%			0.003
		100%			0.009
1035	苯酚	1%～50%	20		0
		50%	60～70		0.012
		75%	60～70		0.013
1050A	甲醛	10%	20		0.18
		10%	60～70		4.56
		20%	20		0.32
		20%	60～70		4.38
		纯	15		0.008
		纯	沸		0.020
1050A	丙酮	工业级			0.0007

参考文献

[1] 赵麦群.金属的腐蚀与防护 [M].北京：国防工业出版社，2008.

[2] Vargel C. Corrosion of Aluminium [M]. Elsevier Science，2004：96.

[3] Gimenez Ph.，Rameau J J，Reboul M. Diagramme experimental potentiel pH de l'aluminium pour l'eau de mer [J]. Revue de l'aluminium，1982：261-272.

[4] McKee A B，Brown R H. Resistance of aluminium to corrosion in solutions containing various anions and cathions [J]. Corrosion，1947，3：595-612.

[5] 左景伊，左禹.腐蚀数据与选材手册 [M].北京：化学工业出版社，1995.

[6] 天华化工机械及自动化研究设计院.腐蚀与防护手册：第2卷 耐蚀金属材料及防蚀技术 [M].北京：化学工业出版社，2006.

第 3 章

铝及铝合金的局部腐蚀

与大多数金属一样，除了均匀腐蚀以外，铝和铝合金也存在局部腐蚀。相对均匀腐蚀而言，局部腐蚀使金属表面局部区域的腐蚀破坏比其余表面大得多，从而形成坑洼、沟槽、分层、穿孔、破裂等破坏形态。局部腐蚀的阴极、阳极截然分开，易于区分，通常阳极面积很小，阴极面积相对较大。局部腐蚀的腐蚀产物无保护作用。铝的局部腐蚀形式有：点蚀、晶间腐蚀、层状腐蚀、电偶腐蚀、应力腐蚀、丝状腐蚀等，点蚀、缝隙腐蚀和晶间腐蚀是钝化型金属最典型的腐蚀形式，而层状腐蚀和丝状腐蚀更是铝的特殊腐蚀形式，其中丝状腐蚀是涂装铝材发生的一种腐蚀形式。与均匀腐蚀相比，铝合金在多数介质环境中更倾向于发生局部腐蚀，由于局部腐蚀的不均匀性，同一铝合金不同位置的腐蚀情况差别很大，严重腐蚀区域通常占比较小，其潜在的危害性非常大。

3.1　电偶腐蚀

电偶腐蚀（galvanic corrosion，亦称接触腐蚀或双金属腐蚀），是指当两种或两种以上不同金属在导电介质中接触后，由于各自腐蚀电位不同而构成腐蚀原电池。电位较正的金属为阴极，发生阴极反应，导致其腐蚀过程受到抑制；而电位较负的金属为阳极，发生阳极反应，导致其腐蚀过程加速。它是一种普遍存在、危害极为广泛和可能产生严重损失的腐蚀类型。铝的电偶腐蚀是一种常见的特征性腐蚀形态，除镁、锌等少数金属以外，对其他大多数金属而言，铝合金的电位更负，与它们接触时成为了阳极，导致腐蚀加速进行。

发生电偶腐蚀的几种情况包括：异金属部件（包括导电的非金属材料，如石墨）组合、金属镀层、金属表面导电性非金属膜、气流或液流带来的异金属沉积等。例如，铝制游艇在吃水线以下，铝与其他金属接触会发生电偶腐蚀；海水冷却系统，进出水阀有时会使用铜质截止阀，并通过铝质管道和外板连接，如果未使用橡胶垫圈等进行有效绝缘，就很容易发生电偶；除此之外，使用含金属铜的底漆通过海水也会和铝发生电偶腐蚀。

3.1.1　电偶序与电偶腐蚀的倾向

在腐蚀电化学中，把各种金属在同一腐蚀介质中所测得的稳定电位按相对大小排列电位顺序，即金属腐蚀电偶序。电偶序常用于判断不同金属材料接触后的电偶腐蚀倾向。在电偶腐蚀中，电位差的影响是首要的，电位差越大腐蚀倾向越大。两种金属的自腐蚀电位相差越大，其电位低的金属作为阳极越容易被腐蚀，而电位高的金属作为阴极则易受到保护。通常当腐蚀电位差大于 0.25V 时，产生的电偶腐蚀较严重，不宜匹配使用。几种铝合金及其他金属的稳定电极电位如表 3-1 所示。

表 3-1　几种铝合金及其他金属的稳定电极电位　　　　　单位：V

铝合金及其他金属	电极电位[①]	铝合金及其他金属	电极电位[①]
Mg	−1.73	2014-T_6	−0.78
Zn	−1.10	2014-T_4、2017-T_4、2024-T_3、2024-T_4	−0.68～0.70[③]
7072、Alclad 3003[②]、Alclad 6061、Alclad 7075	−0.96	软钢	−0.58
5056、7079-T_6、5456、5083	−0.87	Pb	−0.55
5154、5254、5454	−0.86	Sn	−0.49
5052、5652、5086、1099	−0.85	Cu	−0.20
1185、1060、1260、3004、5050	−0.84	Bi	−0.18
1100、3003、6053、6051-T_16、6062-T_6、6063、6363、Alclad 2014、Alclad 2024	−0.83	不锈钢（300 系列、430 系列）	−0.09
Cd	−0.82	Ag	−0.08
7075-T_6	−0.81	Ni	−0.07
2024-T_{81}、6061-T_4、6062-T_4	−0.80	Cr	−0.49～0.018

① 在 25℃时的含 53g/L NaCl＋3g/L H_2O_2 水溶液中对 0.1mol/L 甘汞电极的电位。
② 本表中的 Alclad 是指纯铝包皮超硬铝板。
③ 根据淬火速度的不同而变化。

　　研究人员对金属的电偶序做了大量的测定工作，获得了在流动海水、特定海域、土壤等介质中的常用金属的电偶序。但它通常只列出各种金属稳定电位的相对关系，很少列出具体金属的稳定电位值。其主要原因是实际腐蚀介质性质变化很大，测得的电位值波动范围也较大，数据重现性差。再者，电偶腐蚀取决于异种金属的腐蚀电位，而腐蚀电位却与极化程度有关。因此，判断金属在偶对中的极性和腐蚀倾向时，电位差只决定能否发生电偶腐蚀以及腐蚀电流的方向等，而实际电偶腐蚀程度还取决于各金属在介质中的极化性能等的影响。

　　虽然电偶对的阴极和阳极的腐蚀电位差只是产生电偶腐蚀的必要条件，但它并不能决定电偶腐蚀的实际速率，即电偶腐蚀的效率。因此，分析电偶腐蚀速率时还需了解偶对电极的极化特性。偶对的阴、阳极面积比，表面膜状态，腐蚀产物的性质以及介质的流速等对极化的影响很大。例如，海水中不锈钢/铝偶对和铜/铝偶对，两者电位差接近，阴极反应均是溶解氧还原反应，而实际过程中铜/铝偶对的电偶腐蚀较不锈钢/铝的严重得多，这是因为不锈钢有较大的极化率，阴极反应速率很小；而铜的极化率小，阴极反应速率更大。钛具有很强的稳定的钝化行为，在非氧化性酸环境中与铂偶接时，其腐蚀由阴极氢离子还原所控制，钛此时处于活化腐蚀状态，其电偶电位较自腐蚀电位高，而电偶腐蚀速率则较自腐蚀速率低。

3.1.2　影响电偶腐蚀的因素

（1）阴阳极面积比

　　阴阳极面积比对电偶腐蚀行为具有较大影响。在一般情况下，阴阳极面积比越大，阳极腐蚀速率越大。

　　对于氢去极化来说，阴极上的氢过电位与电流密度有关。当阴极面积增大时，相应地阴极电流密度减小，氢过电位也随之减小，氢去极化阻力减小，阴极总电流增加，导致阳极电流和腐蚀速率增加。

　　对于氧去极化腐蚀来说，若腐蚀是受氧离子化过程控制，同样会由于阴极面积增加导致离子化电位降低，腐蚀速率增加。

如果腐蚀过程受氧的扩散控制，阴极面积增加意味着可接受更多的氧发生还原反应，同样也导致电偶腐蚀速率增加。

常压且温度较低时，阳极金属表面上的去极化剂阴极还原反应的速度小到可以忽略，而在阴极表面上则主要进行去极化剂的阴极还原反应，它的阳极溶解反应速度小到可以忽略不计，根据电化学原理，此时应满足关系式：

$$\ln v = \frac{E_{k2}-E_{k1}}{\beta_{a1}+\beta_{c2}} + \frac{\beta_{c2}}{\beta_{a1}+\beta_{c2}}\ln\frac{I_{k2}}{I_{k1}} + \frac{E_{k2}-E_{k1}}{\beta_{a1}+\beta_{c2}}\ln\frac{A_2}{A_1} \tag{3-1}$$

式中，v 为阳极腐蚀速率；E_{k1}，E_{k2} 为阳极、阴极腐蚀电位，$E_{k1} < E_{k2}$；I_{k1}，I_{k2} 为阳极、阴极腐蚀电流密度；β_{a1}，β_{c2} 为阳极和阴极塔菲尔常数。

从式(3-1) 可以看出，阴阳极面积比越大，阳极腐蚀速率越大。常温下腐蚀速率的对数与阴阳极面积比的对数呈线性关系。

在实际的结构中，常常遇到阴极面积大的情况。例如，将喷漆后的铝板与裸露不锈钢装配在一起时，因为损伤、加工工艺等原因，漆膜存在缺陷时，不锈钢成为阴极，漆膜缺陷处裸露的铝成为阳极。因为阳极面积很小，出现阴阳极面积比值非常大的情况，于是集中在漆膜缺陷处的腐蚀就异常严重，比未经喷漆全裸露的铝/不锈钢组合件的腐蚀速率还大。

（2）间距

电偶对之间的距离对电偶对的腐蚀行为也有重要的影响。根据腐蚀电化学原理，增大电偶对间距就是增大了带电离子的扩散距离，相当于增大了溶液电阻，使电解液中的传质过程受到阻碍。在给定阴阳极面积比的条件下，电偶对间距越大，则电偶电流密度越小。当介质是不良导体时，即使距离两金属接触点很近的区域，腐蚀速率也明显降低。

通常阳极金属表面腐蚀电流的分布是不均匀的，由于溶液电阻的影响，距离偶合处越远，腐蚀电流越小，即溶液电阻影响"有效距离"，电阻越大则"有效距离"越小。腐蚀电流尽可能按照近距离直线的路径流动，电偶腐蚀被局限在接触点附近很近的区域。由于电偶腐蚀往往在深度发展，电偶腐蚀穿孔几毫米的情况并不罕见。

（3）介质与环境因素

介质电解液的温度、氧含量、导电性、pH 和流动状态等介质因素也会对电偶腐蚀和分布产生重要影响。

由于金属是良导体，而介质较金属具有更大的电阻，局部腐蚀电流通过介质便产生电位降，形成电场分布。因此，介质的导电性是电偶腐蚀行为的最主要影响因素之一。当金属发生全面腐蚀时，介质的电导率越高，金属的腐蚀速率越高。但对电偶腐蚀来说，介质电导率的高低对金属腐蚀程度的影响有所不同。例如，在海水中，由于电导率高，两极间溶液的电阻小，所以溶液的欧姆压降可以忽略，电流的有效距离可达几十厘米，电偶电流可分散到离接触点较远的阳极表面，阳极所受的腐蚀较"均匀"。这也是阴、阳极界面附近区域往往成为裂纹萌生区域的原因，经验证明，在低电导率的溶液中，电偶腐蚀会集中在接触点周围，造成严重的局部腐蚀，随着溶液电导率增大，腐蚀分布更均匀。

温度对电偶腐蚀的影响是比较复杂的，从动力学方面考虑，温度升高，会加速热活化过程，从而加快电化学反应，使得电流密度增大，因此高温条件下金属的电偶腐蚀带来的破坏力更大。但温度变化也会使其他环境因素随之变化，从而影响腐蚀。如温度升高在增加氧扩散同时也会降低氧的溶解度，导致出现腐蚀速率极大值现象。温度不仅影响电偶腐蚀的速度，有时还会改变金属表面膜或腐蚀产物的结构，从而间接影响腐蚀过程。例如，温度变化可能会引起偶对的阴、阳极逆转而改变腐蚀进程。

氧含量随环境条件的差异会有较大幅度的波动。氧含量对电偶腐蚀的影响是比较复杂的，通常，氧是电偶腐蚀的主要去极化剂，其含量不同，会对腐蚀有很大影响。对不同种类的金属，氧在腐蚀过程中的作用是不同的。如在海水介质中，对碳钢、低合金钢和铸铁等不发生钝化的金属，氧含量增加，会加速阴极去极化过程，使金属腐蚀速率增加。但对于铝和不锈钢等易钝化金属，氧含量增加有利于钝化膜的形成和修补，增强其稳定性，减小点蚀和缝隙腐蚀的倾向性。

海水流动造成的搅拌作用因减轻或消除浓差极化而加速电偶腐蚀。海水流动还可能改变充气状况或金属表面状态，从而改变腐蚀速率甚至引起电偶极性的逆转。大量研究表明，电偶腐蚀对流速变化十分敏感，电偶敏感性基本上与海水流速成正比。

除了上述主要的影响因素之外，pH 值也会对电偶腐蚀行为产生影响。一般来说，当溶液 pH 值小于 4 时，酸性越强，腐蚀速率越大；当 pH 值在 4～9 之间时，pH 值几乎无影响；当 pH 值在 9～14 之间时，腐蚀速率大幅度降低。

电偶腐蚀往往会诱发和加速应力腐蚀、点蚀、缝隙腐蚀、氢脆等其他各种类型的局部腐蚀，从而加速设备的破坏。其影响因素比较复杂，而且任一影响因素的改变都可能导致更加严重的电偶腐蚀。控制电偶腐蚀的措施有：

① 避免材料相互接触，或者在接触处采取绝缘措施；
② 避免大阴极小阳极的组合；
③ 采用涂层保护；
④ 采用电化学保护；
⑤ 向介质中添加缓蚀剂。

3.2 点蚀

点蚀（pitting corrosion）就是指在金属材料表面大部分不腐蚀或者腐蚀轻微，而分散发生的局部点状或孔状向基体发展的一种腐蚀，是铝合金常见的局部腐蚀形态。一般点蚀处的直径都小于 1mm，深度都大于孔径。金属材料在某些环境介质中，经过一定的时间后，大部分表面不发生腐蚀或腐蚀很轻微，但在表面的微小区域内，出现蚀孔或麻点，且不断向纵深方向发展形成腐蚀孔或腐蚀坑。在大气、淡水、海水和其他一些中性或近中性的水溶液中，铝表面氧化膜的不连续缺陷位置都会发生点蚀，在弱酸性溶液和盐溶液中也容易发生点蚀。

点蚀可以说是局部的电偶腐蚀，夹杂物或成分不同的区域在基体合金中出现，其电极电位与基体的不同，导致自催化的大阴极小阳极的电化学反应形式，致使蚀孔的阳极溶解速度相当大。形成蚀孔后，腐蚀溶解产物形成内部侵蚀环境，并维持蚀孔内部铝基体的持续溶解，能很快导致腐蚀穿孔破坏。此外，点蚀能够加剧其他类型的局部腐蚀，如晶间腐蚀、应力腐蚀开裂、腐蚀疲劳等。

3.2.1 点蚀的化学机制

在腐蚀介质中有一些能促使膜层被击穿的离子，如 Cl^-，会侵蚀铝的氧化膜，起始以成核为主，其成核处往往是位错的缺陷处和不同相间构成的腐蚀电池处等薄弱处，形成几纳米大小的微蚀点。在很短的时间内就可能生成多达 10^7 个$/cm^2$ 的微蚀点。蚀点密度与合金组成有关，1199 合金约 10^4 个$/cm^2$，含 4%Cu 的铝合金可达 10^{10} 个$/cm^2$。然后经过蚀坑生长-再钝化的亚稳态，继续发展为稳态点蚀。

卤素离子是常见的致孔离子，在特定条件下，SCN^- 和 $S_2O_3^{2-}$ 也能引发点蚀。对于 Cl^- 来说，并不存在一个点蚀发生的临界浓度，只要环境介质中存在 Cl^- 都可能使铝发生点蚀。硝酸盐、硫酸盐等氧化剂的存在只能延缓而不能避免点蚀的发生。

（1）点蚀的发生

关于卤素离子是怎样击穿表面氧化膜的，学者们主要提出了以下三种机理：

① 渗入机理　对于在铝合金表面自然形成的氧化膜不能或很难做到致密地覆盖整个金属表面，氧化膜上有许多的不致密处，并且满布了整个金属表面。在氧化膜微观不致密处，吸附有氧化性金属离子 M^{n+} 的卤化物时，特别是穿透性很强的 Cl^-，与氧化性金属离子渗入氧化膜层的晶格中，侵蚀氧化膜，使微观不致密处不迅速扩大，进而完全穿透氧化膜而进入膜内层。同时与由它带入的氧化性金属离子共同作用于基体铝表面，在其他离子参与下腐蚀铝基体，发生点蚀，如图 3-1 所示。

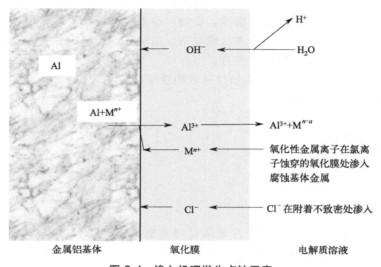

图 3-1　渗入机理发生点蚀示意

② 吸附机理　由于表面存在不均匀性、位错缺陷、第二相颗粒等热力学不稳定处，这些部位比其他部位具有更高的活性，Cl^- 等侵蚀性离子会优先吸附于这些位置，在铝表面氧化膜/介质溶液界面、氧化膜上或固溶体边缘，取代氧化膜中氧化铝或氢氧化铝中的氧，形成可溶物，引起膜的破裂，形成活性中心，进而成为点蚀萌发点，如图 3-2 所示。

③ 破裂机理　这一机理认为，氧化膜破裂的原因如下：氧化物与金属体积比的差别；氧化物局部的水化作用或脱水作用；掺杂作用；表面张力以及氧化膜中的电致伸缩压的作用。

在这些因素综合作用下，氧化膜就可能产生应力破裂，在外力作用下发生形变，会出现如图 3-3 所示的情况。一旦氧化膜产生破裂，侵蚀性介质就通过破裂处进入未保护的铝表面，侵蚀铝基体，从而引发点蚀。

实际上铝合金的腐蚀行为很复杂，很难断定点蚀是由哪一种因素所引起，往往是几方面的因素都在起作用，引发点蚀。在某个特定条件下，有些因素起主要作用，其他因素起次要作用。

点蚀一旦形成，孔内金属将被迅速溶解，在受到破坏的地方成为电偶阳极，其余未被破坏之处就成为阴极，形成钝化-活化电池，如图 3-4 所示。

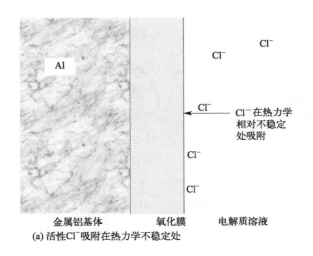

(a) 活性Cl⁻吸附在热力学不稳定处

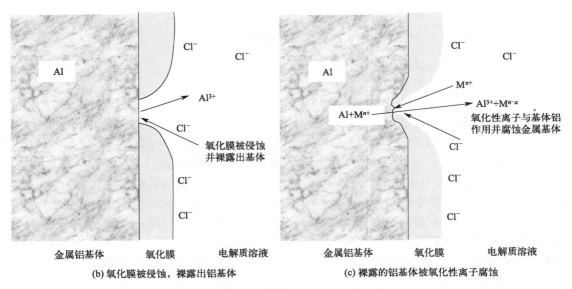

(b) 氧化膜被侵蚀，裸露出铝基体   (c) 裸露的铝基体被氧化性离子腐蚀

图 3-2 吸附机理发生点蚀示意图

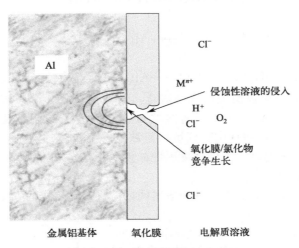

图 3-3 破裂机理发生点蚀示意图

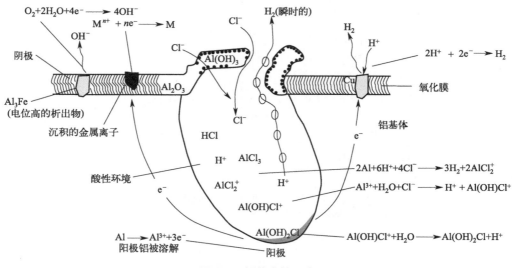

图 3-4 铝的点蚀示意

以下是发生点蚀区域的电化学过程：

发生于蚀坑底部的阳极反应：

$$Al \longrightarrow Al^{3+} + 3e^-$$

发生于蚀坑外的阴极反应：

$$O_2 + 2H_2O + 4e^- \longrightarrow 4OH^- \quad 或 \quad 2H^+ + 2e^- \longrightarrow H_2$$

OH^- 的生成或 H^+ 的消耗导致蚀坑周边局部区域的 pH 值升高。

蚀坑底形成的 Al^{3+} 向坑口扩散，而 Cl^- 向坑底移动，从而形成铝的氯化物。Cl^- 是所有参与这些反应的离子中流动性最强的离子。有许多资料证明，在铝的蚀坑内有盐层，如果在点蚀形核以及点蚀扩展的初期都没有盐层，那么在点蚀扩展的后期一定有。普遍认为，溶解产物铝的氯化物盐膜能够使点蚀稳定，然而有关盐层的成分还不十分清楚。有研究表明，在氯化物的水溶液中，铝在溶解过程中将出现 $Al(OH)Cl^+$ 和 $Al(OH)Cl_2$ 两种化合物。

Al^{3+} 的快速水解：

$$Al^{3+} + H_2O \longrightarrow H^+ + Al(OH)^{2+}$$

Al 的氢氧化物与 Cl^- 反应：

$$Al(OH)^{2+} + Cl^- \longrightarrow Al(OH)Cl^+$$

随后发生的反应：

$$Al(OH)Cl^+ + H_2O \longrightarrow Al(OH)_2Cl + H^+$$

Al^{3+} 的这种水解过程可以使蚀坑底部酸化，甚至 pH<3，阳极溶解进一步加速，腐蚀坑得以向深处持续生长。Al^{3+} 移动到腐蚀坑口在其侧表面与阴极反应生成的 OH^- 形成 $Al(OH)_3$ 白色沉积物，反应物从坑底到坑口呈浓度梯度。腐蚀产物在坑的顶部堆积，将逐步阻塞坑口，阻碍离子的移动，点蚀速度因此减慢。

（2）亚稳态点蚀阶段

在临界点蚀电位以下，亚稳态点蚀在短时间内萌生并扩展进而发生再钝化，这是点蚀发展的一个过渡阶段。

亚稳态的点蚀坑尺寸很小，大约 $10\mu m$，可以再次钝化而停止生长，原因是表面的氧化膜再次修复，如果氧化膜不能再次修复则亚稳态点蚀继续生长到稳态点蚀。介质中存在的

Cl^- 使氧化膜上的缺陷难以立刻修复，被认为是点蚀促进离子。

测定亚稳态点蚀的产生和生长到稳态点蚀的可能性，对于预测稳态点蚀是否形成具有非常现实的意义。人们发现，在氯化物溶液中，合金的阳极极化曲线在点蚀电位以下存在电流振荡和恒定电位。电流振荡是由于微小尺寸蚀坑的不断形成与再钝化造成的。Williams 等人在对钢的亚稳态点蚀研究中，建立了判断亚稳态点蚀的标准，也就是点蚀稳定扩展要求 I_{pit}/r_{pit} 必须大于 4×10^{-2} A/cm（其中 I_{pit} 是蚀坑内的电流，r_{pit} 是蚀坑半径），低于这个值，发生的就是亚稳态点蚀。这个标准同样适用于铝合金。

点蚀稳定性取决于蚀坑尺寸以及在开路电位下及外加电压下的时间。在某一特定外加电压下，蚀坑附近区域卤化物溶液浓度超过某一临界值，是保持蚀坑具有活性、扩展性的必要条件。纯铝的蚀坑数目，在浓度不变的氯化物溶液中，随阳极电压的增大（点蚀电压以下）而增多；在电位不变时，随氯化物浓度的增大而增多。背底电流也随氯化物浓度和电压的增大而增大。随着 Cl^- 浓度的增大，电流峰值增大，亚稳态点蚀形核速率也增大；电压增大时，也会出现同样的趋势。亚稳态点蚀的明显特征是：电流密度为 $0.1 \sim 10$ A/cm^2，蚀坑半径为 $0.1 \sim 0.6 \mu m$。

（3）临界点蚀电位以上，稳定态点蚀扩展阶段

当存在 Cl^- 等侵蚀性离子，并且外界电位高于临界点蚀电位时，点蚀将持续发展。点蚀稳定扩展时 I_{pit}/r_{pit} 大于 4×10^{-2} A/cm，点蚀稳定性取决于蚀坑尺寸以及在开路电位下和外加电压下的时间，在某一特定外加电压下，若要保持蚀坑是活性的，则蚀坑附近区域卤化物的浓度必须达到一个临界值。

在 pH 值为 10 的 1mol/L 氢氧化钠溶液中，部分铝合金的点蚀电位见表 3-2。

表 3-2　部分铝合金的点蚀电位

铝合金	点蚀电位/V	铝合金	点蚀电位/V
Al-8.15%Cu	−0.62	Al-10.02%Mn	−0.82
99%Al-(0.34%Fe+0.13%Si)	−0.68	Al-10.43%Cr	−0.82
99.99%Al	−0.70	Al-2.89%B	−0.82
Al-19.8%Ni	−0.72	Al-4.90%Zr	−0.86
Al-3.38%Fe	−0.76	Al-5.50%Ti	−0.90
Al-9.5%Si	−0.76	Al-10.0%Mg	−0.92
Al-5.02%V	−0.80	Al-5%Be	−1.00

注：参比电极为甘汞电极。

除了个别情况，大多数的点蚀是在卤化物溶液中发生的，因此对于点蚀扩展必须有酸性环境和卤离子存在，而 pH 值与卤化物浓度有关（当卤化物浓度较高时，pH 值较低）。Cl^- 最易于引发点蚀，Br^- 次之，I^- 对点蚀的影响较小，而 F^- 对铝合金表面钝化膜有很强的穿透性，同时这种穿透很容易在表面迅速均匀展开。普遍认为，对于稳定的点蚀扩展，一个必要条件是在蚀坑底部存在盐膜。盐膜的存在是由于蚀坑内的高溶解度及随后的酸化所致，卤化物盐膜只在强酸溶液中稳定。

点蚀扩展速度与整体电解质的电导率有关，因此点蚀扩展是由电阻控制的。也有研究发现点蚀的扩展是受扩散控制的。

3.2.2　点蚀的评价指标

点蚀是一种局部腐蚀形态，与均匀腐蚀不同，点蚀的强度和速率不能通过质量损失来评估，即使是非常深的蚀坑也只有极小的质量损失，而大量的浅表蚀坑可能有非常大的质量损失。

点蚀可以用几个指标来评价：

（1）点蚀密度

即单位面积内的蚀坑数量。铝合金疲劳性能通常与点蚀密度密切相关。随时间不断延长，除单个点蚀坑逐渐加深加宽以外，点蚀坑数量也不断增多，即点蚀密度增大。点蚀密度在点蚀前期随时间增加而增大，发展到后期，点蚀密度逐渐稳定从而使蚀坑数量趋于稳定。另外，介质中的离子浓度也会影响铝合金的点蚀密度。

（2）蚀坑尺寸

铝合金点蚀按体积变化规律进行扩展，该过程的主要参数为蚀孔深度、蚀孔直径。蚀孔深度作为表征铝合金点蚀强度的特征参数，以其数值作为初始损伤尺寸进行剩余寿命估算。蚀孔最大深度被视为预测铝合金疲劳寿命的标准，具有重要的实际意义。

蚀孔直径和深度总体呈偏态分布，随着材料使用年限的不断增加，蚀孔直径普遍小于其深度。经验表明，点蚀密度低的铝合金蚀孔深度往往比点蚀密度高的更深。

（3）点蚀速度

在大多数情况下，在淡水、海水和雨水等自然环境中形成的点蚀坑的加深速度会随着时间的推移而降低。

1100 铝合金的点蚀坑生长速率符合以下规律：$d = kt^{1/3}$ ［其中，d 是坑的深度，t 是时间，k 是一个常数，k 值取决于合金和使用条件（合金的性质，温度，水的流速等）］。

（4）点蚀电位

通常采用从动电位极化获得的点蚀电位 E_{pit} 来预估金属的耐点蚀性。对铝合金点蚀电位进行深入研究，可达到预测铝合金点蚀倾向，降低蚀孔深度，改善材料外观形貌的目的。点蚀的萌生与扩展同铝合金的电位密切相关，当电位正于点蚀电位后，点蚀速度逐渐减慢并趋于稳定；当材料较完整且导电性较好，即使距离较远，电极之间依然会发生点蚀反应。一旦保护性钝化膜遭到破坏，暴露出的金属表面将作为阳极，周围未破损的钝化膜作为阴极，在此条件下，腐蚀电流非常集中，所以点蚀由外至内不断扩展，最终出现蚀孔。

每种合金有其特定的点蚀电位，只有在一定的电位下才可以发生点蚀；E_{pit} 越正，铝的耐点蚀性越好；低于 E_{pit} 的电位，不会产生新的蚀孔，但此时已形成的蚀孔可继续扩大。

（5）点蚀随机模型

铝合金点蚀行为一旦发生便难以逆转，因此预测技术尤为重要，其中包括建模、外推法、专家预估等，在实际应用中应根据不同的情况选择不同的方法。若想对点蚀过程的规律进行研究，数学建模是最常用的方法之一。将现有的点蚀预测模型和方法进行考虑和对比，可以分为确定性模型、概率模型（随机和统计）和混合模型三类。由于点蚀生长具有不确定性，所以最好的方法是采用随机模型对点蚀进行分析。

3.2.3 点蚀的影响因素

点蚀是一种外观隐蔽而破坏性极大的局部腐蚀形式，只有达到特定的临界电位才能够发生点蚀。点蚀的发生与介质中含有的活性阴离子和氧化剂有很大关系，活性阴离子是发生点蚀的必要条件，溶解氧、温度、pH、晶粒尺寸、微量元素等因素都可以影响铝的点蚀过程。

（1）卤素离子及其他介质成分

卤素离子可以说是点蚀的促进剂，吸附或穿透氧化膜，造成氧化膜破裂而萌发点蚀。Cl^- 浓度的高低对点蚀生长稳定性和点蚀速度都有影响。随着 Cl^- 浓度的增大，亚稳态点蚀形核速率也增大。很多含氧的非侵蚀性阴离子，例如 NO_3^-、CrO_4^{2-}、SO_4^{2-}、OH^-、CO_3^{2-} 等，添加到含 Cl^- 的溶液中，都可起到点蚀缓蚀剂的作用。而硫氰酸根、高氯酸根、次氯酸根等，可以促进点蚀。另外，介质中的溶解氧有利于氧化膜的形成和铝的再钝化，可以抵抗 Cl⁻ 的吸附，降低铝合金的点蚀敏感性。

（2）晶粒尺寸

对 7075 铝合金进行处理发现，粗粒和细粒的微观结构严重影响铝合金的点蚀敏感性和扩展性。随着细晶粒的比例增加，点蚀坑的生长速率降低，表面稳定蚀坑数量大大减少，体积也减小。

（3）溶液的 pH

铝合金发生点蚀的条件及点蚀电位都不受溶液 pH 的影响（恒定的氯化物浓度下），这是由铝离子各步骤水解的缓冲作用所致。溶液越接近中性，点蚀情况越轻微，以 pH 值等于 7 为界，pH 值逐渐升高或降低，铝合金的耐点蚀性随之变弱，点蚀情况整体加重，甚至由点蚀逐渐转变为全面腐蚀。

（4）温度

温度对点蚀的影响主要体现在单个点蚀坑的大小尺寸和生长程度，一般不会显著增加点蚀密度。点蚀过程伴随着氧化膜的溶解和再钝化过程以及第二相的溶解，温度的影响比较复杂，不同类别、型号的铝合金在不同温度下点蚀情况大不相同。

（5）介质流速

溶液的流动对抑制点蚀起一定的有益作用。

（6）微量元素

有学者发现 Ni 可以使点蚀较均匀地扩散，且添加 Ni 可以导致点蚀电位改变，延缓点蚀萌生；而在合金中 Mg 含量的适当增加有利于氧化的进行，抑制陶瓷膜层空隙的生长，改善膜层的形貌与组织，从而得到低孔隙率的结构使得陶瓷氧化膜更加致密，合金的抗点蚀性也得到提升。除了添加 Mg 和 Ni 可以改善铝合金的抗点蚀性能外，适量地添加 Ce 或 Ti 离子也可以获得良好的抗点蚀效果。

3.3　晶间腐蚀

晶间腐蚀（intercrystalline corrosion）是一种常见的铝合金局部腐蚀形式，腐蚀沿着铝合金的晶粒边界或它的邻近区域进行，而晶粒本身的腐蚀很轻微。铝合金的晶间腐蚀表现为网络状，需要在显微镜下观察，肉眼观察不到，几乎不引起质量损失，但它破坏晶界和晶粒间的结合力，引起力学性能降低，所以它是结构铝合金腐蚀危险性最大的形式之一。铝的晶间腐蚀形貌如图 3-5 所示。

晶间腐蚀属电化学腐蚀。晶间腐蚀的原动力是晶界与相邻晶粒之间的电位差，析出物与基体或晶界附近贫化区相比，可能是阳极，也可能是阴极，构成一组多电极系统。在这个多电极腐蚀系统中，至少存在两个阴极和一个阳极系统。若阴极呈连续链形分布，则阳极构成腐蚀通道，晶间腐蚀十分敏感。

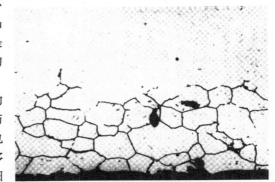

图 3-5　铝的晶间腐蚀形貌

当同时满足三个条件时，会发生晶间腐蚀：

① 金属间化合物连续析出，使晶间腐蚀可以扩展。当析出相呈连续的链状分布时，晶

间腐蚀最为敏感；当析出相断续成片分布时，晶间腐蚀不易产生。析出相的间距越大，晶间腐蚀越不容易发展。

② 基体与晶界析出相之间存在腐蚀电位差，一般不小于 100mV 左右。

③ 存在特定腐蚀性介质。在某些特定的合金/介质体系中，往往产生严重的晶间腐蚀。

固溶体和金属间相的腐蚀电位见表 3-3。Al_3Fe、Al_2Cu 等金属间相的腐蚀电位正于固溶体，它们相对于固溶体作为阴极，在晶粒边界固溶体优先被溶解，发生晶间腐蚀；$MgZn_2$、Al_3Mg_2 和 Mg_2Si 等的腐蚀电位负于固溶体，相对是阳极，这些金属间化合物首先被溶解，开始晶间腐蚀。

表 3-3　固溶体和金属间相的腐蚀电位

固溶体	腐蚀电位(vs. SCE)/mV	金属间相
	−170	Si
	−430	Al_3Ni
	−470	Al_3Fe
Al-4Cu	−610	
	−640	Al_2Cu
Al-1Mn	−650	
1050A	−750	
	−760	Al_6Mn
Al-3Mg	−780	
Al-5Mg	−790	
Al-1Zn	−850	
	−910	Al_2CuMg
	−960	$MgZn_2$
Al-5Zn	−970	
	−1150	Al_3Mg_2
	−1190	Mg_2Si

注：按照 ASTM G69 标准测定。

关于铝合金晶间腐蚀的机理，目前主要有三种理论：

① 晶粒本体与晶界构成物（沉积相或晶间无沉淀析出带 PFZ）之间的腐蚀电位差形成电偶腐蚀，从而发生晶间腐蚀。

② 晶粒本体与晶间溶质贫化区之间的击穿电位差致使发生晶间腐蚀。

③ 由于晶界析出相的溶解，从而形成更强侵蚀性的闭塞区腐蚀介质，发生连续晶间腐蚀。

以 Al-Mg-Si 合金在 3.5%NaCl 中的腐蚀研究为例，峰时效态 Al-Mg-Si 合金主要由晶界组织组成 MgSi 析出相，Al-Fe-Mn-Si 金属间化合物，纯 Si、Al 基体和晶界无析出带 PFZ。由于 PFZ 中 Si 和 Mg 原子的浓度比铝基体和析出相的低，这些溶质贫化区的腐蚀电位比相邻的铝基体或析出相的更低，因此成为腐蚀起始点。

图 3-6 为 Al-Mg-Si 合金的晶间腐蚀演化示意图。当峰时效铝试样浸没在腐蚀溶液中时，腐蚀优先从金属间化合物或析出物周边的晶界 PFZ 开始，晶界 PFZ 作为阳极溶解，在 Al-Fe-Mn-Si 金属间化合物和 MgSi 颗粒周围间存在腐蚀回路。同时，也有一些金属间化合物和析出相由于各种原因优先溶解而开始发生腐蚀。

浸泡 4h 后，MgSi 和 Al-Fe-Mn-Si 两种主要颗粒相均发生腐蚀，在 MgSi 颗粒和 Al-Fe-Mn-Si 金属间化合物周围形成大量沟槽。在腐蚀过程中，Si 相作为阴极具有强极化作用。MgSi 析出相颗粒中存在腐蚀动态转化：在腐蚀起始阶段，由于 Mg 在含 Cl⁻ 环境中选择性

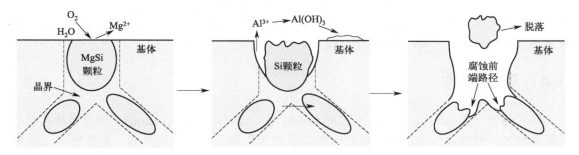

图 3-6 Al-Mg-Si 合金的晶间腐蚀演化示意图

优先溶解，MgSi 析出相表面发生自腐蚀。随着腐蚀时间的延长，MgSi 相持续腐蚀，Mg 的不断溶解造成 Si 逐渐富集，从而使 MgSi 颗粒与溶质贫化区之间的极性发生转变，MgSi 颗粒相对 PFZ 成为阴极。换句话说，PFZ 阳极溶解的电化学动力增加，由于脱合金化的 MgSi 颗粒与 PFZ 阳极的腐蚀电位差较大，合金的溶解速度增大。这种含 Mg 合金相的腐蚀过程的转换，在其他含有低腐蚀电位的合金元素的颗粒相中也能发现。

在腐蚀溶液中暴露 20h 后，颗粒周围的腐蚀沟槽宽度增大，即使 MgSi 析出物在晶界处不连续分布，也能形成连续的腐蚀沟槽，一些颗粒腐蚀残余物脱落。浸泡 40h 后，在颗粒内部发现许多腐蚀的小坑（亚微米/纳米大小）。随着腐蚀时间的延长，晶间腐蚀沿腐蚀前端扩展路径不断扩展。

晶间腐蚀的强度可以由受侵蚀晶粒层数来评估。如果晶间腐蚀只限于 3～4 层，一般被认为腐蚀仅限于浅表面，没有危险。

可以按照 GB/T 7998《铝合金晶间腐蚀敏感性评价方法》来测试晶间腐蚀敏感性，标准中根据腐蚀的最大深度将晶间腐蚀划分为 5 个等级，见表 3-4。在规定时间内腐蚀深度≤0.01mm 的耐蚀等级为 1 级，以此类推，当在规定时间内腐蚀深度＞0.30mm 时，表示此种铝合金耐晶间腐蚀能力不强。

表 3-4　晶间腐蚀等级

级别	晶间腐蚀最大深度/mm	级别	晶间腐蚀最大深度/mm
1	≤0.01	4	0.10～0.30
2	0.01～0.03	5	＞0.30
3	0.03～0.10		

容易发生晶间腐蚀的铝合金主要包括：2000 系、5000 系、7000 系铝合金，6000 系铝合金基体与析出物的电位接近，所以一般不发生晶间腐蚀，但是如果合金中有 Si 过剩、添加了 Cu 或者不合适的热处理工艺，会增加合金的晶间腐蚀倾向性。晶间腐蚀的扩展速率比点蚀的要快，但是因为腐蚀溶液和 O_2 在狭小的腐蚀通道中输送较难，所以晶间腐蚀的深度是比较有限的。当向合金材料深处方向的腐蚀停止时或者向深处的方向腐蚀比较缓慢时，晶间腐蚀会沿横向方向向整个合金表面扩展。

由于在晶界处存在 $AlFe_3$，形成晶界电位差，1000 系铝也会发生晶间腐蚀，在水温高于 60℃的水中，晶间腐蚀敏感性随金属纯度的增加而增加。加入 Fe 和 Ni 可形成大量均匀分布、微小的 Al_3Fe 和 Al_9NiFe 阴极相沉淀，降低热水中晶间腐蚀的敏感性，因此 Al-Ni-Fe 系、Al-Si-Ni 系合金可被用于核电站中温反应堆中与热水接触的材料。

热处理工艺对铝材的晶间腐蚀有一定的影响。淬火温度、淬火转移时间等工艺参数的变化，可能会造成铝材各相的形态、分布、元素组成发生变化，晶间腐蚀的敏感性也有所变化。因铝材形状和生产工艺特点不同，铝材各部位晶间腐蚀敏感性不同。比如说铝材淬火处理时，后进入淬火炉的部位淬火冷却速度最小、转移时间最长，可导致固溶体分解，强化相在晶界优先析出，所以晶间腐蚀较严重。

3.4　层状腐蚀

层状腐蚀（lamellar corrosion）又叫剥落腐蚀（exfoliation corrosion），简称剥蚀，它是晶间腐蚀的一种特殊形式，是由最初的点蚀引起并逐渐过渡到晶间腐蚀，最终形成层状腐蚀。它的特征是沿着平行于铝合金表面的晶间向横向扩展，使金属产生各种形式的层状分离。轻微的剥落只产生一些不连续小裂片、碎末，甚至仅形成泡疱；严重的层状腐蚀会使大块的、完全连续的金属片脱离金属本体，使材料的强度及塑性显著降低；最严重时，腐蚀穿透金属整体，以层状分离形式使金属解体。

产生层状腐蚀的原因与晶间腐蚀相同，层状腐蚀是沿晶形成的阳极网络造成的。一般情况下，纤维状显微组织和适宜的腐蚀介质是引起铝合金层状腐蚀的必要条件。Kelly、Robinson 等人的研究表明，层状腐蚀发生需要两个条件，一是拉长的晶粒，二是晶界电偶腐蚀。在铝材的锻造或轧制过程中，晶粒被拉长（出现织构现象），晶界趋向于分布在一个平面内，为沿晶腐蚀提供了连续的发展空间。热处理可能会使铝合金产生晶界阳极通道，当晶间腐蚀沿着有强烈方向性的扁平晶粒组织进行时，不溶性腐蚀物 $Al(OH)_3$ 的产生会使晶界受到张应力，随着张应力逐渐增大，最终使晶粒失去与基体之间结合力并向外鼓起，撑起未受腐蚀的晶粒，从而引起鼓泡甚至分层。张应力与晶粒形状有关，晶粒被拉长得越严重，产生的张应力越大。Reboul 等认为，存在纤维组织是发生层状腐蚀的先决条件，如果再结晶不充分，亚晶还会造成穿晶剥蚀。剥蚀既有晶间腐蚀的特征也有应力腐蚀的特征。

热处理工艺的不同对层状腐蚀行为会产生不同的影响。2014-T651 和 2024-T351 合金，过时效可以使合金充分重结晶，可以有效地抑制层状腐蚀。同时，由于 2024-T351 合金的晶间腐蚀速率较快，其层状腐蚀发展较快。峰时效 LY12 铝合金的层状腐蚀敏感度比自然时效合金高。

合金元素对层状腐蚀行为也有一定的影响。向 Al-Li 合金中加入 Mg，可以改变晶间沉淀相的沉淀顺序，提高 Al-Li-Mg 合金抗晶间腐蚀和层状腐蚀的能力。加入 Cr、Mn 会阻碍7020 合金的重结晶，使合金倾向于形成纤维化组织，沉淀相周围 Cr、Mn 贫化形成阳极区，更容易发生层状腐蚀。

含 Mg 和 Cu 的合金一定程度上容易层状腐蚀，Al-Zn-Mg、Al-Zn-Mg-Cu、Al-Cu-Mg合金都有不同程度的层状腐蚀倾向。铝合金中层状腐蚀敏感性最大的是高镁铝合金，对Al-Mg 合金而言，Mg 含量越高，β 相数量越多，变形量越大，晶粒被拉得越长，金属组织呈纤维状，β 相沿晶沉淀网络越连续，合金的层状腐蚀敏感性也越大。这是因为 Al-Mg 合金固溶体电位较正，成为阴极，而 β 相电位较负，成为阳极。大量 β 相沿晶形成的连续网络即为阳极通道。在电解质作用下，以表面优先产生的点（坑）腐蚀为起点，以 β 相网络为阳极通道，按照纤维组织的特点，腐蚀便沿着与金属表面大致平行的方向扩展，结果形成分层的腐蚀特征。Al-Cu 合金的层状腐蚀较少发生，调整高强 Al-Cu 合金的时效处理工艺，基本上可以克服此类合金的层状腐蚀问题。

3.5 其他局部腐蚀

3.5.1 应力腐蚀开裂

铝合金的应力腐蚀开裂（stress corrosion cracking，SCC）是在应力（拉应力或内应力）和腐蚀介质的联合作用下所发生的一种破坏。应力腐蚀开裂的特征是形成腐蚀-机械裂缝，既可以沿着晶界发展，也可以穿过晶粒扩展。应力腐蚀开裂的形貌如图 3-7 所示。裂缝是在金属内部扩展，会使金属结构强度大大下降，严重时会发生突然破坏，但铝合金表面往往看不出腐蚀的迹象，这就使其具有很高的危险性。应力腐蚀广泛存在于各种工件结构中，应力腐蚀开裂的存在导致构件在远低于结构设计强度的情况下失效，引起灾难性的损失。

使得材料发生应力腐蚀开裂的介质是特定的，不是任意的，构成一个体系要求一定的材料与一定的介质互相组合。应力与腐蚀介质的关系不是加和的关系，而是互相配合对腐蚀起促进的作用。没有应力的配合，单纯有腐蚀介质，或者没有介质，单纯有应力都不会产生应力腐蚀破裂。

酸、碱、熔融 NaCl、NaCl 溶液、海水、水蒸气、含 SO_2 的大气等介质是铝合金典型的应力腐蚀介质。机械强度高的 2000 系、7000 系合金以及 Mg≥7％的 5000 系高镁合金对应力腐蚀比较敏感。

图 3-7　铝合金的应力腐蚀开裂形貌

铝合金应力腐蚀裂纹的扩展总是沿晶界进行，这种形式的腐蚀曾被误认为是由应力加速扩展的特殊的晶间腐蚀。事实上，有些铝合金（尤其是 6000 系铝合金）在没有应力的情况下容易发生晶间腐蚀，但不容易发生应力腐蚀；而 7000 系铝合金容易发生应力腐蚀而不易发生晶间腐蚀。

3.5.1.1 应力腐蚀开裂的机理

对于引起 SCC 的机理，目前被普遍接受的是氢致开裂和阳极溶解机理。

（1）氢致开裂

金属在腐蚀介质中由于阴极作用产生氢，一部分氢在应力作用下沿着晶界析出的质点扩散到金属内部裂纹尖端区，而使金属的强度和韧性降低。所以析出的质点越连续，固溶氢越多，应力越大，材料的脆性越大，应力腐蚀开裂的敏感性越大。该理论认为：

① 氢通过位错迁移到晶界，积聚在析出相附近，使晶界的结合强度大大降低，弱化晶界，造成沿晶断裂；

② 由于氢积聚在裂纹内，形成的氢气压促使合金断裂；

③ 氢促进合金形变而致使断裂；

④ 形成的氢化物促使合金断裂。

目前提出的氢致开裂机理主要有如下理论：氢的扩散机理、内压理论、吸附理论、位错输送理论、晶格弱化理论、氢化物析出理论和氢促进蠕变理论。

（2）阳极溶解

阳极溶解理论认为阳极金属不断溶解导致 SCC 裂纹的形核和扩展，造成合金结构的断裂。铝合金 SCC 阳极溶解理论的主要观点如下：

① 阳极通道理论：腐蚀沿局部通道发生并产生裂纹，拉应力垂直于通道，在局部裂纹尖端上产生应力集中。铝合金中预先存在的阳极通道由晶界析出相与基体电位差引起，而应力则使裂纹张开暴露出新鲜表面。在此情形下，腐蚀沿晶界加速进行。

② 滑移溶解理论：发生 SCC 的铝合金表面氧化膜存在局部薄弱点，在应力作用下合金基体内部位错会随滑移而产生移动，形成滑移阶梯。当滑移阶梯大、表面膜又不能随滑移阶梯的形成而发生相应变形时，膜就会破裂并裸露出新鲜表面，与腐蚀介质接触，发生快速阳极溶解。

③ 膜破裂理论：腐蚀介质中金属表面存在的保护膜，由于遭受应力或活性离子的作用而破裂，裸露的新鲜表面与其余表面膜构成小阳极大阴极的腐蚀电池，新鲜表面发生阳极溶解。

（3）阳极溶解与氢致开裂共同作用

阳极溶解与氢致开裂是两个主要机理，有些体系以阳极溶解为主，有些则以氢致开裂为主。铝合金的 SCC 往往同时包括这两个过程，要截然区分这两种现象实际上是困难的。单纯的阳极溶解可通过阴极保护进行预防，而对于氢致开裂，阴极极化往往会促进开裂。

有研究发现 SCC 是阳极溶解与氢致开裂共同作用的结果。由于合金晶界处存在电位差，发生局部阳极溶解，形成临界缺陷，萌生微裂纹。阳极反应产生的氢原子扩散到金属内部，与微观特征结构、裂纹尖端应力和塑性应变相互作用，造成应力腐蚀开裂。

3.5.1.2　应力腐蚀开裂的影响因素

影响应力腐蚀开裂的因素主要有：合金成分、冶金因素、环境因素、应力因素等。

（1）合金成分

铝合金的应力腐蚀敏感性随合金的组成成分变化而变化，合金化程度高的、成分复杂的合金往往都有不同程度的应力腐蚀倾向。

对应力腐蚀最敏感的铝合金是 Al-Mg（>3%～5% Mg）、Al-Zn-Mg 和 Al-Zn-Mg-Cu 等。Al-Mg 合金中，随着 Mg 含量的增加，应力腐蚀敏感性增加，当 Mg 含量<3% 时，合金没有应力腐蚀倾向。对于 Al-Zn-Mg、Al-Zn-Mg-Cu 合金，Zn 和 Mg 的总含量及其比例对应力腐蚀敏感性有很大影响。最佳的 Zn/Mg 含量比约为 3，Zn、Mg 总量应<5%，此时铝合金具有良好的耐蚀性。Zn、Mg 总量>5% 时，应力腐蚀的敏感性明显增加。

实践证明，在铝合金中添加少量过渡元素（如 Mn、Cr、Ti、Zr、V 等）是改善铝合金抗应力腐蚀最有效的方法之一，其中 Cr、Zr 的效果最好。对 Al-Zn-Mg-Cu 合金来说，Cr 可以说是不可缺少的添加剂。

（2）冶金因素

冶金因素主要包括铸造方式、加工方式和热处理方式等。不同的冶金因素使得表面膜的类型、内部组织和晶体结构不同，形成了不同的电化学和力学行为表现，导致铝合金应力腐蚀敏感性不同。

热处理决定了合金的相组成，析出质点的分布、大小和密度，以及内应力的大小。一般在固溶状态下，合金具有较好的抗应力腐蚀开裂性能。在随后的时效过程中，强度增加，应力腐蚀敏感性也增加。达到峰值时，抗应力腐蚀性达到最低；进入过时效阶段后，抗蚀性又重新增加。因此，对于应力腐蚀敏感性高的 Al-Zn-Mg-Cu 合金，采用双级时效制度，牺牲 10%～15% 的强度，以获得较好的抗应力腐蚀性能。7B04 铝合金，从峰值时效 T6 状态到过时效 T74、T73 状态，应力腐蚀敏感性依次降低。一般认为经过适当处理的 6061-T6 和 3004 铝合金不会出现应力腐蚀。

同一成分的合金，因其微观组织不同，其应力腐蚀敏感性差别很大。如，经固溶处理的硬铝合金，可以消除晶间腐蚀倾向，但由于合金中存在很大的内应力，存在很严重的应力腐蚀敏感性。硬铝合金含有 Zn、Mg，虽然可以提高合金强度，但会降低抗应力腐蚀性，然而经过人工时效处理后，合金中的 MgZn 相呈断续的聚集状质点分布，该合金便具有良好的抗应力腐蚀性。

（3）环境因素

影响铝合金应力腐蚀的环境因素主要有：离子种类、离子浓度、溶液 pH、氧气及其他气体、缓蚀剂、环境温度等。

铝合金的应力腐蚀主要发生在水环境中，包括潮湿的海洋大气，在醇类、脂类和矿物油类非水液体中也可能会发生应力腐蚀。水溶液中的 Cl^- 等卤素离子会穿过铝合金表面的保护膜进入内部，明显加速应力腐蚀。随着 Cl^- 浓度的增加，SCC 速度加快。

当 HNO_3 溶液的质量分数在 20%～40% 之间时，铝合金的腐蚀加剧，在浓度为 35% 左右时铝合金腐蚀速率达到最高点。而在浓 HNO_3 溶液中，铝合金的应力腐蚀并不明显，出现这种现象的原因是在铝合金表面形成了一层致密的氧化膜，阻止了 HNO_3 的进一步腐蚀。

在中性溶液中，阳极极化加速应力腐蚀破裂。而温度高通常会增加应力腐蚀破裂的敏感性，但过高的温度可能会因为全面腐蚀而抑制了应力腐蚀。

（4）应力因素

应力腐蚀开裂是脆性断裂过程，与晶界相垂直方向必须有应力，以便能够使其分离。通常认为受拉伸应力作用的铝合金比受压应力作用的铝合金对应力腐蚀开裂更敏感。不同的应力作用会产生不同的效果，交变应力和环境共同作用产生腐蚀疲劳，它和固定应力产生的应力腐蚀开裂通常有明显区别。通常腐蚀疲劳比应力腐蚀产生的后果更严重。此外，加载速度的不同也会影响铝合金应力腐蚀的敏感性。

3.5.2 缝隙腐蚀

缝隙腐蚀（crevice corrosion）是狭小的独立空间里沿着金属材料纵深方向产生的快速穿透的一种局部腐蚀形式，多发生于铆接处、螺栓、接头、焊接处等金属间或金属与其他材料间的缝隙内部，以及各种沉积物（砂、渣、沉淀等）下面的区域，如图 3-8 所示。缝隙腐蚀可以发生在容留腐蚀性水溶液的金属表面，也可以发生在能够形成酸性介质浓差电池的缝隙内部。从机理上讲，缝隙腐蚀与点蚀有许多相似之处，特别是在腐蚀生成阶段。

一般认为，缝隙腐蚀是由于金属离子和溶解气体侵蚀溶液中缝隙内外浓度不均匀，形成电位差，形成电化学电池所致，见图 3-9。一旦在有限的空隙内发生电化学反应，并进一步扩展时，凹窝、缝隙内部就变成了阳极，见图 3-10。缝隙活化，形成闭塞状蚀孔，也是一种闭塞电池。

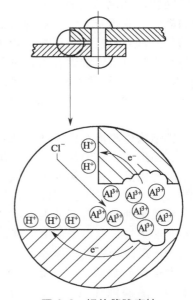

阳极区： $Al \longrightarrow Al^{3+} + 3e^-$

阴极区： $O_2 + 2H_2O + 4e^- \longrightarrow 4OH^-$

由于狭小的缝隙限制了外界氧的扩散，缝隙内介质中的溶解氧在腐蚀发生后耗尽。缝隙外的 Cl^- 迁移进来，

图 3-8　铝的缝隙腐蚀

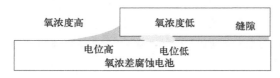

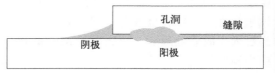

图 3-9　缝隙腐蚀的初期过程	图 3-10　缝隙腐蚀的扩展过程

使 $AlCl_3$ 溶液浓度升高并发生水解：

$$Al^{3+} + 3H_2O \longrightarrow Al(OH)_3 + 3H^+$$

pH 值可以急剧下降为 2～3，铝的氧化膜因此在浓缩的介质中丧失了保护作用。Cl^- 和低 pH 值的共同作用加速了缝隙内铝的溶解速度，也就是加速了缝隙腐蚀进程。

对缝隙腐蚀速率影响最大、起决定性作用的因素是缝隙宽度，它决定氧迁入缝隙内的难易程度。在腐蚀的初期阶段，由于缝隙的宽度较小，腐蚀介质难以进入缝隙，在缝隙内外可形成较高的氧浓度差，缝隙内的铝合金总是处于活化状态，发生自催化溶解，造成铝合金腐蚀速率较快。随着腐蚀时间延长，腐蚀产物脱落，会导致缝隙宽度增大，通过缝隙进入的腐蚀介质也增多，使得腐蚀介质不能处于停滞状态，引起缝隙腐蚀速率下降。当缝隙内遭受腐蚀的活性区消失时，腐蚀速率将下降至恒定值，缝隙腐蚀处于稳定状态。

与不锈钢不同，铝对缝隙腐蚀的敏感性较低。当一个铝螺栓或铆接件长期浸没在海水等液体中时，缝隙通常被铝的腐蚀产物密封，这是铝对缝隙腐蚀敏感性较低的原因之一。不过，仍然要建议尽可能避免在铝件表面使用不规则或起伏的表面结构，这些部位可能会因为容易堆积沉积物而发生缝隙腐蚀。

3.5.3　水线腐蚀

金属结构处于半浸没状态时，在气液界面、水线稍下的部位，由于溶氧量丰富（空气中的氧能迅速溶入补充），经常发生局部和更强烈的腐蚀，而形成一条锈蚀线，称水线腐蚀（waterline zone corrosion）。暴露于较高量的氧气（暴露于空气）的部分成为阴极，而暴露于较少的氧气量的部分（与水接触的区域）成为阳极，见图 3-11。在水位较稳定的水库闸门上经常能看到这种类型的局部腐蚀，用于储存液体（如水）的储罐经常容易发生水线腐蚀。海洋中的铝结构件也会受到水线腐蚀的影响，如船舶未涂装的铝壳上也可以观察到水线腐蚀。

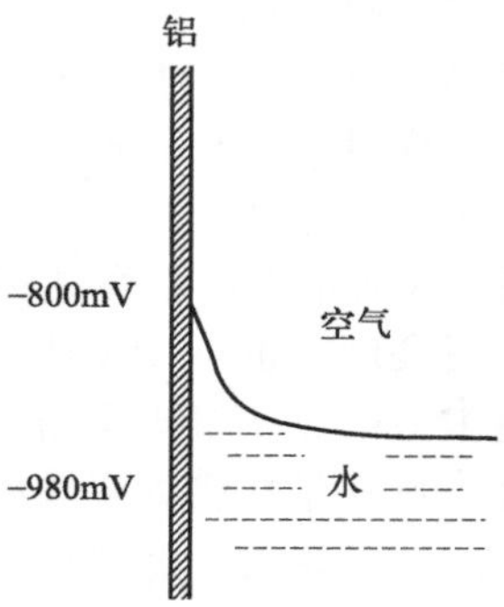

铝结构件浸泡在海水中，水线腐蚀会表现为相当分散的、浅表的点蚀形式，腐蚀深度为零点几毫米。

图 3-11　铝的水线腐蚀

因为铝是一种可钝化的金属，在水线处的电化学行为有别于钢铁。腐蚀首先发生在气液交界的凹面处，这个部分的水膜很薄。已经证明，对于铝来说，影响水线腐蚀的最重要的因素不是氧含量的差异，而是氯离子浓度的差异。水膜最薄处的水蒸发速度更快，氯离子浓度较高，腐蚀电位较低。上部分的液膜越薄，腐蚀电位越低，越容易成为阳极区优先发生腐蚀。

大量调查数据证明，铝合金舰艇船体外壳腐蚀最大值通常在交变水线区，该区域处于干湿交替腐蚀环境下，大大增强了腐蚀介质的侵蚀性，腐蚀速率平均值大致为 0.10～0.15mm/a。

3.5.4　微生物腐蚀

微生物腐蚀（microbiologically influenced corrosion）是指由微生物引起的腐蚀或受微生物影响所引起的腐蚀。微生物腐蚀也是一种电化学腐蚀，所不同的是介质中因腐蚀微生物的繁衍和新陈代谢而改变了与之相接触界面的某些理化性质。微生物细胞新陈代谢的中间产物和/或最终产物以及外酶素都能够引起材料失效。习惯上将细菌腐蚀分为厌氧腐蚀和好氧腐蚀，实际上在生物膜与细菌群体之中，多种菌类是共处的，在发生厌氧腐蚀的同时也在发生好氧腐蚀。其中的细菌腐蚀广泛存在于钢铁、铜、铝及其合金中，如好氧型铁细菌、锰细菌和厌氧型的硫酸盐还原菌所引起的腐蚀，给工业设备、民用设施以及航空航天和航运机器等都造成了不同程度的损失，尤其在石油化工和动力设备方面的经济损失相当严重。参与腐蚀的菌主要有以下几类：硫酸盐还原菌、硫氧化菌、腐生菌、铁细菌和真菌。

微生物腐蚀过程被认为存在以下现象：腐蚀，微生物污泥团以及在厌氧系统观察到的硫化氢、氢氧化铁或氢氧化亚铁的存在。微生物腐蚀对化学过程、石油和船舶工业以及军事活动有重要影响。微生物腐蚀导致的经济损失是巨大的。近几十年对材料微生物腐蚀的大量研究表明，几乎所有常用材料都会产生由微生物引起的腐蚀。

大约在 1950 年，美国空军发现了第一例飞机油箱处的铝的微生物腐蚀案例，主要是由航空煤油中枝孢杆菌的生长引起的。飞机油箱中的游离水及油、水分界面处是微生物繁殖的主要区域。

霉菌等微生物的活动使燃油氧化释放出有机酸，从而改变介质的 pH 值；霉菌还可以把防护涂层中的有机物作为营养源，附着在其上生长繁殖，对其进行破坏从而使其失去防护作用。微生物沉积物通过局部酸化形成阳极，发生氧化反应消耗溶解在煤油和水中的氧。

对于铝来说，没有特定的微生物腐蚀。杀菌剂可用来预防飞机油箱发生微生物腐蚀。

3.6　金属/涂层体系的腐蚀

表面涂装是在多个行业得到了广泛应用的有效防护方法，并对被涂物进行装饰，如建筑铝型材的粉末喷涂、汽车行业轮毂及其他零部件的有机涂层的涂装等。随之而来的在沿海潮湿地区或工业污染的大气环境中涂装体系的腐蚀，包括有机涂层下的丝状腐蚀，也引起了广泛关注。

有机涂层对金属的保护作用：作为固态薄膜屏障，将被保护的金属与环境中的反应物，如水、氧、二氧化碳和离子等隔离起来，使之不易进入涂层/金属界面而腐蚀金属；还能起到切断腐蚀电流的作用；另外，有机涂层还可以作为缓蚀剂的存储器，分散或溶解在涂层中的缓蚀剂缓慢从涂层中释放出来，长期在金属/涂层界面上起抑制腐蚀的作用。

涂层首先应具有很好的黏附性，使其与金属基体表面紧密结合，不发生起皮和脱落，在允许的环境因素变化和一定外力作用下也不易发生剥离和鼓泡。同时，还应具有很好的致密性和抗渗透性，阻止环境介质渗入。在短时间内从宏观上看，涂层的这种机械阻隔和屏蔽作用是十分明显的，但由于涂层组成材料本身及成膜过程的原因，很难使这种复杂体系达到理想状态，特别是从时间和微观上看，涂层组成的不均匀性、微孔、缝隙等在实际中是难以避免的，并将在环境的作用下随时间而逐渐引发和扩展。

关于涂层劣化的研究和报告有很多，很多都是以钢铁为代表研究涂层与底层金属之间的关系，作为涂料基础的有机树脂其耐蚀性和劣化特性具有很多共性，因此对于金属铝表面涂层的劣化过程也有非常大的指导意义，对以下内容中提到的涂层与底层钢铁的关系时可以做辩证的理解和借鉴。

3.6.1 涂装金属的腐蚀历程

涂装金属的腐蚀与未涂装裸金属的腐蚀不同。由于涂装金属与腐蚀环境之间有一惰性膜层，金属受到保护，在涂层未被破坏之前，腐蚀速度要比裸金属慢得多，在腐蚀形态上也有其自身的特点。

Funke 提出了涂层在几种不同条件下的劣化机理：①当涂层的底层钢板上有细小缺陷（孔隙、气孔）时，渗透性或半渗透性腐蚀产物在孔隙的钢板侧面析出，涂膜由于渗透的氧气和水而加速阴极反应和 Fe 溶解过程中的阳极反应，生成鼓泡。②由于机械损伤，涂层中存在明显划痕时，划痕部分作为阳极，溶出的 Fe^{2+} 在划痕的上部被空气氧化成 Fe^{3+} 析出，同时在涂层下稍微远离划痕的部分成为阴极，发生鼓泡和剥落。因为很难用稳定的腐蚀产物膜来覆盖住这种明显的划痕，所以沉淀膜会重复破坏。③丝状腐蚀会在高湿度（65%～95% RH）环境下，涂膜的水渗透性很高，漆膜有缺陷时发生。丝状腐蚀的前端部分为阳极，后端为阴极。④即使在漆膜没有缺陷的情况下，为了稀释涂料中残留的有机溶剂，也会发生水的渗透、鼓泡和剥落，直至发生腐蚀。

涂装金属的腐蚀一般要经历以下步骤：

① 水、离子和氧穿入涂层。单纯的有机涂层并不是一个完美的物理屏障，涂层存在许多缺陷，包括宏观缺陷和微观缺陷。涂层的制备过程中由于各种外界因素会在涂层中留下瑕疵和隐患，出现气泡、阴影和斑点，有机物分子的交联、缩聚，溶剂挥发而使涂层中发生内部密度不均，出现微孔、裂纹缝隙等，这使得涂层对腐蚀介质存在渗透性。另外，有机涂层长时间地暴露在腐蚀环境中，涂层组分的浸出也会导致孔隙形成。

涂装金属在全浸或置于潮湿的大气中时，水、离子和氧会穿入涂层，并以一定的传递速率到达涂层/金属界面，在那里形成发生腐蚀的条件。水穿入的量和在涂层中的传递速率都比氧的大。离子可以随水一起进入涂层。水（或水汽）在界面上或在涂层孔隙中聚集到一定程度，便会在涂层中形成水泡，这往往是涂装金属发生腐蚀的前兆。

② 在涂层中形成导电通路，它是金属基体与本体电解液之间的低电阻通道。这种导电通道是在一定的时间后出现的，它的产生和发展与涂层的化学组成、涂层厚度、质量以及在使用中出现的缺陷等因素有关。

③ 金属表面发生电化学反应：

阳极反应：
$$4Al - 12e^- \longrightarrow 4Al^{3+}$$
阴极反应：
$$3O_2 + 6H_2O + 12e^- \longrightarrow 12OH^-$$

一旦有足够的电解液进到涂层/金属界面，就可以测出明确可辨的腐蚀电位。裸露的铝合金为阳极，缺陷附近完整涂层覆盖处为阴极。随着腐蚀的进行，电解液穿入涂层/金属界面，使金属的暴露面积增加，增大了有利于阴极反应的面积，使腐蚀电位更偏向于正方。当涂层受到严重破坏时，腐蚀电位开始负移，最后在涂层完全破坏时降到裸金属的腐蚀电位。

④ 当腐蚀发生时，在低电阻底部金属表面上小体积内的离子浓度增大，固体腐蚀产物在金属表面上生成。腐蚀产物的组成与进入的水、氧、离子的量有关，对较薄的涂层，氧进入的量较多；较厚的涂层，氧进入的量较少。

⑤ 金属的溶解促使腐蚀区的 pH 值下降。腐蚀溶解产生的闭塞微区内液体与本体液体相隔离的情况下，与点蚀、缝隙腐蚀等情形相似，闭塞的微区内液体化学成分受酸化催化作用而发生变化，pH 值下降，使局部腐蚀强度增大。有所区别的是：涂层下闭塞腐蚀电池的阳极反应和阴极反应都是发生在封闭的体积内。阳极腐蚀点的 pH 值低，稍离开腐蚀点的剥

离阴极区的 pH 值高。

⑥ 在阴极区产生的高 pH 值和在阳极区产生的低 pH 值都对聚合物膜层造成损害。阳极溶解使得金属与涂层之间的附着力下降，使缺陷涂层周围失黏以及形成渗透压，引起水的集聚导致涂层起泡。而阴极区界面上氧化层被阴极反应所产生的碱溶解后，破坏了涂层与基体之间的键而产生剥离；高 pH 值也会导致界面上高聚物被局部侵蚀。

关于水分子通过涂膜到达涂膜/钢材料界面形成初始液膜的情形，参见图 3-12 所示的三种情况。

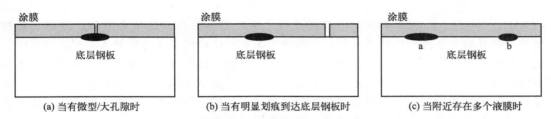

图 3-12　涂膜/钢材界面上液膜的形成以及阳、阴极分离

图 3-12(a) 是当涂膜中存在细小孔隙时的情况，由于孔隙是传质的途径，外部的水和氧气的持续供应及伴随着腐蚀的溶出金属离子向外部扩散，腐蚀也会一直持续进行。但是当有许多这样的孔隙时，若相邻孔隙之间会产生一定的电位差，则阳极反应和阴极反应占主导地位。

图 3-12(b) 为涂层的底层钢板存在缺陷或划痕的情况。在漆膜下的液膜处，由于氧的供应而发生阴极反应，划痕处则成为阳极。划痕以外的部分，大部分都成为阴极。

图 3-12(c)，虽然对于每个涂层下的液膜区而言，腐蚀反应都是独立进行的，但如果它们之间有轻微的电位差，会形成阳极和阴极。由于溶液的电阻比涂膜的电阻小得多，所以浸没在溶液中的状态下，可以在相当大的区域内形成阳极和阴极对。在涂膜上进行划痕试验或当涂层钢板断面未涂装的部分发生大气腐蚀或干/湿反复试验的腐蚀时，由于涂层表面液膜的电阻比涂层的电阻更大，形成的剥落、鼓泡（阴极）靠近划痕（阳极）；而由于盐雾试验可以在涂层表面形成厚的液膜或完整液膜，与全浸泡于液相内的情形相似，表面液膜电阻小于涂层内电阻，阴极可以形成在远离划痕（阳极）的地方，也就是说即使在远离划痕的位置，也会出现阴极鼓泡。

一般而言，涂层的渗透性取决于涂料配比、应用以及固化过程。极性基团多、支链少、交联密度大、结晶度高、成膜刚性强的高聚物，有利于形成结构紧密的涂层，减少介质扩散。增加涂层厚度及涂装次数可以避免涂层的不均匀性或减少微孔率，更好地阻挡介质的扩散。改变涂料极性，采用与介质极性不同的高聚物，以增加疏液性，也可使渗透性减小。

3.6.2　涂装金属腐蚀的形态

3.6.2.1　起泡

起泡是涂层的保护性能受到了破坏的首要信号之一。泡是在涂层失去了对基体的黏合性后在局部范围内产生的，呈半球状凸起，其中可能聚集了水。一般是发生腐蚀的前兆，是常见的漆膜缺陷。涂装后的铝合金制件在腐蚀环境中发生起泡是非常普遍的现象。

发生起泡的原因一般有：

① 由于润胀引起涂膜体积膨胀而起泡。高聚物涂层暴露于水或电解质水溶液中通常会吸收 0.1%～3% 的水，从而引起润胀，当这种润胀发生在局部就形成泡。涂层/吸收的水即

使不真正润胀，也会聚集在涂层/铝基体、颜料/树脂等内部界面。吸收如此少量的水所产生的应力由松弛过程解除，有可能生成泡。当然，润胀引起的涂膜体积膨胀也可能形成皱折而不生成泡。

② 由于气体夹杂或气体生成而起泡。在涂层形成过程中和在实施阴极保护时，由于涂层中有挥发性成分存在或生成，涂层下金属表面因电解作用析出气体，都会产生泡。由于涂料配制或施工原因产生的泡应该分布在整个涂层中，不一定仅位于界面上，这与其他原因产生的起泡很容易区别开来。

③ 电渗透起泡。当高聚物涂层与电解质溶液接触时，高分子链上的极性基团，如—COOH、—OH、—NH$_2$ 等发生电离或进行离子交换，使高聚物带上电荷，因而高聚物涂层是一种具有离子选择性的半透膜，水溶液中带相反电荷的离子容易渗入涂层。除脲醛等少数类型外，多数高聚物在水溶液中带负电，具有阳离子选择性。当涂层下有局部腐蚀电流产生时，在电位梯度作用下，溶液中的阳离子渗入涂层形成腐蚀电流，水化阳离子带走一部分水，在阳极区发生脱水，阴极区则从外部得到水。这种电渗透的结果是在阴极区产生了水泡。反之，如果涂膜具有阴离子选择性，则会在阳极区产生水泡。

方志刚等人研究了 5083 铝合金环氧涂层连续浸泡在 3.5%NaCl 溶液中的情况，涂层电阻明显下降，涂层孔隙率和吸水体积分数均逐渐增加，环氧涂层中环氧官能基团在电解质溶液中发生水解，水解形成的羟基和氨基等亲水基团以及涂层中存在的孔洞等缺陷，进一步促进电解液的渗透，加速涂层的劣化。金属基体表面腐蚀反应会促进涂层与基体剥离，腐蚀产物在涂层内累积，也会导致涂层内孔隙和缺陷增多，促进涂层劣化。

④ 渗透起泡。由于铝在涂装前表面处理不干净，在涂层/金属基体界面上存在着杂质残留。渗入涂层的水进入界面与可溶性杂质形成浓溶液，因此产生很大的渗透压，水便不断渗入涂膜而形成水泡。水泡中的渗透压可高达 2500～30000kPa，比涂膜抗变形的阻力（7～40kPa）大得多。渗透起泡是涂层起泡最常见的原因。

3.6.2.2 坑蚀

坑蚀是指涂膜下发生了阳极溶解反应，使涂膜从金属基体上分离的一种涂装金属的腐蚀形态，是涂装金属遭受腐蚀破坏最重要的一种形式，又叫阳极坑蚀。

铝对阳极坑蚀特别敏感。涂装铝板作为阳极会出现坑蚀，而作为阴极不会发生膜下腐蚀。

电偶效应和缝隙腐蚀的原理也可以对阳极蚀坑的形成做出解释。

3.6.2.3 阴极剥离

涂装的金属设备如船舶、海上平台和地下管道，以及盛水溶液的大型槽罐的内壁常采用阴极保护手段防止腐蚀。阴极保护不理想的后果之一是有缺陷的涂层处，由于阴极反应而失去附着力，涂层会从金属上分离，这种现象称为阴极剥离。它主要是由于阴极吸氧反应所产生的高 pH 值，对涂层/金属界面之间结合力起了破坏作用，在没有外加电流时，由于涂层下局部腐蚀电池作用，也会产生阴极剥离的破坏。

阴极剥离是引起涂装金属腐蚀的一种特别形态，它破坏了涂层对金属的附着力。

目前获得的所有证据均表明，阴极剥离过程之所以发生是由于阴极反应产生了高 pH 值，一些实验证据表明强碱环境会侵蚀界面上的氧化物或涂层高聚物。

在有机涂层和金属之间的界面上氧化层的溶解，破坏了涂层和金属基体之间的键，高 pH 值导致了界面上高聚物被局部侵蚀。可以观察到氧化物是局部地被还原了，但在整个剥离带，还原是不完全的，因而可断定氧化物的还原不是阴极剥离过程必然的先兆。剥离发生后，在金属表面上还存在的有机物可以是氧化产物，或者是留在表面上的有机物的后吸附物。

　　在自然浸泡的状态下，阳极和阴极处都会发生涂膜劣化和膜下腐蚀。对一个浸泡在氯化钠溶液中涂有环氧涂层的钢板进行阳极极化和阴极极化试验，结果证明，阴极极化后的涂层钢板增重明显比阳极极化后的多，两种极化的涂层剥离面积都与通过电量成比例增加，但阴极极化的剥离面积比阳极极化的多 20～100 倍。

　　如图 3-13 所示，在阳极，溶解生成的 Fe^{2+} 向涂层外移动，Cl^- 向涂层内移动，由于界面的溶液量很少，当 Fe^{2+} 达到饱和，形成 $Fe(OH)_2$、Fe_3O_4 沉淀和 H^+。在阴极处，O_2 的还原反应，使 OH^- 增加，电荷通过 Na^+ 和 OH^- 的移动来传输。阴极极化时，碱金属离子伴随电流移到涂层/金属表面，伴随着 O_2 的还原生成的 OH^- 形成高浓度的碱溶液，从而形成很高的渗透压，引起水的加速渗透，阴极剥离的面积远远大于阳极极化时的剥离面积，就跟此有关。涂层金属在碱金属氯化物中阴极剥离程度，按 $CsCl>KCl=NaCl>LiCl$ 顺序递减，这与这几个碱金属氢氧化物的溶解度排序一致，而在碱土金属盐中则几乎不发生阴极剥离。

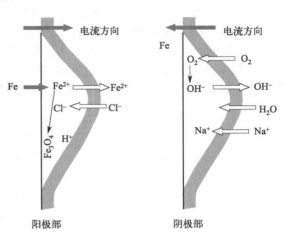

图 3-13　阳极部、阴极部的涂膜剥离、鼓泡时传质

3.6.2.4　丝状腐蚀

　　丝状腐蚀（filiform corrosion）是指涂装金属在腐蚀过程中产生纤维状的丝（或线）的一种腐蚀形态，它是一种特殊形式的阳极坑蚀。丝状腐蚀一般在潮湿环境下出现，发生在金属材料的涂层下，且在金属表面呈线型不断向前延伸生长，一般向基体金属纵向生长的深度很浅，也被称为膜下腐蚀。丝状腐蚀的外观形貌见图 3-14。

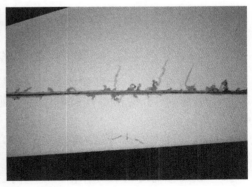

图 3-14　丝状腐蚀的外观形貌

　　丝状腐蚀一般不会对金属材料结构产生太大的影响，但会损坏金属制品的表面形貌，使需要保持良好外观的涂膜受到破坏，在食品容器的内涂层下发生的丝状腐蚀会严重影响制品的质量。丝状腐蚀也可能发展成缝隙腐蚀甚至点蚀，在特定的环境下也可能引发应力腐蚀。

　　丝状腐蚀在涂装的设备、设施或机器零部件上可被观察到，如在兵器工业中的药筒涂膜下、沿海地区或海上服役的航空器涂膜下、建筑用的铝型材涂膜下以及汽车铝轮毂涂膜下等较容易发现。

丝状腐蚀作为一种典型的阳极破坏的电化学腐蚀现象，腐蚀一般从涂膜的切割边缘或局部损伤处等缺陷部位开始。几乎不引起材料的重量损失，但它破坏晶界和晶粒之间的结合力，引起力学性能降低，因此它是结构铝合金中危险性最大的腐蚀破坏形式之一。

如图 3-15 所示，铝合金丝状腐蚀的特征主要有：

① 丝状腐蚀发生在铝合金表面涂层的破损处，腐蚀方向沿破损处呈方向不定的线状腐蚀移动；对于轧制或者挤压铝合金，腐蚀丝优先沿轧制或挤压方向生长。

② 铝的丝状腐蚀所产生的"丝"呈长条结节状，腐蚀痕迹不会出现交叉，如果腐蚀痕迹以锐角相遇就会合并为一条，当一条腐蚀痕迹的"头部"遇到另一条腐蚀痕迹的"身体"时，这条腐蚀痕迹的"头部"就会发生偏移或者受到抑制。

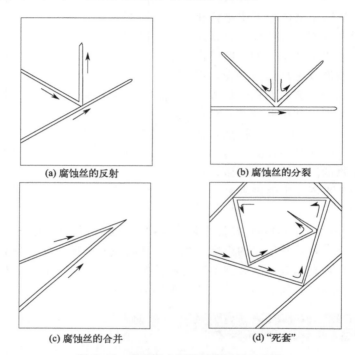

(a) 腐蚀丝的反射　　　　　　　　　　(b) 腐蚀丝的分裂

(c) 腐蚀丝的合并　　　　　　　　　　(d) "死套"

图 3-15　腐蚀丝之间相互作用的示意图

③ 腐蚀丝可分为一个可移动且充满电解液的头部和由干燥多孔的腐蚀产物组成的尾部。头部又可分为不对称的前部和后部，其中前部含有低 pH 值的溶液，促进铝合金作为阳极溶解。

④ 丝状腐蚀需要在一定的潮湿环境中，并且一般有盐类存在。潮湿环境的湿度需要在 $65\%\sim95\%$ 范围内。

⑤ 丝状腐蚀需要有氧气存在，发生的是需氧反应，因而在惰性气氛下不存在丝状腐蚀。腐蚀痕迹产生的速度和大小与涂层的物理性能和种类没有很大关系。

3.6.3　丝状腐蚀的反应机理

丝状腐蚀的发生可分为两个阶段：引发或活化阶段、生长和发展阶段，如图 3-16 如示。

（1）丝状腐蚀的引发或活化阶段

涂层有缺陷的薄弱部位所产生的涂层与金属基体之间的剥离界面，氯化物通过与铝合金

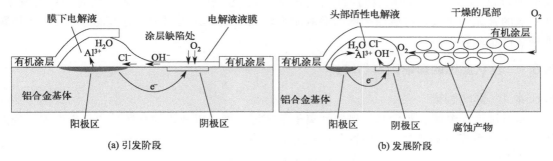

图 3-16 铝合金丝状腐蚀机理

氧化膜反应生成水溶性氯氧铝络合物来破坏铝的钝化性，进而在铝合金表面产生氯化铝或部分水解的氯化铝。在高湿度下，这些盐在薄液膜中溶解，形成能够支撑腐蚀的电解液。钝化层的破坏通常是局部性的，从而形成了点蚀。在点蚀向缺陷周边涂层下方进行迁移的过程中，一旦形成了氧浓差电池，缺氧区成为阳极，其周边区域变为阴极，丝状腐蚀即可被激发。

如图 3-16(a) 所示，氧通过裸露铝合金表面的薄液膜传输到金属表面，在贫氧的金属-电解液-涂层界面上发生铝的阳极溶解反应：$Al \longrightarrow Al^{3+} + 3e^-$

而在缺陷处富氧的铝合金表面发生阴极氧还原反应：$O_2 + 2H_2O + 4e^- \longrightarrow 4OH^-$

随着阳极反应的进行，Cl^- 将迁移到涂层下，以保持电中性，而水将通过渗透作用被引入，从而产生电解液液滴。

（2）丝状腐蚀的生长和发展阶段

在氧浓差电池的影响下，腐蚀丝向远离涂层缺陷的方向传播。

在腐蚀丝头部，前部阳极区（缺氧区）所生成的高浓度 Al^{3+} 向后部的阴极区（富氧区）迁移，与阴极还原反应生成的 OH^- 结合。Al^{3+} 的逐步水解最终导致不溶于水的腐蚀产物沉淀生成，并生成游离酸，由此形成很低的 pH 值区。

$$Al(H_2O)_6^{3+} \Longrightarrow Al(H_2O)_5OH^{2+} + H^+$$
$$Al(H_2O)_5OH^{2+} \Longrightarrow Al(H_2O)_4(OH)_2^+ + H^+$$
$$Al(H_2O)_4(OH)_2^+ \Longrightarrow Al(H_2O)_3(OH)_3 + H^+$$

在很前沿的头部因贫氧和低 pH 值，还会在一定程度上使竞争性的阴极析氧反应 $2H^+ + 2e^- \Longrightarrow H_2$ 发生，并有少量的氢气析出。

在尾部区域留下的铝腐蚀产物缓慢地失水，并转化为多孔的水合氧化铝（$Al_2O_3 \cdot xH_2O$）。由于进入的水的稀释作用 pH 值降到了 4 左右。

O_2 通过水合氧化铝传输相对容易，这使得氧浓差电池得以维持；阴极区和阳极区之间的腐蚀电位差导致氯离子不断向前部迁移，这使得所有的氯离子始终存在于头部；另外，通过渗透作用，所有的液态水也保留在头部。如此形成一个自催化过程，使丝状腐蚀过程持续进行下去，在相当远的距离内不断扩展。

随着腐蚀不断地向前延伸生长，腐蚀产物累积，涂膜拱起，形成一条犹如头发丝状的腐蚀痕迹，腐蚀丝的宽度主要取决于引发或活化阶段初期电解液滴的大小，在延伸生长过程中宽度变化不大，主要是长度的增加，一般大约以 0.15～0.4mm/d 的速度由引发点向前延伸发展，踪迹宽度一般为 0.1～0.5mm。

氧的浓度决定着丝状腐蚀的走向，丝状腐蚀的前端活性头是向贫氧区发展的。因此，丝状腐蚀的生长环境需要同时满足电解质、水分和氧气能源源不断地供应，尤其在空气相对湿度范围为60%～95%、涂层表面或环境中有吸湿性盐类作为电解质时，丝状腐蚀极易发生。如果氧的补充受阻或丝状腐蚀头部的渗氧能力增加（例如遇到另一个涂层破损处），丝状腐蚀将会停止或者转向。

3.6.4　丝状腐蚀的影响因素与防护

3.6.4.1　影响因素

相对湿度、温度、氧含量、腐蚀性离子等环境因素，以及铝的材质、铝的表面前处理方法、涂层体系等因素都对丝状腐蚀具有明显的影响。

（1）湿度

丝状腐蚀一般在环境相对湿度为60%～95%时容易发生。但当涂层表面有吸湿性盐类如氯化物盐类时，即使环境相对湿度较低，丝状腐蚀也会发生。然而当环境相对湿度高于95%时，丝状腐蚀会缓慢生长直至停止发生，因为当环境相对湿度高至95%时，空气中的氧气含量会相应下降，从而大幅降低腐蚀反应的速度。

Hahin认为，铝在相对湿度为75%～95%、温度为20～40℃时易发生丝状腐蚀，相对湿度为85%时，腐蚀丝生长速度最快。实验室条件下，当使用盐酸作为丝状腐蚀的引发剂时，30%的相对湿度也能引发丝状腐蚀。当相对湿度值高于96%时，丝状腐蚀转变为涂层起泡。Le-Bozec研究了温度、相对湿度和干湿循环等因素对涂层铝合金6016丝状腐蚀起始和扩展的影响，发现在5～50℃的温度范围内，丝状腐蚀随温度的升高显著增加，而相对湿度和干湿循环对丝状腐蚀的影响受到其他参数（如预处理、涂层系统和温度等）的强烈制约。丝状腐蚀在75%～95%的相对湿度范围内最为严重，在某些涂层体系中，当相对湿度为85%时，丝状腐蚀最为严重。经过钛锆预处理的样品在干湿循环试验中的丝状腐蚀程度要比在恒定相对湿度下的试验结果严重。

（2）温度

根据丝状腐蚀的产生机理可确定温度和相对湿度是影响丝状腐蚀的主要因素。温度升高，分子运动加剧，腐蚀速率加快。由阿伦尼乌斯定律可知，温度每升高10℃，反应速率可提高2～3倍。同时温度升高电解质溶液的导电率也相应增加，从而加快电化学腐蚀反应的速率。

温湿度联合作用对丝状腐蚀的交互影响比单一湿度的影响更为显著，其中以温度40℃、相对湿度70%和温度20℃、相对湿度95%两种组合情况为最适宜产生丝状腐蚀的环境。

（3）氧含量

氧含量是影响丝状腐蚀的主要因素，当环境中的氧体积分数为35%时就能较快地加速丝状腐蚀。50%左右的氧含量能最有效地促进丝状腐蚀。

（4）活性离子

环境介质中，特别是含氯离子的电解质溶液，其渗透、吸附与水解作用，对丝状腐蚀具有特殊的影响。

铝合金丝状腐蚀过程的一个关键步骤是腐蚀性离子对铝合金表面钝化层的破坏。未经表面预处理的铝合金基体表面只有一层极薄的氧化铝膜，不仅耐腐蚀能力差，而且与涂层的结合力也不高。因此，铝合金表面预处理主要是从提高表面钝化层的耐蚀性和涂层的附着力这两个方面来增强耐丝状腐蚀能力。

（5）涂层

几乎所有的涂层，如溶剂漆、水性漆、清漆和色漆以及金属漆都可以发生丝状腐蚀。只是不同的漆种丝状腐蚀速率略有不同。电泳漆的腐蚀丝较细，而溶剂型较粗。

涂层的性质对丝状腐蚀的程度和特点也有一定的影响，透水、透气性强的涂层对丝状腐蚀特别敏感。由于脆性较大，被腐蚀过程产生的压力所破坏的涂层，失去了截留湿气的能力，往往产生孔蚀。

（6）表面处理

铝合金丝状腐蚀过程的一个关键步骤是腐蚀性离子对铝合金表面钝化层的破坏。合适的钝化处理有延缓丝状腐蚀的效果，关键在于其工艺和钝化膜质量。主要是从提高表面钝化层的耐蚀性和涂层的附着力这两个方面来增强耐丝状腐蚀能力。

一些研究者已经证实，在进行涂层涂装前对含有近表面变形层的铝合金进行刻蚀（酸或碱），可以控制丝状腐蚀敏感性增加的问题。铝合金经铬酸阳极氧化、铬酸盐转化或铬酸盐-磷酸盐转化处理后，可以有效地抑制丝状腐蚀的发生。杨欢等发现对 6063 铝合金进行磷酸锌盐的磷化前处理方法比采用磷酸铁盐磷化后耐丝状腐蚀性能好，Ti-Zr 系钝化预处理后铝合金的耐丝状腐蚀性能弱于铬化预处理。Spoelstra 等对铝合金 3005、3103 和 6063 进行硫酸阳极氧化处理，并通过洛克希德试验研究了多孔层厚度对丝状腐蚀行为的影响，发现硫酸阳极氧化处理可用于防止铝合金的丝状腐蚀，而且所有铝合金的丝状腐蚀都是随着多孔层厚度的增加而减弱。

（7）基体金属

丝状腐蚀仅在钢铁、铝和镁等少数金属的有机涂层下生长。很明显，造成丝状腐蚀的根本原因还是在于底材的物理性质。例如，铝是对丝状腐蚀最敏感的金属之一，但铝中的铜含量超过 12％时，就能有效地抑制丝状腐蚀。

3.6.4.2　丝状腐蚀的抑制及防护

（1）调整环境参数

防止丝状腐蚀的最可靠方法是将大气相对湿度降低到 60％以下，从而使腐蚀丝的丝头脱水，其他方法只能延迟但不能完全防止丝状腐蚀的发生。但对于暴露在自然环境中的铝合金结构来说，降低相对湿度显然是不切实际的。然而对于在室内储存的物品而言，通过控制湿度来抑制丝状腐蚀的发生，仍然是最直接的方法，例如，密封包装、使用干燥风扇和恒湿器或者在狭小的密闭空间内添加干燥剂等。另外，通过优化结构设计以达到更好的排水效果或者完全阻止水分进入，也能有效地预防丝状腐蚀的发生。

（2）改进表面预处理方法

金属间化合物可以在热轧和退火过程中分散、沉淀和结块，因此，可以通过改进热处理工艺来改善铝合金表面的非均质性，减轻合金元素在结晶过程中出现的偏析，减少铝表层化合物的生成，以提高其耐丝状腐蚀性能。肖钢等通过实验发现，在热轧前对铝合金进行均匀化处理能够大大减少铝合金中 $MnAl_6$ 的偏析，H14 比 H24 的热处理状态，更能够有效地提高 3004 和 3005 铝合金的耐丝状腐蚀能力。

化学刻蚀、化学转化和阳极氧化是目前常用的几种表面预处理方法。酸蚀或者碱蚀可以有效地消除铝合金近表面变形层的影响。传统的铬酸盐处理曾经得到广泛的使用，并且已被证明可以有效地提高铝合金耐丝状腐蚀能力，但 Cr(Ⅵ) 的潜在致癌性质使其应用受到了限制。学者们研究了多种无铬化学转化方法，如基于铈和镧盐、磷酸盐、Zr-Ti 以及 Cr^{3+} 转化层的预处理，也有学者采用蒸汽法制备铝合金表面氧化层，但多数情况下还不能达到铬酸盐转化的效果。对 A356 铸铝进行不同类型的表面处理后，测量自腐蚀电流，见表 3-5。可见，经过不同的表面处理工艺处理的铝合金，其丝状腐蚀速率不同。铬化处理优于钛锆化处理，碱洗、酸洗有利于铝合金耐丝状腐蚀性能的提高。

表 3-5　A356 的动电位极化扫描模拟测量结果

处理方式		涂层	自腐蚀电流密度/(A/dm²)
清洗	钝化		
丙酮除油＋碱洗＋酸洗	铬化	聚酯	4.21×10^{-7}
丙酮除油＋碱洗	铬化	聚酯	4.59×10^{-7}
丙酮除油	铬化	聚酯	6.88×10^{-7}
丙酮除油＋碱洗＋酸洗	钛锆化	聚酯	11.3×10^{-7}

目前效果最好、应用较为广泛的是阳极氧化处理，在阳极氧化预处理的涂层中没有发生丝状腐蚀的实例，即使是薄如 $1\mu m$ 的阳极氧化膜也能起到防止丝状腐蚀的作用。虽然铬酸阳极氧化和磷酸阳极氧化的效果比硫酸阳极氧化更好，但是其处理过程复杂，因此硫酸阳极氧化法的应用范围最广。一些学者通过向硫酸溶液中添加其他酸类（如硼酸、酒石酸等）或者稀土材料等对传统硫酸阳极氧化法进行了改进，取得了较好的效果。如空中客车公司开发了硼酸-硫酸阳极氧化法，波音公司开发了酒石酸-硫酸阳极氧化法。

近年来，部分学者研究了环境友好型的硅烷溶胶-凝胶（sol-gel）预处理方法应用于电泳涂层 6016 铝合金丝状腐蚀防护的可能性。这种方法中，有机硅烷分子通过溶胶凝胶法被应用于金属表面，作为金属基材与电泳涂层之间的偶联剂。结果表明，使用这种方法时，固化温度对电泳涂层的性能有较大影响，虽然电泳后的样品具有很好的阻隔性能和较弱的吸水能力，但是对丝状腐蚀速率的影响轻微。

（3）使用优化涂层

涂层影响丝状腐蚀的机理目前还不清楚，多数学者认为有效地阻止丝状腐蚀依赖于涂层与金属基体的适当黏附，这在很大程度上取决于表面预处理过程。然而，Delplancke 等认为涂层的附着力和力学性能都不能单独决定其耐丝状腐蚀的能力。Liu 的研究表明，虽然附着力在抑制腐蚀产物剥离涂层并进而影响丝状腐蚀传播方面发挥了重要作用，但涂层附着力的增加并不能保证涂层的耐丝状腐蚀性能，它必须与其他因素（如金属基体的反应性）相结合，以抑制腐蚀丝的传播。

由于丝状腐蚀通常从涂层的不连续处开始，因此应通过采用正确的涂装工艺避免涂层缺陷，并尽可能有效地对边缘涂覆涂层，防止涂层厚度在边缘处明显下降。另外，使用低渗透性涂层和多层涂层能够减缓水分的渗透，而且多层涂层能够有效抵抗机械磨损，使涂层具有更少的渗透和缺陷部位。

为了避免对汽车成形板引入昂贵的磨削后蚀刻或清洗工艺，研究人员开发了溶解在聚乙烯醇缩丁醛基体中的苯基膦酸涂层。涂层中的颜料影响涂层的渗透性，也可作为丝状腐蚀抑制剂。Williams 和 McMurray 比较了涂层内不同的阳离子和阴离子交换颜料对有机涂层 2024-T3 铝合金丝状腐蚀的抑制效率，结果可为耐丝状腐蚀性能新涂层的开发提供依据。

目前对涂层耐丝状腐蚀性能的评价主要依靠开展标准丝状腐蚀试验来完成，而且鉴于表面预处理对丝状腐蚀的重要影响作用，需要将基体金属-预处理层-涂层作为一个整体来评价，单独对涂层进行评价是无意义的。

3.6.5　附着力对涂装金属腐蚀的作用

在涂装金属的所有工艺性质中，涂层对基体的附着力是最重要和具有决定意义的。涂层的防腐蚀性能主要决定于涂层对基体表面的附着力，故附着力的好坏直接影响涂层的有效使用和工作寿命。如果没有附着力，涂层只不过是一层包裹基体表面的膜而已，而如果涂层能牢固地黏合在基体上，就能赋予基体许多物理特性，再加上涂层本身良好的化学惰性，就能使它成为一个持久性的保护表面。

涂层的附着力除受涂层本身的各种化学和物理的因素影响外，还严重地受周围环境的影响，最有害的环境因素是水。当涂层暴露在高湿条件下，或浸泡在水中，原先金属表面的活性点与涂膜中的极性基团之间的吸附补水分子的介入和置换取代，有时会导致严重地失去附着力，因此，在评定附着力对防腐蚀性能影响时，用干态下测得的附着力数据是不够的，还需要测试湿附着力。高的干态附着力并不能保证涂膜耐蚀性，实际上是湿态附着力在发挥作用。当鼓泡的力大于湿附着力时，表现为起泡，反之不表现为起泡。所以涂层在湿态下的抗变形能力越强，即湿态刚性越大，涂层变形的挠性越低，在破坏的局部有更多的附着力在抵抗剥离，就越不易起泡，反之越容易起泡。

3.6.5.1 涂装金属腐蚀过程与附着力的关系

要了解涂层起泡这种破坏历程，重要的是要知道它们的外观与附着力的关系如何。对于各种类型的涂层体系，在起泡之前，在整个涂层的暴露面积上的附着力总会有很大的降低。在此阶段，由于界面区仍为中性，明显的膜下腐蚀尚未开始，金属表面具有其正常的光亮外表，也没有可察觉的可溶金属化合物的痕迹，这时残余的附着力仍高到足以使涂层保持在小泡生成的邻近部位上。

这一简单现象具有一些有趣的启示。显然，暴露在高湿下或液态水中无缺陷有机涂层附着力的降低，不会立即和不断地引起涂层完全剥离，存在着一个附着力降低的中间阶段，在此阶段，当把涂层体系干燥时，有可能部分恢复附着力。这种附着力的恢复常在文献中提到，并已成为油漆工艺中的实际经验。曾有报道称，涂层体系在经历一轮浸泡/干燥后，附着力可能降低其原始值的15%，在经历二十轮浸泡/干燥后降低50%。

考虑到涂膜在剥离时尺寸的改变和界面区普遍存在的杂质痕迹，或低分子量物质的重新分布，一旦涂膜与基体完全分离了，哪怕在很小的程度上要使它们在一定位置上互相作用或再黏合在一起也是不可能的。因此，涂层在剥离以后，要使附着力恢复到任何有实际意义的程度，看来是做不到的。但是，在附着力受界面水的影响而降低的阶段，附着力的恢复则有可能，即这种影响在一定程度上具有可逆的性质。

与金属腐蚀有关的涂层破坏，起根本作用的被认为是金属表面上的天然氧化物溶解，在阴极上生成的氢氧根离子，以及由此而产生的靠近金属基体的涂层的皂化。

暴露在腐蚀环境中的涂层/金属界面上的另一种情况是阳离子向阴极区的扩散，这是为了平衡在阴极腐蚀反应中生成的氢氧根阴离子所带的负电荷所必需的。阳离子如 Na^+ 经涂层的扩散是一个相当慢的过程。有些实验证实，阳离子也会从缺陷处侧向地向涂层/金属界面中的阴极区扩散，这种扩散路径比经过膜要长得多，且要受到附着力的阻碍，但对于暴露在水中的涂层，其附着力降低了，就将使阳离子经界面扩散变得较为容易。

涂装金属的腐蚀会由于湿附着力的不良而发生和发展。有机涂层覆盖下的金属表面上的电化学腐蚀，只有在局部阴极和局部阳极通过电解液连通后才有可能发生，如果没有附着力的减弱，这种电解液的连通则是不可能的。一旦涂层达到了破坏阶段，最后便会以电化学和物理-化学的机理发生剥离。当漆膜中有缺陷（如小孔或裂痕）和离子存在，在开始时常常会较快地发生阴极剥离，并伴以邻近部位的起泡。在湿附着力不良的情况下，由于物理-化学剥离的扩展，可以预料（取决于涂层体系的通透率），涂层迟早会发生完全破坏。

3.6.5.2 有和无附着力涂装金属腐蚀情况的对比

有机涂层对金属基体的附着力存在三种基本类型，即化学键、分子间力和机械键力。通常至少有两种这样的键力在一起作用，使涂层牢固地黏合在金属表面上。

机械键力是一种与表面粗糙度或基体锚状结构有关的嵌锁作用而形成的机械力，一般来说表面越粗糙，真实表面面积越大，可以咬合涂层的锚点就越多。有机涂层与金属表面如能形成化学键，无疑是一种最有效和最牢固的结合。化学键一般为共价键，也可是离子键。分子间力包括范德瓦耳斯力、氢键和酸碱相互作用力（Lewis 酸碱）。

一项以钢铁做试验对象的，关于有无附着力的涂装金属的腐蚀情况对比研究，我们可以用来参照理解附着力对于涂装铝材的腐蚀影响。

试验中制作了有和无附着力的两种涂装钢样，有附着力的膜是将乙烯-丙烯酸清漆直接涂在钢样上；而无附着力的膜是先将该清漆涂在玻璃板上，然后浸入去离子水中，将它从玻璃上剥下，干燥后，将其四周用胶黏剂黏结在同种钢板上，制成暴露面积相等的试样。试验时，将两种试样浸泡在充空气的 3％NaCl 溶液中，保持 24℃恒温。目视观察两种试样腐蚀情况的变化，并在 800h 内的一定时间间隔下测量电位随时间的变化。无附着力的试样在开始 10h 内就观察到了腐蚀的开始，而在有附着力的试样上则约在 25h 后才发生腐蚀。发生的腐蚀现象是首先观察到了钢铁表面颜色的变化，先出现蓝色，随后由黄、橙、棕至黑，表现复杂，试样的不同部位在不同时间开始腐蚀。

电位的变化是受漆膜电阻和阳极/阴极面积比影响的，而电位突然下降（负移）通常与阳极面积范围增大有关。表面颜色变蓝、黄、橙、棕应与阳极活性有联系，阳极活性越大，则金属溶解越多，离子浓度就越大，颜色变化便越深。电位降到约$-700mV$（vs. SCE），与漆膜发生了破裂有关，与之伴随的是开始发生更为严重的腐蚀。电位下降到$-700mV$，与裸露的低碳钢在 NaCl 溶液中的腐蚀电位一致。

在无附着力的试样上发生了宏观分开的阳极区和阴极区，并在较大面积上经历了表示阳极活性的颜色变化。在这种试样上的漆膜在金属表面上的所有部位上铺得不是很平，可以看到明显的阳极区是金属和漆膜之间的小凹口，还可以看到一些部位上的膜从金属表面轻微地隆起。在这些部位上没有看到颜色的变化，表明没有阳极活性，它们可能是阴极区。有附着力的涂装试样能阻止腐蚀性物质沿金属/涂层界面扩散，故在这种试样上看到的是较小的阳极区，没有观察到清漆膜的剥离。

有附着力的涂装钢在 500～750h 后清漆膜破裂了，随之便是较为广泛散开的腐蚀。而无附着力的试样是在 300～450h 之间清漆膜即发生破裂，前者比后者开始发生大面积腐蚀的时间要推后许多。

3.6.5.3　水的去黏合作用

当涂装后的金属暴露在高湿环境中或浸泡在水溶液中时会失去附着力，这种情况有时候会非常严重。一种看法是水穿入涂层/金属界面引起了附着力的降低，水分子进入涂层后破坏了涂层/金属界面上的化学键、氢键或极性键；另一种看法认为水进入涂层/金属界面产生的机械力将涂层与金属分离。

水的去黏合作用与水在涂层中的扩散、在涂层/金属界面上聚集、形成水膜相关。

水在涂层中经致密的高聚物网格由于链段热运动产生的孔洞，以不规则的路径迁移，或者经涂层中存在的沟槽、毛细管或孔隙迁移。这种迁移的驱动力主要是浓度差，渗透作用、温差、电位差以及水在界面氧化物上的吸附也可能引起水在界面上的聚集。

界面上存在的裂缝、未被高聚物润湿的局部、高分子链段或极性基团所引起的表面键生成和破坏而产生的孔洞等，这些方面的原因会导致界面非黏合区的形成。足够大的非黏合区容许局部形成水溶液相，可能是水在界面聚集的重要原因。

（1）影响水去黏合作用的因素

影响水去黏合作用的因素主要有：暴露时间、温度、金属基体特性、涂层类型等几个方面。

试验和经验证明，附着力随着暴露时间增加而降低，暴露达到一定时间后则会完全失去附着力。一般认为，涂层失去附着力的速率决定于水穿过涂层的速率；另外，温度升高时，浸泡于水中的涂装金属更快地失去附着力。

金属基体的特性对浸泡在水溶液介质中的涂层保持附着力的能力起了重要作用。不同的金属用不同的涂料涂装后的试样暴露试验结果见表3-6，试验结果表明，金属和涂层体系的差异对暴露于水中保持附着力的时间都有影响。

表 3-6　不同金属上各种涂层失去附着力所需时间　　　　　　单位：h

金属	丙烯酸树脂	聚丁二烯	聚氨酯	硅酮醇酸
铝	3	>170	>170	>170
铜	>170	>170	>170	>170
镍	3	145	1	6
低碳钢	3	170	15	25
铅	>170	>170	50	>170

注：1. 用胶带拉开法测试附着力；

2. 暴露溶液为室温下 pH 值为 7 的缓冲溶液。

涂层作为保护金属防止腐蚀的屏障，对水去黏合作用的影响也比较大，阻碍水穿过涂层的能力主要跟涂层的类型和涂层通透性相关，不同的涂料类型决定了涂膜的吸水性、化学亲和性、交联密度、固化程度等性能。

涂漆前表面钝化处理方法不同也会对水的去黏合作用产生一些影响。在凝水环境下暴露500h 后，除油后的铝/涂层附着力比除油前的高，喷砂后的铝/涂层附着力比喷砂前的高。经过硅烷化预处理的铝彩涂板，其水煮试验的结果明显比不经预处理的好，硅烷偶联剂可以改善铝/涂层体系的湿附着力，聚丙烯酸等其他类型的偶联剂也有类似的作用。

（2）减小水去黏合作用的方法

从涂层方面来考虑，如增大涂膜厚度、使用阻挡性好的颜料、选择憎水性好的高聚物，可以显著降低水的通透速率，以减小水的去黏合作用。

增强涂层与金属表面之间极性键的共同作用可以提高涂层的湿附着力。由于水分子与极性基团有很强的亲和力，有机会不断地干扰极性键合。如选用高玻璃化温度的高聚物黏合剂增加黏合的刚性或交联密度，可以减少水分子对它们相互黏合的干扰。当水分子要破坏一个极性键时，就不得不同时破坏相邻的许多极性键的结合。

对金属表面进行喷砂处理、磷化、铬化、硅烷化等钝化处理可以增大涂层对基体的附着力，以抵抗水的去黏合作用，也是一种改进措施。某些有机杂化的钝化预处理膜，增加它们的交联密度，或者增加预处理膜中化学键的密度，也增加了水去黏合的难度，也有同样的效果。

3.6.5.4　阴极剥离

阴极剥离是涂装金属遭到破坏的一种常见形式。覆盖了涂层的金属表面可以变为阴极区，并可催化涂层下的阴极反应。这种反应可以是阴极保护中的阴极极化，也可由腐蚀来诱发。阴极反应产物会对涂层和基体之间的键有不利影响，并使涂层从基体上分离。

阴极剥离的机理非常复杂，并随涂装体系不同而变化，目前提出来的有以下三种主要的阴极剥离机理，都有支持者和反对者：

① 涂层在界面上分离，即涂层发生了附着力的破坏或界面被水置换，从而使涂层从金属表面上分离。

② 内聚力破坏和涂层的解聚，涂层本身的物理和化学结构受到了破坏。

③ 金属上氧化物的溶解。在有机涂层和金属之间界面上的氧化膜被阴极反应所产生的碱溶解后，涂层与基体的结合被破坏而产生剥离。高 pH 值还导致了界面上高聚物被局部侵蚀。

一般认为，在有空气存在的腐蚀过程中，阴极剥离的主要动力是下述阴极反应：

$$H_2O + \frac{1}{2}O_2 + 2e^- \Longrightarrow 2OH^-$$

有缺陷的涂装金属，在无氧时不会引起显著的剥离，而在有氧时则会发生显著的剥离。

发生在剥离前沿的阴极反应所产生的 OH^- 对有机涂层/金属基体之间的键起主要的破坏作用。剥离前沿的 pH 值由以下因素决定：

① 阴极反应的速率：该速率决定于反应物的有效利用率和表面的催化活性。它决定了单位时间内有多少 OH^- 生成，还决定于 OH^- 的浓度。

② 剥离前沿的形状：氢氧根离子在金属表面上产生，并提供给溶液相。如果基体和涂层间的交角小，则有效体积小，pH 值就会高。反之，则水溶液相的有效体积较大，pH 值就比较低。

③ OH^- 从剥离前沿离开的扩散速率：氢氧根离子从它们生成区扩散的速率对 pH 值也是一个关键的因素，这个速率在一定程度上由紧挨着剥离前沿的液层厚度决定。当液层厚度为离子直径的小倍数时，扩散较慢。

④ 缓冲反应：在高 pH 值下，铝的氧化物水解反应（$Al_2O_3 + H_2O \Longrightarrow 2AlO_2^- + 2H^+$）所产生的 H^+ 会中和生成的 OH^-。其他可能的缓冲反应有与高聚物反应而净失氢氧根离子的，或由环境介质中其他组分引起的缓冲反应。

减小阴极剥离应使阴极反应不易在金属/涂层界面上发生，或增强界面的抗碱侵蚀的能力。

① 金属表面应当被完整紧密的涂层覆盖，这样可以限制反应物进到界面，减小 OH^- 生成的速率。

② 阴极反应所需的电子由外电源或腐蚀过程阳极半反应提供，在铝基体/涂层界面上存在一层导电性不良的膜层，如阳极氧化膜，可以减少到达界面的电子数，腐蚀反应速率就会降低。

③ 粗糙的金属/涂层界面可以改善基体与涂层的黏合，还可能使扩散到 OH^- 释放区的阳离子走曲折的道路，阳离子的迁移变得更困难，就会降低腐蚀反应速率。

④ 发生剥离过程是界面上的金属基体或有机涂层受侵蚀的结果，更耐碱蚀的金属基体和耐碱蚀的高聚物涂层有助于减少阴极剥离的可能。

参考文献

[1] 田尻，胜纪，王秩信. 铝及其合金的腐蚀与防蚀 [J]. 设备管理与维修，2000，7：38-40.
[2] 陈兴伟，等. 电偶腐蚀影响因素研究进展 [J]. 腐蚀科学与防护技术，2010，22（4）：363-366.
[3] 刘道新. 材料的腐蚀与防护 [M]. 西安：西北工业大学出版社，2006.
[4] 徐丽新. 铝的点蚀行为 [J]. 宇航材料工艺，2002，32（2）：21-24.
[5] Szklarska-Smialowska Z. Pitting corrosion of aluminum [J]. Corrosion Science，1999，41（9）：1743-1767.
[6] 万晔，金雨楠，申轩宇. 浅述铝合金点蚀的研究进展 [J]. 材料保护，2020，53（8）：133-144.
[7] 杨丁. 铝合金纹理蚀刻技术 [M]. 北京：化学工业出版社，2006.
[8] Vargel C. Corrosion of Aluminium [M]. Elsevier Science，2004：124.
[9] Zheng Y Y. Luo B H，Bai Z H，et al. Study of the Precipitation Hardening Behaviour and Intergranular Corrosion of Al-Mg-Si Alloys with Differing Si Contents [J]. Metals，2017，7（10），387-399.
[10] 王慧婷，史娜，刘章，等. 6xxx 系铝合金表面腐蚀及其防腐的研究现状 [J]. 表面技术，2018，47（1）：

160-167.

[11] Robinson M J. The role of wedging stresses in the exfoliation corrosion of high strength aluminium alloys [J]. Corrosion Science, 1983, 23 (8): 887-899.

[12] Liu T Y, Robinson J S, Mccarthy M A. The influence of hot deformation on the exfoliation corrosion behaviour of aluminium alloy 2025 [J]. Journal of Materials Processing Technology, 2004, 153: 185-192.

[13] Kelly D J, Robinson M J. Influence of heat-treatment and grain shape on exfoliation corrosion of Al-Li alloy 8090 [J]. Corrosion, 1993, 49 (10): 787-795.

[14] Mcnaughtan D, Worsfold M, Robinson M J. Corrosion product force measurements in the study of exfoliation and stress corrosion cracking in high strength aluminium alloys [J]. Corrosion Science, 2003, 45 (10): 2377-2389.

[15] Reboul M C, Baroux B. Metallurgical aspects of corrosion resistance of aluminium alloys [J]. Materials and Corrosion, 2011, 62 (3): 215-233.

[16] Cabot P L, Garrido J, Conde A, et al. Effect of the addition of Cr and Nb on the microstructure and electrochemical corrosion of heat-treatable Al-Zn-Mg alloys [J]. J. App. Electrochem, 1995, 25: 781-791.

[17] 苏景新, 张昭, 曹发和, 等. 铝合金的晶间腐蚀与剥蚀 [J]. 中国腐蚀与防护学报, 2005, 25 (3): 187-192.

[18] 张卫文, 许峰, 费劲, 等. 梯度复合铝合金的缝隙腐蚀研究. [J]. 材料保护, 2006, 39 (5): 1-3.

[19] 朱祖芳. 有色金属的耐腐蚀性及其应用 [M]. 北京: 化学工业出版社, 1995.

[20] 刘洋. 铝合金应力腐蚀开裂的研究进展 [J]. 北京联合大学学报, 2006, 3: 31-35.

[21] 刘万雷, 常新龙, 张有宏, 等. 铝合金应力腐蚀机理及研究方法 [J]. 腐蚀科学与防护技术, 2013, 25 (1): 71-73.

[22] 方志刚, 韩冰. 铝合金舰艇腐蚀控制技术 [M]. 北京: 国防工业出版社, 2015.

[23] 黎完模, 宋玉苏, 邓淑珍. 涂装金属的腐蚀 [M]. 北京: 国防科技大学出版社, 2003.

[24] 水流彻. 腐蚀电化学及其测量方法 [M]. 侯保荣, 等译. 北京: 科学出版社, 2018.

[25] 方志刚, 贾芳科, 左禹, 等. 5083 铝合金环氧涂层盐水浸泡失效研究 [J]. 表面技术, 2015, 44 (7): 86-91.

[26] 张杨广, 陈跃良, 卞贵学, 等. 铝合金丝状腐蚀研究综述 [J]. 表面技术, 2020, 49 (12): 116-126.

[27] 韩福余. 铝合金表面丝状腐蚀机制的研究 [D]. 秦皇岛: 燕山大学, 2015.

[28] 黎完模, 宋玉苏, 邓淑珍. 涂装金属的腐蚀 [M]. 北京: 国防科技大学出版社, 2003.

第 4 章
铝合金腐蚀的影响因素

关于铝和铝合金腐蚀行为的基本理论观点基本上都是以金属钝化理论为基础的。钝化理论认为，铝合金的腐蚀行为取决于合金的稳定电位是处于合金或组织组成物（无析出区、析出区、金属间化合物等）的阳极极化曲线中的哪个区域。稳定电位位于击穿电位区（见图 4-1 的 Ⅲ 区），金属会发生腐蚀。

任何能促使合金的稳定电位向击穿区（Ⅲ 区）移动并使钝化状态破坏的因素，均能使铝和铝合金的耐蚀性降低，而能使稳定电位向钝化区（Ⅱ 区）移动的因素，则能使耐蚀性提高。

铝的设备或构件应避免与其他金属直接接触，不能在含有重金属离子的介质中使用，当溶液中含有电位较正的 Fe^{2+}、Ni^{2+}、Cu^{2+} 等时，会加速铝的腐蚀。一般的铝合金也不抗氯化物腐蚀，抗垢下腐蚀性能差。

大多数的介质对铝的腐蚀可以大体分为三类：

① 全面腐蚀，例如各种酸、碱、汞盐、液体氟化氢、氯仿（三氯甲烷）等，铝在其中是不稳定的。

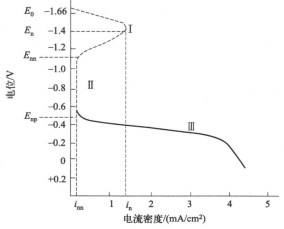

图 4-1　铝在 3%NaCl 溶液中的阳极静电位曲线

E_0—平衡电位（1.66V）；E_n—钝化电位；
E_{nn}—完全钝化电位；E_{np}—击穿电位；
i_n—极限钝化电流；i_{nn}—钝化状态的电流

② 局部腐蚀，例如氯化钠溶液、有机酸、硝酸等，铝在其中的稳定性是有条件的。铝和低合金化的铝合金在大气条件下或在含氯（硼或碘）离子的中性水溶液中，最典型的腐蚀形式是点腐蚀。

③ 不腐蚀，一般 pH 5～8 的环境中铝氧化膜是稳定的，因此铝在其中是稳定的，例如大多数食品。

腐蚀是一种非常复杂的现象和过程，影响腐蚀行为的因素很多，它既与铝本身的某些因素，如化学组成、结构、表面状态、变形及应力等有关，又与腐蚀环境，如介质的 pH 值、组成、浓度、温度、压力、溶液的运动速度等有关。了解这些因素，可以帮助我们去综合分析生产实践中的各种腐蚀问题，从而有效地采取防腐蚀措施，做好钝化处理。有的时候，我们还可以主动利用铝的腐蚀来达到某种目的，比如说铝件的蚀洗。

4.1 铝的氧化膜

铝的标准电位很低（-1.66V），是一种比较活泼的金属，其表面形成氧化膜的能力非常强，以至于刚刚清洗好的样品放入水中也将生成氧化膜。铝在空气中极易氧化生成致密而坚固的氧化膜（Al_2O_3），其厚度约为5～15nm，该氧化膜阻碍了活性铝表面与大气中腐蚀介质的接触，使铝及其合金具有较好的耐蚀性。随着大气中停放时间的延长或大气中湿度的增大，氧化膜增厚。铝和铝合金在大气中停放5年后的氧化膜厚度约为5～200nm（因合金和湿度的不同而不同）。通过化学氧化、阳极氧化等方法可以人工生成较厚的氧化膜，铝和铝合金在不同条件下生成的氧化膜厚如表4-1所示。

表 4-1　铝和铝合金在不同条件下生成的氧化膜厚

成膜条件	氧化膜厚/μm	成膜条件	氧化膜厚/μm
自然氧化膜	0.005～0.015	阳极氧化膜	3～30
化学氧化膜	2.5～5	厚膜阳极氧化膜	30～250

铝的电极电位在很大程度上取决于氧化膜的性能，凡能改善氧化膜致密性、增加氧化膜厚度、提高氧化膜绝缘性的因素都有助于铝及其合金耐蚀性的提高。反之，不管是机械的，还是化学的，会降低铝氧化膜的厚度、致密性、完整性、绝缘性的因素都会使铝的耐蚀性下降。

铝的氧化膜具有很好的稳定性，其在酸性介质和中性介质中的稳定电位与标准电极电位之间存在明显差别。在清除金属表面时，例如在3％NaCl溶液中去掉氧化膜后，会使电位向负方向移动670mV（从-0.551V移到-1.221V）。

金属氧化物的体积 V_{MeO} 与消耗的金属体积 V_{Me} 之比称为 P-B 比（pilling-bedworth ratio），是氧化膜完整性的一个重要判据，也是氧化膜内产生生长应力的主要因素之一。铝的氧化物为 Al_2O_3，它的 P-B 比为1.28，这表示铝很容易形成完整的氧化膜。对于 P-B 比在1～2之间的金属，其表面氧化物膜中会产生一定程度的压应力，膜比较致密，耐蚀性强。而 P-B 比小于1的金属，生成的氧化膜不能完全覆盖整个金属表面且疏松多孔，这类氧化膜的保护性差，例如碱金属或碱土金属的氧化物，其中 MgO 的 P-B 比为0.84。P-B 比大于2的金属，氧化物膜的内应力过大，容易造成膜破裂，保护性也很低，如 MoO_3 氧化膜的 P-B 比为3.4。

铝的氧化物具有良好的化学稳定性，不易反应；铝氧化膜的组织结构致密、缺陷少，介质在其中扩散系数小，电导率低，可以有效阻碍腐蚀介质；铝的氧化膜还有一定的强度和塑性，与基体结合牢固，不易剥落；铝的氧化膜与基体的热膨胀系数差异小。这些都是氧化膜具有保护性的必要条件。

铝在介质环境中，其表面氧化膜的存在可以看作是两个相反作用平衡的结果，即形成氧化膜的作用和溶解氧化膜的作用之间的动力学平衡的结果。

在大气中生成的自然氧化膜与阳极氧化膜一样由两层组成，内层氧化膜是靠近金属的极薄的非晶态紧密层（阻挡层）。在任何温度下，只要金属铝与空气或氧化介质相接触，就会形成这一层氧化层；其极限厚度只受环境温度影响，而与环境成分（空气、氧气或湿空气）没有关系。它在几毫秒内就能迅速生成，这意味着铝在成形或机加工操作时被局部破坏了自然氧化膜后，氧化膜将立即重新出现，即使是在通风不良的情况下。而外层氧化膜的厚度一般比内层膜的厚度大得多，是由更具有渗透性的羟基氧化物组成。羟基氧化物是由氧化物水解产生的，因此外层氧化膜的厚度与环境成分有关系，高的温度和湿度有利于外层氧化膜的生长。图 4-2(a) 为铝的自然氧化膜。而实际情况下，铝表面的组成和状态会更复杂，在铝基体/氧化膜/介质界面还存在：晶粒尺寸和取向不同的基体、晶间析出物、不均匀的氧化膜、机械变形裂隙、无机或有机污染物等。图 4-2(b) 是铝表面状态的示意图。

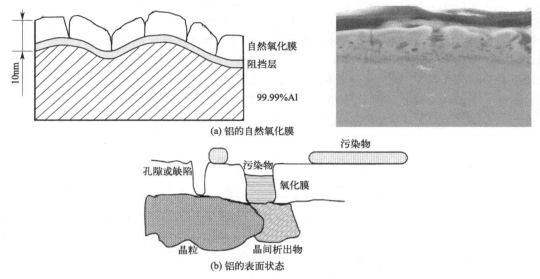

图 4-2　铝的自然氧化膜和表面状态

铝在常温下生成的氧化膜虽然结构不完全相同，但基本上可以认为是无定形的非晶态化合物，而高温生成的氧化膜可能是晶态的氧化铝，例如，450℃以上生成 $\gamma\text{-Al}_2\text{O}_3$，而熔融状态生成高温相 $\alpha\text{-Al}_2\text{O}_3$，不同结构氧化膜的耐蚀性是不相同的，$\alpha\text{-Al}_2\text{O}_3$ 具有更好的耐蚀性和耐磨性。表 4-2 为铝氧化膜的组成和结构。

表 4-2　铝氧化膜的组成和结构

生成条件	膜的组成	膜的结构和特征
自然氧化	$\alpha\text{-Al}_2\text{O}_3 \cdot \text{H}_2\text{O}$、$\beta\text{-Al}_2\text{O}_3 \cdot \text{H}_2\text{O}$、$\alpha\text{-Al}_2\text{O}_3 \cdot 3\text{H}_2\text{O}$、$\beta\text{-Al}_2\text{O}_3 \cdot 3\text{H}_2\text{O}$	非晶态膜
80～200℃水中	$\alpha\text{-Al}_2\text{O}_3 \cdot \text{H}_2\text{O}$ 或 AlOOH	晶态膜
>200℃水中	Al_2O_3	晶态膜，内层致密，外层疏松
阳极氧化	复合氧化物	内层阻挡层，外层多孔六方体单元，非晶态膜

另外，比铝活泼的金属 Li、Mg、Be 等在最外层表面生成自身的氧化膜。

铝的氧化膜由于机械损伤或化学溶解发生的破坏，在大部分情况下可以立即自行修复，其修复能力的大小取决于环境湿度，这种自修复能力称为氧化膜的"自愈性"。铝及铝合金的耐蚀性决定于这层氧化膜的完整性与自修复能力，当环境中的氧或氧化剂足以使氧化膜中的任何破损得以修复时，铝及其合金便具有了优良的耐蚀性能。铝在淡水、海水、浓硝酸、各种硝酸盐、汽油及许多有机物中都具有足够的耐蚀性，在大气中铝的耐蚀性更优于黄铜和碳钢。

铝表面的这层氧化膜在卤素离子或碱离子的激烈作用下会受到破坏。氧化膜中原先存在缺陷处，可能就是氧化膜被优先破坏的成核位置。铝合金在介质溶液中发生破坏同时又可以再"修复"，但卤素离子妨碍再钝化过程，使得缺陷成为氧化膜破坏的成核中心位置，因此氧化膜的局部缺陷破坏就可以是铝表面腐蚀的开始。也可以反过来说，铝和铝合金的腐蚀起始于其表面氧化膜的破坏。由于铝的耐腐蚀性取决于氧化膜的完整性和保护性，因此氧化膜在环境中的稳定性是首先需要关心的问题。

拜耳体（bayerite）和勃姆体（boehmite）是铝氧化物最常见的两种存在形式。在比较低的环境温度下，生成的氧化物多数是拜耳体 $[Al_2O_3 \cdot 3H_2O$ 或 $Al(OH)_3]$，而在比较高的温度下，则生成以勃姆体 $[Al_2O_3 \cdot H_2O$ 或 $AlO(OH)]$ 为主要成分的氧化物，勃姆体具有更强的耐腐蚀性。

4.2 材质

4.2.1 合金成分

纯铝的纯度对铝的腐蚀行为有显著影响，纯度越高均匀腐蚀的倾向越大。以铝在盐酸和氢氧化钠溶液中的腐蚀为例，铝的纯度和热处理状态对腐蚀速率的影响见表 4-3。

表 4-3 铝的纯度和热处理状态对铝在 HCl 和 NaOH 溶液中的腐蚀速率的影响

铝的纯度/%	热处理状态[①]	腐蚀速率/[g/(m²·d)]		铝的纯度/%	热处理状态[①]	腐蚀速率/[g/(m²·d)]	
		1.2%NaOH	20%HCl			1.2%NaOH	20%HCl
99.998	Ⅰ	187.2	6.1	99.88	Ⅰ	884.4	36180[②]
	Ⅱ		5.3		Ⅱ		11760
	Ⅲ		4.6		Ⅲ		6960
99.99	Ⅰ	696	112.2	99.57	Ⅰ	1300.2	72600[②]
	Ⅱ		4.8		Ⅱ		41700[②]
	Ⅲ		4.4		Ⅲ		30600[②]
99.97	Ⅰ	884.4	6540[②]	99.2	Ⅰ	1614.6	187200[②]
	Ⅱ		1224		Ⅱ		123600[②]
	Ⅲ		225.6		Ⅲ		121200[②]

① Ⅰ为热加工状态（360℃）；Ⅱ为淬火状态（Ⅰ＋575℃加热后＋水淬）；Ⅲ为退火状态（Ⅰ＋575℃加热后＋随炉冷却）。

② 试样厚度 1~2mm，表面积 200cm²，试样腐蚀 24h 后几乎全部溶解。

纯铝的主要杂质是 Fe 和 Si。Fe 和 Si 杂质含量高时，虽能提高强度但降低了塑性、电导率、抗蚀性并使氧化膜容易破坏。

工业上使用的铝材，很少是纯铝，主要是铝的合金，由于铝合金的化学成分及组织不同，它们的耐蚀性各不相同，不同牌号的铝合金耐蚀性甚至可能差别很大。合金元素对铝和铝合金耐蚀性的影响同样也是一个复杂的问题。因为这不仅与合金元素的电极电位有关，还与合金元素的存在形式（固溶体或者金属间化合物相）、合金元素的加入量等诸多因素有关。

铝中加入合金元素主要目的是获得较高的物理性能和工艺性能，靠合金化的方法来提高铝的耐蚀性的可能性较小，一般来说铝合金的耐蚀性很少能超过纯铝。但是铝中的某些合金元素和杂质、不同的组织状态、内应力和外应力、腐蚀介质的性质和温度，都对铝和铝合金的腐蚀性能有重大影响，例如，杂质铜能严重地降低铝在 3%NaCl＋0.1%H₂O₂ 溶液中的耐蚀性，杂质硅和铁的影响较小（见表 4-4）。因此，在需要考虑铝合金耐蚀性能的时候，必须要考察合金成分对耐蚀性能的影响，或者说，需要以一定的合金元素来调整合金的耐蚀性。

表 4-4　杂质铁、硅和铜对铝的腐蚀速率的影响

Cu 含量/%	重量损失/[mg/(cm² · d)]	Fe 含量/%	重量损失/[mg/(cm² · d)]	Si 含量/%	重量损失/[mg/(cm² · d)]
0.05	0.015	0.004	0.0016	0.051	0.0023
0.20	0.036	0.100	0.0019	0.190	0.0025
0.66	0.048	0.660	0.0035	0.890	0.0039

大多数合金元素或杂质都能与铝形成金属间化合物，这些化合物具有不同的电化学性能。能使铝强化的合金元素主要有铜、镁、锌、锰、硅等；补加的合金元素有铬、铁、钛等；为特殊目的而少量加入的有铍、铋、硼、铅、镍、磷、锌、锡、锑等。它们对耐蚀性的影响大致如下：

铜——铜会急剧降低铝的耐蚀性，并增大点蚀倾向，其具体影响取决于它在合金中的含量、存在形式及分布。铜的电极电位比铝正得多，是强阴极性元素。高纯铝中加入 0.1% 的铜后腐蚀速率提高了 1600 倍。如要考虑铝的耐蚀性，铜的含量必须严格控制。

镁——镁的加入有好的影响。固溶状态的镁电极电位与铝十分接近（略负），因此在中性和酸性溶液中对耐蚀性影响很小，而且镁的加入使铝对海水有更好的耐蚀性。Al-Mg 合金是一种防锈铝合金，且可提高对碱性溶液（如石灰水和碳酸钠溶液）的耐蚀性；不过高镁合金，由于在热处理中易于在晶界析出电位更负的 Mg_2Al_3，可能会引起晶间腐蚀和应力腐蚀。

锰——加入锰对铝的耐蚀性有较好的影响。锰在铝合金中主要以 $MnAl_6$ 相存在，而 $MnAl_6$ 相和铝有着相同的自然电极电位，几乎没有电位差，少量的锰往往还会提高合金的耐蚀性。因为能生成 $MnFeAl_6$，从而部分消除含铁的强阴极性相（如 $AlSi_2Fe$ 等），进而增强了耐蚀性。所以 Al-Mn 合金是重要的防锈铝合金之一，在有些合金中加入少量锰，可获得较好的耐应力腐蚀能力。

硅——硅使铝合金的耐蚀性有所降低。随硅量增加，耐蚀性降低，具体影响在不同铝合金中因其形态和分布不同而不同。Al-Si 铸造铝合金中，过量的硅以片状存在，成为微阴极，不利于耐蚀；在合金中含有硅和铁时会形成 FeSiAl 系金属间化合物，成为强阴极性相，对耐蚀性影响很大。而对于可热处理的 Al-Mg-Si 合金，时效处理后生成的 Mg_2Si 相，对合金耐蚀性影响不大。

锌——锌对铝合金的耐蚀性影响不大，但固溶 Zn 会降低腐蚀电位，随着锌元素的增加，抗应力腐蚀和剥蚀性也会随之下降。

铬——一般铬的加入量仅有 0.1%～0.3%，有助于提高耐蚀性，可以改善某些合金的抗应力腐蚀性能。

铁——铁对铝来说也是强阴极性元素，对铝合金的耐蚀性的影响仅次于铜。故对合金的耐蚀性要求高时应控制铁的含量。铁在铝中溶解度十分小，过剩的铁往往生成 $FeAl_3$ 阴极相，形成微电偶。

镍——镍有降低耐蚀性的趋势，但较铜和铁的影响小。

钛——钛对耐蚀性能影响很小，加钛主要是为了细化晶粒。

锡——锡略微降低耐蚀性。

耐蚀铝合金主要有 Al-Mg、Al-Mn、Al-Mn-Mg、Al-Mg-Si 四种。

铝中加入镁、锌、锰、硅、铁这些元素后，铝合金的电极电位也随着变动。铝合金的耐蚀性与合金中各种相的电极电位有很大的关系。一般基体相为阴极相，第二相为阳极相，其合金有较高的耐蚀性；若基体相为阳极相，第二相为阴极相，则第二相电极电位越高，含量

越多，铝合金腐蚀越严重。

铝合金中各种常见相的电极电位列于表4-5。

表4-5　铝合金中固溶体/化合物在 NaCl-H_2O_2 溶液中的电极电位

铝合金	固溶体或化合物	电极电位/V	铝合金	固溶体或化合物	电极电位/V
5000 系	β(Al-Mg)或 Mg_2Al_3	−1.24	1000 系	Al(99.95%)	−0.85
	α(Al-Mg)或 Mg_5Al_8	−1.07	3000 系	$FeMnAl_{12}$	−0.84
7000 系	Al-Zn-Mg(4%$MgZn_2$ 固溶体)	−1.07	6000 系	Al-Mg-Si(1%Mg_2Si 固溶体)	−0.83
	β(Zn-Mg)或 $MgZn_2$	−1.05	4000 系	Al-1%Si 固溶体	−0.81
	Al-4%Zn 固溶体	−1.05	其他	$NiAl_3$	−0.73
	Al-1%Zn 固溶体	−0.96	2000 系	Al-2%Cu 固溶体	−0.75
5000 系	Al-7%Mg 固溶体	−0.89		Al-4%Cu 固溶体	−0.69
	Al-5%Mg 固溶体	−0.88		θ(Al-Cu)或 $CuAl_2$	−0.73
	Al-4%Mg 固溶体	−0.87		θ(Al-Fe)或 $FeAl_3$	−0.56
	Al-3%Mg 固溶体	−0.87	其他	NiAl	−0.52
3000 系	α(Al-Mn)或 $MnAl_6$	−0.85		Si	−0.26

注：电解质：53g/L NaCl＋3g/L H_2O_2；参比电极：0.1mol/L 甘汞电极。

由表4-5和表4-6中数据可见，与纯铝相比，含 Zn、Mg 的固溶体为阳极，而含 Cu 的固溶体为阴极；Mg_5Al_8 及 $MgZn_2$ 为阳极；$CuAl_2$ 及 $FeAl_3$ 为阴极；$MnAl_6$ 及 Mg_2Si 与纯铝的电位几乎相同。因此，Al-Mg 和 Al-Mn 合金具有较高的耐蚀性，而 Al-Cu 合金耐蚀性能不好。硅与铝的电位虽然相差甚远，但在复相合金中抗蚀性能仍然很好，这是由于有氧存在或在氧化介质中，在合金表面生成有保护性的 Al_2O_3＋SiO_2 氧化膜。

在固溶体分解过程中所析出的金属间化合物，或者由于改变了合金的稳定电位，或者由于析出物在合金的稳定电位下具有大的溶解速度，而对合金的耐蚀性能产生不利的影响。

表4-6　金属和金属间化合物经 24h 腐蚀后的稳定电位（相对于氢电极）　　单位：V

固溶体和金属间化合物	电位 E_B		固溶体和金属间化合物	电位 E_B	
	3%NaCl	3%NaCl＋1%HCl		3%NaCl	3%NaCl＋1%HCl
Al	−0.515	−0.526	Zn	−0.794	−0.776
Al+0.8%Cu	−0.440	−0.475	Ti	+0.164	−0.087
Al+6.1%Cu	−0.412	−0.470	Cr	+0.202	+0.097
Al+1.52%Ni	−0.508	−0.481	Si	−0.137	−0.103
Al+1.47%Mg	−0.548	−0.530	Mn	−0.852	−0.842
Al+5.64%Mg	−0.662	−0.550	Ni	+0.038	+0.009
Al+0.64%Mn	−0.507	−0.486	Fe	−0.371	−0.305
Al+1.55%Si	−0.505	−0.515	$CuAl_2$	−0.517	−0.382
Al+0.2%Fe	—	−0.527	Mg_2Al_3	−0.930	−0.864
Al+1.07%Zn	−0.627	−0.610	Al_2CuMg	−0.673	−0.430
Al+6.06%Zn	−0.780	−0.714	Al_2MgLi	−1.151	−0.934
Ai+0.34%Cr	−0.496	−0.503	Mg_2Si	−1.250	—
Al+0.1%Ti	−0.514	−0.524	$FeAl_3$	−0.261	—
Mg(纯的)	−1.389	−1.426	$NiAl_3$	−0.210	—
Mg(工业纯的)	−1.341	−1.406	$MnAl_6$	−0.582	—
Cu	+0.035	+0.039	$MgZn_2$	−0.786	—
Cd	−0.500	−0.533	Al+1.1%Fe	—	−0.527

根据各化学元素成分比例的不同，可将变形铝合金分为 8 个系列，表4-7列出了它们可能遭受的腐蚀类型。

表 4-7　变形铝合金可能发生的腐蚀类型

系列	腐蚀类型				
	点蚀	均匀腐蚀	晶间腐蚀	剥蚀	应力腐蚀
1000	×	×			
2000	×	×	×	×	×
3000	×	×			
4000	×	×	×	×	×
5000	×	×	×		
6000	×	×			
7000	×	×		×	×
8000	×	×			

我们从腐蚀的角度来说明下面几个系列铝合金的应用。

① 铸造铝合金。含硅不含铜的合金，如 Al-Si7Mg、Al-Si10Mg，具有很好的抗大气腐蚀性能。在海洋或工业环境中暴露 10 年后，铝硅合金上的点蚀深度不超过 $200\mu m$。Al-Si7Mg 合金的抗应力腐蚀性能也很不错。由于含硅量较大，经蚀洗后的铝表面常常呈灰色，难以用常用的化学/电化学方法进行光亮处理。

含镁的铝合金具有优异的抗海洋腐蚀性能，常常被用于海面上的铝制部件。

含铜的铸造铝合金，它们的耐腐蚀性则差强人意，在没有防护的情况下，应避免使用这类铝合金，尤其在海洋环境中要注意这点。

② 1000、3000、5000 和 8000 系列不可热处理的铝合金。1000 系列、3000 系列和 5000 系列这些可应变硬化的铝合金，有良好的耐腐蚀性能，适用于建筑、运输等行业的设备对电阻有要求的场合。

1000 系列铝合金抗大气腐蚀性能好。在同系合金的成分范围内，铁和硅的含量对该系列铝合金的耐腐蚀性没有明显影响。

3000 系列 Al-Mn 铝合金、5000 系列 Al-Mg 铝合金不可热处理强化，因此强度较低，通常通过加工硬化来提高强度及硬度。但这类合金主要性能特点是具有优良的耐蚀性，故称为防锈铝。一般在退火或冷加工硬化状态下使用，它具有高塑性、低强度、优良的耐腐蚀性能及焊接性能，易于加工成形，并具有良好的光泽和低温性能，适于制造在腐蚀环境下工作的受力不大的零件。Al-Mn 合金代表是 3003、3104、3105，3003 使用比较广泛，3104 一般使用在易拉罐罐身，3105 常用于房屋隔断、挡板、薄板成形件。加入 Mn 可以改善铝合金的力学性能和耐腐蚀性能。

Al-Mn 合金的主要组织组成物是 α-MnAl$_6$、FeAl$_3$ 等，在大气中的耐蚀性和工业纯铝相近；在海水中与纯铝相同；在稀盐酸中的耐蚀性比纯铝好；在特定条件下，有剥蚀和晶间腐蚀倾向，发生腐蚀时一般为全面腐蚀，并常伴有点蚀。Si、Fe 在 Al-Mn 合金中形成杂质相析出，会降低耐蚀性能，但 Mn 可以抑制 Fe 的不利影响，当针状的 FeAl$_3$ 转变为片状的 (FeMn)Al$_6$ 以后就构成了一个较弱的阴极相，不易破坏表面的氧化膜，可以通过控制 Mn 与 Fe 的比例来抑制 Fe 的负面作用。合金中 Mn 与 Fe 的比值减小时更易产生较深的点蚀，见图 4-3。合金中随 Mn 元素含量增加，晶间腐蚀的倾向增大。合金在淬火和退火状态下，几乎无晶间腐蚀，但在加热缓冷条件下则有晶间腐蚀倾向。

5000 系列 Al-Mg 合金具有极好的力学性能和耐腐蚀性能。通常含镁量在 3%～5% 之间，主要特点为密度低、抗拉强度高、延伸率高，因此常使用在一些防腐蚀性能和强度要求都比较高的行业，比如航空、船舶、容器和地铁高速列车。这类合金的力学性能随镁含量的增加而增加，但高镁的铝合金产品对应力腐蚀的敏感性很高。在实践中，为了防止这些极端

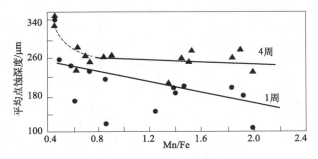

图 4-3 Al-Mn 合金中 Mn/Fe（比值）与点蚀深度的关系

易受腐蚀的情况发生，暴露在腐蚀性环境中的铝铸件镁含量必须限制在 6% 以下，变形合金的镁含量则很少低于 5%。

在高温下，镁在铝中的溶解度非常高，450℃时为 15%，但在室温下不超过 1%。因此，当温度低于固相线温度时，镁就会以 Al_3Mg_2 或 Al_8Mg_5 的形式析出，通常被称为 β 相。这些合金首先在晶界析出，往往是连续的，其标准电势为 $-1150mV$，相对于晶粒固溶体有高达约 $-300mV$ 的电势差。因此在腐蚀环境中，存在晶间腐蚀和应力腐蚀的风险。

Al-Mg 合金为固溶体型合金，但固溶强化效果差（难以形成过饱和固溶体），有点蚀、晶间腐蚀、应力腐蚀和剥蚀倾向，主要通过加工硬化进行强化。Al-Mg 合金的金属相化合物为 Mg_2Al_3，是一个阳极相，当合金呈单相的过饱和固溶体时，其主要腐蚀形式是点蚀，无晶间腐蚀和应力腐蚀倾向。随着 Mg 含量增大，点蚀倾向增加；随着冷加工变形量增大，应力腐蚀和剥蚀敏感性增加。当 Mg 含量不在 3%～5% 时，合金会出现晶间腐蚀和应力腐蚀倾向。当 Mg 含量超过 7% 时，对应力腐蚀的敏感性尤为显著。高镁合金在时效状态下的应力腐蚀敏感性较大，为了改善这一点，可以采用固溶处理的方法，使之形成固溶体。Mn、Cr、Zr 可以提高抗应力腐蚀的能力。对 Al-Zn-Mg 合金而言，Zn/Mg（比值）过高或过低都降低耐蚀性，当 Zn＋Mg＝8.5%，Zn/Mg＝2.7～3 时，抗应力腐蚀性能最佳。

8011、8021 这类铁和硅含量较高的合金可用于暖通空调设备的铝箔翅片（厚度 0.1～0.2mm）。添加铁可以增加阴极数量并且使阴极均匀分布。当发生点蚀时，由于蚀点数量增多，点蚀深度会保持相对较低的水平。

③ 6000 系列铝合金。在当今应用的变形铝合金中，应用最广的是热处理可强化的 6000 系列铝合金，它们是一类 Al-Mg-Si 系和 Al-Mg-Si-Cu 系合金。虽然其的耐腐蚀性不如 1000 系、3000 系、5000 系铝合金，但比 2000 系和 7000 系铝合金要高得多。因为它们兼有 4000 系（Al-Si）和 5000 系（Al-Mg）铝合金的优点，具有良好的加工成形性能、适中的强度、良好的焊接性和耐腐蚀性，具有良好的抗大气腐蚀性能，在建筑工业、结构领域与交通运输装备方面获得了广泛的应用。当 6000 系铝合金成分配比不恰当，或者热处理参数不合适时，在含氯的环境中就会出现晶间腐蚀。它们是晶间腐蚀敏感性大的变形铝合金之一，但只要制造精良，在生产中严格遵守工艺规范，特别是热处理工艺，这种腐蚀完全可避免，也不容易发生应力腐蚀。

6000 系铝合金中，合金元素 Mg 和 Si 主要形成强化相 Mg_2Si。Mg 和 Si 的质量比同时影响合金的强度和耐蚀性。当镁硅质量比大于 1.73 时，存在过剩的 Mg，使铝合金的晶间腐蚀敏感性降低，这是因为铝合金在晶界处形成的 Mg_2Si 颗粒不能连续分布，因而难以形成连续的腐蚀通道，但 Mg_2Si 的析出促进了在不溶物或晶界处的局部腐蚀。当 Mg、Si 的质量比小于 1.73 时，存在过剩的 Si。Si 过量有利于提高机械强度，且不损失可成形性和可焊性，但是增加了形成晶间腐蚀的倾向。Si 与 Mg_2Si 协同作用促进晶间腐蚀。一方面，Si 粒子与其附近无沉淀区域的电位相差较大，导致附近无沉淀区域出现严重的阳极溶解；另一方面，晶界 Mg_2Si 的电位比其边缘固溶体的负，在腐蚀初期作为阳极发生阳极溶解，Mg_2Si 中活性 Mg 优先溶解，导致 Si 富集，Si 又继续加快了 Mg_2Si 和晶界无沉淀带的极性转换，加速了 Mg_2Si 沉淀的相邻周边沉淀物区的腐蚀。此外，过剩的 Si 还可与合金中的杂质铁形成 AlFeSi 相，AlFeSi 相的电位比铝基体正，因此铝基体作为阳极发生腐蚀。硅过剩量小于 0.06% 时，合金的耐蚀性能基本不受影响，力学性能得到有效提高。总之，在不降低铝合金综合性能的前提下，要改善 Al-Mg-Si 系合金的腐蚀性能，镁的质量比应略小于 1.73。

通常大多数含铜铝合金的铜含量不大于 0.4%，添加超过 0.50% 的铜会导致合金（如 6056）耐腐蚀性的改变。向 Al-Mg-Si 合金中加 Cu 是为了提高合金的力学性能，6013、6113、6056、6156 这四种铝合金铜含量高达 1.1%。研究发现，凡是有晶间腐蚀敏感性的铝合金，往往发现在富铜的偏析层和阴极性 Q 相沉淀物。Q 相是一种 $Cu_2Mg_8Si_5Al_4$ 的四元金属间相，沿着晶间析出，使邻近的固溶体发生阳极溶解，形成晶间无沉淀析出带。

Zn 在 6000 系铝合金中常被认作杂质元素，若 Zn 含量控制不当，会在材料表面形成粗结晶。但由于 Zn 可在合金晶界处形成 $Mg_{32}(Al，Zn)_{49}$ 相，该相能够抑制 Mg_2Si 相在晶界连续析出，在铸态和固溶处理后的铝合金中添加适量 Zn，能使耐蚀电位升高，腐蚀电流降低，显著改善了合金的耐腐蚀性能。

铝合金中常常加入 Mn、Cr、Ti 等过渡族元素。加入少量的 Mn 元素可改善富 Fe 相的形态，促进长条状 β-AlFeSi 相向球状 α 相转变，并减少 β-AlFeSi 相及 Mg_2Si 的数量。同时，弥散相 Al_6Mn 可细化晶粒，从而提高合金的强韧性和耐腐蚀性。Mn 还可消除过量 Si 带来的不利影响，生成 Al-Fe-Mn-Si 金属间化合物，提高耐蚀性。添加适量的 Cr、Ti 都有助于细化晶粒，从而使合金的耐腐蚀性能提高。如果合金中含有 Cu 元素，Cr 还可降低由于添加 Cu 引起的耐腐蚀性变差的趋势，对铝合金的晶粒起到明显的细化作用。

铝合金中常加入 Ce、La、Sc 等稀土元素。添加适量的 Ce 可以细化粗大的第二相，并使其均匀分布，从而减少第二相与基体构成的腐蚀微电池数量。同时，Ce 还能在合金表面形成一层钝化膜，从而提高 Al-Mg-Si-Fe 合金的耐腐蚀性。La 可显著细化铝合金中铸锭的枝晶组织，提高合金的耐蚀性及力学性能，但 La 过量，会使合金中形成粗大的 AlFeSiLa 化合物，降低合金的力学及耐蚀性能。添加适量的 Sc，可降低杂质元素 Fe 对 6000 系铝合金耐腐蚀性带来的不良影响，Sc 与 Al、过剩的 Si 以及杂质 Fe 可生成类似 Al-Fe-Mn-Si 的 Al-Fe-Sc-Si 金属间化合物，提高合金的耐蚀性能。要注意的是，提高铝合金的耐腐蚀性，稀土元素 RE 的添加量不宜超过 0.2%，一旦超过 0.2%，RE 可使铝合金形成溶质消耗区，产生晶界电偶腐蚀，加剧合金的剥蚀。

④ 2000 系列和 7000 系列铝合金。2000 系列和 7000 系列合金主要应用于航空航天及军事领域，这些领域产品对减重的要求极高，高比强度的材料是航空航天的优选材料，7000 系高强高韧铝合金和 2000 系中强高韧铝合金起着重要作用。

仅从耐蚀性的角度考虑，Cu 的加入是不利于铝材耐腐蚀的。化合物中 Cu 元素降低了铝的电极电位，同时也降低了抗蚀性。Al-Cu 系合金都有共同的腐蚀行为，这一系列的多元合金都有点蚀、晶间腐蚀、应力腐蚀和剥蚀倾向，特别对晶间腐蚀甚为敏感，凡是过饱和固溶体在分解条件下都有晶间腐蚀。该系列合金的晶间腐蚀几乎无法避免，当晶间析出相呈细小、连续的链状分布，构成一条腐蚀通道时，晶间腐蚀的倾向更为严重。随着含铜量的增加，耐蚀性下降，点蚀和晶间腐蚀敏感性增加。

时效硬化的 2000 系铝合金的耐腐蚀性在很大程度上与热处理工艺有关。为了减少这类铝合金材料对晶间腐蚀和应力腐蚀的敏感性，淬火速度必须尽可能快，老化条件应趋向于过老化。该系列铝合金对腐蚀的敏感性比较高，不允许直接在大多数环境下使用。一般需要进行涂装、电镀和阳极氧化等覆盖层处理。

含铜的 7000 系合金中，最著名的是 7075。由于其良好的力学性能，这些合金在机械工业和注塑模具制造中得到了广泛的应用，但在较短的横截面上易发生应力腐蚀和层状腐蚀。

与含铜的合金不同，不含铜的 7000 系列合金，如 7020，也可以进行 TIG 焊接（钨极惰性气体焊）和 MIG 焊接（熔化极气体保护电弧焊）。在冷却过程中，热影响区经过空气淬火，其力学性能接近 T4 回火后的状态。然而，由于 Al_6Mn 和 $CrMnAl_{12}$ 的析出，热影响区容易发生剥落腐蚀。同时，在 T4 回火处理时，锌在连续富锌区富集，晶界平行镁析出，这些区域是阳极区。焊接 7020 件易发生晶间腐蚀，T6 回火处理后易发生应力腐蚀。

4.2.2 组织结构

材料的微观结构和组织状态直接影响材料的性能，对材料的腐蚀性能也有很大的影响。材料的微观晶体尺寸和组织结构的变化往往导致不同的腐蚀行为和腐蚀表现。铝和铝合金的金属间化合物相就与其腐蚀行为有密切相关性。在腐蚀介质中，析出相与基体相、晶界与晶内的电位差会产生微电偶腐蚀，而微电偶腐蚀会破坏铝表面膜的稳定性而导致局部腐蚀，这是铝和铝合金发生点蚀、晶间腐蚀等局部腐蚀的重要原因。

铝合金的晶间腐蚀、层状腐蚀等类型的腐蚀与组织结构有很大关联。晶间腐蚀主要由于晶粒表面和内部间化学成分的差异以及晶界杂质或内应力的存在所引起。层状腐蚀又叫剥层腐蚀，是晶间腐蚀的一种特殊形式，是沿着平行于金属表面的晶间横向扩展，使金属产生各种形式的层状分离。经轧制或锻压成形的具有晶间腐蚀倾向的铝合金型材，在诸如氯类、NO_3^- 的腐蚀介质中容易发生剥蚀。层状腐蚀是铝合金的最危险的腐蚀形式之一。这是一种特殊形式的在表面之下的腐蚀。这种腐蚀沿塑性变形最大的方向发展，引起金属质点的分层和分片，直至时间足够长时使金属完全破坏。

Al-Zn-Mg-Cu 系高强度铝合金、Al-Cu-Mg 系合金、Al-Cu 系合金、Al-Mg 系合金在一定的组织状态及腐蚀介质和拉应力的共同作用下，能产生一种最危险的破坏性腐蚀——腐蚀破裂。腐蚀破裂的主要特点是晶间的破裂，一般特征是在主裂纹附近形成裂纹族而引起断裂。按照普遍采用的由吉克斯最先确认的观点，铝合金的破裂可以认为主要是由下列因素引起的电化学过程：

① 沿晶界存在连续分布的阳极区；

② 腐蚀介质的选择性作用；

③ 在拉应力的作用下加速了阳极区的溶解并暴露出了新的阳极区。

由此，可以认为：由于阳极成分沿晶界的选择性溶解而形成了显微缺口（应力集中），集中于缺口根部的外加应力，加速了阳极过程的发展，因而裂纹向金属的深处扩展。当裂纹达到一定尺寸时，外加应力超过材料的抗拉强度就会发生断裂。

铝合金的耐蚀性不仅取决于第二相的元素组成、含量，也与基体中第二相的分布等相关，第二相粒子的形状、尺寸以及化学组成由铝加工的工艺所决定，如热处理工艺、成形工艺。

在铸造、均匀化、热变形以及淬火过程中所形成的，以及沿最大变形方向所聚集的难熔组元的金属间化合物 $FeAl_3$、$MnAl_6$、$NiAl_3$、$CrAl_7$、$TiAl_3$ 等，不论是按照电化学机理，还是由于在亚微观区和显微疏松区所发生的聚集而减弱了与基体的联系，也都能使耐蚀性能降低。

一般说来，固溶体的不均匀分解所引起的合金组织和化学成分的不均匀性、阳极相或阴极相的析出以及形成沿晶界分布的合金元素的贫乏区或"无析出区"，都能使合金的耐蚀性降低并使腐蚀的特点发生改变：由局部的或均匀的腐蚀变为最危险的腐蚀形式——晶间腐蚀或分层腐蚀以及腐蚀破裂。在强酸及碱中，铝合金的腐蚀类型为均匀腐蚀。

　　多相铝合金，由于各相存在化学和物理的不均匀性，在与电解液接触时，具有不同的电位，在表面上形成腐蚀微电池。所以一般来说，它比单相合金容易腐蚀。某些金属元素加入铝中可形成合金组织均一的单相固溶体合金，一般来说，相对多相合金具有较高的化学稳定性，耐蚀性较高。加入合金元素的量达到一定比例时，耐蚀性突然提高，如含有镁、锰、锌等元素的铝合金。

　　腐蚀速率与各组分的电位、阴阳极的分布和阴阳极的面积比均有关。各组分之间的电位差越大，腐蚀的可能性越大。若合金中阳极相以夹杂物形式存在且面积很小时，则这种不均匀性不会长期存在。阳极首先溶解，使用合金获得单相，因此对腐蚀不产生显著影响。当阴极相以夹杂物形式存在，合金的基体是阳极，则合金受到腐蚀，且阴极性夹杂物分散性越大则腐蚀越强烈。如果在晶粒边界有较小的阴极夹杂物时，就会产生晶间腐蚀。如果铝在可钝化环境中，那么阴极的存在有利于阳极的钝化而使腐蚀速率降低。

　　铝的微观晶粒大小影响腐蚀速率。魏立艳的研究结果表明纯铝微晶化和纳米孪晶化后，其钝化性能提高，有着平稳的钝化区，耐腐蚀性能提高。微晶化和纳米孪晶化后提高了纯铝自腐蚀电位，降低了自腐蚀电流。一方面点蚀孕育速度增大，另一方面点蚀生长速度降低，最终导致微晶化和纳米孪晶化后纯铝的耐点蚀性能增强。

　　铝合金有几种精加工方式：铸造、轧制、挤压等。经验表明，不含铜的铸造铝合金比变形铝合金具有更好的抗点蚀性。这可能是由于铸态表面的氧化层比变形加工半成品的氧化层更耐腐蚀。通常，铸铝的加工面比未加工的表面对点蚀更敏感。轧辊铸造对 1000 和 3000 系列合金的耐蚀性没有明显的改善，甚至提高铝的耐点蚀性。冷加工对铝合金耐蚀性影响很小，最多只能改变腐蚀坑的面貌。

4.2.3　热处理

　　铝合金的热处理工艺包括铸锭的均匀化退火、固溶处理、时效处理、回归处理等，基本热处理形式是退火、淬火与时效。退火是为了降低或消除晶内化学成分和组织的不均匀性，同时消除凝固时产生的内应力，提高合金热变形与冷变形的能力。固溶处理可以将合金中的过剩相充分溶解到固溶体中，从而获得高密度的过饱和固溶体，改变合金中过剩相的含量、晶粒尺寸和形态，促进非平衡相结晶相溶解。因操作过程与淬火相似，又称为固溶淬火。固溶淬火后的材料，在室温或较高温度下保持一段时间，不稳定的过饱和固溶体会进行分解，第二相粒子从过饱和固溶体中析出或沉淀，分布在晶粒周边，从而产生强化作用。

　　以铝在盐酸和氢氧化钠溶液中的腐蚀为例，铝的纯度和热处理状态对腐蚀速率的影响见表 4-3。

　　这些热处理过程导致铝合金中存在的合金成分的性质和分布发生变化。它们对铝合金某些形式腐蚀（特别是晶间腐蚀、应力腐蚀）的敏感性有重要影响。

　　对于晶间腐蚀的影响因素来说，热处理的参数如下：

　　① 淬火温度。淬火温度是指淬火加热时的温度。温度高，固溶合金元素多，但又要防止材料过烧。过烧使组织内存在更大的差异，在腐蚀介质中更易产生晶间腐蚀。例如硬铝合金 LY12（相当于 2024）于 507℃ 就出现轻微过烧组织，当淬火温度升到 513℃ 时则出现严重的过烧，晶间腐蚀也越明显。

将高纯铝包裹在硬铝合金外表面以改善铝合金的加工性能或耐蚀性，对于这类表面有包铝层的铝材，随着淬火温度升高，保温时间延长，还可能造成铜扩散。当含铜的铝合金芯体中的铜原子向包铝层内扩散时，由于铜原子沿晶间的扩散速度远较晶内快，一旦铜原子扩散到合金表面，就容易产生晶间腐蚀。

② 淬火转移时间。淬火转移时间是指材料从淬火加热炉中取出转移到淬火剂中的间隔时间。铝合金的淬火时间要求很严格，转移时间长，实际淬火温度降低，固溶体分解析出。一方面降低时效强度，另一方面转移时间过长，固溶体在转移过程中便在晶界上发生局部脱溶，因晶间腐蚀而降低材料的耐蚀性能。

生产实践表明，对于硬铝板材，淬火时间大于 15s 时，便会发生轻微晶间腐蚀。对于大断面的材料，即使淬火时间很短，总是容易存在淬不透的问题，仍不可避免地有晶间腐蚀倾向。

③ 淬火剂及水温。铝合金的淬火剂，多数是水，有时也采用油。一般铝材都用水淬火，锻件及异型材料为了防止淬裂或弯曲也采用热水或油淬火。淬火剂及水温都关系到冷却速度问题。油及热水的冷却速度慢，冷水的冷却速度快。当冷却速度不足以保证生成单相过饱和固溶体，并在晶界上优先进行强化相的析出过程时，不但降低合金力学性能，也降低合金的耐蚀性能，使合金具有晶间腐蚀倾向。所以只有当冷却速度达到构成一个单相过饱和固溶体时，才不会有晶间腐蚀的倾向。

热处理工艺也是影响应力腐蚀性能的关键因素。热处理工艺决定了合金的相组成，析出质点的分布、大小和密度，以及合金的内应力大小等。一般在固溶状态下，合金具有较高的抗应力腐蚀开裂性能。在随后的时效过程中，强度增加，应力腐蚀敏感性也增加。达到峰值强度时，合金的抗应力腐蚀性能最低。进入过时效阶段后，抗蚀性能重新提高。图 4-4 为铝合金沉淀硬化过程与应力腐蚀敏感性之间的关系。

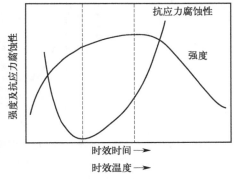

图 4-4　铝合金沉淀硬化过程与抗应力腐蚀性的关系

2017 和 2024 合金因其对淬火速度的高灵敏度而闻名。它们必须在离开固溶热处理炉后立即用冷水迅速淬火。否则，如果淬火时间短或水温过高，就会导致晶间腐蚀的高敏感性。腐蚀速率随淬火剂温度的升高而显著增加，如表 4-8 所示 2024 合金的测试结果。

表 4-8　淬火速度对 2024 铝合金腐蚀速率的影响

浸泡时间/h（3%NaCl＋1%HCl 溶液中）	不同淬火温度下的腐蚀失重/[mg/(d·m²)]			
	20℃	35℃	50℃	70℃
4	15	15	16	21
8	20	22	27	37
12	31	59	69	128

Mg 在铝中的固溶度较大，热处理工艺对 Al-Mn 合金的腐蚀性能有明显的影响，如图 4-5 所示。对于 2017A 合金，时效处理时 20℃ 的温差就足以影响到合金对腐蚀的敏感性。

Vikas Gadpale 则采用动电位极化法研究了 2014 合金时效试样在 1mol/L NaCl 溶液中的腐蚀行为。在不同时效温度和时间下，其腐蚀行为的变化用图 4-6 来表示，可见 2014 铝合金的腐蚀速率随着温度（150℃、200℃）和时效时间的增加而增加。较低的时效温度，较短的时效时间，其基体相中析出相分布较细，因此合金耐蚀性较高。

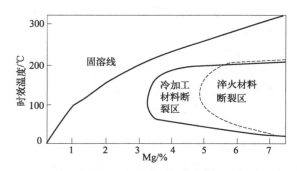

图 4-5　时效温度对 Al-Mn 合金应力腐蚀性能的影响（室温，　3.5%NaCl 溶液中）

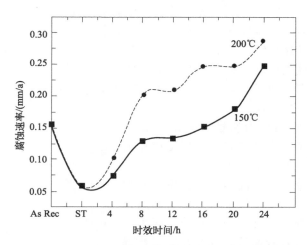

图 4-6　时效温度和时效时间对腐蚀速率的影响

As Rec—原样；ST—固溶处理后

黄磊萍等人的研究认为，T4 状态合金中晶界析出相以细小的溶质原子聚集区（GP 区）以及溶质原子团簇为主，且晶界处元素分布均匀；T5 状态合金中晶界析出相粗大，存在晶界无析出带（PFZ），Zn、Mg 元素于晶界析出相处富集；T6 状态合金中晶界析出相细小且接近连续分布，Zn、Mg 元素于晶界析出相处富集；虽然经过三级时效（充分自然时效＋110℃/10h＋140℃/8h 时效处理）工艺后 Zn、Mg 元素也于晶界析出相处富集，但晶界析出相粗大且断续程度加大，形成较宽的耐腐蚀的 PFZ，因此有着更好的抗腐蚀性能。

铝合金的耐蚀性不仅取决于第二相粒子的元素组成、含量、在基体中的分布等，也受固溶体基体与第二相粒子的电位关系的影响；而第二相粒子（金属间化合物）的形状、尺寸以及化学组成都是由热处理和成形工艺决定的。固溶处理过程中，析出的第二相粒子与金属基体形成局部微电池，引起严重的局部侵蚀，使铝合金的耐蚀性大大降低。AA2024 合金的点蚀敏感性主要是由 Al-Cu-Mg 和 Al-Cu-Mn-Fe-S 这两种第二相粒子造成的，前者对基体来说是呈阳极性，后者则呈阴极性。

4.2.4　表面状态

铝的表面状态对其耐蚀性有影响。合金表面的粗糙程度直接关系到腐蚀速率，一般，粗加工比精加工的表面易腐蚀。粗加工表面积比精加工表面积大，与腐蚀介质的接触面积大；

在大多数情况下，粗糙不光滑的表面比磨光的金属表面更易受腐蚀。

铝制件在制造过程中，由于某些原因，会存在一些缺陷，包括表面金属擦伤、划痕、缝隙、裂纹、裂边、疏松、缩孔、凹陷或压坑、麻面等，铝处于腐蚀介质中，腐蚀介质可以从这些缺陷处进入铝基体中，造成局部腐蚀。这些缺陷部位，通常都是腐蚀源。因为深洼部分，氧的进入要比表面少，深洼处就成为阳极，表面部位成为了阴极，产生浓差电池而引起腐蚀。粗糙的表面还容易使水膜凝结，易加速大气腐蚀。

在粗加工表面上形成保护膜易产生内应力的不一致，膜也不易致密，因此粗加工的表面容易腐蚀。精加工的铝表面生成的保护膜比粗加工表面的膜致密均匀，因此有更好的保护作用。

对于一些具有复杂的凹陷形状或表面粗糙的铝件，通常很难完全彻底地清洗被侵蚀的表面，这样的表面状态都是不利于防腐蚀的。

铝的合金成分被酸或碱溶解的先后顺序不同，也会造成铝表面状态发生改变。比如说，存在于氧化膜中的化合物 Al_3Fe 成为腐蚀过程的微阴极，使晶粒边界的固溶体在酸洗或碱洗时被首先溶解，这有利于点蚀的发展。因此，要尽量避免因酸洗或碱洗而改变铝的初始表面状态，除非另有说明，不要在成形加工后或焊接后进行蚀洗处理，应使用喷砂等物理方法进行加工，对腐蚀的影响更小。酸洗或碱洗只能作为进一步表面处理的准备，如阳极氧化、化学钝化、涂漆等处理前的准备。

通过喷丸处理来改变铝的表面状态可以影响铝的耐腐蚀性。适当强度的喷丸处理，不仅对铝表面的刮痕缺陷和表面疏松有弥合作用，还可形成致密的强化层，使得表面晶粒明显细化，晶界在晶体内的比例增加，组织趋于均匀，晶间腐蚀、点蚀的敏感性都会降低，腐蚀程度也趋向均匀，自腐蚀电位提高，自腐蚀电流也有相应的下降。喷丸强度较小时，表面损伤较小，对材料抗腐蚀性能没有明显的提升；喷丸强度较大时，表面损伤较大，会降低材料的抗腐蚀性能。在相同的喷丸压力下，单位时间内弹丸撞击表面的次数越多，即喷丸流量越大，材料表面由于短时间冲击造成的不均匀性越弱，也就是控制了喷丸表面均匀化，材料的耐腐蚀性也越好。

涂装前铝材表面粗糙度对涂膜的保护性能也有很大影响，这是因为粗糙度直接影响了涂膜与基材之间的附着力和涂膜厚度的分布。涂层与基材的附着力主要靠高聚物分子与金属表面极性基团之间的范德瓦耳斯力提供，粗糙度增大的铝表面，表面积随之增加，涂膜与金属表面间的分子引力也会相应增加。

另外，铝及铝合金在进行储运、加工后，表面一般还会覆盖着吸附层，黏附有金属屑、灰、油、氧化物等污物，都会对腐蚀的进程产生影响，也会对表面处理的质量产生影响。比如，铸造铝的腐蚀和防护存在很多实际困难：由于铸铝件的孔隙多，不易清洗干净酸、碱的残液，当渗入孔隙中的酸、碱返渗出零件表面时，在表面形成一层疏松的黑灰色粉末层，将影响涂层的质量。因此，铸铝的预处理常常仅使用喷砂或抛丸等物理方法。由于铸铝合金零件表面状况不同，有的部位是非机加表面，铸造时表面产生了氧化膜，污迹油灰依然存在；而有的部位则是经过了机加工，表面状况良好。在对这些铝合金工件表面除油时，腐蚀速率不一，很难保持表面均匀一致。对于铸造铝合金，特别是硅和铜含量较高的铸铝合金，虽然硅和铜的加入大大提高了铝合金的强度，但硅和铜的加入又使其表面处理增加了很多的困难。

4.3　使用环境和介质

金属使用环境各有不同，不同的环境或介质对金属的腐蚀行为或耐腐蚀性的影响也各有不同，不同的影响因素之间或协同，或抵消，情况非常复杂，常常需要研究单个因素对腐蚀过程的影响，再来考虑综合影响。

金属使用的自然环境可能非常复杂。例如飞机制件，甚至会经受风吹、日晒、雨淋、雪打和夜露、沙土刮刷等，经历热带、亚热带、温带、潮湿、干燥等不同气候条件、较大的温差变化或湿度变化等。

金属也可能在苛刻的使用环境下工作，如聚集大量腐蚀性物质的工业区大气（如 SO_2、NO_2 等）、pH<4 的雨水（酸雨）、沿海地区高盐分的空气（Cl^- 含量高）、高污染的土壤等；也有的需要在一定的化学介质中进行工作，如铝制换热器、循环系统、储罐等；还有些铝制件需要在一定的化学介质中加工而成，如切削、抛光、蚀铣等。

毫无疑问，金属所处的环境或介质对金属或合金的腐蚀行为起着非常重要的作用，但我们很难根据观察到的腐蚀现象列出一个严谨、清晰的环境影响类型，不过我们仍然可以总结出一些基本规律：

① 在水或电离介质中，金属会因为电化学反应而发生腐蚀。

② 在非水、不电离、有机的介质中，不会产生电化学过程，表现出不同的腐蚀行为。某些完全无水的有机物，如醇类和酚类，在较高的温度下会与铝发生剧烈的反应。

③ 在室温下的气体介质中，没有水分存在，不会有很大的反应活性，会减缓腐蚀的发生。

④ 液体介质与金属反应相对容易，特别是对金属表面有良好的润湿性时，更容易发生腐蚀反应。

⑤ 固体介质（如粉末）没有水分存在通常不活泼，理论上不与铝发生反应。即使存在结晶水，只要是在结晶状态，而不是游离状态，也不对腐蚀过程起作用。当然在较高的温度下，结晶水被释放游离出来后，就会对腐蚀过程产生影响。

⑥ 有机物的腐蚀性，取决于其官能团的反应性。例如，有机酸 $RCOOH$ 比酮 R^1COR^2 反应性更强。伯醇 RCH_2OH 比仲醇 R^1CHOHR^2 反应性更强，仲醇比叔醇 $R^1COHR^2R^3$ 反应性更强。

⑦ 氯代物的作用取决于氯原子的位置。例如，侧链取代的苯类化合物比苯环上取代的化合物更活泼。

⑧ 铝在中性和近似中性的水中以及大气中有很高的稳定性（pH 4～11）。

⑨ 在氧化性的酸或盐溶液中也十分稳定。铝在浓硝酸中的耐蚀性甚至比铬镍不锈钢还高，因此常被用于浓硝酸的生产储存。但因为表面的氧化铝膜会被非氧化性酸溶解，所以铝在非氧化性酸中不稳定。

⑩ 由于铝的氧化物膜还会溶解于碱溶液而形成可溶性的铝酸盐，所以铝在碱溶液中也不稳定。

⑪ 铝对破坏钝化膜的阴离子 Cl^- 等非常敏感，在含卤素离子的中性溶液中容易发生孔蚀。

⑫ 铝合金在海洋大气、海水中有应力腐蚀破裂倾向，其敏感性的大小有明显的方向性。

4.3.1 电解质的成分与浓度

毫无疑问，电解液的浓度是影响腐蚀的一个重要因素。一般情况下，对于单一的过程，反应速率随腐蚀介质浓度的增加而增加，但并不一定成正比关系。

不同介质不同的成分，浓度对腐蚀速率的影响也各不相同。非氧化酸，如盐酸，反应速率随着浓度增加而增加，而氧化性的硝酸甚至有一定的钝化作用，当浓度增大到一定数值后再增加浓度，铝表面生成了保护膜，腐蚀速率反而减小。

在许多介质中，腐蚀速率还和阴离子的特性有关。在硫酸、盐酸等酸中，铝在溶解过程中，阴离子也参与了反应，微量的氯离子就可以加速腐蚀反应。

整个腐蚀过程常常是一个复杂的变化过程，在处于腐蚀过程中的不同阶段时，浓度的影响也很可能有很大的区别。

在复杂的介质环境中，各种组成成分可能会发生协同作用，甚至也可能会发生相反的作用。例如，氯离子常常能够加速腐蚀，但如果介质中存在碳酸根，并且在铝表面能形成碳酸盐的沉淀时，就可以减缓腐蚀的发生。不同的阳离子对腐蚀也有不同程度的影响，从图 4-7 可以看出，在相同的磷酸溶液中加入钠离子或铵离子，可以减缓磷酸溶液的腐蚀。

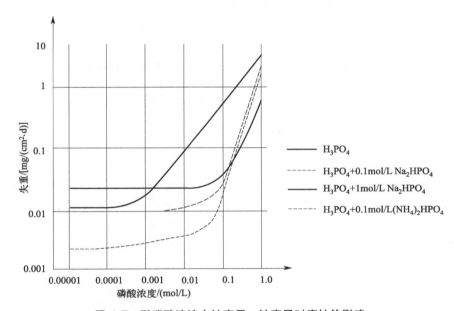

图 4-7　稀磷酸溶液中钠离子、铵离子对腐蚀的影响

4.3.2　溶解氧含量

对于普通金属而言，水中的氧含量在很大程度上影响了它的腐蚀速率。氧通过阴极反应使阴极去极化，有利于阳极反应（即腐蚀反应）进行，因此具有促进腐蚀的作用。

$$2H_2O+O_2+4e^- \longrightarrow 4OH^-$$

但对于铝来说，情况就不是那么简单了，因为铝的腐蚀行为跟它表面天然的氧化膜密切相关，而氧对形成表面氧化膜起到积极作用。因此，氧含量对铝的腐蚀的影响并不是简单明确的。比如说，在海水淡化工程中，温度、盐浓度、流速等参数保持不变，无论是否曝气或者脱气，海水对铝的腐蚀速率保持不变。在这种情形下，氧含量对铝的腐蚀速率没有明显的影响。

彭文才等人的研究表明：溶解氧含量对 5083 铝合金的自腐蚀电位影响较大，溶解氧含量越低，自腐蚀电位越负；溶解氧含量越高，铝合金表面越容易形成氧化膜，故自腐蚀电位越正，见图 4-8。溶解氧含量不同时，温度对 5083 合金自腐蚀电位的影响规律也不同。当氧含量为 6.5mg/L，自腐蚀电位随温度降低而变正。这是因为高氧含量时，控制阴极反应速率的是氧的扩散，而不是氧含量，温度越低溶解氧越难扩散到铝表面。当氧含量为 2mg/L 时，自腐蚀电位随温度降低而变负，这可能是因为此时氧含量成为腐蚀行为的主要影响因

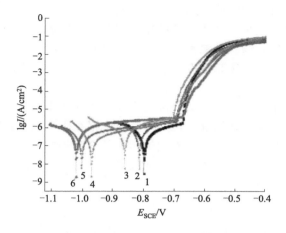

图 4-8 5083 铝合金在不同温度和氧含量的海水中的极化曲线

1—6.5mg/L，5℃；2—6.5mg/L，15℃；3—6.5mg/L，25℃；

4—2mg/L，25℃；5—2mg/L，15℃；6—2mg/L，5℃

素，温度降低不利于氧参与铝氧化膜的形成与修复。

4.3.3 pH

pH 是影响金属在水溶液中的耐蚀性的又一个重要因素。铝氧化物的溶解速度与 pH 密切相关，腐蚀速率在较高或较低的 pH 值下（即强酸性或强碱性）都比较高，因此局部或全面腐蚀过程的强弱程度与介质的 pH 值有很大的关系。图 4-9 所示的氧化铝在水中的溶解速度随 pH 值的变化关系，就是 pH 对氧化铝溶解速度影响的一个很好的例子，可以反映 pH 对铝腐蚀的影响。

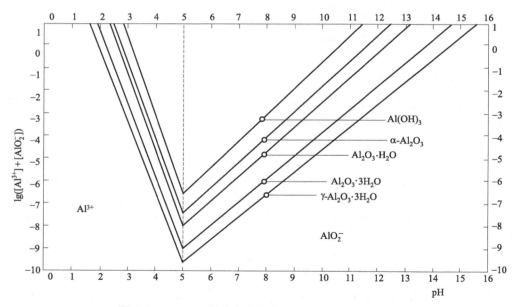

图 4-9 Al_2O_3 及其水合物的溶解速度与 pH 值的关系

Pourbaix 绘制了铝在水中的 pH-电位平衡图，根据不同的 pH 值和电极电位值可以判断铝处于腐蚀区、钝化区还是免蚀区，从热力学的角度来判断铝的腐蚀倾向。铝的电位-pH 平衡图参见图 2-2。

铝在水中处于钝化状态的 pH 值范围是 4.6～8.6，因此铝在氢氧化钠等碱溶液中不耐蚀。

当然，仅仅依据 pH 值不足以预测铝及其合金在水溶液中的腐蚀行为。酸或者碱的种类也是非常重要的影响因素。例如，像无机酸盐酸对铝材有很强的腐蚀作用，反应速率随着浓度增加而增加。在相同的 pH 值下，盐酸、氢氟酸对铝的腐蚀性比乙酸溶液强得多。而金属铝对于另一种常见的无机酸——浓硝酸来说，是一种耐腐蚀材料。硝酸的氧化作用甚至对天然氧化层有轻微的强化作用。

碱也有这种类似的例外情况，即使是低浓度的氢氧化钠或氢氧化钾溶液对铝也有明显的腐蚀作用，但在相同的 pH 值下，氨溶液对铝的腐蚀就非常轻微。20℃时，铝在 0.1g/L 氢氧化钠溶液（pH＝12.7）中的溶解速率为 7mm/a；在 500g/L 氨水（pH＝12.2）中，溶解速率仅为 0.3mm/a。铝在不同酸、碱中 pH 值与腐蚀速率的关系见图 4-10。

对于中性的天然水体来说，对铝的作用几乎没有差异。但实际上自然环境中的水，如淡水或海水中，都含有一定浓度的钙、镁、碳酸盐等成分，在相同的 pH 值下，也会有不同程度的 $Mg(OH)_2$、碳酸盐、$Al(OH)_3$ 等物质的生成、析出或溶解，这些情况都会改变铝的腐蚀表现。

需要指出的是，铝作为一种自钝化金属，在接近中性的溶液中还可能会发生点蚀。而点蚀的程度更多地取决于 Cl^- 等阴离子的数量，而不是取决于介质的 pH 值。

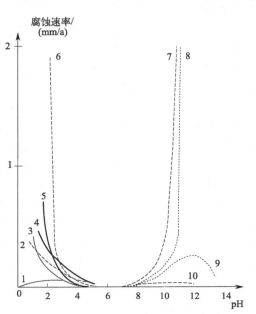

图 4-10　铝（1100 H14）在不同酸、碱中 pH 与腐蚀速率的关系

1—乙酸；2—硫酸；3—硝酸；4—盐酸；5—磷酸；6—氢氟酸；7—碳酸钠溶液；8—氢氧化钠溶液；9—氨水；10—硅酸钠溶液

4.3.4　温度

众所周知，升高温度可以导致化学反应速率的增加，也增加了介质溶液的对流、扩散，温度升高腐蚀介质的电导率也会增加，从而加速阴阳极的电化学过程。就铝的腐蚀而言，几乎适用于所有介质，如无机酸和碱，也适用于某些有机介质，如醇、酚和氯代衍生物，特别是当温度接近它们的沸点时。

但实际在许多情况下，温度与腐蚀速率的关系往往比此更复杂。比如说，温度升高，氧的扩散速度增大，但溶解度却减小，阴极反应受到抑制，同时扩散过程在整个腐蚀反应过程中的支配性降低。

在纯净水、蒸馏水或低矿化度的水中，温度的升高可能会改变腐蚀的形式，在达到 70℃左右时铝表面可以形成一层保护性的水合氧化膜（勃姆体），从而抑制腐蚀过程。

王瑞等人采用重量法、光学显微镜、X 射线衍射等方法研究了 30～80℃的温度区间内温度对铝在去离子水中腐蚀的影响。60～70℃时铝氧化膜仅有轻微溶解，底层基体铝的重量稳定，免受进一步腐蚀；在低于 60℃ 时，肉眼无法观察到氧化膜，或氧化膜的防腐性能不佳，而在大于 70℃ 时铝氧化膜的溶解增大。

对于大气腐蚀，气温对腐蚀的影响与空气的相对湿度有比较大的关联性，也就是说气温间接地影响金属表面水膜的形成状态，相对湿度大于临界相对湿度时，温度的影响就会比较明显。

温度对点蚀的影响主要体现在影响单个点蚀坑的几何大小和生长程度，对点蚀的形核率没有显著的影响。

某些特定的铝合金在合适的温度下长时间加热后，其组织结构会发生变化，这可能会改变其力学性能和耐腐蚀性能。当加热到 70～80℃ 或者更高温度时，镁含量达 3.5% 以上的 5000 系合金就会产生这种情况；7000 系铝合金的使用温度达到 100～120℃，与人工时效温度相同，也会出现类似的情形。

测试 3003 铝合金在含有 0.1mol/L NaCl 的乙二醇溶液中的腐蚀速率，可以发现：腐蚀速率随着实验温度的升高而加快，铝的溶解呈现随温度升高而加速的特征。温度的升高增强了氧的扩散，增大了阴极反应速率。但随着温度的升高，氧的溶解度和浓度降低，导致阴极反应受到抑制。3003 铝合金的阴极反应速率在 60℃ 时达到最大值。总的来说，温度升高增大了阳极和阴极的反应速率，在一定程度上促进了腐蚀反应。另外，随着温度的升高，电化学阻抗 Nyquist 图上的 Warburg 阻抗减小，出现了中间腐蚀产物在电极上的吸收引起的反半圆。腐蚀传质过程在电极反应过程中的主导作用减弱。3003 铝合金在动电位测量后发生点蚀。在较高的温度下，二次相粒子与铝基体之间的微电偶联效应增强。相邻的蚀坑汇聚形成较大的蚀坑，铝的活性溶解增强，蚀铝的溶解面积增大。蚀坑的水平和垂直扩展促进了蚀坑的腐蚀过程。

4.3.5 其他影响因素

还有很多其他的因素与腐蚀速率相关。

系统介质的压力增加，会使腐蚀速率增大。这是由于参加反应过程的气体溶解度加大，从而加速了阴极过程。

介质溶液的流动速度与腐蚀速率也有很复杂的关系，这要决定于金属和介质的特性。其他条件保持不变的情况下，铝在流动（或频繁更换）水中的耐腐蚀性总是优于在死水中。铝在流速高达 2.5～3m/s 的水流中无任何侵蚀风险。在 20℃ 淡水中进行的为期一周的试验表明，点蚀的密度和深度随着流速的增加而降低。水的流动有规律地消除腐蚀产物，并通过消除可能的局部过量 H^+ 和 OH^- 来减少阴极和阳极区域。在闭合回路中，液体的运动可防止沉积物的形成，减小发生垢下腐蚀的可能。另外，流动的水中较多的溶解氧还有助于修复氧化膜。

电偶的影响：不同材料的接触几乎是不可避免的。铝与电位较正的金属（如铜、不锈钢等）相接触时成为阳极，要遭到更强烈的腐蚀。

外来杂散电流的影响：船舶外壳水线下部分最大腐蚀损耗和最严重的溃疡状腐蚀，往往是杂散电流腐蚀引起的。其特点是：腐蚀速率相当快，往往集中在水下涂层破损、漏涂等电阻较小的部位。主要是船舶漂浮时，用电线路连接不正确或停泊水域内有杂散电流所致。

在环境因素中，应尽量重视环境中的一切因素。有些因素对腐蚀影响不大，可以不考虑，但是影响大的因素，即使是微小的变化也不能忽视。例如，微量的氯离子就会明显增加铝的各种腐蚀倾向，环境介质中含微量的缓蚀介质则会明显减缓铝的腐蚀。

生产实践中，环境常常又是变化的，因此，在考虑对腐蚀的影响时，应当尽可能掌握各种有影响的变化情况，例如，环境温度、湿度会经常变化。有时，可以通过改变某些因素减少或消除腐蚀，例如在苯酚中添加微量的水（0.3%）就可以避免在无水苯酚条件下发生的强烈侵蚀。相反，在液体二氧化硫中存在微量的水会促进腐蚀。介质溶液有一定程度的、流速不大的流动，有时会避免发生点蚀。

总之，腐蚀是非常复杂的过程，以上是针对特定的情况而言，具体的问题还要做具体的分析。

4.4 常见的自然环境

4.4.1 大气

大气腐蚀是指金属暴露在大气环境中受到的腐蚀。这是由雨水或冷凝水、空气中的氧气和大气污染物共同侵蚀造成的。金属处于大气环境中，其表面可以形成一层厚度仅有几百微米的电解液薄膜，从而发生电化学和化学腐蚀。通常可以认为这层膜总是被氧饱和，并且电解质的扩散不受阻碍。大气腐蚀可以是间歇性的，当金属的表面不再潮湿时，大气腐蚀就不再进行。当金属浸入水或某些溶液中时，虽然与电解质长期接触，但由于大气被溶液隔离，氧向金属阴极扩散的速度减慢，腐蚀可能反而会减慢。

不论在露天还是密闭的环境中，大气都能使金属发生腐蚀。但是在露天环境中，由于下雨、潮湿的空气及杂质的影响，其腐蚀速率要比密闭的环境中快得多。以上这些因素又因时间和地点不同而异，所以金属材料在大气中的腐蚀速率变化很大。

抗大气腐蚀的能力与所处的气候条件有关，这些影响因素主要有：湿度、雨量、温度、日照时长、大气污染物（如：二氧化硫、氮氧化物、硫酸雾、硝酸雾等）的浓度、粉尘的性质和数量等。为了方便起见，通常单独来研究这些因素的影响。但要注意，这些因素之间会存在交互作用，例如，大气污染可能会降低腐蚀发生时的临界相对湿度；雨水冲走了积累的灰尘，但增加了湿度，从而增加了大气的腐蚀性。不同地区的大气条件会有显著差异，对于指定的金属或合金，抗大气腐蚀的性能也会有显著差异，例如，在半干旱地区和沿海工业区的大气中，腐蚀速率就会有很大的差别。

铝和铝合金的耐大气腐蚀性主要取决于其表面氧化膜的性质和其在不同环境中的稳定性。一般认为铝的耐大气腐蚀性在干燥的大气中是稳定的，在潮湿的大气中有不同程度的下降，特别是酸雨地区耐蚀性下降更为明显。潮湿的海洋大气中所溶解的 Cl^- 对氧化膜有很强的破坏作用，铝的耐蚀性明显下降。

暴露于大气中的铝和铝合金会形成一系列的腐蚀产物而遭受腐蚀破坏。其表面呈现三层的结构，即铝和铝的自身氧化膜、氧化膜上的腐蚀产物层和大气污染物沉积形成的污染层或薄液膜层。铝的腐蚀并非在表面上均匀进行，而是主要发生在缺陷和晶界处，因而表现为点蚀特征。在我国不同典型大气环境中10年的自然暴露实验表明，所有铝和铝合金表面光泽消失，有较多的灰黑色点蚀斑点，并随环境的严酷性增加而增加。在湿润的大气环境中2A12硬铝合金发生了明显的剥蚀。

铝和铝合金的大气腐蚀和许多其他环境下的腐蚀很重要的特征是腐蚀速率随时间而减小。我国在"八五"自然环境材料腐蚀数据积累及基础研究中，对9种典型铝及合金在7个大气暴露试验站进行了为期10年的挂片实验。结果表明，同种材料在不同环境下、不同材料在同种环境下及不同材料在不同环境下的腐蚀速率都不相同。多数材料的腐蚀速率随暴露时间的延长逐渐下降，最终接近一稳定值。不同大气环境下，铝和铝合金腐蚀速率趋于稳定的时间长短不同，腐蚀较轻的北京乡村、广州和武汉城市大气中，耐蚀性较好的铝材暴露3

年后腐蚀速率趋于稳定，6 年左右可得到腐蚀速率稳定值。而在腐蚀较重的湿润工业（江津）、海洋（青岛、万宁）和湿热（琼海）大气中，各种铝材暴露 6 年后腐蚀速率才趋于稳定，10 年左右得到腐蚀速率稳定值。说明不同环境下铝和铝合金表面形成保护性腐蚀产物的时间及腐蚀产物的保护性强弱均不同，腐蚀产物层对基体的保护作用强则腐蚀速率稳定快。

（1）湿度的影响

大气腐蚀主要是铝在大气环境中由其表面所吸附的液膜所导致金属的一种电化学反应，空气中的水分在金属表面凝聚而生成的水膜及空气中的氧气通过水膜到达金属表面是发生大气腐蚀的基本条件。这层液膜的厚度与空气的相对湿度有关，相对湿度是指空气中水蒸气含量与同温度下饱和水蒸气含量的比值。空气的相对湿度对金属的大气腐蚀有重要的影响。大气腐蚀的速率与降雨量不直接相关，雨量是影响相对湿度的一个但不是唯一的因素。

根据克劳修斯-克拉珀龙方程，这等于空气中实际含有的水蒸气的数量与给定温度下的最大数量之比。

在室温下：

① 湿度低于 30％时，空气可被认为是干燥的；

② 湿度大于 80％时，空气被认为是相对潮湿的；

③ 湿度达 100％时，水蒸气达到饱和状态。

在沙漠和干旱地区，相对湿度很少超过 20％；而在温带气候下，相对湿度在 40％～60％之间。在降雨期间，降雨量可达 90％～95％，在热带地区，雨季的相对湿度接近 100％。

当空气湿度达到 100％时，金属表面可以形成肉眼可见的水膜；低于 100％时，由于毛细凝聚、化学凝聚、吸附凝聚作用，金属表面也可能形成水膜。金属表面上形成的水膜并不是纯净的水，因此大气腐蚀也属于电化学腐蚀的范畴。洁净、光洁的金属表面上吸附的水膜厚度与空气相对湿度正相关。

当温度下降到一定程度时，空气中的水汽能达到饱和状态，即空气湿度为 100％。若环境温度继续下降，开始出现空气中过饱和的水汽凝结水析出的现象，称为结露。出现"结露"的温度称为结露温度，简称为"露点"。对于一个给定的相对湿度水平，这是空气需要被冷却以达到饱和湿气从而开始凝结的温度。露点的高低取决于相对湿度的高低。在较高湿度下的露点更高，这意味着：在高湿的条件下，金属表面更容易形成液膜，因此也更容易发生腐蚀。表 4-9 列出了露点与相对湿度的关系。

表 4-9　露点与相对湿度的关系

环境温度/℃	相对湿度/％	水的蒸气压	露点 τ/℃	温差 Δ＝T−τ/℃
10	100	9.2040	10	0
	90	8.2836	8	2
	80	7.3632	6	4
	70	6.4428	5	5
15	100	12.7840	15	0
	90	11.5047	13	2
	80	10.2264	11	4
	70	8.9481	9	6
20	100	17.5297	20	0
	90	15.7767	18	2
	80	14.0237	16	4
	70	12.2707	14	6

环境温度/℃	相对湿度/%	水的蒸气压	露点 τ/℃	温差 $\Delta = T - \tau$/℃
25	100	23.7530	25	0
	90	21.3770	23	2
	80	19.0020	21	4
	70	16.6270	19	6
30	100	31.8220	30	0
	90	28.6330	28	2
	80	25.4576	26	4
	70	22.2754	24	6
35	100	42.1770	35	0
	90	37.9593	33	2
	80	33.7416	31	4
	70	29.5239	29	6

大气对金属的腐蚀依赖于金属表面的潮湿液膜。除非雨天，液膜厚度很少超过几百微米，它随空气湿度的增加而增加。存在一个相对湿度的临界值，低于这个临界值时水分不足以在金属表面形成电解质液膜，金属一般不会被腐蚀。对于新鲜制备的表面，铝大气腐蚀的临界相对湿度在 66%～75%（见图 4-11）。

一般而言，当相对湿度＞65%时，铝表面会附着一层 0.001～0.01μm 的水膜，相对湿度越大，铝表面吸附的水膜就越厚。铝及其合金的大气腐蚀实质上就是它们水膜下的电化学腐蚀。

当有污染物存在时，特别是存在二氧化硫，尘埃颗粒物中含有无机盐等时，液膜中溶有电解质，其浓度可达 100mg/L。液膜提供了一个非常低的氧扩散阻力，某些涉及氧的电化学反应可能比金属浸泡在液体中更容易发生。

Rozenfeld 指出，湿膜厚度在 200μm 左右时，腐蚀速率最高。低于此厚度时：

① 薄膜越薄，空气中的氧气越容易扩散，越有助于形成天然的氧化层；

② 水量较低，限制了某些物质的溶解，例如腐蚀产物会留在表面，在一定程度上保护表面。

临界相对湿度不是一个恒定值，它与金属的表面条件有关。粗糙的表面有划痕、灰尘、腐蚀产物或盐沉积在表面，这些因素也有利于水汽的凝结，可以降低临界相对湿度。

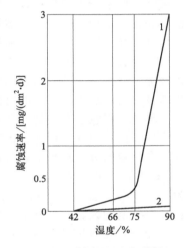

图 4-11 湿度对铝大气腐蚀
的影响
1—含有 1% SO_2 的空气；
2—无 SO_2 的空气

（2）气温的影响

环境温度及其变化影响着金属表面水膜的形成与破坏、水膜中各种腐蚀气体和盐类的溶解度、水膜电阻以及腐蚀原电池中阴阳极过程的反应速率。同时考虑气温对大气的相对湿度的影响，当相对湿度低于金属临界相对湿度时，温度对大气腐蚀的影响很小；但当相对湿度达到临界相对湿度时，温度的影响就会比较明显。

但对铝及铝合金来说，具有稳定并且自愈性的氧化膜使得气温对大气腐蚀的影响并不那么明显。许多应用和室外腐蚀试验的结果也表明气温对铝的大气腐蚀没有重大影响；一般认为，在 -26～25℃ 之间，气温对铝的大气腐蚀没有明显影响。即使更潮湿、更热的热带地区，与温带地区的大气腐蚀试验结果相比，也没有显著差异。对于铝的大气腐蚀来说，和大多数其他金属一样，空气污染程度的影响比气温的影响更显著。

（3）雨、雾和凝结水的影响

一般说来，在密闭和有覆盖物的地方，大气中的湿度同样对金属有腐蚀影响。即使金属表面上没有杂质沉积物，冷凝水也能导致空气中的湿度增加（例如水管）。密闭地方的湿度往往与露天情况下不同，例如在冬天，取暖的房间内湿度较低；在夏天，地下室里的湿度则较高。但是总的来说，室内腐蚀的危害性比室外要小。当然也有例外的情况，例如室内游泳池和自来水厂（空气中有游离的氯化物）、化学实验室等场所。

雨水的化学成分取决于大气的组成。据计算，在海拔1000米的地方每1升雨水可以洗涤326立方米的空气，并溶解大气中的气态污染物和可溶性尘埃成分。通常，雨水的pH值为5.6左右，这主要是吸收空气中二氧化碳的结果。如果空气中含二氧化硫、硫酸盐和硝酸盐等酸性化合物，就形成了酸雨，pH值可以低至4左右。而某些工业设备场区附近，由于污染严重，雨水的pH值甚至可能低于3。

雨水对铝的大气腐蚀的影响是复杂的。降雨对大气腐蚀的影响主要有两个方面。一方面降雨增加了大气的相对湿度，雨水使金属材料处于潮湿状态，延长了润湿时间，并将空气中的杂质沉积在金属材料的表面上。降雨可以使空气湿度提高至发生大气腐蚀的湿度临界值以上。特别是初期雨水，可能含有一定量的酸性无机化合物，同时降雨的冲刷和溶解作用消除或破坏了腐蚀产物的保护，这些因素都会加速金属的大气腐蚀过程。另一方面，雨水也可以清洁表面，从而消除灰尘、酸性沉积物等铝表面的污染物，从而减缓金属的腐蚀速率，这些灰尘和酸性沉积物是由降雨前积累的气态大气污染物产生的。

经验表明，暴露在雨水中的表面通常比很少或从未被雨水清洗过的表面具有更好的耐腐蚀性能。暴露在室外测试站的测试件的背面（朝向地面），很少或从未被雨水清洗的建筑用铝部件总是表现出更严重的腐蚀现象。

雾也能吸收空气中的气态污染物，同时含有的水分可超过相对湿度临界值，但雾不能清洁金属表面。因此，钢铁、铝等金属部件处于雾中比在雨水中腐蚀得更严重。

在一定的湿度水平下，气温降到露点 τ 时，即发生凝结，相对湿度越高，温度露点差 $T-\tau$ 越低。相对湿度在80%及以上时，露点为5~7℃，相对湿度低至20%以下时，露点为20~25℃。在一定的相对湿度下，温度 T 和温度露点差 $T-\tau$ 越大，空气中含水量越高；在一个给定的区域，水凝结发生的可能性都取决于相对湿度的高低和当日的温差。

金属的表面状况也会影响凝结过程。金属表面存在各种划痕、刮伤等以及尘埃、腐蚀产物沉积物，这些导致水与金属界面的表面张力发生变化，因此导致表面存在毛细效应。在凸起处的饱和蒸气压比在平面上的低，在表面不规则的位置，水汽更容易饱和而凝结。因此粗糙表面、具有沉积物的表面更容易发生腐蚀。

经验表明，钢、铝、锌等金属上的凝结点比银、金、铂等贵金属上的凝结点更多。凝结对金属耐腐蚀性的影响取决于几个因素，如外状、凝结速度、凝结时间和相对湿度。凝结处的点蚀比相同厚度的水膜下的点蚀更严重。当冷凝迅速或持续发生时，小液滴会汇合形成连续的膜，在连续的液膜下腐蚀痕迹更分散且位于浅表面。发生凝结的区域总是比其他区域的腐蚀更严重。

（4）干湿交替的影响

众所周知，金属及合金在海水中反复交替浸泡时的腐蚀速率比长期浸泡时的明显增大。金属处于雨水中和在干燥交替循环时的大气腐蚀的速率也是如此，但这并不像在盐溶液中交替浸泡的结果那样严重。

在室外腐蚀试片上，总是可以观察到上表面和下表面的显著差异。以一个以45°角暴露在工业大气中 1 年的 6060 铝合金的腐蚀试验为例，其上表面的点蚀深度为 40mm，下表面的点蚀深度为 65mm。在流动的空气和光照的作用下，上表面干燥得更快，上表面的水膜比下表面的薄。上表面的点蚀深度和蚀坑密度都低于下表面。水膜的反复形成有助于氧气进入铝表面，促进阴极反应，加速阳极金属的溶解。

干湿交替的影响很大程度上取决于天气：当相对湿度较高时，水膜的蒸发速度就会减慢，因此在潮湿天气时，这种影响不如在炎热干燥气候中明显；干湿交替循环的频率越高，金属表面点蚀的程度越大。

一般来说，除了 2000 系列和 7000 系列的铝合金外，铝和铝合金对反复干湿循环的敏感性比其他大多数金属要小得多。

4.4.2　粉尘

从广义讲，大气粉尘是指大气中悬浮运动着的一切细小颗粒物的统称，它具有不同的颗粒粒度、形状和化学组成。粉尘的产生有自然原因，如火山爆发、岩石的风化等；也有人为的原因，如人类的生活和生产活动。这些由各种途径产生的细小颗粒物，受风的吹动进入大气而形成粉尘，当其浓度达到一定程度时，就造成了对大气的污染。

大气粉尘的主要来源有：

① 扬尘的天然来源主要是裸露的地表，各种沉降在地面上的气溶胶粒子等都是扬尘的天然来源。在不利气候条件下或人为扰动下，这些颗粒物就从地表进入空气中，形成土壤扬尘污染。

② 机械过程产生的粉尘，包括固体物质的开采、破碎、筛分、混合、装卸、传送和运输等产生的粉尘。

③ 物理化学过程产生的粉尘，包括爆破、煤和油等燃料的不完全燃烧等产生的粉尘，汽车和工业车辆的发动机产生的烟尘。

这些粉尘：本身具有腐蚀性的，如铵盐颗粒能溶入表面的水膜，提高电导或酸度；本身无腐蚀性的，但能吸附腐蚀性物质，如碳料能吸附 SO_2 和水汽生成具有腐蚀性的酸性溶液。粉尘沉积在金属表面形成缝隙而凝聚水分，形成氧浓差引起缝隙腐蚀。

粉尘对包括铝在内的金属的耐蚀性都是不利的，具体表现如下：

① 会降低临界相对湿度，有利于凝结。

② 粉尘中无机成分会溶解在液膜中。

③ 粉尘能保持一定的局部湿度。

经验表明，在所有其他参数（相对湿度、污染程度）一定的情况下，有积灰的表面总是比洁净的表面表现出更严重的腐蚀。实际上高度污染的工业大气产生了大量烟尘、固体颗粒。一些研究表明工业烟尘与 SO_2 共同存在下，烟尘增强了 SO_2 对材料的腐蚀。从这个角度来看，雨水对铝抵抗大气腐蚀有有益的影响，定期清洁建筑铝材的表面，消除沉积物和腐蚀产物（腐蚀产物可以起到类似于烟尘沉积物的作用），有助于减缓其大气腐蚀。同样地，铝制部件或设备，适当保养维护有利于防止大气腐蚀，比如：空调铝制翅片表面因潮湿形成了一种酸性糊状物，定期清洗消除在翅片底部积聚的灰尘和腐蚀产物，不仅可以提高换热效率，还可以延长使用寿命。

4.4.3　腐蚀性气体

大气中主要含有氮、氧、二氧化碳、氢、惰性气体、水等成分，其中氮气在干空气中的体积分数约为 78%，氧气约为 21%。还含有二氧化硫、硫化氢、氨、氯化物等腐蚀性气体。

大气中的 SO_2、NO_2 和 NO 主要来源于燃料燃烧排放的气体。它们或者在大气中通过化学作用被氧化形成相应的酸或盐沉积于金属表面，或者直接沉积溶解于金属表面薄液膜，通过某些金属离子的催化氧化形成相应的酸或盐影响金属的腐蚀。

在不同的地区或地域，这些腐蚀性气体的含量有很大的区别。值得注意的是，由于 SO_2 和 NO_2 等污染气体的大量排放，全球许多地区都出现了酸雨。酸雨不仅威胁人类生存环境，而且也大大加速了许多材料的大气腐蚀破坏，对于铝而言，酸雨和高速公路去冰盐的存在大大加速了汽车用铝合金的腐蚀。

大气中的腐蚀性组分被认为是加速金属大气腐蚀的主要因素。对于铝而言，Cl^- 的腐蚀敏感性最为明显，铝的硫酸盐也被发现是铝大气腐蚀最为丰富的腐蚀产物，其次是铝的氯化物。许多研究也发现大气中 NO_2、NO、O_3 和有机物及工业烟尘也会对铝的大气腐蚀产生不同的影响。

大气污染物主要以两种形式到达金属表面，即干沉积和湿沉积形式。这也导致金属表面存在与大气同样丰富的化学组分。SO_4^{2-}、NO_3^-、NO_2^-、Cl^-、HCO_3^-、H^+、NH_4^+ 及某些金属离子是存在于金属表面最为普遍的组分，它们会对金属的腐蚀产生不同程度的影响。

（1）二氧化硫（SO_2）

二氧化硫主要来自煤气、油和煤等燃料的燃烧。大气中二氧化硫的浓度变化范围很广，取决于工业化程度、供热方式、运输工具和风向等。对于典型的大气，通常的浓度是：

① 乡村：$<0.1mg/m^3$；

② 城市：$0.1\sim0.3mg/m^3$；

③ 工业区：$>0.3mg/m^3$。

实验室和户外暴露实验已经证实 SO_2 能够加速铝的大气腐蚀，式（4-1）～式（4-5）描述了大气中 SO_2 的转化过程：

$$SO_2 + H_2O \longrightarrow H^+ + HSO_3^- \tag{4-1}$$

$$HSO_3^- + H_2O_2 \longrightarrow HSO_4^- + H_2O \tag{4-2}$$

$$HSO_3^- + O_3 \longrightarrow HSO_4^- + O_2 \tag{4-3}$$

$$HSO_3^- + [O] \longrightarrow HSO_4^- \tag{4-4}$$

$$HSO_4^- \longrightarrow H^+ + SO_4^{2-} \tag{4-5}$$

SO_2 溶解于表面液膜，一方面使液膜表面酸性增加，通常 pH 值可达 $3\sim4$，表面液膜中溶解的 SO_2 量与空气湿度有关，而大气中含有 SO_2 导致临界腐蚀湿度降低；另一方面，SO_2 在水膜中电离所生成的 HSO_3^-，一部分还会受烟灰和金属氧化物等催化，被氧、臭氧、过氧化物等氧化剂氧化为 HSO_4^-。酸化会直接导致氧化膜破坏，使裸露的铝溶解。溶解释放的 Al^{3+} 与表面吸附的 SO_4^{2-} 经一系列化学步骤最终形成难溶、稳定的碱式硫酸铝化合物 $Al_x(SO_4)_y(OH)_z$，实际上在大气中的铝表面腐蚀层内可以发现硫酸根离子的存在，这种腐蚀产物的形成对铝具有保护作用。

$$x Al^{3+} + y SO_4^{2-} + z OH^- \longrightarrow Al_x(SO_4)_y(OH)_z$$

铝对 SO_2 具有较好的耐蚀性正是由于这种腐蚀产物的保护作用。与钢、镀锌钢和锌相比，铝对 SO_2 的腐蚀敏感度更低。研究表明，在工业大气环境中，同等 SO_2 含量水平下，铝反应消耗吸收 $1mg/dm^2$ 的 SO_2，而钢能吸收 $22\sim55mg/dm^2$ 的 SO_2。

（2）氯和氯化物（Cl_2、Cl^-）

通常铝在室内或室外的大气中腐蚀的主要危害来自氯离子的作用，无论是在溶液中还是暴露于大气环境中，Cl⁻ 的存在是铝发生点蚀的主要原因。铝的氯化物也被发现是含量仅次于铝硫酸盐的大气腐蚀产物。由于铝对氯离子的敏感性，在一些户外场合，尤其是海洋环境中，铝的使用受到极大的限制。

自然大气中的氯来源于海洋，海洋空气流动可以把它们带到几十公里甚至几百公里远处，沿海地区可以明显观察到氯对腐蚀的影响。在城市及工业区，氯的排放可能来源于PVC塑料等垃圾的焚烧、氯碱工业、采矿等。氯的排放加速了包括铝在内的金属在大气中的腐蚀。氯浓度越高，特别是相对湿度较大时，腐蚀加速作用越大。

由 Cl⁻ 参与形成的铝腐蚀产物的溶解性很好，致使铝表面上的腐蚀产物不会聚集很多。据报道，在铝的室内腐蚀中，Cl⁻ 在腐蚀表面的沉积量为 $0.01 \sim 0.13 \mu g/(cm^2 \cdot a)$。

在大部分含氯的气氛中，铝腐蚀的最终产物为氯化铝，它是氢氧化铝逐步被氯化的产物。实验表明，腐蚀产物中有中间化合物 $AlCl(OH)_2 \cdot H_2O$ 的存在，并观察到几种铝的羟基氯化物 $[Al(OH)_nCl_{3-n}]$ 之间存在化学平衡的实验事实；同时，也观察到腐蚀气氛中硫酸根和硝酸根的存在与否并不影响铝腐蚀过程中羟基氯化物的生成。

概括而言，铝及其合金在有氯存在气氛中的腐蚀机理可以表示如下：

$$Al(OH)_3 + Cl^- \Longrightarrow Al(OH)_2Cl + OH^-$$

$$Al(OH)_2Cl + Cl^- \Longrightarrow Al(OH)Cl_2 + OH^-$$

$$Al(OH)Cl_2 + Cl^- \Longrightarrow AlCl_3 + OH^-$$

上述反应的进程实际上是水化了的氧化铝表面上，羟基和氯离子之间的竞争吸附的反应过程。在有水膜的铝表面，大气中的 Cl⁻ 主要通过含氯的气体、降雨、海盐粒子等沉积进入表面水层，液膜中 Cl⁻ 首先在铝表面的活性位发生吸附。大量实验证实氯离子的吸附是铝发生点蚀的最初步骤。这种吸附在氧化膜不完整或缺陷处增强，接下来发生吸附的离子与氧化膜的化学反应、氧化膜的减薄和裸露铝的直接溶解等过程。含氯铝化合物的易溶解性阻碍了表面氯的腐蚀产物层的形成，但有限的部分 Cl⁻ 仍被纳入了腐蚀层。在某些腐蚀产物中主要以 $AlCl_3$ 存在，由 $Al(OH)_3$ 经一系列的氯化步骤形成，$Al(OH)_nCl_{3-n}$ 被认为是 OH⁻ 和在铝表面氧化膜竞争吸附的结果。

点蚀坑内的溶液组分与蚀坑外部或本体溶液存在明显不同，由于点蚀坑内外溶液的不充分混合，点蚀坑外部 OH⁻ 的累积应等于点蚀坑内部 H⁺ 的累积，点蚀坑外的高 OH⁻ 量将造成点蚀坑内的高酸度，使点蚀增强。

一种较为典型的情况是，在制造集成电路的铝膜的蚀刻过程中，由于使用的蚀刻剂通常是含有氯的化合物如 CCl_4、BCl_3 或 $SiCl_4$，如果干蚀刻过程中，残余的氯未被完全去除，铝将迅速发生腐蚀：

$$Al + 3HCl \longrightarrow AlCl_3 + \frac{3}{2}H_2 \tag{4-6}$$

如果存在水或水蒸气，腐蚀产物 $AlCl_3$ 将发生水解生成 $Al(OH)_3$：

$$AlCl_3 + 3H_2O \longrightarrow Al(OH)_3 + 3HCl \tag{4-7}$$

式(4-6)和式(4-7)形成了一个催化循环，产生了对铝的连续的腐蚀破坏。

关于 SO_2、NO_2 和 Cl⁻ 共同存在时对大气腐蚀影响的相关研究很少，一些实验发现，在含 Cl⁻ 的溶液中，SO_4^{2-} 的加入会增强铝的腐蚀，而 NO_3^- 则抑制铝的腐蚀。在暴露于大气的情况下，SO_2 和 Cl⁻ 共同存在的情况较二者单独存在的情况腐蚀严重。

（3）二氧化碳（CO_2）

二氧化碳的主要来源是煤、石油的燃烧。它在水中的溶解度很小，大约是二氧化硫在水中溶解度的 1/70。对铝的大气腐蚀速率没有影响。

（4）硫化氢（H₂S）

除了石油化工和造纸等一些特定行业会排放出硫化氢气体外，空气中的硫化氢浓度通常仅约为1μL/L。铝在含有硫化氢的大气中，具有很好的耐腐蚀性。无论硫化氢的浓度和相对湿度如何，它对铝的大气腐蚀没有影响。实验室试验表明，在相对湿度为100%、H₂S含量为5%的空气中，铝不会受到侵蚀。

（5）氨（NH₃）

氨来自某些化学产品（化肥、硝酸等）和水净化工厂。空气中的氨，即使浓度很高，对铝的大气腐蚀也没有影响。因此，铝可以用于生产氨、硝酸和含氮肥料（尿素、硝酸铵）的工厂的屋面板和覆层板。

（6）氮氧化物（NOₓ）

燃油的燃烧是氮氧化物的主要来源。它们释放出一氧化氮（NO），一氧化氮被氧化成二氧化氮（NO₂）。在巴黎，它们的水平在50mg/m³左右，没有明显的季节变化。

在太阳辐射及水分和催化剂的作用下，NO和NO₂最终被氧化为NO₃⁻，并在液膜中溶解形成硝酸沉积于金属表面。尽管NO₂对铝的腐蚀较弱，但其仍能够加速铝的大气腐蚀。由于铝的硝酸盐都是易溶的，铝的大气腐蚀产物中未发现铝的含氮化合物。一种普遍情况是NO₂和SO₂同时存在下，NO₂和SO₂对某些金属的大气腐蚀具有协同作用。对于铝而言所获得的实验结果却存在分歧，Sydberger和Vannerberg研究瞬时存在的NO₂和SO₂时，发现其腐蚀速率小于SO₂单独存在条件下铝的腐蚀速率，而Johansson发现在高湿度下，NO₂的加入明显加速了铝的腐蚀。

（7）挥发性有机化合物

挥发性有机化合物包括许多，如挥发性碳氢化合物（烷烃、烯烃、芳香族化合物）、羰基化合物（酮、醛）等，在城市地区，它们来源于汽车尾气、燃油和溶剂的挥发以及其他使用溶剂的工业活动。它们在城市大气中的浓度可达50μg/m³。

污染的工业大气中存在未充分燃烧产生的碳氢化合物，异丁烷是其中相对丰富的痕量污染物，其主要来源于燃料燃烧过程和生物过程。在洁净的空气中异丁烷能够抑制铁的腐蚀，然而对铝、铜、锌几乎无影响；在SO₂存在条件下，异丁烷抑制了铁的腐蚀，然而却增强了铝、铜、锌的腐蚀。在某些工艺（染色、脱脂等）中存在的局部含氯溶剂排放源，可能导致暴露在这种环境中的含铝设施严重腐蚀。

对于大气中微量存在的可溶性有机物，一些酸性有机物，如乙酸、甲酸溶解于铝表面液膜中则会导致明显的腐蚀；一些含羟基的有机物被发现能够对铝的腐蚀产生抑制作用。然而对于大气条件下，这些痕量组分和其他相对大量组分共同存在的实际情况对铝腐蚀的影响及其复杂性应加以注意。

考虑到大多数挥发性有机物的特性、微量的浓度、难溶的水溶解性，这些化合物不太可能对铝的大气腐蚀有明显影响。

4.4.4 淡水

水是最常见的一种溶剂，自然存在的水，即使是淡水，也不会是纯净的水，其中溶解有不超过1g/L的矿物质。水可以溶解许多固态、液态和气态物质，包括无机盐、有机物等。水中的溶质含量取决于水流经的地质层及土壤中的化学成分，不同地区水中的溶质有很大的区别，它们的浓度还会随物理条件（如温度）的变化而变化。

要预测铝在污染水中的耐蚀性，必须知道水中溶质的浓度和物理化学性质。温度、电导率和pH等参数也是重要的影响因素。电导率随水盐度的增加而增加。去离子水的电阻率为几十万欧姆·厘米，而市政水的电阻率通常在 $100 \sim 10000\Omega \cdot cm$ 之间，这取决于溶解盐的数量和性质。高电导率（即低电阻率）的水是一种很好的电解质，比低电导率的水更容易发生电化学反应。海水的电阻率仅为几十欧姆·厘米。

自然的水，包括地表水（河水、泉水）和海水，一般接近中性。城市水域的 pH 值大多在 $6.5 \sim 7.5$ 之间。蒸馏水偏酸性，pH 值在 $6 \sim 6.5$ 之间；海水则偏碱性，pH 值在 $8 \sim 8.2$ 之间。

铝的天然氧化膜在 pH 为 $6.5 \sim 7.5$ 范围内最稳定，因此，铝在自然水环境中具有良好的耐蚀性，在室温下铝在自然水中的溶解速度极其微小而难以测定。但在这个 pH 值范围内，室温至 $80 ℃$ 左右，铝仍然有点蚀倾向。

（1）氯化物浓度的影响

自 1930 年以来，人们普遍认为，在所有阴离子中，氯离子渗透天然氧化膜的能力最强，因为氯离子体积小，流动性强。它们的大小接近氧。氯离子（Cl^-）、氟离子（F^-）、溴离子（Br^-）和碘离子（I^-）属于能加速铝腐蚀的阴离子，而硫酸根离子（SO_4^{2-}）、硝酸根离子（NO_3^-）和磷酸根离子（PO_4^{3-}）没有或者几乎没有这种加速腐蚀的作用。

氯原子可以代替氧化铝晶格中的氧原子，这使得氧化膜的电阻率降低，有助于铝原子释出扩散到水中。淡水对铝的腐蚀性在很大程度上取决于其氯化物和硫酸盐的浓度。

Cl^- 对铝腐蚀的影响主要是由于其对天然氧化膜有很强的穿透能力，与腐蚀介质中存在的阳离子无关，点蚀密度和点蚀深度一般随 Cl^- 浓度的增加而增加（图 4-12）。在给定的 Cl^- 浓度下，KCl、NaCl 或 NH_4Cl 溶液的腐蚀速率没有明显的区别。

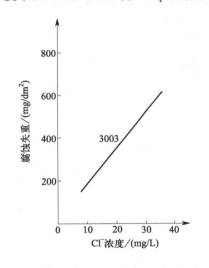

图 4-12　Cl^- 浓度对 3003 在水中耐蚀性的影响

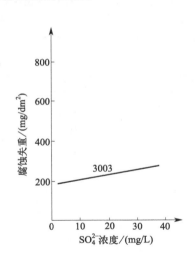

图 4-13　SO_4^{2-} 浓度对 3003 在水中耐蚀性的影响

（2）硫酸盐浓度的影响

与 Cl^- 相比，SO_4^{2-} 体积大，不容易迁移，不容易渗透到氧化膜中。因此，在淡水中，SO_4^{2-} 对铝腐蚀的影响比 Cl^- 弱，见图 4-13。虽然它对点蚀密度没有影响，但 Godard 等人的研究说明它有导致点蚀深度显著增加的趋势，并抑制勃姆体氧化铝氧化膜的形成。同样，SO_4^{2-} 的作用与阳离子无关。

在含 Cl^- 的溶液中，加入 SO_4^{2-} 可延缓但不能阻止 Cl^- 的吸附，这是由于铝的表面吸附了一部分 SO_4^{2-}，使得反应界面上的 Cl^- 浓度降低，一方面阻碍了氧化膜的溶解和小蚀孔的形成，另一方面增大了脱附的难度，从而降低了腐蚀速率。

（3）金属离子浓度的影响

水中的钙一般以碳酸盐形式存在，即使在碳酸钙（$CaCO_3$）浓度高达 500mg/L 时，对铝在水中的腐蚀也没有影响。而对于 CO_3^{2-} 来说，升高温度时，铝表面就可能会形成一种连续的碳酸盐薄膜，相对于高硬度的水，含有一定低浓度碳酸盐的软水，甚至有轻微的抑制腐蚀作用。

对于一个给水系统来说，不管是开路还是闭路系统，都不可能绝对使用同一种金属材料，比如说，中央供暖系统的散热器是铝合金的，加热器可以使用不锈钢，水泵是不锈钢或铜合金的，管道可以是镀锌钢。当系统中一些金属元素溶入水中，这些金属离子会对铝材的腐蚀产生影响。因此，即使铝在水中具有很好的耐腐蚀性，考虑到其他金属元素的影响，也要采用有针对性的防腐蚀措施，比如说加入相应的缓蚀剂。最常见的情况是水循环或者水路中使用铜和铜合金材料，比如说汽车发动机的冷却回路。Cu^{2+} 会导致铝件发生严重腐蚀。

溶解在水中的金属离子被铝还原，铝则被氧化：

$$3Cu^{2+}+6e^- \longrightarrow 3Cu$$
$$\underline{2Al \longrightarrow 2Al^{3+}+6e^-}$$
$$3Cu^{2+}+2Al \longrightarrow 2Al^{3+}+3Cu$$

金属间化合物 $FeAl_3$ 作为阴极，尤其容易发生这些反应。铜沉积在铝表面上，引发点蚀。它们也可以被重新氧化溶解成 Cu^{2+}，然后再次被铝还原。总而言之，在铜盐溶于水的情况下，铝会发生严重的点蚀。

为了确定影响铝在淡水中腐蚀速率的 Cu^{2+} 的临界浓度，英国有色金属研究协会实验室（BNFRMA）在 20 世纪 50 年代对伦敦水环境的腐蚀进行了研究，表明 Cu^{2+} 对伦敦水环境下铝的腐蚀有影响的浓度临界值在 0.2~0.5mg/L，结果见表 4-10。

表 4-10　铜离子对点蚀的影响

Cu^{2+} 浓度/(mg/L)	点蚀开始时间/h	腐蚀失重/(mg/dm²)	点蚀密度/(个/dm²)	平均蚀坑深度/mm
0	31~46	27.6	4	0.39
0.01	31~46	18.0	4	0.42
0.02	31~46	17.6	8	0.39
0.05	31~46	13.6	8	0.17
0.2	7~22	13.0	4	0.12
0.5	0.75~1	32.8	13	0.25
1	0.50~0.75	44.4	16	0.37
2	0.50~0.75	57.6	36	0.26
5	<0.75	64.4	60	0.23
10	<0.75	68.4	16	0.13
20	<0.75	76.0	64	0.19
30	<0.75	90.8	100	0.10

可以看出，Cu^{2+} 对点蚀密度的影响大于对点蚀深度的影响，并缩短了点蚀起始时间。铜可以在 24 小时内迅速沉积在铝上。在非常低的浓度下，从 0.01mg/L 到 0.2mg/L，铜似乎有轻微减轻点蚀的趋势。图 4-14 的试验结果证实了这个结论。

水中溶解的其他金属离子，可能是自然存在的，如铁离子，也可能是其他金属被腐蚀或工业污染形成的。常见的金属离子对于铝在水中的腐蚀有以下不同的影响：

铜、汞、铅：通过上述阴极还原过程促进铝腐蚀；

铁、铬、锌：在铝表面能形成薄膜，抑制腐蚀。

锰、钴：没有影响。

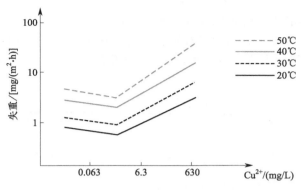

图 4-14　Cu²⁺ 对 6063 在水中耐蚀性的影响

（4）天然氧化膜与水的反应的影响

铝在水中的耐蚀性取决于天然氧化膜与水的反应。天然氧化膜由两层组成，见图 4-15。

与金属相接触的内层氧化物，通常为致密的非晶态组织。而外层的结构与水温有关。70℃时，反应生成拜耳体氧化铝；在70℃以上时则形成勃姆体氧化铝。这层厚度可达 1 微米的勃姆体氧化膜具有良好的耐腐蚀性。

勃姆体膜是铝与水在至少 75℃ 的温度下反应形成的天然氧化物膜层，反应如下：

$$Al + 2H_2O \longrightarrow AlOOH + \frac{3}{2}H_2$$

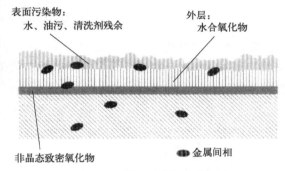

图 4-15　铝天然氧化膜的结构示意图

勃姆体首先在晶界处开始形成，然后生长发展到整个表面。Altenpohl 研究了勃姆体薄膜在水或水蒸气中的生长条件，铝与 110～160℃（取决于铝的纯度）的去离子水蒸气接触大约几个小时就形成勃姆体膜。在处理 15 小时后，勃姆体膜的厚度达到最大值，在 120℃ 水蒸气中形成的勃姆体膜膜厚大于在 100℃ 沸水中的，见图 4-16。而此时水中是否有氧的存在对勃姆体膜的生长速率没有影响。

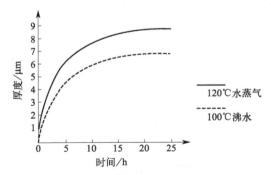

图 4-16　勃姆体氧化膜在沸水和水蒸气中的生长

在碱性介质中可获得更厚的勃姆体膜，其耐腐蚀性更好。但碱性介质中形成的勃姆体膜呈乳白色，而用水蒸气制得的膜非常透明。在 3g/L 三乙醇胺溶液中浸泡 8 小时，可以获得 1～2μm 厚的勃姆体氧化膜。

经验表明，当铝在低盐度的水（盐度小于 1g/L），比如在高于 60℃ 的海水中，可以自然地形成勃姆体氧化膜。此外，勃姆体氧化处理的溶液需要经常再生，加之处理时间太长，这种工艺并没有得到广泛使用。

铝在水中的腐蚀可以有以下三个反应过程：

① 外层氧化膜的溶解；

② 铝底层氧化物转变为拜耳体或勃姆体氧化物；

③ 铝基体溶解被氧化生成非晶态的氧化层。

1200 合金在 50℃水中的初始阶段有明显加速的失重，一旦表面形成了一定厚度氧化膜，上述三个反应达到稳定的平衡，腐蚀速率也就趋于稳定，如图 4-17 所示。

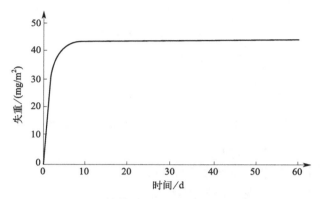

图 4-17　1200 合金在 50℃水中的腐蚀失重

铝在水中的腐蚀形式与温度相关（表 4-11）。在 70℃以下的淡水中，主要的腐蚀倾向是点蚀。增加温度，点蚀深度急剧减小，但蚀坑密度增加（图 4-18）。在 70℃以上时，点蚀倾向逐渐减小。100℃以上主要呈均匀腐蚀形式，150℃以上晶间腐蚀的倾向逐渐增加。

表 4-11　水温与腐蚀形态的关系

温度	腐蚀形态
<100℃	点蚀（纯水中，达到 60～70℃时点蚀倾向降低）
100～150℃	全面腐蚀
150～250℃	全面腐蚀、晶间腐蚀
>250℃	晶间腐蚀造成破坏

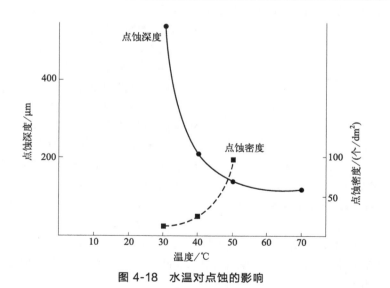

图 4-18　水温对点蚀的影响

（5）水流运动和流速的影响

实践表明，在同样的条件下，铝在一定流速的流动水或者经常更新的水中的耐蚀性常常优于在静态水中。在20℃的淡水中进行的为期1周的试验表明，点蚀的密度和深度随流速的增加而减小（表4-12）。流动的水消除了腐蚀产物，并因为消除可能局部过多的H^+和OH^-，在一定程度上避免了出现更多的阴极区或阳极区。在开放系统中，流动的水可溶入或混合更多的空气，而溶解氧有助于修复氧化层。水的流动还可以阻止沉积物在表面形成，而表面的沉积物很容易促进腐蚀。在2.5～3m/s流速的淡水中，铝基本没有被腐蚀的风险。

铝在静态水中的点蚀也表现出与在流动态水中不同的特点：蚀坑分散，直径较大（1～5mm），覆盖有大量脓疱状的白色氧化铝凝胶，有时还有黄色碳酸盐水垢沉积。这些覆盖物中常存在着酸性介质，覆盖物下的蚀坑深度可以超过2mm。这种腐蚀形态常见于很少换水的水箱中，应该定期换水，就足以阻止（或减缓）这种点蚀。

表4-12　水流速度对点蚀的影响

流速/(m/min)	平均点蚀密度/(×3.875 个/dm²)	深度/μm		
		最大值	最小值	平均值
0.3	244	220	100	148
0.6	145	150	80	107
0.9	26	100	50	79
1.2	58	140	60	90
1.5	25	80	40	50
1.8	15	60	20	35
2.1	50	60	10	29
2.4	0	0	0	0
3	0	0	0	0

（6）发黑现象

铝合金被用作厨房用具的材料以后，可以观察到铝合金表面会不可避免地发生发黑（blackening）的现象。这种发黑不是腐蚀的一种形式，而只是最外层氧化层的视觉外观发生改变，它不会改变铝在水中的耐腐蚀性能。

发黑现象在酸性介质中可以消失。例如，一个变黑的铝炖锅在烹制酸菜后，铝表面的光泽可能会恢复。

这种铝发黑现象是由于自然氧化膜最外层的结构变化引起。3003铝合金在沸腾的蒸馏水中浸泡后，会形成一层结晶良好的勃姆体氧化物纤维［图4-19(a)］。但当用天然水或自来水做同样的实验时，这层氧化膜则具有完全不同的外观：无定形、黑色的多孔结构［图4-19(b)］。

 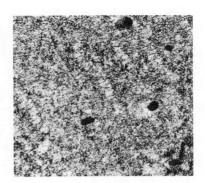

(a) 在沸腾蒸馏水中形成的透明氧化层　　(b) 在沸腾自来水中形成的灰黑色氧化层

图4-19　沸水中形成的铝氧化膜的外观（×50000倍）

与铝相比，镁是阳极，已知可以降低对发黑的敏感性，例如，1070A 比含 5％Mg 的铝合金更容易发黑。铝的阴极合金元素或添加剂有利于发黑。目前还没有一种铝合金能避免这种发黑现象。另外，与合金成分的影响相比较，水的化学成分是一个更为重要的影响因素：pH 值在 8～9 之间的水中含有 HCO_3^-，就会发生发黑现象，这可能是由于多孔天然氧化膜吸附碳酸氢盐离子所引起的。当铝与电负性较低的金属（银、不锈钢或铜）组成电偶对时，也可能出现发黑；而用牺牲镁阳极进行阴极保护的铝则不会变黑。

弱酸性的水溶液，如 10％磷酸溶液、1％酒石酸＋1％氟化钠的混合溶液等酸液，在 60℃下可消除发黑现象。

4.4.5 海水

海水的组成很复杂，其特点是含有多种盐类，盐分中主要是 NaCl，常把海水近似地看作质量分数为 3％或 3.5％的 NaCl 溶液。每 1000g 海水中溶解固体盐类物质的总质量（g）称为盐度，一般海水的盐度在 3.2％～3.75％之间，通常取 3.5％为海水的盐度平均值。海水中的氯离子含量可达总盐量的 58.04％，使其具有较大的腐蚀性。

海水中存在着的溶解氧，是影响海水腐蚀的重要因素。另外，海水中还存在一定的悬浮物、有机物和生物。

正常情况下海水表面层被空气饱和，氧的浓度随水温一般在 5～10mg/L 范围内变化。海水的氧含量随海洋深度而显著变化，也根据海水的温度和生物活性而变化。在海水中，氧的阴极去极化作用有利于加速铝的腐蚀，但氧的存在也有助于修复铝的自然氧化层。这与铝在淡水中的情况相同。

海水的 pH 值一般为 8.0～8.5，靠近海洋表面的海水 pH 值非常稳定，约为 8.2。这个pH 值处于铝的电化学钝化区范围内，天然氧化膜保持很好的化学稳定性。

在组成复杂的海水中，化学因素（如化学成分）、物理因素（如温度）或生物因素等多种因素对腐蚀的影响，不像在简单的盐溶液中那样清晰。经验表明，在天然海水中的耐蚀性与在相同总含盐量的人工海水中的耐蚀性有很大的不同。对于铝来说，用人工海水获得的测试结果常常比用天然海水获得的结果更严重。

一般来说，增加温度会加速腐蚀，但在自然的海水中，事实并非如此，在全球不同的水温的海水中，没有观测到铝腐蚀的显著差异。因为温度的升高也会引起一系列的变化，即氧气的溶解度降低，生物活性增加，镁和碳酸钙在温度升高时沉淀形成保护膜，这些变化会对铝的腐蚀行为产生影响。

海水的电阻率仅为几十欧姆·厘米（淡水的电阻率在 1000～3000Ω·cm 之间），这有利于大多数电化学反应过程。海水中含大量的盐类，尤其是氯化物，最常见的两种腐蚀形式是点蚀和电偶腐蚀。

表 4-13 汇总了几种铝合金在海水中浸泡 5 年和 10 年后的最大点蚀深度。

表 4-13　几种铝合金在海水中的点蚀深度

铝合金	最大点蚀深度/μm	
	5 年	10 年
1199	90	
1100 H14	＜50	1000
3003 H14	＜50	250
	130	1170
	330	530
	530	300

铝合金	最大点蚀深度/μm	
	5 年	10 年
5052 H34	<50	120
	150	300
5056	250	1250
	250	625
	300	375
	400	1000
5083	<50	150
	120	1300
5085 H112	500	
	800	
5154	375	
5454 H34	330	
5456 H321	200	
	280	
	550	
6051 T4	270	400
6051 T6	260	500
	450	600
6053 T6	80	90
	160	250
	400	260
6061 T4	50	350
	80	100
	200	325
	350	325
	500	825

结果表明：5000 和 6000 系列合金在海水中的耐蚀性能相当；在海水中浸泡 10 年，最大点蚀深度很少超过 1.5mm；最大点蚀深度数据非常离散，可见影响因素很复杂。

海水的高导电性有利于电偶腐蚀的发展，一般可以通过绝缘的结构设计、涂装处理、牺牲阳极电化学保护法来避免电偶腐蚀。铝的阳极氧化处理可以作为防止电偶腐蚀的辅助手段，在一定程度上降低电偶腐蚀的敏感性，但不能完全阻止电偶腐蚀。

大量的海水浸泡试验以及 50 多年以上的海上应用经验表明，不含铜的 5000 系合金以及 6000 系合金在海洋环境和海水中具有优异的耐腐蚀性能。除非需要防污等，这些合金甚至可以不进行防腐蚀涂装直接使用。由于铜和汞离子在铝上的还原会引起点蚀，在没有涂层、阳极氧化等保护措施的情况下不能使用含铜的铝合金，也不能使用含有铜或汞的涂料。

铝合金在海洋环境中能够发生钝化，腐蚀质量损失数值较小，但通过腐蚀质量损失的大小仍可以初步评价铝合金在各种海水环境中的耐蚀性能。Venkatesan 研究了 1060 铝合金在印度洋海域不同深度暴露 168 天后的腐蚀情况，发现随深度增加（500～5100m），其腐蚀速率逐渐增大。此外，2000 系铝合金在太平洋和印度洋不同深度海水环境中的腐蚀速率也呈现类似规律。仅依据现有的数据不能说明深海中铝合金的腐蚀速率随着深度的增加而线性增大，其中存在不少反常情况，因此铝合金深海腐蚀评价还要结合点蚀、缝隙腐蚀等其他数据。

铝合金在海水中发生的腐蚀几乎包括所有的腐蚀形式，以点蚀和缝隙腐蚀为多见，高强度铝合金在应用过程中还存在应力腐蚀开裂问题。印度深海暴露结果表明，铝镁合金在各种深度下比纯铝或铝铜合金的腐蚀速率更低。Al-1100 在深海环境下产生了点蚀，且在 5100m 处点蚀最严重，铝镁合金表现为均匀腐蚀及少量稀疏的点蚀。铝及铝-镁-硅合金 Al-6061-T6 在深海暴露后表面表现为泥裂特征。特别的是，5000 系和 6000 系铝合金在浅海具有很好的耐蚀性，但在深海中点蚀和缝隙腐蚀敏感性却增加。Beccaria 等认为局部腐蚀加重的原因是压力的增加引起离子半径和金属离子水解程度的变化，改变了金属离子活性以及金属络合物的组成，导致铝的化合物具有更高的反应常数。Boyd 等和 Reinhart 则分别调查了铝镁合金在太平洋表层海水和深海中的腐蚀行为，发现深海环境下 5000 系列铝镁合金点蚀速率加快，在 700m 深海水环境下点蚀速率最大，为表层海水的 3 倍，而在 1700m 深处则降为 2 倍，并认为影响 5000 系列铝镁合金点蚀的主要因素是氧含量。深海中不同系列铝合金应力腐蚀的研究表明，在屈服强度为 50% 和 75% 的应力条件下，760m 深海中暴露 402 天后，除 7000 系外，其他系列铝合金均无应力腐蚀敏感性，7000 系铝合金中 7075、7079、7178 存在应力腐蚀开裂现象。

铝合金在海洋大气中的点蚀敏感性也较高。纯铝在海洋大气环境中的腐蚀失重与暴露时间呈典型幂函数关系。锻铝在距海岸 235m 和 305m 处为幂函数关系，而在较近（25m、95m、165m）处则呈线性关系。距海岸线越近，大气中氯离子含量越高，铝的腐蚀也越严重。

在距海岸不同距离处经半年大气暴露后的铝试样显微分析显示，在距岩 25m 处，腐蚀产物膜出现龟裂，其上有絮状、疏松的白色腐蚀产物；而在 305m 处，铝的腐蚀产物则比较致密、均匀。研究表明在氯离子浓度大的地方，腐蚀产物膜的结构、形貌发生变化，不具有保护性能，从而直接影响铝的大气腐蚀行为。

4.4.6　土壤

现实生活中，有很多铝材在土壤中的应用，例如：电力电信电缆、水和天然气管网、道路标志、路灯和各种支撑结构等。众所周知，土壤是一个由气、液、固三相物质构成的复杂系统，其中还存在着若干种数量不等的土壤微生物。因为土壤的固体组分不像大气、海水那样具有流动性，土壤中固体组分的化学成分不具有均一性，即使是同种类型土壤，物理和化学性质也是不均一、不尽相同的，如果把气候、地区分布考虑进去，那么即使同一种土壤的腐蚀性大小也是不同的。由此可见，土壤腐蚀性的研究是一个非常复杂的问题。

自然土壤是由于地质时期岩石的破碎而形成的，有几种具有不同物理化学性质的成分：黏土、泥灰、岩石、砂、砾石等。人工土壤由回填土、工业渣石、矿渣等组成。

土壤是一种非常不均匀的、或多或少潮湿的介质。含水量取决于土壤的性质和降水量，因此也与当地的气候相关。水主要是因为毛细作用而保留在土壤中。土壤中固体成分的形状、大小及其可塑性都决定了它不同程度的排水和透气性。黏土质土壤具有良好的保水性，排水和透气性则较差，砂土的排水、透气性则比较强。

潮湿湿润土壤中保有的水，其主要的无机成分有 Na^+、K^+、Ca^{2+}、Mg^{2+} 等阳离子，Cl^-、NO_3^-、SO_4^{2-} 等阴离子，无机盐含量在 $0.5\sim1.5g/L$ 之间。在工业用地的土壤中，还会有其他与工业活动相关的无机成分。另外，土壤中还含有 O_2、N_2 和 CO_2 等气体，主要来自有机物的分解。除无机成分外，土壤中还有来自各种生物的有机成分和微生物分解有机物形成的腐殖质，主要存在于土壤最上层中。

土壤的 pH 值和电导率，与溶于土壤保有水中的盐的性质密切相关。pH 值还取决于无机酸和有机酸的含量、二氧化碳含量以及土壤污染情况。一般来说，土壤是酸性的，pH 值为 $3.5\sim4.5$。电导率则与含水量和含盐量有关。

铝在土壤中的腐蚀主要与土壤中的水有关，其腐蚀行为的本质也是电化学过程。主要的腐蚀形式包括：点蚀、电偶腐蚀、杂散电流腐蚀等。在土壤中使用铝材，铝材不能直接与土壤接触，需要以橡胶、塑料等阻隔层、涂层防护，或者以电化学方法防护。

土壤腐蚀的控制因素可能有很大的差别，大致可以归纳为下列几种典型情况：

① 阴极过程控制。对于大多数土壤来说，当腐蚀决定于腐蚀微电池或距离不太长的宏观腐蚀电池时，腐蚀过程主要为阴极过程所控制，这和完全浸没在静止电解液中的金属腐蚀情况相似。

② 阳极过程控制。对相当疏松的和干燥的土壤而言，随着氧的渗透率的增加，腐蚀过程主要由阳极过程控制，这种腐蚀过程的特征与大气腐蚀的特征接近。

③ 电阻控制。对于由长距离宏观电池（如埋没在土壤中的管道交替地经过氧渗透率不同的土壤而形成的电池）作用所引起的土壤腐蚀来说，电阻因素所引起的作用将强烈增加，腐蚀电池距离越长，电阻控制作用越明显。

影响土壤腐蚀的因素很多，其中主要有：土壤的导电性、酸碱性、溶解盐、有机物、微生物、杂散电流及气候条件等。下面简单介绍对土壤腐蚀影响较大的几个因素：

① 土壤的导电性。一般来说，对于宏观腐蚀电池起主导作用的地下腐蚀，特别是阴极与阳极相距较远时，为电阻（欧姆）控制，导电性的好坏直接关系到腐蚀速率。此时，导电性强，腐蚀速率大，导电性差，腐蚀速率小。但土壤导电性对微电池腐蚀影响不大。土壤的导电性主要与土壤含盐量、土壤组成、温度、含水量等因素有关。含盐量增加、细黏粒土、高水含量及温度升高等使土壤的导电性提高。

② 土壤含气量。通常金属在土壤中的腐蚀，阴极主要是氧去极化反应：

$$O_2 + 2H_2O + 4e^- \longrightarrow 4OH^-$$

氧的来源主要是空气的渗透，因此，土壤的透气性好坏与土壤的空隙度、松紧度、土粒结构有密切的关系，特别是大小空隙比例显著地影响土壤的透气性能。在干燥的沙土中，由于气体容易渗透，所以含氧量多；在潮湿而致密的土壤中，气体传输比较困难，含氧量很少。在不同的土壤中，含氧量相差可达几百倍。

土壤的含气量是通过改变电化学过程进度，来影响土壤腐蚀速率的。

③ 土壤的 pH 值。大部分土壤水的抽取液，其 pH 值为 6.5～7.5，即呈中性。但也有 pH 值为 7.5～9.5 的盐碱土，例如新疆、内蒙古有的土壤 pH 值高达 9～10，还有 pH 值为 3～6 的酸性土，如广东南部，有的土壤 pH 值低到 3.6～3.8。就全国而言，土壤为中性的面积还不到全国面积的 1/3。

铝在酸性、碱性较强的土壤中，腐蚀性比较强。由于土壤具有较强的缓冲能力，即使呈中性腐蚀性也较强，这可能与土壤的总酸度有关。总酸度是指单位质量的土壤中吸附氢离子的总量，它反映土壤中无机酸性物质及有机酸性物质的综合效应。

在酸性土壤中，生成的铝氧化膜溶解，基本上以均匀腐蚀为主。而中性、碱性土壤中腐蚀发生在氧化膜缺损处，更多的表面为局部腐蚀，严重的甚至穿孔。

铝在中性、碱性土壤中的点蚀特征与 Cl^-、SO_4^{2-} 有关，文杰、王永红等人在沈阳、成都等地的中性、碱性土壤中铝的腐蚀研究发现，铝腐蚀速率在 $0.004～0.34g/(dm^2 \cdot a)$ 之间，其中含有较高量 Cl^-、SO_4^{2-} 的土壤中，腐蚀速率可达到 $0.34g/(dm^2 \cdot a)$，最大孔蚀速度 $> 1.5mm/a$，Cl^-、SO_4^{2-} 含量低的土壤中腐蚀速率则较低。张淑泉等人发现铝及其合金在含水率较高且含氯离子的中性土壤（沈阳东南部）中具有在外张应力处优先遭受腐蚀的现象，LY11 铝合金具有与纯铝 L2 相似的腐蚀稳定性，而 LY12 铝合金由于镁的含量高其腐蚀稳定性变得很差，这三种铝材分别以腐蚀裂纹、圆形局部腐蚀坑、剥蚀为主要腐蚀形态。

④ 土壤盐分。土壤中的盐分对材料腐蚀的影响，从电化学角度来讲，除了对土壤腐蚀介质的导电过程起作用外，还参与电化学反应，从而对土壤腐蚀性产生影响。土壤中可溶性盐的含量一般在 2％以内。土壤含盐量愈高，导电性愈强，腐蚀性愈强。含盐量高，氧的溶解度下降，减弱了腐蚀的阴极过程。

土壤中的阴离子对金属的腐蚀影响很大，因为阴离子对土壤腐蚀电化学过程有直接的影响，Cl^- 对金属材料的钝性破坏很大，促进土壤腐蚀的阳极过程，并能穿透金属钝化层，与金属反应生成腐蚀产物，所以，土壤中 Cl^- 含量愈高，腐蚀性愈强。

CO_3^{2-} 与 Ca^{2+} 形成 $CaCO_3$，并与土壤中的沙粒结合成坚固的"混凝土"层，使腐蚀产物不易剥离，抑制了电化学反应的阳极过程，对腐蚀起阻碍作用。

土壤中阳离子 K^+、Na^+、Ca^{2+}、Mg^{2+} 等主要起导电作用，对土壤腐蚀性影响不大。而 Ca^{2+} 比较特殊，它在中性、碱性土壤中，尤其是在含有丰富碳酸盐的土壤中，能形成不溶性碳酸钙，从而阻止电化学阳极过程，降低土壤腐蚀性。

⑤ 土壤含水量。水分是使土壤成为电解质，造成电化学腐蚀的先决条件。如果土壤含水量极低，土壤腐蚀受化学反应控制。随着含水量的增加，回路电阻减小，腐蚀性增加，直到达到某一临界值，土壤中可溶性盐全部溶解，回路电阻达到最小。进一步提高含水量，土壤胶粒膨胀，孔隙度缩小，透气能力下降，氧的去极化作用减慢，土壤腐蚀性降低。

土壤的含水量不仅依赖于降水量，而且还取决于土壤保持水分的能力，例如蒸发和渗漏等。土壤含水量不是固定不变的，它是一个时间函数，并受季节的影响。一般来说，含水量交替变化也会使土壤腐蚀性增强。可见土壤含水量对土壤腐蚀性的影响是很复杂的，也很重要。

⑥ 土壤中的细菌。土壤中缺氧时，一般难以进行金属腐蚀，因为氧是阴极过程的去极化剂。但当土壤中有细菌，特别是有硫酸盐还原菌存在时，会促进腐蚀：在土壤中含有硫酸盐，并且缺氧时，厌气性细菌（硫酸盐还原菌）就会繁殖，在其活动过程中，促进附近金属构件腐蚀。它之所以能促进腐蚀，是因为它在代谢过程中，能利用阳极反应生成的氢或者某些还原物质将硫酸盐还原成硫化物时所放出的能量而繁殖起来。例如：

$$SO_4^{2-} + 4H_2 \longrightarrow S^{2-} + 4H_2O$$

土壤中微生物的代谢产生酸性产物，降低周围土壤的 pH 值，同时有机质被微生物分解成有机酸，还有些细菌能有效放出 H_2S、CO_2 等腐蚀性气体，造成铝材局部酸性环境，从而形成严重的局部腐蚀。

⑦ 杂散电流。土壤中的杂散电流是指在土壤介质中存在的一种大小、方向都不固定的电流。这种电流对材料的腐蚀称为杂散电流腐蚀。杂散电流分为直流杂散电流和交流杂散电流两类。

直流杂散电流来源于直流电气化铁路、有轨电车、无轨电车、地下电缆漏电、电解电镀车间、直流电焊机及其他直流电接地装置。

直流杂散电流对金属的腐蚀，同电解原理是一致的，即阳极为正极，阴极为负极，进行还原反应。电流从土壤进入金属管道的地方带有负电，这一区域为阴极区，阴极区容易析出氢气，造成金属构件表面防腐蚀涂层剥落。电流由管道流出的部位带正电，该区域称为阳极区，阳极溶解金属离子溶入土壤中，产生腐蚀。杂散电流造成的集中腐蚀破坏是非常严重的，对于一个壁厚 8～9mm 的钢管，快则几个月就穿孔。交流杂散电流对地下金属材料具有一定的腐蚀作用。

综上所述，影响土壤腐蚀的因素很多，影响途径也多样化，而且大多数因素间又存在交互作用。因此，弄清楚这些因素的影响规律是相当困难的。对不同的土壤应采用不同的腐蚀指标来评价其腐蚀的强弱。

王开军、吴沟研究了土壤的某些主要理化性质对铝电极电位的影响。结果表明，土壤含水量、土壤松紧度、土壤盐分及土壤 pH 值对铝电极电位都有明显影响，见图 4-20。在土壤饱和后和饱和前的一定含水量范围内，电位随含水量的增大变化不明显，但在土壤饱和点附近的一定含水量范围内，则出现一个很大的电位突降。在同一含水量情况下，电位与土壤容重呈明显的线性反相关。土壤盐分浓度的增高能导致电位的负移，同时在不同土壤中，盐分的作用也各不相同。可变电荷土壤中盐分的加入对电位的影响比较明显。从土壤 pH 值的影响可以区分出三个不同的影响范围：酸性区、偏酸和中性区、碱性区。在酸性区和碱性区，铝电极电位随 pH 值升高而变负，两者呈显著的线性关系；在偏酸和中性区，电位呈现一个平台，pH 值的变化不能明显改变铝的电极电位，同时，不同土壤出现电位平台的 pH 值范围也各不相同。

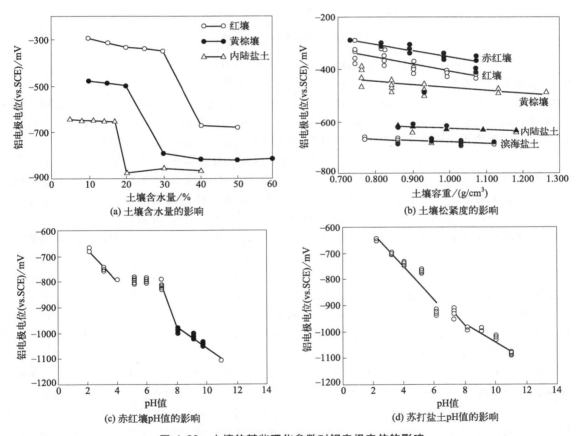

图 4-20　土壤的某些理化参数对铝电极电位的影响

土壤含气量、含水量直接影响氧在土壤中的含量、扩散和渗透，而土壤中的氧在铝的腐蚀过程中起着重要作用，即阴极的去极化作用和阳极的钝化作用，因此土壤含气量、含水量对铝的土壤腐蚀速率有很大影响。土壤透气性差，含氧量少，会阻碍腐蚀电化学过程的进行，腐蚀较轻；反之，含气量高的土壤腐蚀性较强。在中国南方地区，全年当中春夏季节交替时，土壤温度、水分、盐分、电导变化较大，腐蚀速率变化也较大。

4.5 常见的腐蚀介质

毋庸置疑，铝在复杂介质中的腐蚀过程是非常复杂的，研究铝在单一介质或者少数多个复合介质中的腐蚀行为和特性，对于在实践中分析铝在特定介质中的腐蚀特性、预测腐蚀行为、制定防蚀钝化方案有着十分重要的指导意义。

表 2-7、表 2-8 列出了铝及铝合金在各种化学介质中的耐腐蚀性和腐蚀数据。

4.5.1 无机碱

在碱性介质中，铝表面的氧化膜会不断溶解，发生腐蚀，氧化膜破坏后，碱和铝会进一步发生反应，铝被溶解生成铝酸盐，同时生成氢气，其腐蚀行为可以表示为：

$$Al+4OH^- \longrightarrow AlO_2^- +2H_2O+3e^-$$

$$3H_2O+3e^- \longrightarrow 3OH^- +3/2H_2$$

$$\overline{Al+OH^- +H_2O \longrightarrow AlO_2^- +3/2H_2}$$

$$2Al+2OH^- +6H_2O \longrightarrow 3H_2 +2Al(OH)_4^-$$

这种腐蚀往往伴随着析氢过程，析氢速率与电位和溶液的 pH 值无关，铝氧化膜并没有影响阴极反应速率，说明析氢腐蚀反应直接发生在铝合金基体上，当然析氢反应对腐蚀产物阻挡层有相当大的破坏作用。用旋转圆盘电极等方法研究铝在碱性溶液中的腐蚀行为，可以证实：铝氧化膜由于溶解和析氢反应中其多孔结构的氧化膜脱落而丧失保护作用。

pH 值越高，铝酸盐的溶解性越高，铝的腐蚀越快。经验表明，在一定的 pH 值下，铝的溶解速率取决于碱的种类。强碱氢氧化钠或氢氧化钾中的速率会很高。而在氨水等弱碱中，腐蚀速率较低，一旦在金属表面形成一层反应产物膜，腐蚀就会停止。例如，在 pH 值为 12.2 时，10g/L 氢氧化钠溶液对铝的腐蚀速率几乎是 200g/L 氨溶液的 25 倍。

在碱性介质中的腐蚀速率顺序为：$NaOH > Na_2CO_3 > NH_4OH > Na_2SiO_3$；在很低浓度下则为：$Na_2CO_3 > NaOH > NH_4OH > Na_2SiO_3$。

马正青等人研究了 Al-Me（Me：Mg，Zn，Bi，Sn，Pb，In，Ga）二元合金在 25℃下 4mol/L NaOH 溶液中的吸氢速率，结果表明：Mg 能降低 Al-Mg 合金的析氢速率；当加入的 Sn 含量小于 0.1% 时，能降低 Al-Sn 合金的析氢速率；当加入的 Pb 含量小于 0.4% 时可以明显降低 Al-Pb 合金的析氢速率；加入 In、Zn 的 Al-Me 二元合金的析氢速率略有增大；Bi、Ga 对铝的析氢速率影响较小。

纯铝的析氢速率为 $0.25mL/(min \cdot cm^2)$，Al-Mg 合金的析氢速率明显低于 Al 的析氢速率，且随 Mg 含量增加析氢速率减小，加入 0.8% Mg 的 Al-Mg 合金的析氢速率为 $0.12mL/(min \cdot cm^2)$，主要是由于 Al-Mg 合金在腐蚀过程中，生成的第二相 Al_2Mg_3 为阳极相，在腐蚀过程中渐被溶解，合金表面阳极总面积减少，同时生成的微溶性腐蚀产物 Mg$(OH)_2$ 附着在 Al 表面，从而减少了 Al 与介质接触的面积，降低了 Al 的腐蚀速率，其耐蚀性能提高。

在纯铝中添加合金元素 Zn 时，Zn 直接与 NaOH 反应产生氢气，同时生成的微溶于水的两性 Zn$(OH)_2$ 与 NaOH 反应，转化成易溶于水的 Na_2ZnO_2，使 Al 的自腐蚀速率加快，即在 NaOH 溶液中，合金化元素 Zn 增大 Al-Zn 合金析氢速率，当 Zn 含量低于 2% 时析氢速率随 Zn 含量的增加而增大，当 Zn 含量超过 2%，其析氢速率随元素 Zn 含量增加变化不大。

在纯铝中加入 0.02% Sn 时，Al-Sn 合金析氢速率迅速降低，Sn 含量为 0.1%、0.2% 的

Al-Sn 合金析氢速率有所增大，但仍小于纯铝的析氢速率；当 Sn 含量大于 0.2％时，析氢速率增加较快，反而大于纯铝的析氢速率。

在纯铝中加入 Pb 时，Al-Pb 合金析氢速率随 Pb 含量而降低，当 Pb 含量为 0.4％时，Al-Pb 合金析氢速率达到最小，约为 $0.14mL/(min \cdot cm^2)$；当 Pb 含量超为 0.4％时，Al-Pb 合金析氢速率随 Pb 含量的增加基本保持不变，约为 $0.15mL/(min \cdot cm^2)$。主要因为在 Al 中加入的 Pb、Sn 虽为阴极性元素，但是由于 Pb、Sn 具有很高的析氢过电位，氢去极化反应过程受到阻碍，从而抑制了阴极过程——析氢反应，降低了析氢速率。但是当其含量超过一定值后，阴极相总体数量增加，微观原电池反应增加，即阴极析氢反应增多，总的析氢速率有所增大。

铝在碱中的腐蚀形式为全面腐蚀，工业上利用这一特点，广泛采用碱洗的方法除去表面的氧化膜和各种油脂、污物、金属及非金属压入物等。甚至可以进行腐蚀加工来改变工件尺寸和形状，蚀洗出复杂的构件，称之为"化学铣切"。

4.5.1.1　氢氧化钠

铝在氢氧化钠溶液中的腐蚀类型为均匀腐蚀。腐蚀速率与氢氧化钠溶液的浓度高度相关（表 4-14），它的腐蚀速率非常快，在 0.1g/L 氢氧化钠溶液中的腐蚀速率高达 0.001mm/h。

表 4-14　1050 铝在氢氧化钠溶液中的腐蚀速率 （20℃）

浓度/(g/L)	pH 值	腐蚀失重/[g/(m² · h)]	腐蚀速率/(mm/h)
0.01	10.4	0.0	0.0
0.1	11.4	2.2	0.001
1	12.4	8.5	0.003
10	13.2	30.0	0.01
50	13.7	61.5	0.02

将一块铝放入热的氢氧化钠溶液中会迅速反应释放出大量的氢气，产生飞溅的危险。一般来说，由于合金元素的电化学作用，铝合金在氢氧化钠溶液中的腐蚀溶解速率比 1000 系纯铝的还要高。氢氧化钠溶液的温度升高，铝的腐蚀速率迅速增加（参见表 4-15、图 4-21、图 4-22）。随着氢氧化钠含量逐渐增加到 250～300g/L，1050 纯铝板材的腐蚀速率也随之增加，之后逐渐减小。

表 4-15　1050 铝在氢氧化钠中的腐蚀速率

温度/℃	腐蚀速率/(mm/h)				
	20g/L	100g/L	200g/L	300g/L	400g/L
30	0.03	0.07	0.08	0.09	0.07
50	0.10	0.24	0.35	0.36	0.31
60	0.18	0.46	0.64	0.66	0.56
80	0.40	1.27	1.70	1.81	

由于氢氧化钠对铝的均匀腐蚀作用，氢氧化钠溶液被广泛应用于铝合金件表面处理前的清洗。这个过程需要在严格控制的条件下进行，以下是一组典型的碱洗工艺：

第 1 步：用浓度为 50g/L NaOH 溶液在 50～60℃下清洗 5～10min；

第 2 步：水洗；

第 3 步：50％硝酸溶液中和出光；

第 4 步：水洗。

在 50g/L 氢氧化钠溶液中浸泡 10min 后，铝的厚度可减少 0.05mm。

大多数碱蚀洗是基于氢氧化钠（或碳酸钠），碱蚀剂还需要含有控制溶解速度的缓蚀剂。

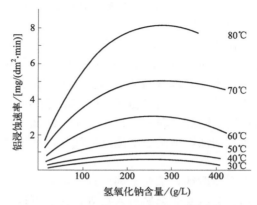

图 4-21　氢氧化钠含量和温度对 1050 铝浸蚀速率的影响

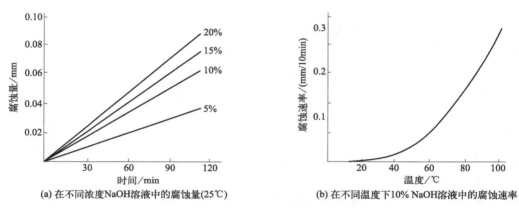

图 4-22　纯铝在 NaOH 溶液中的腐蚀

水玻璃（硅酸钠溶液）能有效地抑制铝在氢氧化钠溶液中的腐蚀。10g/L NaOH 和 40g/L 水玻璃溶液在浸泡至少 2h 后不会侵蚀铝。

　　在无水的情况下，即使在氢氧化钠的熔点 318℃ 以上，氢氧化钠与铝的反应都非常弱，而哪怕是含有少量的水，氢氧化钠都会与铝产生强烈的反应。在氢氧化钠和氢氧化钾的混合熔融液中，含有 1% 的水溶解速率为 0.002mm/h，含有 8.5% 水的溶解速率为 0.40mm/h。

　　有一些铝合金，例如 7075 型铝合金，工作环境涉及含 Cl^- 的碱性环境，如石油加工、合成氨、氯碱工业，混凝土建筑等。由于 Cl^- 对钝化层的破坏作用，铝合金在含 Cl^- 碱性腐蚀环境下极易发生点蚀。

　　胡博等人的研究结果表明：在较低浓度（0.1～0.5mol/L）的 NaOH 溶液中，铝合金表面以阻挡层（腐蚀产物附着层）的生长为主，NaOH 浓度越高，阻挡层生成速率越大；在高浓度（1.0～5.0mol/L）的 NaOH 溶液中，铝合金表面以阻挡层的溶解为主，NaOH 浓度越高，阻挡层受析氢破坏的程度越大；析氢对阻挡层的破坏作用在 Cl^- 作用下有所加强，溶液中 NaOH 浓度越高，增强效果越明显。

　　在 0.04mol/L NaOH＋0.01mol/L NaCl 溶液中，温度主要影响阻挡层的生长，其生长速率随温度的升高而增加，在 0.40mol/L NaOH＋0.01mol/L NaCl 溶液中，温度主要影响阻挡层的溶解，阻挡层受析氢破坏程度随温度升高而加大。

　　Cl^- 对阻挡层的破坏起辅助作用，对腐蚀速率影响较小，析氢对阻挡层的破坏作用在

Cl^- 的辅助下有所加强，腐蚀行为趋向点蚀作用，NaOH 浓度越高，增强效果越明显。

4.5.1.2 氢氧化钾

氢氧化钾与铝的反应与氢氧化钠类似，无论是在无水氢氧化钾中还是在氢氧化钾溶液中，铝具有同样的腐蚀特性。在 $0.1 \sim 1.0$mol/L 氢氧化钾溶液中，相同温度下纯铝的腐蚀速率随氢氧化钾浓度增加而增加，浓度-腐蚀速率曲线接近线性。不同纯度的铝在氢氧化钾溶液中的腐蚀数据，见表 4-16。

表 4-16　不同纯度的铝在 6%KOH 溶液中的室温腐蚀数据

纯度/%	失重/[g/(m²·h)]	腐蚀速率/(mm/a)
99.9	8.2	26.7
99.5	14.83	48.0
99.0	24.58	52.7

注：源自中南矿业学院，《有色金属合金材料》，1977 年。

4.5.1.3 氨水

氨水是氨的水溶液，有强烈刺鼻气味，是一种常用的弱碱性溶液。工业氨水一般含氨 25%～28%。氨水中，氨气分子发生微弱水解生成氢氧根离子及铵根离子。氨在水中的电离平衡常数 $K_b = 1.8 \times 10^5$，1mol/L 氨水的 pH 值为 11.63，大约有 0.42% 的 NH_3 变为 NH_4^+。

铝与氨水接触后会立即发生均匀腐蚀，但数小时后，当铝表面重新生成具有保护作用的氧化膜时，腐蚀就会减慢甚至停止。氨水浓度越高，初始的均匀腐蚀速率越慢，1050 铝合金在氨水中的初始腐蚀速率见表 4-17 和图 4-23。

表 4-17　1050 在氨水中的腐蚀速率

NH_3 浓度/%	腐蚀速率/(μm/h)			
	1d	2d	4d	7d
0.5	1.4	2.9	1.7	—
2.0	1.9	3.2	3.2	3.0
5.0	2.6	3.9	3.8	3.8
10.0	2.4	3.5	3.7	3.5
21.8	0.9	1.2	1.3	1.1

对于氨（气态或液态氨），除了 2000 和 7000 系列含铜的铝合金外，铝在很宽的温度范围内都能很好地抵御气态或液态氨的腐蚀，这个温度范围的上限可达 450～500℃。因此，铝及铝合金可被广泛应用于气态或液态氨的储存和运输、冷却机（热交换器）等以及氨、硝酸生产车间。1050 在 20℃ 干燥的氨中，腐蚀速率低于 25μm/a；100℃ 时，腐蚀速率低于 50μm/a。

在液氨中，在 8.75×10^5Pa 的压力下，3003 和 5454 会在几周内形成一层非常薄的透明薄膜。试验表明，铝在含水率低于 0.04%、温度为 200℃、气压为 10^6Pa 的氨中，腐蚀速率大约为 1μm/a。

在 5% 的湿度下，铝会受到轻微的腐蚀，但很快就会因为形成一层保护性的氧化膜而停止。

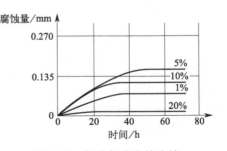

图 4-23　铝在氨水中的腐蚀

4.5.2 无机酸

铝在酸性溶液中主要发生的化学溶解和电化学溶解，在氧化膜和介质之间发生了离子迁移而导致腐蚀发生。

铝在溶液中 Al^{3+} 是经过铝多步溶解形成的，因此在氧化膜和介质之间存在 Al_{ads}^{+}、Al_{ads}^{2+} 过渡态离子和可溶性含铝的化合物。溶解过程为：

$$Al \longrightarrow Al_{ads}^{+} + e^{-}$$
$$Al_{ads}^{+} \longrightarrow Al_{ads}^{2+} + e^{-}$$
$$Al_{ads}^{2+} \longrightarrow Al^{3+} + e^{-}$$

在酸性介质中的腐蚀速率顺序为：$HF > H_3PO_4 > HCl > HNO_3 > H_2SO_4 > CH_3COOH$（此顺序是在低浓度酸的条件下得出的）。

陈林等人的研究指出，A356.2 铝合金在 1% HCl、1% HNO_3 和 1% H_2SO_4 中，腐蚀失重速率分别为 5.0012g/($m^2 \cdot h$)、0.4676g/($m^2 \cdot h$)、0.1105g/($m^2 \cdot h$)。

4.5.2.1 盐酸

盐酸是最常见的强酸之一，工业用途极其广泛，对金属的腐蚀性非常强，对于铝也是如此。

对于 1000 系列的纯铝，随着铝含量的增加，或者说铝纯度的增加，盐酸的腐蚀速率略有降低。腐蚀速率随温度的升高而增大，铝及其合金在盐酸中的腐蚀速率可参见表 4-18、图 4-24、图 4-25。

如无必要，通常在盐酸介质中避免使用铝制件，只有在盐酸的浓度非常低的情况下才有可能使用铝制设备或元件。当盐酸浓度为 1% 时，腐蚀速率为 0.50mm/a；浓度为 0.1% 时，腐蚀速率为 0.15mm/a。

纯铝在浓度低于 1.5mol/L 的盐酸中，腐蚀反应表现为匀速反应，而当盐酸浓度 > 1.5mol/L 时，反应情况较为复杂，活性表面更新频繁，腐蚀速率与时间的关系类似于指数关系，表现为加速反应。

表 4-18　盐酸中的腐蚀速率

铝合金	温度/℃	腐蚀速率/(mm/a)				
		1%,0.3mol/L	5%,1.6mol/L	10%,3.2mol/L	15%,4.8mol/L	20%,6mol/L
1199	20	0.1	0.4	2.6	7.0	27
	50	1.3	3.9	5.2	>50	>50
	98	18.5	>50	>50	>50	>50
1100	20	0.2	7.2	>50	>50	>50
	50	5.2	16.0	>50	>50	>50
	98	>50	>50	>50	>50	>50
3103	20	1.10				
6082	20	2.32				
ZL102	20	1.13				

铝的酸蚀过程，一般会被习惯表示成：

$$Al \longrightarrow Al^{3+} + 3e^{-}$$
$$2H^{+} + 2e^{-} \longrightarrow H_2$$

看起来，铝的阳极溶解与 H^{+} 浓度和阴离子种类、浓度无关，阴极析氢反应只与 H^{+} 有关。然而试验发现，铝在盐酸溶液中的腐蚀速率与氢离子浓度和氯离子浓度都有关，且随着浓度增加，速度加快（参见图 4-26、图 4-27）。研究认为：铝在盐酸中的阳极过程受 H^{+} 和 Cl^{-} 浓度的影响很大，同时，阴极析氢过程除了与 H^{+} 浓度有关外，也与 Cl^{-} 浓度有关。H^{+} 和 Cl^{-} 同时参与了铝的阳极溶解和阴极析氢过程。

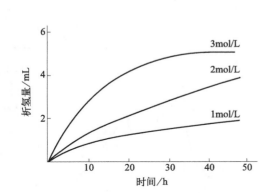

图 4-24　纯铝在不同浓度盐酸中的
腐蚀速率（20℃）

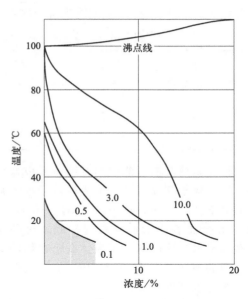

图 4-25　超纯度铝（99.99%）在
盐酸中的等腐蚀速率曲线

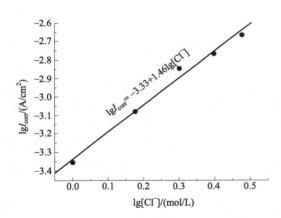

图 4-26　Cl⁻浓度与铝的腐蚀电流的关系

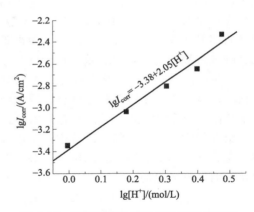

图 4-27　盐酸酸度与铝的腐蚀电流的关系

　　铝在盐酸中的腐蚀形态以点蚀为主，盐酸溶液中高浓度的 H^+ 和 Cl^- 打破了氧化膜的溶解修复平衡。Cl^- 选择性吸附在氧化膜的阴离子晶格周围，置换水分子，以一定概率使其和氧化物的阳离子形成络合物，使金属溶入溶液中；H^+ 使孔径不断增大，促进腐蚀进一步进行。随着腐蚀时间的延长，表面的点蚀数量不断增加，孔径不断增大，最后连成一片形成均匀腐蚀。在盐酸中，铝的腐蚀最终由点蚀演变为全面腐蚀。

　　王岩伟等人的研究发现，经 2mol/L 盐酸溶液刻蚀一定时间后，高纯铝表面会产生微米级的台阶状结构，高纯铝的表面接触角可以降至 10° 以下，转变为超亲水状态。

　　清洗和酸洗时可以使用一定浓度稀释的盐酸溶液，但一般都需要添加缓蚀剂以控制腐蚀速率。很多有机物能抑制盐酸的腐蚀，它们大多是胺类，如苯胺、二丁胺、硫脲、吖啶、尼古丁等。

4.5.2.2　氢氟酸

　　氢氟酸是对铝腐蚀性最强的卤素酸。在 40% 的氢氟酸中，室温下腐蚀速率为 0.5mm/h。在无水酸中，溶解速率较低，约为 0.02mm/a。铝在氢氟酸中的腐蚀速率与酸的浓度和合金成分相关。表 4-19 列出了不同铝合金在不同浓度氢氟酸中的腐蚀速率。

表 4-19　几种铝合金在不同浓度氢氟酸中的腐蚀速率（−10℃）

HF 浓度/%	腐蚀速率/(mm/a)		
	1050	3105	5056
99.5	0.13	0.11	0.07
95	0.21	0.22	0.82
90	0.24	0.40	1.86
85	0.33	0.42	17.6
80	0.55	1.15	28.2

铝在高浓度氢氟酸中的腐蚀速率极低是由于铝与氢氟酸反应可以生成难溶于浓氢氟酸的 AlF_3（$2Al+6HF \longrightarrow 2AlF_3+3H_2$），$AlF_3$ 在金属表面形成一层保护膜。这种薄膜易溶于水，这就解释了为什么铝在稀的氢氟酸中的腐蚀速率很高。AlF_3 在氢氟酸溶液中的溶解度见图 4-28。

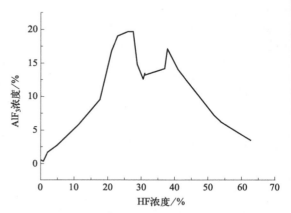

图 4-28　AlF_3 在氢氟酸溶液中的溶解度（25℃）

铝合金中常常含有硅元素，硅极易与氢氟酸反应，产生 SiF_4 或者 SiF_6^{2-}。因此酸性的氟化物常常用于铝的各种清洗工艺。特别是含硅量高的合金，由于硅在碱中不溶，碱洗后容易在表面形成黑灰，用含氢氟酸的混合酸进行酸蚀清洗，表面效果比较好。

氢氟酸的腐蚀性主要源于氟离子强大的配位性能，以及氟离子的渗透性，氟离子的离子半径很小，很容易渗透过大部分材料，例如金属表面致密的氧化膜。F^- 和 Cl^- 具有强渗透性，易于从松懈的孔穴中渗入而加速点蚀的进行，故常被用于铝合金的酸性砂面纹理蚀刻处理。

铝在酸性较弱的含氟处理液中易于形成钝化膜，钝化膜同时也被卤素离子破坏，瞬时裸露的金属铝表面又会形成新的钝化块垒，其最终结果是在铝表面形成粗糙纹理表面，达到纹理化砂面处理的目的。

$$2Al+3H_2O =\!=\!= Al_2O_3+3H_2 \uparrow \qquad (4-8)$$

$$Al_2O_3+6F^-+6H^+ =\!=\!= 2AlF_3 \downarrow +3H_2O \qquad (4-9)$$

$$Al_2O_3+6Cl^-+6H^+ =\!=\!= 2AlCl_3+3H_2O \qquad (4-10)$$

$$2Al+6Cl^-+6H^+ =\!=\!= 2AlCl_3+3H_2 \uparrow \qquad (4-11)$$

$$2Al+6F^-+6H^+ =\!=\!= 2AlF_3 \downarrow +3H_2 \uparrow \qquad (4-12)$$

反应式(4-8) 表示铝合金表面形成了钝化膜的最终反应结果（铝表面形成钝化膜的反应过程比较复杂，可参阅本书的其他章节），式(4-9) 和式(4-10) 是钝化膜的溶解过程反应式。这三个反应过程是纹理形成的主要过程。式(4-11) 和式(4-12) 的存在能促进形成均匀的纹理。式(4-11) 和式(4-12) 过程的地位上升，可使铝表面纹理粗糙度（数值）和均匀性增加，但过于侧重式(4-11) 和式(4-12)，含氟的酸性浓液对铝的蚀刻速度将会变得更快，反而会降低粗糙度，甚至导致过腐蚀。式(4-11) 和式(4-12) 过程由溶液的酸度控制，具有一定可调节范围。

式(4-9) 和式(4-12) 占主导地位时，蚀刻后的铝表面纹理光度较好。式(4-10) 和式(4-11) 占主导地位时，光度较低并呈现灰色表面效果。在生产实践中还可以加入双氧水等过氧化物加强氧化膜的生成，从而可以得到更大的粗糙度。如果在溶液中加入硝酸盐、铬酸盐等氧化剂，则使铝合金表面钝化作用加速，容易形成较厚的氧化膜，阻止酸对铝的腐蚀作用，特别是硝酸盐还能使纹理呈现较好的光泽。

实际上生产过程中视加入的氟化物的形式不同、反应条件的不同，其产物有所不同，如 AlF_6^{3-}、$(NH_4)_3AlF_6$、$Al(OH)_3$ 等。

氢氟酸中加入一定量的铵盐可以降低腐蚀速率，如图 4-29 所示，是在 1mol/L 氢氟酸中加入铵盐后铝的腐蚀速率（腐蚀析氢量）。

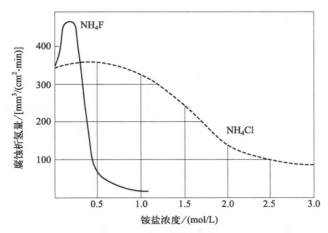

图 4-29　铝在 1mol/L 氢氟酸中的腐蚀速率与铵盐浓度的关系

在一定量的铵盐存在下，铝表面可观察到有多孔但黏附的白色盐膜形成，减少了暴露的铝表面。显然，在氢氟酸中铵盐浓度增加时，氟化铝的溶解度降低，随着铵盐浓度的增加，盐膜在铝表面扩展覆盖，形成钝化。低浓度的铵盐加入后腐蚀速率有所提高的原因不明确。

4.5.2.3　硫酸

铝在低浓度和高浓度的硫酸中腐蚀速率较低，而在某个中间浓度的硫酸中腐蚀速率很高，存在腐蚀速率峰值浓度，低于该浓度时，铝合金的腐蚀速率会随着浓度的提高而提高；高于该浓度时，合金会钝化，腐蚀速率会随着浓度提高而降低。不同牌号的铝合金，这个峰值浓度不同。

图 4-30 是 A356.2 铸铝在硫酸、硝酸中的平均腐蚀速率与浓度的关系。

图 4-31 是纯铝在硫酸、磷酸中的腐蚀速率与浓度的关系。

几种不同的铝合金在硫酸中的腐蚀速率见表 4-20。

表 4-20　几种铝合金在硫酸中的腐蚀速率

硫酸/%	腐蚀速率/(mm/a)			
	1199	1100	3005	44100
0.5	0.04	0.06		
1	0.05	0.15	1.12	0.07
2.5	0.06	0.20		
5	0.08	0.25		
10	0.10	0.30	1.97	0.92
20	0.13	0.40		
50	0.35	1.30		
62.5			3.07	3.07
93.5	3.50	4.50		
96			2.94	2.80

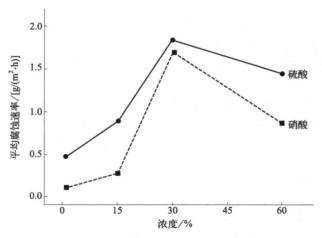

图 4-30　A356.2 铝在不同质量分数的硝酸、硫酸中的平均腐蚀速率

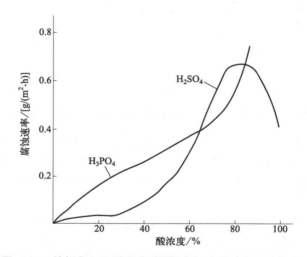

图 4-31　纯铝在不同质量分数的磷酸、硫酸中的腐蚀速率

25℃下，0.1mol/L 和 1mol/L 的硫酸中，6026 和 6082 铝合金的腐蚀速率都随着腐蚀时间的延长，先升高后降低，6082 的腐蚀比 6026 快，见图 4-32。

在低浓度硫酸中，温度升高，腐蚀速率快速增加；高浓度的硫酸对铝合金的钝化作用占主导时，温度升高，腐蚀速率降低。1050 铝合金在硫酸中的腐蚀速率见表 4-21，图 4-33 则是超纯铝在硫酸中的等腐蚀速率曲线图。

表 4-21　温度影响下 1050 在硫酸中的腐蚀速率

硫酸浓度/%	腐蚀速率/(mm/a)		
	20℃	50℃	98℃
1	0.15	1.60	3.60
10	0.22	3.20	17.50
25	0.27	6.00	溶解
62.5	3.34	溶解	溶解
78	11.60	溶解	溶解
96	3.60	1.10	2.94

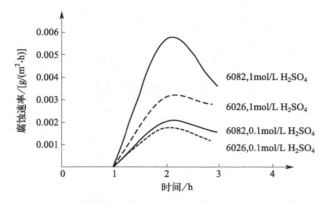

图 4-32　铝合金在硫酸中的腐蚀速率与时间（25℃）的关系

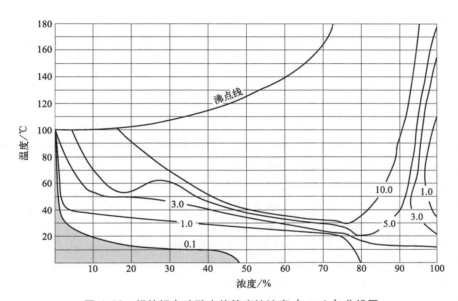

图 4-33　超纯铝在硫酸中的等腐蚀速率（mm/a）曲线图

4.5.2.4　硝酸

　　硝酸是一种具有强氧化性、腐蚀性的强酸，属于一元无机强酸，几乎能与所有物质反应。因此，铝在硝酸溶液中的反应表现，要看是硝酸的酸性还是氧化性在过程中起优势作用。

　　铝在硝酸中的腐蚀速率基本取决于氢离子浓度和铝表面保护膜的稳定性。在稀硝酸溶液中，硝酸与铝发生置换反应，反应产物为可溶性硝酸铝。

$$2Al + 6HNO_3 \longrightarrow 2Al(NO_3)_3 + 3H_2 \uparrow$$

　　低浓度硝酸酸性占主导作用，但与同样浓度的盐酸或硫酸相比，铝在稀硝酸中的腐蚀速率远远低于盐酸或硫酸中的。在 5％盐酸中，铝的失重速率为 7.2mm/a，而在 5％硝酸中，铝溶出速率仅为 0.6mm/a。

　　铝在浓硝酸中，硝酸的氧化性占主导作用，铝的腐蚀速率明显较低。在 80％以上浓硝酸溶液中，在常温条件下，硝酸与铝发生氧化反应，反应产物为不溶的氧化铝。

$$2Al + 6HNO_3 \longrightarrow Al_2O_3 + 3N_2O_4 + 3H_2O$$

当硝酸溶液浓度小于 30％时，随着浓度升高，腐蚀速率增大；浓度为 30％～40％时，腐蚀速率最大；超过该浓度后，硝酸主要表现出氧化特性，铝的腐蚀速率随着浓度的增加而减小。硝酸浓度达到 99％时，铝的稳定性仍很高，甚至超过 18-8 不锈钢。

表 4-22 记录了室温下 1050、1060、1199 在不同浓度硝酸中的腐蚀速率。

表 4-22　几种铝合金在硝酸中的腐蚀速率

硝酸浓度/％	腐蚀速率/(mm/a)		
	1050	1060	1199
1	0.20	0.20	0.20
5	0.65	0.60	0.50
10	1.20	1.00	0.80
15	1.60		
20	1.75	1.65	1.35
25	1.90	1.80	1.60
30	2.00	1.75	1.60
40	2.10		1.30
50	1.60	1.60	
65	0.85		
70	0.45		
80	0.45		
90	0.15	0.15	0.15
93.5		0.10	0.10
96	0.10		
99.6	0.01	0.01	0.01

根据表中 1050 铝合金的数据绘成曲线图如图 4-34 所示。

A356.2 铝（ZL101A）常被用于汽车、摩托车轮毂，也有这样的规律，它在硝酸中的腐蚀失重和硫酸中的情形一样都存在峰值浓度，大约为 30％。A356.2 在硝酸中的腐蚀速率不是一个稳定值，随着腐蚀的发展，腐蚀失重速率会有所变化。不同浓度的硝酸中，腐蚀速率随着时间增加的变化情况也不同。1％硝酸中的腐蚀失重随时间增加而增加，30％硝酸的腐蚀失重先减小后增大，如图 4-35 所示。

稀硝酸中，温度的升高使腐蚀速率急剧增加，特别是在 50℃以上时，尤其明显（表 4-23）。

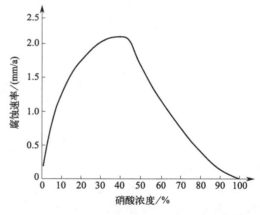

图 4-34　1050 铝在硝酸中的腐蚀速率曲线

但在更高浓度的硝酸中，即使在较高的温度下，腐蚀速率仍保持在非常低的值（表 4-24），不过依然符合腐蚀速率随着温度升高而增加的规律。

表 4-23　温度对腐蚀速率的影响（1050 铝在硝酸中）

硝酸浓度/％	腐蚀速率/(mm/a)			
	24℃	35℃	57℃	79℃
5	0.80	2.40	13.3	41.5
54	1.30	4.50	20.0	＞50
93.5	0.06	0.13	0.4	5.2

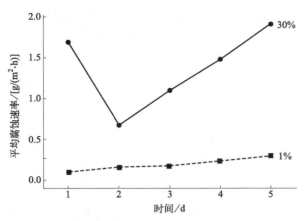

图 4-35 不同周期质量分数为 1%和 30%硝酸的腐蚀速率

（每 24h 为 1 周期）

表 4-24 1050 铝在硝酸中的腐蚀速率

温度/℃	硝酸浓度/%	腐蚀速率/(mm/a)
0	66	0.01
10	76	0.01
20	85	0.01
30	95	0.01

从图 4-36 腐蚀速率-浓度曲线关系图中可以看出，随着温度的升高，腐蚀速率峰值向较低浓度偏移，因此在实践中，应当尽量控制反应温度，以避免腐蚀速率的过度增加。铝的等腐蚀速率曲线见图 4-37。

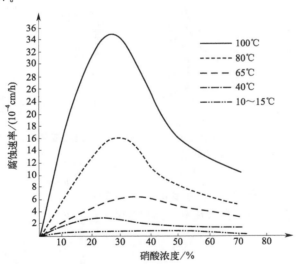

图 4-36 铝在不同温度下腐蚀速率与硝酸浓度的关系

铝及铝合金在硝酸中的溶解是一个均匀腐蚀过程，即使在焊缝和热影响区也不会发生点蚀。其他参数保持不变，气相中的溶解（0.03mm/a）高于液相中的溶解（0.001mm/a），干湿交替区域的溶解更高（0.05mm/a）。试验数据表明，在常温条件下，高纯度（99.5％以上）铝，可以耐全浓度范围硝酸溶液的腐蚀，当铝的纯度低、温度高及硝酸溶液质量分数低的情况下，铝的腐蚀速率增加。不同纯度的铝在不同浓度的硝酸中腐蚀数据参见表 4-25、图 4-38。

表 4-25　不同纯度的铝在浓硝酸中的腐蚀数据

纯度/%	材料状态	HNO₃ 浓度/%	腐蚀速率/(mm/a)			失重/[g/(m²·h)]
			32℃	54℃	沸腾	沸腾
99.99					0.98	0.302
99.98					0.93	0.286
99.98	350℃、1h、空冷	98%			1.08	0.334
99.87					1.42	0.436
99.83					1.32	0.405
99.60					1.60	0.492
99.6		93	0.09	0.46		
99.6		99	0.006	0.18		
铝锰合金		93	0.10	0.71		
铝锰合金		99	0.006	0.28		

注：源自化工部化工机械研究所,《国产无缝铝筒试验试用情况》, 1974 年。

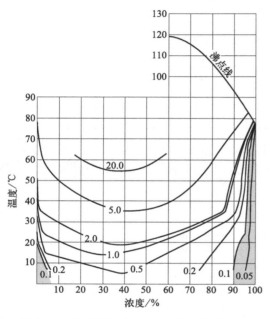

图 4-37　高纯度铝（99.5%Al）和铝硅合金
（12%Si, 余下的为 Al）的等腐蚀速率曲线
[曲线上的数字为腐蚀失重, 单位：g/(m²·h)]

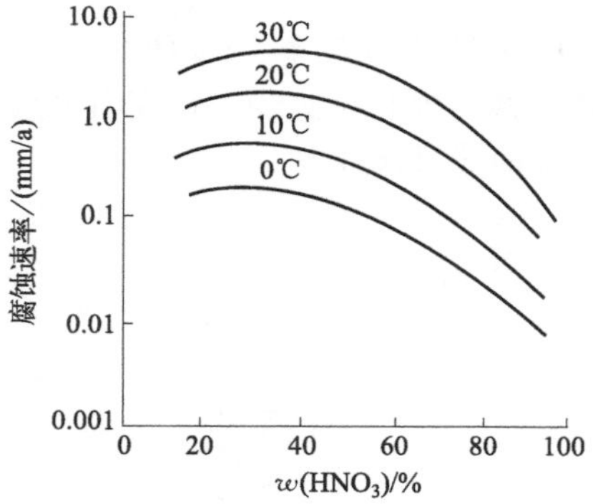

图 4-38　硝酸浓度与铝（99.5%）腐蚀速率的关系

硝酸溶液的流动速度对铝的腐蚀速率也有明显的影响（见图 4-39），流动速度增加使铝的腐蚀速率增大。

4.5.2.5　磷酸

虽然铝在磷酸溶液中的溶解速率低于盐酸或硫酸，但铝合金在磷酸溶液中的溶解速率仍然比较高，1050、5754、5083 在 72%磷酸溶液中（20℃）的年腐蚀量分别为 5mm、8mm、10mm。磷酸溶液可以用于金属，特别是铝合金的清洗。其反应速率取决于磷酸浓度的大小。铝合金在磷酸溶液中的等腐蚀

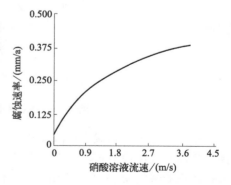

图 4-39　高浓度硝酸溶液流速与铝合
金腐蚀速率的关系（42℃）

速率曲线见图 4-40。

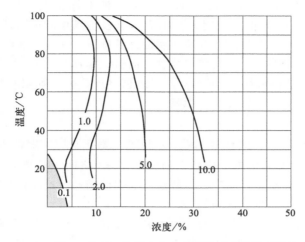

图 4-40　1050 铝、 ZL102 铸铝合金在磷酸溶液中的等腐蚀速率曲线

［曲线上的数字为腐蚀失重，单位：g/(m² · h)］

纯铝在磷酸中的腐蚀速率与浓度的关系，可见图 4-31。

4.5.2.6　铬酸

铬酸，也称铬酸酐，对铝几乎没有腐蚀性。1050、3103、6082、ZL102 在 5％铬酸溶液中的腐蚀速率仅仅约为 0.1mm/a。

很多酸洗液对纯铝或锻造铝很有效，但用其清洗铸铝后常常会失光、发白、发乌。用 70g/L 铬酸溶解于浓硫酸中的铬酸洗液清洗铸铝可以恢复铝材原有的光泽。由于铬酸具有极强的氧化性，同时还能够破坏油脂等有机物，用铬酸洗液来清洗铝件可以达到很好的效果。

利用铬酸的氧化性，可以将它作为铝在各种酸性腐蚀介质中的缓蚀剂。含有 20g/L 铬酸、50g/L 硫酸的混酸可以用来除去铝的自然氧化膜。

用磷酸来清洗铝件时，铬酸钠的缓蚀效率见表 4-26。

表 4-26　铬酸钠对磷酸溶液腐蚀的缓蚀效率

磷酸浓度/％	不同铬酸钠浓度下的缓蚀效率/％			
	0.1％	0.5％	1.0％	1.5％
1	99		100	
5	98			100
10	99		94	
20		97		
88		50		90

4.5.3　无机盐

铝的设备或构件应避免与其他金属直接接触，且不能在含有重金属离子的介质中使用，当溶液中含有电位较正的 Fe^{2+}、Ni^{2+}、Cu^{2+} 等离子时，会加速铝的腐蚀。一般的铝合金也不抗氯化物腐蚀，耐垢下腐蚀性能差。

4.5.3.1　碳酸盐

碳酸铵［$(NH_4)_2CO_3$］溶液、碳酸钾（K_2CO_3）溶液和碳酸氢铵［$(NH_4)HCO_3$］溶液，即使浓度高达 60％，在高达 100℃的温度下，和铝只有轻微的反应。2000 系和 7000 系

（含铜合金除外）铝合金材料可以用于碳酸盐的生产、运输和储存。

碳酸钠（Na_2CO_3）溶液和碳酸钾（K_2CO_3）溶液碱性很强（1% Na_2CO_3 溶液的 pH 值为 11.2，10% Na_2CO_3 溶液的 pH 值为 11.7）。铝浸泡其中的最初几小时内，腐蚀速率非常高，直到在铝表面形成灰色反应产物层，腐蚀开始减缓。在碳酸盐溶液中添加硅酸钠等作为缓蚀剂，可以有效抑制腐蚀，根据碳酸盐含量高低，添加 0.2%～1% 的量即可。

碳酸镁（$MgCO_3$）、碳酸钙（$CaCO_3$）、碳酸钡（$BaCO_3$）等碳酸盐难溶于水，无论其溶液浓度和温度高低，它们对铝都没有影响。

4.5.3.2 硅酸钠

硅酸钠（$nSiO_2 \cdot Na_2O$）又称泡化碱、水玻璃，铝在其中的腐蚀表现取决于它的碱度。SiO_2/Na_2O 的质量比称为泡化碱的模数，通常在 2～4 之间。模数越高，泡化碱的碱性越弱，对铝的作用越小。在碱性介质中，硅酸盐以及偏硅酸盐（Na_2SiO_3）是非常常用的铝缓蚀剂，铝在其溶液中的腐蚀是非常弱的。

硅酸钾（$nSiO_2 \cdot K_2O$）的 SiO_2/K_2O 比值一般仅为 2～2.5，其对铝的作用与硅酸钠类似。

硅酸镁（$xSiO_2 \cdot yMnO \cdot nH_2O$，如滑石粉）、硅酸钙（$3CaO \cdot SiO_2$，可用作食品添加剂）不溶于水，对铝没有作用。

4.5.3.3 硼酸盐

硼砂（$Na_2B_4O_7$）和过硼酸钠（$NaBO_3 \cdot 4H_2O$）常被用于洗衣粉配方中，也可被用于玻璃制造、蜡乳剂和胶。无论是干燥粉体还是溶液，即使在 80℃ 或更高温度下，硼酸盐对铝也几乎没有作用。在 20℃、5% 硼砂溶液中，5754 的腐蚀速率为 $10\mu m/a$。硼砂也是种阳极抑制型缓蚀剂，常常被用在铝的碱性清洗剂中来减缓碱蚀。硼酸铝（$2Al_2O_3 \cdot B_2O_3 \cdot 3H_2O$），可作为塑料、金属和陶瓷等的补强材料，用于航天、航空、建材、汽车等领域，即使非常潮湿，也不会侵蚀铝。

4.5.3.4 氟化物

不溶于水的氟化物，如氟化钙（CaF_2）、氟化镁（MgF_2）、氟化钡（BaF_2）和氟化锌（ZnF_2）对铝不起作用。冰晶石（Na_3AlF_6）在水中的溶解度很低，在没有湿度的情况下，它对铝也不起作用。它们都可以用铝制容器储存和运输。

在一定湿度或有水存在的情况下，氟化物可以电解生成游离的氢氟酸，就会对铝产生或多或少的腐蚀。

铝在中性的水中，阳极反应为：

$$Al - 3e^- \longrightarrow Al^{3+} \qquad E^{\ominus} = -1.67V$$

阴极反应：

$$H_2O + \frac{1}{2}O_2 + 2e^- \longrightarrow 2OH^-$$

加入 F^- 后，其相应的阳极反应为：

$$Al + 6F^- - 3e^- \longrightarrow AlF_6^{3-} \qquad E^{\ominus} = -2.07V$$

阴极反应的电极电势与 F^- 活度的关系为：

$$E = -2.07 - 0.1183\lg\alpha_{F^-}$$

随着 F^- 的活度增加，其平衡电势也相应负移。

由图 4-41 可见，相对于不含有氟化钠的溶液，在含有氟化钠的溶液中 6063 铝合金的腐蚀电位普遍发生负移，对应的腐蚀电流加大。在氟化钠浓度小于 2g/L 的范围内，随着氟化钠浓度的增加，腐蚀电位呈直线式剧烈减小，腐蚀电流则呈线性微有增加。氟化钠浓度在 2～8g/L 的范围内，腐蚀电位变化程度减小，腐蚀电流则快速增加。在氟化钠浓度大于 8g/L 的情况下，腐蚀电位与腐蚀电流的变化都不显著，此时铝合金表面出现了明显的钝化膜，其主要成分为 $NaAlF_6$。

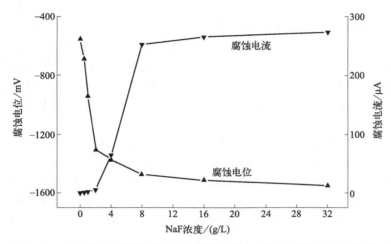

图 4-41　6063 铝合金的腐蚀电位和腐蚀电流与溶液中氟化钠浓度的关系

　　氟化钠（NaF）、氟化钾（KF）和氟化铵（NH₄F）溶液在室温下的腐蚀并不强烈，蚀坑加深的速度也不快。Al-Mg6 铸铝合金在室温下 10% KF 溶液中的溶解速率为 0.02mm/a。

　　氯化锂、氯化钾助焊剂中添加氟化锂、氟化钠、氟化钾或氟化铵，关键的作用之一就是去除铝氧化物。在 580℃时，侵蚀程度随氟含量增加而降低。当氟含量超过 10% 时，5052 的腐蚀速率为 3～4mm/h。

4.5.3.5　氯化钠

　　7075 铝合金在不同 pH 值（pH＝3、5、7、9、11）的 0.6mol/L NaCl 溶液中的腐蚀行为的研究结果表明，溶液 pH 值在 3～7 时，腐蚀电位正移，pH 值在 7～11 时，腐蚀电位负移，pH 值为 11 时腐蚀电位最负。pH 值在 3～11 时，腐蚀速率呈现先降低后增大的过程，pH 值为 11 时腐蚀速率最大，达到 2.122mm/a。在强酸溶液中，电化学阻抗谱中出现明显的感抗弧，表明存在不均匀点蚀现象。pH 值为 7 和 9 时，电化学阻抗谱中只出现 1 个容抗弧，表明铝合金腐蚀属于金属基体溶解过程。pH 值为 11 时，阻抗谱中出现 2 个容抗弧，表明铝合金腐蚀伴随铝合金的自溶解行为。7075 铝合金在不同 pH 值 NaCl 溶液中的腐蚀速率见图 4-42。

　　蔡超的研究表明：纯铝（99% Al、0.004%Fe、0.003%Si）在 3%氯化钠溶液中，在反应初期的前 60 多小时，有大量的侵蚀性氯离子攻击金属基体的表面，裸金

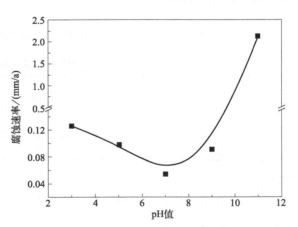

图 4-42　7075 铝合金在不同 pH 值 NaCl 溶液中的腐蚀速率

属的表面吸附了大量的水合分子，导致了氧化膜的不断加厚。这与 K. Habib 发现的纯铝在 H_2SO_4 溶液中的现象类似。随着腐蚀时间的延长，氯离子将由金属氧化膜的表面逐渐扩散到内部的双电层（Helmholtz 层）中，不断地吸附在基体的表面，进一步渗透到铝金属的内部。在达到一定浓度后，造成原有氧化膜的破裂。随后，不断生成的腐蚀产物造成金属表面的厚度不断增加，逐渐形成一层多孔而渗水的膜状结构。这直接影响了氯离子从中性水溶液向金属基体表面扩散的速度，导致腐蚀速率有微小幅度的降低。在反应初期，非稳态的腐蚀点不断地产生和修复，纯铝表面显得较为粗糙同时伴随少量腐蚀点出现。随着时间延长，相当部分非稳态腐蚀点发展为稳态腐蚀点，从而充当局部微阳极并对其周围局部金属起了保护作用，同时点蚀满足热力学的自加速条件，较小的腐蚀点逐渐减少，大的蚀孔出现。随着大的腐蚀孔不断出现，腐蚀产物不断聚集影响了氯离子经过氧化膜和基体扩散到腐蚀孔的底部，纯铝表面最后发展成均匀腐蚀。

由于成分分布、微观组织、第二相的形态分布的不同影响着铝合金的电化学行为和耐腐蚀性能，不同的铝合金材料在氯化钠中的腐蚀表现有明显区别。浸泡在 3% NaCl 溶液中 8 个月的试验结果表明，1413 铝合金表现为强烈的点蚀倾向，5056 铝合金则倾向于均匀腐蚀。1413 铝合金中含有数量较多的第二相，而第二相与基体的电位差导致其具有强点蚀倾向性；5056 铝合金中第二相含量相对少很多，其腐蚀行为更多由基体元素决定，宏观表现为均匀腐蚀。

人们常常用 5%±0.5%氯化钠、pH 值为 6.5～7.2 的盐水通过喷雾装置进行喷雾，让盐雾沉降到待测试验件上，观察试验件的腐蚀情况来判断耐腐蚀性能。铝在盐雾试验环境中的腐蚀行为参见 4.5.5 节。

4.5.3.6 磷酸盐

磷酸盐被广泛应用于化肥、饲料、洗涤剂等，最常见的是磷酸铵盐和磷酸钠盐。

磷酸三铵 [$(NH_4)_3PO_4$] 溶液对铝仅有轻微的腐蚀性，磷酸氢二铵 [$(NH_4)_2HPO_4$] 的腐蚀性大于磷酸二氢铵（$NH_4H_2PO_4$）。

磷酸钠（Na_3PO_4）溶液的碱性很强（10%水溶液 pH 值高于 13），对铝的腐蚀性较强，磷酸氢二钠（Na_2HPO_4）溶液碱性很弱，接近中性，其腐蚀性远低于磷酸钠溶液（表 4-27）。它们的腐蚀特性与氢氧化钠相似，都是均匀腐蚀，腐蚀速率随浓度和温度的增加而增加。

磷酸二氢钠 NaH_2PO_4 溶液呈酸性，铝在其中的腐蚀行为可参考在磷酸中的腐蚀行为。

表 4-27　1050 铝合金在磷酸盐中的腐蚀速率　　　　　　单位：mm/a

浓度/%	Na_2HPO_4			Na_3PO_4		
	20℃	50℃	98℃	20℃	50℃	98℃
1	0	0	0.1	0.7	1.8	6.0
10	0	0	0.1	80		

其他的磷酸盐，包括：镁盐 [$Mg_3(PO_4)_2$ 和 $MgHPO_4$]、钙盐 [$Ca_3(PO_4)_2$ 和 $Ca(H_2PO_4)_2$]、钡盐 [$Ba_3(PO_4)_2$、$BaHPO_4$] 等，对铝的腐蚀性，取决于它们的溶解度、溶液的酸度以及温度。它们的溶解度和酸度越高、温度越高，对铝的腐蚀性就越大。

4.5.4　有机物

金属铝对大多数有机物有很好的稳定性，一般来说，化合物的化学稳定性越高，它侵蚀铝的可能性或者腐蚀性就越低。

4.5.4.1　碳氢化合物

碳氢化合物是最大的一类有机化合物，是原油、燃料、天然气的主要成分，在现代化学工业中占有非常重要的地位。碳氢化合物在化学上是惰性的，难溶于水，因此对铝几乎没有腐蚀作用。在很宽的温度区间内，－200℃到铝合金可能的最高使用温度，烷烃都对铝没有作用。

铝合金被广泛地应用于烷烃、烯烃、芳烃、环烷烃、石油及石油制品的生产、存储、运输、使用等各个领域。

5000 系列铝合金（5083、5086、5754）和 6000 系列铝合金（6082、6061）广泛用于液化天然气（LNG）的气化、再气化装置，以及 LNG 的运输、存储。

燃气燃烧器可以用铝合金铸造。在较高的温度下，例如 100～150℃，甲烷、乙烷及其混合物（甚至可能含有少量的二氧化碳、水蒸气和硫化氢）都对铝没有作用。

以原油为基础原料的矿物油和润滑脂，甚至可以作为防锈油脂的主要成分，有效地保护铝质电缆免受长达几十年的大气腐蚀。

铝制设备可应用于苯、萘、甲苯、二甲苯等芳烃及其衍生物的蒸馏、合成、储存和运输。

环丙烷、环丁烷等环烷烃和它们的高级同源物及其衍生物，如环烯和萜烯、蒎烯、松节油和樟脑油，对铝也没有作用。铝制设备广泛用于这些有机化合物的提取、净化和储存。

对 1050、3003、5754 和 5082 等合金进行的长期试验和使用实践表明，汽油、煤油、柴油等燃油，从 C_5、C_6 到 C_{15} 烷烃与其他不饱和烃或苯烃（有的包含常见的添加剂，如四乙基铅），都不会腐蚀铝合金，但如果燃油中含有任何来源的水，比如冷凝水，这些水分可能会积聚在油箱底部，可能会导致点蚀。

铝在充满含硫气体的大气中具有良好的耐腐蚀性，可以在石油工业的各个领域使用，包括钻探、炼制、炼化、热交换器等，即使是硫含量达到 3％、含有悬浮颗粒、成分复杂的油品也不腐蚀 6060、5083、5086、7020 等铝合金。

4.5.4.2　醇、酚和醚

（1）醇与酚

醇和酚在接近沸点的高温、绝对无水的条件下，羟基可以与铝发生以下反应：

$$3ROH + Al \longrightarrow \frac{3}{2}H_2 + Al(RO)_3$$

$$3ArOH + Al \longrightarrow \frac{3}{2}H_2 + Al(ArO)_3$$

这个反应的发生是因为醇（或酚）可以使保护性的自然氧化膜脱去结晶水而改变结构。此外，反应生成的醇盐（或酚盐）在这种介质环境中是可溶的，铝表面不再具有保护性的覆盖层，于是腐蚀就会不断进行。这种腐蚀反应主要表现为点蚀的形式。经验表明，加入少量的水（0.05％～0.1％），就足以保持或形成自然氧化膜，从而完全抑制了接近沸点时醇、酚或其混合物对铝的腐蚀。

酚与铝的反应只在 180～200℃ 的高温下发生，这相当于苯酚的沸点。同样地，加入少量的水（约 0.3％），可以避免铝氧化膜因酚而脱水，防止铝在高温下被酚类物质侵蚀。

脂肪醇，包括低碳醇、高碳醇、不饱和脂肪醇等，无论是纯的脂肪醇、混合醇还是混合溶剂（如乙醇、苯、乙醚和丙酮）中的醇，在室温下对铝都没有作用。在接近沸点的温度，只要醇没有被完全脱水，铝就不会受到侵蚀。

铝在工业级甲醇中，腐蚀速率不大于 0.1mm/a。在甲醇溶液中，铝的耐蚀性大小取决于甲醇的含量，腐蚀速率随温度增加而增加（表4-28）。

表 4-28　3003 铝在甲醇溶液中的腐蚀速率

温度/℃	腐蚀速率/(mm/a)										
	5%	10%	20%	30%	40%	50%	60%	70%	80%	90%	95%
25	0.17	0.18	0.19	0.19	0.19	0.19	0.19	0.19	0.18	0.14	0.10
60	0.31	0.62	0.75	0.77	0.78	0.77	0.75	0.68	0.66	0.53	0.44

工业甲醇中杂质会影响其腐蚀性大小。例如，含高达 2% 的甲醛，并不改变铝在甲醇中的腐蚀特性，但含有 1% 的甲酸就会使腐蚀速率增高至 30mm/a。

铝在乙醇或乙醇溶液中的情况与甲醇非常相似。在实践中，铝合金设施也可被用于乙醇的蒸馏、储存和运输等。

乙二醇、丙二醇、甘油等多元醇，在水中极易溶解，具有很低的熔点和很高的沸点，常被用于发动机冷却液、防冰剂、制动液、太阳能导热介质等体系中。常低温下，无论浓度高低，多元醇一般对铝没有影响，因此多元醇可以在铝合金设备中储存和运输。在氧气存在的情况下，多元醇在高温下可能会生成有机酸：乙二醇生成草酸、乙醇酸和甲酸，丙二醇生成丙酮酸、乳酸、甲酸和乙酸。在这种情况下，水-多元醇混合物就会对金属产生腐蚀性，一般需要在其中添加缓蚀剂加以保护。

常温下，无水苯酚对铝无作用；苯酚溶液对铝仅有轻微的腐蚀性，腐蚀量小于 0.01mm/a。这个腐蚀量可以忽略不计，因此，苯酚可以在铝合金设备中储存和运输。

苯酚的硝基衍生物（如苦味酸）、甲酚、二甲酚、萘酚、邻苯二酚、间苯二酚、对苯二酚和邻苯三酚等多酚类，对铝都没有作用。和醇一样，只有在 180～200℃ 高温、无水的条件下，铝才会受到酚类物质的侵蚀。

（2）醚、醇醚

纯的乙醚对铝没有作用。乙醚的生产方法是由乙醇通过浓硫酸脱水而成，因此乙醚中可能含有微量的硫酸和乙酸，有水分存在的情况下，铝会发生轻微的表面侵蚀。

R^1-O-R^2 醚多用于溶剂、增塑剂、油漆、润滑油、制动液、电介质液、药物、香水等。大多数醚在室温下是液体，与金属接触在化学上是相当不活跃的。比乙醚更多碳数的醚，对铝也没有作用。

R^1-$(OR^2)_n$-OH 醇醚类溶剂被广泛应用于合成中间体、油漆、树脂等方面，有乙二醇醚、二乙二醇醚、丙二醇醚、二丙二醇醚等，如乙二醇丁醚、二丙二醇甲醚等，对铝都没有作用。

4.5.4.3　卤素衍生物

氟衍生物的化学性质非常稳定，与金属铝接触完全没有腐蚀问题。在 50℃ 下，铝在氟代烃中的腐蚀速率估计仅为 0.01μm/a。

氯和溴的衍生物则不太稳定。碳原子数量一定，氯原子或溴原子数越多，卤代物的反应活性越高。卤代物的分子量越低，对铝的反应性越强。铝在甲烷卤代物（C_1）和乙烷卤代物（C_2）中的耐蚀性要低于碳数较高的同系物（C_5 或更高）。芳香族卤代物的反应性比无环卤代物低得多。侧链取代的芳香族化合物，如甲苯衍生物，反应性与无环衍生物一样。

一些卤代物在接触水分时会水解生成相应的酸：

$$RX + H_2O \longrightarrow HX + ROH$$

氯代物或溴代物的水解会生成盐酸、氢溴酸，对铝有强烈的反应活性。某些卤代物也可能在没有湿度的情况下与铝发生反应。

某些卤代物尤其是分子量较低的卤代物的稳定性随着温度的升高而迅速下降，沸腾的氯代物和溴代物遇到铝（和其他金属）可能会因为金属的催化作用而发生分解，甚至是爆炸性分解。金属粉末的催化作用更强。这是个放热反应，并释放出相应的卤素酸，金属则会受到侵蚀。另外，光也可以催化某些卤代物（如四氯化碳）的分解。可能是因为这些原因，卤代物对铝的腐蚀有一定的潜伏期，这是铝腐蚀领域的一个特殊现象，一旦开始某些反应释放出酸，腐蚀就开始加速。

使用氯代烃溶剂作清洗的设备，如有铝合金部件的，应及时清除金属颗粒（如磨削的金属屑），以避免因氯化烃分解而腐蚀铝合金。

氯代甲烷在潮湿的条件下，会水解生成盐酸引发点蚀，可以通过在产品中加入一些碱性储备物（如二甲胺、甲酰胺）来抑制腐蚀。表面处理车间内使用三氯乙烯或四氯乙烯蒸气对工件进行脱脂清洗处理，在氯代烃溶剂中添加一定的中和剂来保持其稳定性，温度不超过 $60\sim70℃$，清洗时间不超过半小时，这种操作工艺就不会引起任何腐蚀问题。

除了湿度的影响，氯代烷烃的腐蚀性大小还跟温度相关。在室温至 40℃，铝不会受到干燥四氯化碳的侵蚀，腐蚀速率低于 $0.01mm/a$。只有在有水分存在的情况下，四氯化碳才会导致极轻微的点蚀。在高于 45℃ 时，四氯化碳的分解开始随着温度的升高而加速，这时可以观察到点蚀发生。

四氯化碳遇到铝的分解反应：

$$2Al+6CCl_4 \longrightarrow 2AlCl_3 + 3C_2Cl_6$$

因为温度越高氯化铝在四氯化碳中的溶解性越好，所以这个反应一旦开始，就不会停止。含铁的铝合金可以在表面生成一层不溶性的氯化铁，因此，3003、5052 这些合金比1000 系列铝的耐蚀性更好。

4.5.4.4 胺

最常见的脂肪族胺有甲胺、二甲胺、二乙胺、戊胺、乙二胺等，铝在脂肪胺溶液中的耐蚀性取决于胺的性质和浓度：随着分子量和浓度的增加，胺的腐蚀性降低。完全无水的胺在室温下可以与铝起反应。

铝浸入在热的伯胺溶液中初始阶段会发生缓和的均匀腐蚀，但数小时后在铝表面形成保护性的氧化膜后，腐蚀过程就会停止。这层膜的颜色因合金成分不同而有所不同：1100 铝合金的表面形成白色的膜，6060 铝合金上是灰色，5754 铝合金上则是浅棕色。碳数 5 以上的脂肪胺在室温下基本没有作用。

图 4-43 是几种不同的胺对 1100 铝合金的腐蚀，而图 4-44 记录了不同铝合金在甲胺中的腐蚀速率。

醇胺与铝的反应要比脂肪胺温和得多，当浓度超过 50％时腐蚀速率迅速降低（图 4-43）。

烟气脱硫装置中的热交换器可以使用 3003 铝合金。20％一乙醇胺、75％二甘醇胺、5％水的脱硫溶液在 180℃ 下对铝都没有作用，即使存在 CO_2 或 H_2S 也没有影响铝的耐蚀性。

无水三乙醇胺在 360℃ 沸点左右会腐蚀铝。在含有 3％三乙醇胺的溶液中，可以在铝及其合金上形成勃姆体氧化铝氧化膜。

表 4-29 羟乙基乙二胺对 3003 腐蚀速率的影响

浓度/%	腐蚀速率/(mm/a)		
	22℃	50℃	75℃
20	9.9	>50	>50
40	4.5	33	15
50	1.1	4.1	5
60	0.5	1.6	2.1
80	0.1	0.35	0.5
90	0.03	0.2	0.3

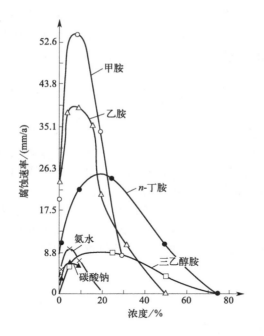

图 4-43　几种胺对 1100 铝合金的腐蚀

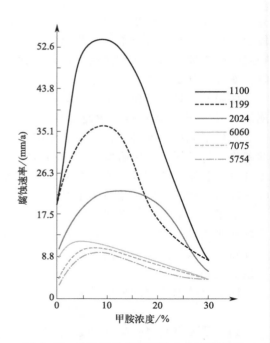

图 4-44　几种铝合金在甲胺中的腐蚀速率

　　羟乙基乙二胺（MEEDA）溶液的浓度越高，对铝合金的腐蚀性越小。在浓度达 60％或以上时，温度对 3003 铝合金耐蚀性的影响已经很低了（表 4-29）。

　　苯胺、苄基苯胺、吲哚等芳香胺在低于沸点之前对铝没有反应，当在高温（接近沸点）时，无水的芳香胺才会明显侵蚀铝。与有机酸、醇一样，含有少量的水分可以防止这种腐蚀的发生。

4.5.4.5　羧酸及其衍生物

　　大多数羧酸的酸性很弱，在室温下对铝反应活性也很弱，它们在水中的溶解度和酸度随着分子量的增加而迅速降低。分子量越高的有机羧酸对铝的作用越弱。

　　像醇一样，它们在完全脱水的介质中，在高温下，特别是在沸点时，可能与铝发生剧烈反应。羧酸与铝的反应如下：

$$3RCOOH + Al \longrightarrow \frac{3}{2}H_2 + Al(RCOO)_3$$

　　这种反应的发生是因为羧酸使天然氧化膜脱水并改变其结构。此外，由于产生的盐 $Al(RCOO)_3$ 在介质中是可溶的，铝不再受到保护，将不断受到攻击。这种类型的侵蚀通常以点蚀的形式发生。经验表明，根据酸的性质，在 0.05％～0.1％之间加入少量的水，可以完全防止沸腾的有机酸或其混合物对铝的侵蚀。

　　室温下，稀的甲酸溶液对铝的腐蚀速率不超过 0.2mm/a，有点蚀倾向。铝在甲酸中的腐蚀速率见图 4-45。极高浓度的甲酸溶液比极低浓度的甲酸溶液腐蚀性小，20％甲酸的腐蚀性最大。

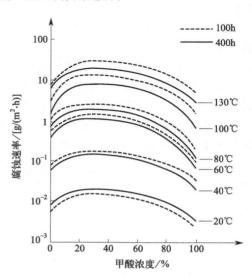

图 4-45　铝在甲酸中的腐蚀速率

温度的升高会显著增加铝在甲酸溶液中的溶解。在一定浓度下，40℃时的腐蚀速率比20℃高出10倍左右，60℃时比20℃高出100倍左右。

在室温下，铝对乙酸及其溶液有良好的耐蚀性，且乙酸浓度越高，其耐蚀性越好（图4-46）。1100铝合金在20℃下3个月的测试结果如表4-30所示。铝在乙酸中的腐蚀为均匀腐蚀。在50℃时，温度的升高对铝的溶解速率影响不大。在50℃以上，特别是接近乙酸溶液的沸点时，乙酸浓度非常高，对铝的溶解速率显著增加。一般认为，当需要铝与60%~100%的乙酸接触，不应超过52℃的温度上限。在这个有限的范围内，溶解速率约为0.25mm/a。非常浓或无水的酸（冰乙酸）可以严重侵蚀铝，但0.05%~0.20%的水就足以防止这种侵蚀。

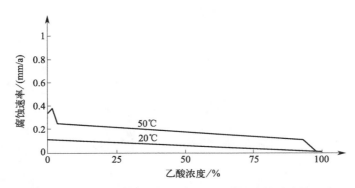

图4-46 乙酸的浓度和温度对1100铝合金腐蚀速率的影响

表4-30 1100铝合金在乙酸中的腐蚀速率

浓度/%	pH值	腐蚀速率/(mm/a)
1	3.1	0.025
10	2.4	0.015
50	1.7	0.010
95		0.001

碳数大于5的脂肪酸，几乎不溶于水。这些脂肪酸即使加热至沸点对铝也没有作用。

在室温下，10%的草酸溶液能使铝产生0.10mm/a的均匀腐蚀。其他二元羧酸和多元羧酸对铝的反应都很温和。在含有5%（pH 1.7）、30%（pH 1.0）和50%（pH 0.6）酒石酸或柠檬酸的溶液中，室温下腐蚀速率小于0.01mm/a；在50℃时，腐蚀速率为0.1mm/a。

4.5.5 加速腐蚀试验环境

加速腐蚀试验是在比实际状态苛刻的条件下进行的腐蚀试验，目的是在更短的时间内得出相对比较结果。加速腐蚀试验包括盐雾试验、湿热试验、二氧化硫气体试验、电解腐蚀试验等。最为常用的加速腐蚀试验为各种条件的盐雾试验。

盐雾试验是一种主要利用盐雾试验设备所创造的人工模拟盐雾环境条件来考核产品或金属材料耐腐蚀性能的环境试验。根据采用标准与试验方法的不同，盐雾试验主要有中性盐雾试验（NSS）、酸性盐雾试验（AASS）、铜加速乙酸盐雾试验（CASS）、循环交变腐蚀试验（CCT）几种。

人工模拟盐雾环境试验是利用人工的方法造成盐雾环境来对产品的耐盐雾腐蚀性能质量进行考核。与天然环境相比，其盐雾环境的氯化物的盐浓度，可以是一般天然环境的几倍或几十倍，使腐蚀速率大大提高。对产品进行盐雾试验，得出结果的时间也大大缩短，用来较快地判断产品的耐蚀性。

中性盐雾试验（NSS）是最常用的盐雾试验方法，一般使用含有 5%±0.5% 氯化钠、pH 值为 6.5～7.2 的盐水通过喷雾装置进行喷雾，让盐雾沉降到待测试验件上，经过一定时间观察其表面腐蚀状态。试验箱的温度要求在 35℃±2℃。

采用失重法测得的 5 类铝合金试样的腐蚀失重与盐雾时间的关系见图 4-47，可以看出，腐蚀失重与时间的关系呈幂函数规律（$C=At^n$，其中，C 为腐蚀失重，t 为腐蚀时间，A、n 为常数），$n<1$，代表腐蚀速率会不断减小。在盐雾试验初期腐蚀失重速率较大，随盐雾试验时间延长，腐蚀速率变缓。

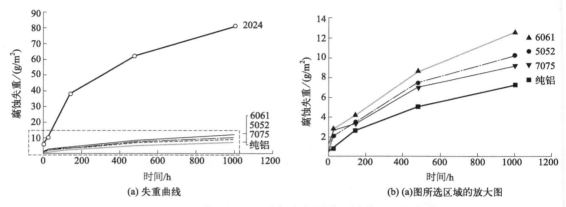

(a) 失重曲线　　　　　　　　　　　(b) (a)图所选区域的放大图

图 4-47　5 类铝合金平均腐蚀失重与盐雾试验时间的关系

另一个 6061-T4 的中性盐雾试验也得出了类似的结果。腐蚀不同时间后的腐蚀速率见图 4-48。在腐蚀初期阶段，Cl^- 的吸附破坏了钝化膜的完整性，不断暴露出铝基体，因此钝化膜对腐蚀的阻碍作用持续减弱，铝合金的腐蚀速率呈逐渐加快的趋势。随着腐蚀的继续进行，沉积于铝合金表面的腐蚀产物不断增多，阻碍了腐蚀介质与铝基体的接触，减缓了腐蚀反应区与腐蚀介质之间的离子交换，进而减缓了腐蚀的进行。

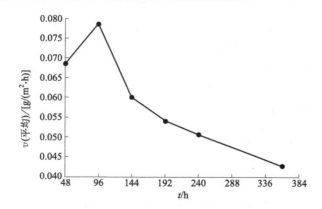

图 4-48　腐蚀不同时间后 6061-T4 铝合金平均失重速率

铝合金最开始的腐蚀现象都是表面变色，表面变色可以认为是开始发生腐蚀的一个特征，但不同牌号的铝合金，不同的腐蚀阶段腐蚀现象各异，有的颜色变灰黑，有的颜色变浅褐，有的生成白色疏松腐蚀物，有的生成透明凝胶状腐蚀物，有的失去金属光泽生成厚层氧化膜等。

3003 铝合金，在连续加速腐蚀 8h 后，试件表面具有金属光泽，细密的腐蚀产物均匀地分布在表面腐蚀 24h 后，表面大部分被腐蚀产物覆盖，腐蚀颗粒逐渐变大；腐蚀 48h 后，白色的腐蚀产物覆盖了整个表面，产物层变厚；腐蚀72h后，产物层变得更加致密，出现颜色较深的腐蚀斑，局部出现较大的腐蚀产物块。腐蚀产物层主要由 O、Al、Si 三种元素构成，随腐蚀时间的延长，表面 O 的含量不断增加，说明腐蚀产物主要为 Al_2O_3 和 $Al(OH)_3$。

2A12-T4 铝合金也有类似的腐蚀进程。在腐蚀初期铝合金发生点腐蚀，形成颗粒状的 Al_2O_3 腐蚀产物；进入全面腐蚀阶段，电化学反应生成了大量的 $Al(OH)_3$，致使疏松腐蚀产物薄层增厚，转变为片块状腐蚀产物层；由于腐蚀产物层对腐蚀介质渗透与去极化过程的阻碍，腐蚀速率减小。在腐蚀后期，$AlCl_3$ 等腐蚀产物填充于腐蚀产物层的间隙中，外层疏松腐蚀产物存在大量裂隙、裂纹，甚至脱落，腐蚀产物层对腐蚀介质的阻碍作用减弱，腐蚀速率增大。

陈朝轶等人研究了 3003 铝合金薄板在铜加速乙酸盐雾试验［GB/T 12967.3—2008（该标准现已更新为 GB/T 12967.3—2022）］中的腐蚀规律，腐蚀速率曲线见图 4-49。腐蚀初期以点蚀为主，腐蚀时间延长，逐渐发展为剥蚀，并产生龟裂。腐蚀初期由于试样表面残留的氧化膜起到保护作用，降低腐蚀速率；腐蚀时间到达 24h 后，氧化膜完全消失，氯离子吸附点增加，且点蚀坑中的氯离子起到诱导作用，加大了腐蚀速率；48h 后，腐蚀产物覆盖整个表面，氯离子须通过扩散才能到达基体，腐蚀速率有所降低，由于腐蚀产物的覆盖，内应力增加，会出现龟裂。在前 48h 腐蚀时间内，点蚀深度随腐蚀时间的延长几乎呈线性增加，48h 后，点蚀深度的增加放缓，腐蚀产物主要含 Al、O、Si 三种元素。

宋海林等人对 6061 铝合金在循环交变盐雾试验（CCT）和铜加速乙酸盐雾试验（CASS）中的腐蚀行为，拓晓颖对 6061 在 CASS 盐雾环境中的失效行为进行了研究，都有类似的结论。6061 在盐雾环境中的腐蚀以点蚀为主，同时伴随一定程度的晶间腐蚀和剥蚀。腐蚀形貌微观上均为裂纹状，宏观上均为点蚀坑。蚀坑深度达到一定程度时，腐蚀向蚀坑侧面发展，部分发展为晶间腐蚀，随着晶间腐蚀继续扩展，腐蚀产物堆积使金属层层剥落，发展为剥蚀。由于铜离子可以形成腐蚀原电池，以及较低 pH 值使去极化作用更容易进行，CASS 诱导铝合金发生点蚀的时效性明显缩短，铝合金材料极易扩展成晶间腐蚀和剥蚀。

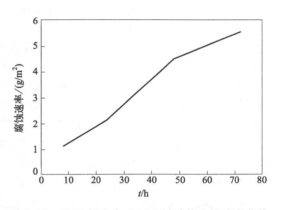

图 4-49　3003 铝合金 CASS 试验的腐蚀速率曲线

钱建才等人对 2A12 硬铝、7075 超硬铝、5A06 防锈铝、6063 锻铝合金在酸性盐雾环境条件下的腐蚀规律进行了研究。酸性盐雾环境条件下，铝合金材料类型对未封闭的阳极氧化膜、硬质阳极氧化膜的耐蚀性以及耐腐蚀扩展性能影响较大。而封闭处理后，阳极氧化膜、硬质阳极氧化膜的耐蚀性、耐腐蚀扩展性均获得了明显改善，铝合金材料类型的影响相对变小。铬化膜、磷铬化膜的涂层体系较阳极氧化膜的耐腐蚀性能差。在酸性盐雾条件下，铝合金基底层的耐腐蚀性能以及耐腐蚀扩展性能主要由基底层性能决定，与涂层附着力水平没有直接关系。在铝合金环境防护设计过程中，附着力水平应作为涂层体系力学性能进行考核，而不应作为耐蚀性好坏的判断指标进行考核。

盐雾对金属材料的腐蚀，主要是导电的盐溶液渗入金属铝内部发生电化学反应，形成了"低电位金属-电解质溶液-高电位杂质"微电池系统，发生电子转移，作为阳极的金属发生溶解，形成的新的化合物即为腐蚀物。金属保护层或有机材料保护层也一样，当作为电解质的盐溶液渗入材料内部后，便会形成以金属为电极和以金属保护层或有机材料为另一电极的微电池。盐雾腐蚀破坏过程中起主要作用的是氯离子，它具有很强的穿透能力，容易穿透铝及铝合金表面处理膜层及涂层进入铝基体内部，破坏铝金属的钝化态。同时氯具有很小的水合能，容易吸附在金属表面，取代保护铝金属的膜层或涂层里的氧，使铝受到破坏。

除了氯离子之外，盐雾腐蚀机制还受制于盐溶液里的氧。氧能引起金属表面的去极化过程，加速阳极金属的溶解，由于盐雾试验过程中持续喷雾，不断沉积在试样表面的盐液膜，含氧量始终保持在接近饱和的状态。腐蚀产物的形成，使渗入金属内部的盐溶液体积发生膨胀，因而增加了金属内部的应力，引起应力腐蚀，导致保护膜层鼓起。

4.6 缓蚀剂

缓蚀剂是一些特殊的介质，是一种以适当的浓度和形式存在于环境（介质）中时，可以防止或减缓腐蚀的化学物质或几种化学物质的混合物，一般来讲，缓蚀剂是指那些用在金属表面起防护作用的物质，加入微量或少量的这类物质可使金属材料在该介质中的腐蚀速率明显降低直至为零。

铝用缓蚀剂的开发最初是从无机物开始的，钼酸盐、钨酸盐等有一定的缓蚀效果，然后发展了有机缓蚀剂。早期开发的缓蚀剂主要是单个化合物，如：1956 年发现了乙酰基环己基化合物与环氧乙烷可共同抑制铝在稀硝酸中的腐蚀，同时还有吖啶、乌洛托品、糊精、尿素等，它们的缓蚀效率可以达到 90％以上。

铝缓蚀剂分类可参见表 4-31。铝的缓蚀剂按化学组分可分为无机类和有机类，按作用机理可分为吸附型缓蚀剂、扩散型缓蚀剂、表面变化型缓蚀剂。

按照使用介质的不同，主要有在酸性介质中、在碱性介质中和在中性介质中的缓蚀剂。

从电化学机理分，可分为：阳极抑制型缓蚀剂、阴极抑制型缓蚀剂、混合型缓蚀剂。阳极抑制型缓蚀剂的添加量必须是足够的，如果浓度不足，由于它们减少了有效的阳极面积，剩余阳极区的反应会比没有阳极抑制剂时更强烈。阴极抑制型缓蚀剂是安全的，因为有效阴极面积的减少必定会减轻阳极的反应，然而，它们通常不如阳极抑制型的有效。

从物理化学作用机理分有吸附型、扩散型、混合抑制型、表面变化型等。

对于吸附型缓蚀剂，缓蚀剂分子主要通过物理吸附及共价键的化学吸附，在分子表面形成牢固的吸附膜，将介质与金属隔离开来，从而抑制金属的腐蚀。其中有含氮的有机物（胺、亚胺、腈、偶氮化合物等）、含硫化合物（硫脲、硫醇、噻吩等及其衍生物）、含氧有机化合物（醛、丁醇、癸二酸盐、酯、酮等及其衍生物等），均属于吸附型缓蚀剂。这种缓蚀剂主要适用于酸性介质。

对于扩散型缓蚀剂，可以认为是特殊的吸附型缓蚀剂，主要包括高分子有机物或者聚合物，缓蚀剂分子作用于金属的全表面，使局部微电池内的电阻增大，腐蚀电流降低，铝的腐蚀受到抑制。动物胶、阿拉伯胶、海藻酸钠、琼脂等高分子有机物均属于这个类型。扩散型缓蚀剂主要适用于碱性介质。

对于表面变化型缓蚀剂，与金属进行化学反应，反应物覆盖于金属表面上，包括氧化膜型、沉淀膜型等，如铬酸盐、硅酸盐、磷酸盐等无机化合物均属于这一类型。表面变化型缓蚀剂主要适用于中性介质。

另外，具有螯合作用的一些有机化合物，如甘氨酸、羟基喹啉等衍生物等均属于表面变化型缓蚀剂。它们与金属进行反应生成螯合物，覆盖于金属的表面上，也可以抑制碱性介质中金属的腐蚀。

表 4-31 铝缓蚀剂分类

按化学组分分	无机类	氧化类	铬酸盐、高锰酸盐、亚硝酸盐
		阳离子类	Mg^{2+}、Ca^{2+}、Ni^{2+}
		阴离子类	MoO_4^{2-}、SiO_3^{2-}、$B(OH)_4^-$、WO_4^{2-}、TeO_4^{2-}
	有机类	大分子——蛋白质类	醇脂、白蛋白、酪蛋白、葡萄糖
		胺类	吖啶、六次甲基四胺、烷基胺
		酸类	硬脂酸、烟酸、磺酸、有机硼酸
		其他类	硫脲、硝基氯苯
按电化学机理分	阳极抑制型缓蚀剂		重铬酸钾、铬酸钾、硝酸钠、高锰酸钾等
			在含有溶解氧水中的磷酸盐、硼酸盐、硅酸盐
	阴极抑制型缓蚀剂		8-羟基喹啉等有机吸附型缓蚀剂
	混合型缓蚀剂		硫化钠、硅酸钠、磷酸氢二钠、琼脂、阿拉伯胶、明胶等
按物理化学机理分	表面变化型	氧化膜型	重铬酸钾、铬酸钾、硝酸钠、高锰酸钾等
		沉积膜型	硅酸钠、磷酸氢二钠等
		螯合型	亚硝基代苯胺、甘氨酸、羟基喹啉、β-二酮及茜素衍生物等
	吸附型		含电负性高的氮、磷、硫元素的极性基团和疏水亲油的非极性基团的缓蚀剂等
	扩散型		动物胶、阿拉伯胶、海藻酸钠、琼脂等高分子有机物
	混合抑制型		在碱性介质中的甘氨酸、8-羟基喹啉
按使用介质分	在酸性介质中的缓蚀剂		含氮有机物、含硫有机物、含氧有机物、动物胶、阿拉伯胶、海藻酸钠、琼脂、甘氨酸、羟基喹啉、β-二酮及茜素衍生物,还有铬酸盐、硅酸盐、磷酸盐等无机物
	在碱性介质中的缓蚀剂		硅酸盐、磷酸盐、碳酸盐、铬酸盐、高锰酸盐、硼酸盐、钒酸盐、过锗酸盐、过钨酸盐等无机物,还有阿拉伯胶、琼脂、糊精、葡萄糖、氨基酚、甲苯胺、乙酰丙酮、苄基酮、三氟代苯酮、茜素衍生物、萘衍生物、海藻酸钠、氨基酸、酚及其衍生物、醛类、酚类、肼、腙类衍生物、芳香酸类衍生物等
	中性介质中的缓蚀剂		如铬酸盐、硅酸盐、磷酸盐等

在化学清洗、水处理、防冻液等领域可将铬酸盐、硅酸盐、聚磷酸盐、可溶性油、硝酸盐、亚硝酸盐、硼酸盐、胺类、硫脲、巯基苯并噻唑、蛋白质等用于铝的缓蚀。国内化学清洗酸洗中常用 LAN-826、LAN-5 作为铝的缓蚀剂。在切削加工液体系、强碱或高盐清洗体系中,辛基膦酸有良好的缓蚀效果,不但容易与溶液中的铝氧化物结合,也能与钙、镁离子络合。

B. W. Samuels 认为活泼阴离子作用于铝时,有下列步骤:

① 在铝的氧化层上吸附阴离子;

② 在氧化物中铝阳离子和阴离子形成可溶物质;

③ 可溶物质从表面扩散,促使保护性氧化膜稀释;

④ 在经充分稀释部分,铝直接与电解质发生反应,即发生腐蚀。

如果某种化合物作为缓蚀剂,在吸附部位要与活泼阴离子竞争,以阻止可溶性化合物形成。缓蚀剂离子和铝阳离子形成稳定的不溶性化合物,那么像沉淀缓蚀剂一样,使腐蚀受到抑制。如果与铝阳离子形成稳定的可溶性络合物,那么就与卤化物一样加速腐蚀。

对于有机螯合物来说,形成螯合型、环形结构的耐蚀性能比不形成的更有效。

铝在中性盐溶液中的腐蚀行为,主要取决于溶液中的阴、阳离子的特性。当溶液中含有 F^-、Cl^- 等阴离子时,由于这些离子的半径小、穿透性强,很容易破坏氧化膜而产生点蚀,所以铝在含有卤素离子的溶液中是不耐蚀的。当溶液中含有氧化性阴离子,如 $Cr_2O_7^{2-}$、CrO_4^{2-} 等,其具有氧化性,能促使铝的钝化。在溶液中添加 K_2CrO_4 作为缓蚀剂可有效限制 Cl^- 的有害作用。但 $Cr(\text{VI})$ 具有污染性,现已被很多地方限制使用。

Roebuck 和 Pritchete 将从大量的缓蚀剂试验与应用中得到的数据加以汇总，见表 4-32。

表 4-32　铝在腐蚀介质中的缓蚀剂

环境	缓蚀剂	环境	缓蚀剂
1mol/L 盐酸	0.003mol/L 苯基吖啶、β-萘醌、硫脲、2-苯基喹啉	乙二醇-水 30∶70（体积比）	2% 肉桂酸钠＋0.1% 连四硅酸钠＋磷酸(pH＝9.5)
1mol/L 盐酸	丹宁酸或松香	乙二醇	碱金属硼酸盐或磷酸盐
1mol/L 盐酸	0.5g/L 吖啶、1.0g/L 硫脲或烟酸	乙二醇	0.01%～1.0% 亚硝酸钠
2mol/L 盐酸	0.6g/L 吖啶	乙二醇	钨酸钠或钼酸钠
2%～5% 硝酸	0.05% 六次甲基四胺	三溴甲烷	胺
10% 硝酸	0.1% 六次甲基四胺	饱和氯化钙溶液	碱金属硅酸盐
10% 硝酸	0.1% 碱金属铬酸盐	四氯化碳	0.02%～0.05% 甲酰胺
20% 硝酸	0.5% 六次甲基四胺	氯代烃	0.1%～2.0% 硝基氯苯
发烟硝酸	0.6% 六氟磷酸盐	氯水	硅酸钠
20% 磷酸	0.5% 铬酸钠	溴水	硅酸钠
20%～80% 磷酸	1.0% 铬酸钠	醇（无水）	痕量水
浓硫酸	5.0% 铬酸钠	醇（防冻剂，甲醇和乙醇）	亚硝酸钠和钼酸钠
0.3mol/L 氢氧化钠溶液(35℃)	0.4% 黄蓍胶	工业酒精	0.03% 碱金属碳酸盐、乳酸盐、乙酸盐、硼酸盐
0.5mol/L 氢氧化钠溶液	0.2% 琼脂	甲醇	氯酸钠＋硝酸钠
10g/kg 氢氧化钠溶液	碱性硅酸盐	热酒精	重铬酸钾
10g/kg 氢氧化钠溶液	3%～4% 高锰酸钾	过氧化氢	碱金属亚硝酸盐
40g/kg 氢氧化钠溶液	18% 葡萄糖	过氧化氢	偏硅酸钠
氢氧化镁	铬酸钠	稀碳酸钠	氟硅酸钠
氨冷凝气	H_2S	10g/kg 碳酸钠	0.2g/kg 硅酸钠
3.5% 氯化钠	1% 铬酸钠	100g/kg 碳酸钠	0.05% 硅酸钠
乙酸钠	碱性硅酸盐	氰化钾	1%～5% 硅酸钠
海水	0.75% 硬脂酸异戊酯	次氯酸钠（漂白液中）	硅酸钠
硫化钠	1% 偏硅酸钠	含空气的循环水	0.1% 铬酸钠(pH 7～9)或 0.1% 偏硅酸钠＋0.1% 聚磷酸钠(pH 8.5～9.5)
乙醇或乙二醇	1%（$NaNO_2$＋钼酸钠）、1%（$NaNO_2$＋钨酸钠）或 1%（$NaNO_2$＋硒酸盐）		

4.6.1　铝在碱液中的缓蚀剂

从电化学角度来看，碱性溶液中的 OH^- 使铝成为阴性络离子而被溶解，另外铝表面上的氢氧化物或氧化物覆盖膜易被碱溶液溶解，所以和酸性介质相比，铝在碱性介质中缓蚀剂的筛选问题难度更大。

早期较多使用硅酸盐、磷酸盐、铬酸盐和高锰酸盐等无机盐作为碱性介质中的铝缓蚀剂。之后又有使用明胶、阿拉伯胶等有机高分子化合物作为缓蚀剂，还有研究发现有机螯合剂对铝有明显的抑制效果，亦可作为碱液中的铝用缓蚀剂。

（1）无机缓蚀剂

铝在碱性介质中，氧化性的铬酸盐、高锰酸盐、钒酸盐具有良好的缓蚀效率，除此之外，以硅酸盐、磷酸盐、碳酸钠等非氧化无机盐作为碱性介质中铝用缓蚀剂，其缓蚀机理在于它们和铝的反应产物共沉积于铝表面上并具有较强的附着性。含 0.1mol/L 硅酸钠的 1mol/L NaOH 缓蚀剂中铝的缓蚀率见表 4-33。

10%碳酸钠和 0.05%～0.2%硅酸钠复合缓蚀剂可以有效抑制铝在碱液中的腐蚀，但对硅酸钠的模数（SiO_2/NaO 之摩尔比）有一定要求，模数必须大于 2。

表 4-33　铝在含 0.1mol/L 硅酸钠的 1mol/L NaOH 缓蚀剂中的腐蚀率

温度/℃	20	30	40	50
缓蚀率/%	63.1	52.7	51.1	58

据王成等人研究，LY12CZ 在 3.5%氯化钠溶液中，碳酸钠对铝合金缓蚀作用的最佳浓度范围为 25～100mg/L，硅酸钠的最佳缓蚀作用浓度范围为 100～200mg/L。99.5% Al 在磷酸盐、硼酸盐清洗剂中的质量损失与水中 SiO_2 含量的关系，见图 4-50。硅酸钠在一定程度上还可提高铝合金在氯化钠溶液中的腐蚀疲劳寿命，主要是通过抑制铝合金的点蚀进而减少裂纹源的产生，而对腐蚀疲劳裂纹扩展的抑制作用不是很明显。在 3.5%氯化钠溶液中，当硅酸钠的浓度为 0.2mg/g 时，对 5083 铝合金具有较好的缓蚀作用，缓蚀率达到了 95.1%。

硅酸盐是最基础的铝缓蚀剂，被广泛应用，但在循环水中长时间使用会出现絮状物，主要是水解形成硅酸所致。而且单独的硅酸钠碱性过高，并不是对所有铝都有好的效果，浓度略高时还会出现表面的结晶。

到了 20 世纪七八十年代，有人研究锡酸钠在碱液中的缓蚀作用，发现在 5mol/L 氢氧化钾溶液中加入 0.05mol/L 锡酸钠时，可以得到 87%的缓蚀率。还有的选用硅酸钠、硼砂、铬酸钾、高锰酸钾等作为铝合金应力腐蚀开裂用的缓蚀剂。

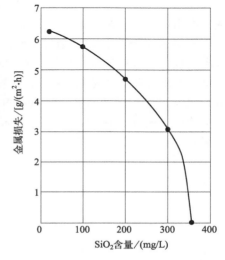

图 4-50　被磷酸盐、硼酸盐清洗剂侵蚀的 99.5% Al 的质量损失与水中 SiO_2 含量的关系

（2）有机缓蚀剂

有机缓蚀剂有藻酸钠、氨基酸、酚类及其衍生物、某些有机染料、醛、肼、腙和芳香酸类衍生物等各类有机物。几种高分子物质在氢氧化钠溶液中的缓蚀率，见表 4-34。

表 4-34　几种高分子物质在氢氧化钠溶液中的缓蚀率

缓蚀剂	缓蚀率/%			
	0.1mol/L	0.2mol/L	0.5mol/L	1.0mol/L
糊精	70.5	59.8	59.3	46.7
琼脂	74.7	68.5	68.3	63.8
动物胶	77.9	60.5	57.8	23.4
明胶	78.9	56.4	47.7	39.3
阿拉伯胶	80.0	75.0	73.5	71.2
黄蓍胶	86.3	84.8	84.4	84.0

实验条件：（30±0.5）℃，1h，缓蚀剂浓度 1.5%，2014A 铝合金。

① 藻酸钠：藻酸钠在铝表面上容易形成一层覆盖膜，特别是在阳极区吸附之后，可使阳极阴化增高，使腐蚀电流降低。0.2～0.6mol/L 氢氧化钠溶液中加入藻酸钠的缓蚀效果比糊精、动物胶好得多，再在其中添加 2% 硼砂及 0.26% 硒酸钾，缓蚀率可达 90% 以上。

② 氨基酸：可作为 1mol/L 氢氧化钠溶液中的铝用缓蚀剂。G. Fereket 等人认为在甘氨酸、苯甲酸氨基乙酸、胱氨酸、丙氨酸、精氨酸、赖氨酸、羟基脯氨酸等氨基酸中，以胱氨酸的缓蚀效果最好。

③ 多糖类物质：高分子多糖类物质中羟基可与铝作用引起化学吸附，也被用作碱溶液中铝用缓蚀剂，可抑制 0.2～1mol/L 氢氧化钠溶液中铝的腐蚀。单糖物质因为亲水性过强，没有缓蚀性。

④ 在 0.1mol/L 氢氧化钠溶液中酚类及其衍生物缓蚀性能顺序如下：水杨醛＞邻氯酚＞邻苯二酚＞邻氨基酚≥邻甲酚＞酚＞邻硝基酚＞邻甲氧基苯酚＞邻烯丙基酚。

⑤ 20 世纪 90 年代初期 S. M. Hasan 等选用一部分芳香酸类衍生物进行缓蚀实验发现缓蚀效率顺序为：二苯甲酮＞苯甲酸＞乙酰苯＞苯甲醛＞苯甲酰胺。

⑥ 有机磷类缓蚀剂。酚醚磷酸酯、醇醚磷酸酯、亚磷酸酯、脂肪酸烷醇酰胺磷酸酯等含磷有机物可被用于铝加工液、水循环处理、发动机冷却液等水基体系中，具有一定的缓蚀效果。辛基膦酸（或酯）、异辛基膦酸（或酯）在 pH 9～10 的碱性溶液中，0.25% 用量可达到 99% 的缓蚀效率，其作用机理参见图 4-51。但要注意这类螯合型缓蚀剂也可以与介质当中的钙、镁离子络合，使用时应复配其他络合剂降低阴离子或其他阳离子对缓蚀剂的影响。

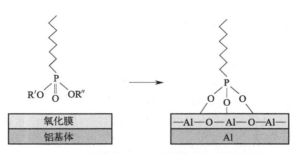

图 4-51　烷基膦酸在铝表面作用机理示意图

5% 的金属加工液中不同浓度的辛基膦酸对铝腐蚀的缓蚀效果见表 4-35。

表 4-35　辛基膦酸的缓蚀效果

辛基膦酸含量[①]/%	0	0.05	0.1	0.25
pH 值	9.45	9.45	9.45	9.45
浸泡 28 天后的铝板				
浸泡 28 天后的失重/mg	66.3	8.1	7.0	4.9

① 5% 的金属加工液中。

⑦ 硅氧烷酮类。由有机硅烷水解缩合而成的硅氧烷低聚物，又叫硅氧烷酮，可用于水性环境下的铝材缓蚀。磺酸改性硅氧烷酮类缓蚀剂，不含磷，在酸性和碱性水环境下，与铝合金形成 Al-O-Si 键，磺酸基也可与铝发生吸附，形成保护膜。该类缓蚀剂被用于防冻液、

金属加工液等各种水性环境中的铝缓蚀。

4.6.2 铝在酸液中的缓蚀剂

缓蚀剂在酸性溶液中对铝不像碳钢那样有效，据报道，一些缓蚀剂对碳钢非常有效，对铝而言虽然有用，但仅有较小的保护作用。

George、Gardner 介绍，吖啶、硫脲、烟酸和糊精作为铝的缓蚀剂在 1.25mol/L、1.5mol/L 和 2mol/L 盐酸溶液中进行试验，证明吖啶最为有效。0.5g/L 吖啶在 3mol/L 盐酸中，缓蚀率达 99%，而 0.4g/L 硫脲在 1.4mol/L 盐酸中，缓蚀率仅 75%。这些缓蚀剂是通过阴极极化而发挥作用的。

4.6.2.1 硝酸溶液中的铝用缓蚀剂

稀硝酸对铝产生腐蚀作用，故需在其中加入缓蚀剂以抑制硝酸对铝的腐蚀。在硝酸溶液中铝用缓蚀剂中开发最早的是铬酸盐，早在 20 世纪 40 年代已发现铬酸盐在各种浓度的硝酸溶液中可以抑制铝的腐蚀，加入 0.1% 的铬酸盐可达到 95% 的缓蚀效率，几乎完全抑制了铝的腐蚀。有关铬酸盐缓蚀作用见表 4-36。同时被开发的还有六亚甲基四胺，它可以用作 2%～5%、10% 及 20% 硝酸溶液中铝用缓蚀剂。

表 4-36　硝酸溶液中铬酸盐对铝的缓蚀率

缓蚀剂浓度/%	缓蚀率/%			
	2%	5%	10%	20%
0.05	94	98	42	6
0.1	99	99	99.8	18
0.5	97	89	99	98
1.0	95	70	99	98

到了 20 世纪 50～60 年代研究了些抑制发烟硝酸对铝腐蚀的缓蚀剂，首先是六氟磷酸铵，同时也注意到 0.1%～1.0% 的锌盐也可以减缓发烟硝酸的腐蚀。

在 20 世纪 80 年代所开发的铝在硝酸中的缓蚀剂主要是苯甲酸及其衍生物，实验结果发现三羟基苯甲酸缓蚀效果最佳。同期还开发了 1-对甲氧苯基-3-亚氨基甲氧基氨硫脲，作为稀硝酸中的铝用缓蚀剂，效果很好。

在总结硝酸中铝用缓蚀剂研究开发历史时有人认为，在 5% 稀硝酸中，硫脲、多聚磷酸钠、重铬酸钠的缓蚀效果很好，如硫脲与多聚磷酸钠复配效果更好，此二者对铝在稀硝酸中的阳极和阴极过程都有抑制作用，因而是混合型缓蚀剂。而六亚甲基四胺效果不佳，钼酸盐反而会加速铝的腐蚀。

4.6.2.2 盐酸溶液中的铝用缓蚀剂

铬酸盐是许多金属在酸性介质中的优异缓蚀剂，但对于盐酸中的铝却无明显效果，相反在盐酸中使用弱氧化性阳极缓蚀剂钼酸盐、钨酸盐则表现有一定的缓蚀效果。目前工业上使用吸附型有机缓蚀剂作为盐酸中铝用缓蚀剂效果较为理想。

盐酸中铝用缓蚀剂最早开发于 20 世纪 30 年代，当时发现 2-苯基吖啶、β-萘醌、硫脲、2-苯基喹啉都可以抑制盐酸中铝的腐蚀。

早期的研究开发中主要是些单个的化合物，如 1956 年开发了乙酰基环己基化合物与环氧乙烷可共同抑制铝在稀盐酸中的腐蚀；1962 年发现了盐酸溶液中铝用缓蚀剂烟酸（氮苯酸），这是一种阴极控制型缓蚀剂，缓蚀效率可达 99%；同时发现的还有吖啶、乌洛托品、糊精、尿素等，它们的缓蚀率可超过 90%；20 世纪 60 年代有人提出丁胺可作为 0.5～2.0mol/L 盐酸中铝用缓蚀剂，几种丁胺的缓蚀能力顺序为：三正丁胺＞二正丁胺＞正丁胺。同时发现糠醛是各种浓度盐酸中的铝用有效缓蚀剂。而 20 世纪 60 年代以后，研究开发的领域变得向整类有机物发展并取得了较好的效果。

（1）镓盐

镓是由氮族元素（第Ⅴ族/第ⅤA族/15族）、氧族元素（第Ⅵ族/第ⅥA族/16族）、卤素（第Ⅶ族/第ⅦA族/17族）的单核氢化物被质子化得到的阳离子，以及一些用其他基团（例如：有机自由基、卤素原子、四甲基铵）取代氢原子形成的衍生阳离子。

在 1mol/L 盐酸中铝用缓蚀剂有苯基异喹啉溴酸盐、三乙烯锍亚硫酸盐、二苯基磷酸氯化物等，均可有效抑制盐酸对铝的腐蚀。

（2）胺类

20 世纪 70 年代提出的胺类缓蚀剂中，以乙二胺对盐酸中铝的缓蚀效果最好（缓蚀效率可达 97%～99.5%）。在不同结构的胺中缓蚀能力的顺序为：叔胺＞仲胺＞伯胺。

（3）有取代基的邻苯胺类

研究证明苯胺、甲苯胺、二甲苯胺、乙苯胺、二乙基苯胺等苯胺类化合物均有缓蚀能力，其缓蚀率最高可达 98%。其他有取代基的邻苯胺类化合物缓蚀能力取决于取代基的种类，其缓蚀能力的顺序为：Cl＞Me＞OMe。

（4）醛、酮、醚类化合物

20 世纪 70 年代已发现一些醛类化合物具有盐酸溶液中铝用缓蚀剂缓蚀效果，进行过实验的醛有：肉桂醛、茴香醛（对甲氧基苯甲醛）、水杨醛、香草醛（3-甲氧基-4-羟基苯甲醛）、对羟基苯甲醛等。当时还发现酮、醚类化合物对盐酸溶液中的铝也有缓蚀作用，其缓蚀顺序为：环氧乙烷＞苯酮＞环己酮＞二噁烷＞甲基乙基酮＞对丙烯基茴香醚。

（5）硫脲及其衍生物

硫脲及其衍生物也被发现对于盐酸中的铝具有缓蚀作用。在评价以后，发现其缓蚀效果为：N-烷基硫脲＞苯基硫脲＞硫脲≥N,N-二乙基硫脲＞N,N-二甲基硫脲。

（6）酚和苯甲酸类化合物

这两类化合物的缓蚀效果有如下顺序：

对硫甲酚＞苯三酚＞间苯二酚＞酚＞对甲酚≈间甲酚＞邻甲酚硫苯甲酸＞2-巯基苯甲酸＞对羟基苯甲酸。

（7）生物碱

20 世纪 70 年代人们已发现多种生物碱具有抑制铝在盐酸中腐蚀的能力，尤其是麻黄碱的缓蚀效果最佳。

（8）肼的衍生物

20 世纪 70 年代中期发现肼的衍生物具有缓蚀能力，其中苯酰肼效果最佳。

（9）染料及染料中间体

20 世纪 80 年代初以来，人们陆续发现一些染料及染料中间体对于在盐酸中铝具有缓蚀作用。缓蚀效率顺序综合如下：

浅绿＞结晶紫＞孔雀绿＞甲基紫 6B＞茜素红≥碱性品≥红吖啶橙＞酸性品红。

菜籽饼内原料提取的缓蚀剂，具有原料来源广、成本低、提取工艺简单、无毒无污染等优点，在稀盐酸中对铝的缓蚀效率可达 95% 以上。近年来还有些人将表面活性剂用于铝在盐酸中的缓蚀，如非离子表面活性剂辛基酚聚氧乙烯醚在其浓度较高时可形成单分子吸附层，发生化学吸附将铝与介质隔开起到缓蚀作用。阳离子表面活性剂氯代十六烷基吡啶也被研究用于铝在盐酸中的缓蚀，其原因是表面吸附。

4.6.2.3 硫酸溶液中的铝用缓蚀剂

在硫酸溶液中铝的腐蚀受阳极过程控制，阳极型缓蚀剂铬酸盐表现出良好的缓蚀效果，从 20 世纪 30 年代末起，铬酸盐就被用于浓硫酸中作为铝用缓蚀剂。但在稀硫酸中目前尚未发现理想品种的缓蚀剂。过去曾使用高锰酸钾，但其缓蚀效率也仅为 60%~80%，使用亚砷酸钠缓蚀率只有 70%左右。其他经过研究的还有甲基吡啶酸、烟酸、吖啶、尿素等。我国学者提出二苯硫脲、六亚甲基四胺、丙二硫脲等都可以用作铝在硫酸中的缓蚀剂，而且缓蚀效果良好。

4.6.2.4 磷酸溶液中铝用缓蚀剂

在磷酸溶液中最有效的缓蚀剂仍是铬酸盐。早在 20 世纪 30 年代中期，就已发现在 20%~80%磷酸溶液中，使用 0.5%~1.0%的铬酸钠溶液即可十分有效地抑制磷酸对铝的腐蚀。实验结果见表 4-37。

表 4-37 磷酸中 1%铬酸盐对铝的缓蚀结果

磷酸浓度/%	20	40	60	85
缓蚀率/%	96.2	46	40	99.3

由此可见，在 20%和 85%的磷酸中铬酸盐的缓蚀效果相当好。

在 20 世纪 80 年代提出的磷酸溶液中铝用作缓蚀剂的有氨基酚类，其中邻氨基酚的缓蚀效果最好，对氨基酚最差。另外提出的缓蚀剂还有吡啶、吐温 85、吐温 20、十二烷基硫酸钠、氯代十六烷基吡啶、甲基吡啶以及钼酸钠、氯化铵、硅酸钠等，还有 8-羟基喹啉、二苯硫脲、聚乙二醇等。

4.6.2.5 乙酸溶液中的铝用缓蚀剂

乙酸溶液中的铝用缓蚀剂既有有机化合物也有无机化合物。有机物主要有明胶、黄蓍胶等高分子物质，以及硫脲、硫醇、吡啶等。无机物则有亚砷酸盐、亚硝酸盐、铬酸盐等。另外，苯并三唑及巯基苯并噻唑等杂环化合物也是乙酸中铝用缓蚀剂。

对于铝在三氯乙酸中的缓蚀问题，人们发现：丙基硫醇、丁基硫醇及十二烷基硫醇均可有效抑制铝在三氯乙酸中的腐蚀，缓蚀率一般可达 92%~95%。在对几种三氯乙酸中缓蚀剂缓蚀效果作出评价时发现有以下顺序：烟碱>2,6-二甲基氮苯>2,4-二甲基氮苯>α-吡考啉>β-吡考啉>哌啶>吡啶。

4.7 控制腐蚀的化学方法

铝的腐蚀形式非常多，在不同条件下引起腐蚀的原因各不相同，影响因素也非常复杂，因此根据不同的条件采用的防腐蚀方法也是多种多样。在实践中最常用的技术有以下几种：

① 合理选材：根据不同介质和使用条件，选用腐蚀自发性小的，更重要的是选用腐蚀速率较小的铝合金材料。

② 合理的防腐蚀设计及改进生产工艺流程，以减轻或防止铝腐蚀。例如：设计避免夹缝结构和双金属接触结构。

③ 介质处理：包括除去介质中促进腐蚀的有害成分（例如水中的氯离子），调节介质pH 值，改变介质的湿度等。

④ 电化学保护：利用电化学原理，将被保护的铝制设备进行外加阴极极化以降低或防止腐蚀。例如：使用电位更负的铝锌铟硅合金作牺牲阳极来保护电位较正的铝合金材料。

⑤ 添加缓蚀剂：向介质中添加少量缓蚀剂以保护铝材。

⑥ 衬、涂、镀：在铝表面喷、衬、镀、涂上一层耐蚀性较好的金属或非金属物质，使铝表面与介质机械隔离。

⑦ 钝化：将铝材进行表面钝化处理，利用特定的介质与铝进行反应形成一层钝性的膜层，降低铝表面的腐蚀活性。

自然界中除了铜和金、银、铂等贵金属在常态下是金属态以外，包括最常用的、从矿石中提炼出来的铁、铝在内的其他金属，在自然工作环境下都是非稳态的。对于这些金属来说，由单质变为化合物的过程，是从非稳定态转变为稳定态的过程，是一种失去金属性能的腐蚀过程，是一个常态过程。passivation 一词由 passive 衍生而来，原意为消极、不积极的，是 activation 的反义，化学术语为钝化，对于腐蚀这个常态过程来说，意思是不活泼的、惰性的。腐蚀和钝化是一对相对的状态和过程。

金属由于介质的化学作用或电化学作用而生成的反应产物如果具有致密的结构，形成一层薄膜，紧密覆盖在金属的表面，从而改变金属的表面状态，这层膜成独立相存在，它起着把金属与腐蚀介质完全隔开的作用，使金属的电极电位大大向正方向跃变，而成为耐蚀的惰性状态，其腐蚀速率比原来未处理前有显著下降的现象称金属的钝化。自发过程也可能使金属钝化，铝的表面在自然环境中就可以形成一层自然氧化膜，具有比较好的耐腐蚀性。在工业上可以用特定配方的钝化处理液对铝进行钝化处理，形成一层保护膜。从更广义的角度，通过一定的化学处理技术，包括氧化、化学转化、金属层涂镀等，对铝进行处理，使铝的表面达到一个惰性、不活泼、不容易被腐蚀的状态，也可以认为是一种钝化状态。目前应用比较广泛的铝合金钝化技术主要有：水合氧化、六价铬钝化、三价铬钝化、磷酸盐钝化、锆钛基化学钝化、硅烷化、自组装、阳极氧化等。在金属表面预先反应形成一层钝化膜，作为金属与涂层之间的过渡层，还可以增加金属/涂层整体的防腐蚀性能。

电镀、化学镀、热处理、涂装等技术也能赋予铝耐腐蚀性，它们或者是在铝表面形成一层金属镀层，需要研究另一种材料的物化性能，或者是通过物理方法改变金属的组织性能，这些防腐蚀技术不在本书讨论的范围。

因为腐蚀有普遍性、自发性和隐蔽性等特点，无处不在、防不胜防，研究铝合金钝化技术，分析钝化膜产生或破坏的条件，了解钝化膜的结构、性能和特性等，对于克服材料腐蚀、保持金属的使用性能具有非常现实的意义。

参考文献

[1] 科瓦索夫，弗里德良捷尔. 工业铝合金 [M]. 北京：冶金工业出版社，1981.

[2] 朱祖芳. 有色金属的耐腐蚀性及其应用 [M]. 北京：化学工业出版社，1995.

[3] 赵麦群，雷阿丽. 金属的腐蚀与防护 [M]. 北京：国防工业出版社，2002.

[4] 金子秀昭. 铝表面转化膜 [M]. 史宏伟，等译. 北京：化学工业出版社，2022.

[5] Vargel C，Jacques M，Schmidt D. Corrosion of aluminium [M]. Elsevier Science，2004.

[6] 杨丁. 铝合金纹理蚀刻技术 [M]. 北京：化学工业出版社，2007.

[7] 王慧婷，史娜，刘章，等. 6xxx 系铝合金表面腐蚀及其防腐的研究现状 [J]. 表面技术，2018，47（1）：160-167.

[8] 魏立艳. 微观组织结构对铝及铝合金腐蚀行为的影响 [D]. 哈尔滨：哈尔滨工程大学，2009.

[9] Gadpale V，Banjare P N，Manoj M K. Effect of ageing time and temperature on corrosion behaviour of aluminum alloy 2014 [J]. IOP Conference Series Materials Science and Engineering，2018，338.

[10] 黄磊萍，杨修波，陈江华，等. 不同热处理工艺对 Al-3.8Zn-1.6Mg 铝合金微结构与腐蚀行为作用的探讨 [J]. 电子显微学报，2017，36（3）：222-228.

[11] Gao M，Feng C R，Wei R P. An analytical electron microscopy study of constituent particles in commercial 7075-T6 and 2024-T3 alloys [J]. Metallurgical and Materials Transactions A，1998，29：1145-1151.

[12] 彭文才，侯健，郭为民，等. 温度和溶解氧对 5083 铝合金海水腐蚀性的影响 [J]. 装备环境工程，2010，7（3）：

22-26.

[13]　Lister T E, Glazoff M V. Transition of spent nuclear fuel to dry storage: Modeling activities concerning aluminum spent nuclear fuel cladding integrity [R]. Idaho National Lab. (INL), Idaho Falls, ID (United States), 2018.

[14]　Hollingworth E H, Hunsicker H Y. Corrosion of aluminium and aluminium alloys [J]. Metal Hanbook ASM, 1990, 2: 608.

[15]　Wang R, Xie X J, Zhang Y L, et al. Aluminum corrosion influenced by temperature in deionized water [J]. Materials Performance, 2019, 58 (5): 48-52.

[16]　Chen X, Tian W M, Li S M, et al. Effect of temperature on corrosion behavior of 3003 aluminum alloy in ethylene glycol-water solution [J]. 中国航空学报: 英文版, 2016 (4): 9.

[17]　Godard H P, Torribble E G. The effect of chloride and sulphate ions onoxide film growth on Al immersed in aqueous solutions at 25℃ [J]. Corrosion Science, 1970, 10 (3): 135-142.

[18]　徐丽新, 胡津, 耿林, 等. 铝的点蚀行为 [J]. 宇航材料工艺, 2002, 32 (2): 21-24.

[19]　McKee A B, Brown R H. Resistance of aluminum to corrosion in solutions containing various anions and cations [J]. Corrosion, 1947, 3 (12): 595-612.

[20]　Godard H P. The corrosion behavior of aluminum in natural waters [J]. The Canadian Journal of Chemical Engineering, 1960, 38 (5): 167-173.

[21]　Larsen-Basse J. Corrosion of aluminum alloys in ocean thermal energy conversion seawaters [J]. Mater Performance, 1984, 23 (7): 16-21.

[22]　Venkatesan R. Studies on corrosion of some structural materials in deep sea environment [J]. Bangalore: Department of Metallurgy, Indian Institute of Science, 2005.

[23]　Schumacher M. Seawater Corrosion Handbook [M]. Park Ridge: Noyes Data Corporation, 1979.

[24]　周建龙, 李晓刚, 程学群, 等. 深海环境下金属及合金材料腐蚀研究进展 [J]. 腐蚀科学与防护技术, 2010, 22 (1): 47-51.

[25]　Venkatesan R, Venkatasamy M A, Bhaskaran T A, et al. Corrosion of ferrous alloys in deep sea environments [J]. British Corrosion Journal, 2002, 37 (4): 257-266.

[26]　彭文才, 侯健, 郭为民. 铝合金深海腐蚀研究进展 [J]. 材料开发与应用, 2010 (1): 59-62.

[27]　Beccaria A M, Poggi G. Influence of hydrostatic pressure on pitting of aluminium in sea water [J]. British Corrosion Journal, 1985, 20 (4): 183-186.

[28]　Boyd W K, Fink F W. Corrosion of metals in marine environments [M]. Metals and Ceramics Information Center, 1978.

[29]　Reinhart F M. Corrosion of materials in hydrospace-part Ⅴ-aluminum alloys [M]. Port Hueneme: Naval Civil Engineering Laboratory, 1969.

[30]　方志刚. 铝合金舰艇腐蚀控制技术 [M]. 北京: 国防工业出版社, 2015.

[31]　文杰, 王永红, 鹿中晖. 铝在中、碱性土壤中的腐蚀行为研究 [J]. 现代有线传输, 2001 (1): 6-9.

[32]　王开军. 土壤理化性质对铝电极电位的影响 [J]. 土壤学报, 1994, 31 (3): 259-266.

[33]　左景伊, 左禹. 腐蚀数据与选材手册 [M]. 北京: 化学工业出版社, 1995.

[34]　天华化工机械及自动化研究设计院. 腐蚀与防护手册——耐蚀金属材料及防蚀技术 (第2卷) [M]. 北京: 化学工业出版社, 2008.

[35]　胡博, 王建朝, 刘影, 等. 铝合金在碱性环境中的耐腐蚀研究进展 [J]. 电镀与环保, 2014 (03): 4-6.

[36]　马正青, 曾波伟, 滕昭阳. 二元铝合金在碱性介质中的腐蚀与电化学行为 [J]. 湖南科技大学学报: 自然科学版, 2014, 29 (1): 88-92.

[37]　胡博, 王建朝, 刘影, 等. 7075型铝合金在含NaOH碱性NaCl溶液中的腐蚀行为 [J]. 材料保护, 2014, 47 (3): 23-27.

[38]　Lee K K, Kim K B. Electrochemical impedance characteristics of pure Al and Al-Sn alloys in NaOH solution [J]. Corrosion Science, 2001, 43 (3): 561-575.

[39]　陈林, 石伟和, 卿培林, 等. 强酸溶液对铸造铝合金腐蚀行为的影响 [J]. 广东化工, 2015, 42 (23): 33-34.

[40]　木冠南. 纯铝在盐酸溶液中腐蚀速度的研究 [J]. 化学通报, 1986 (2): 38-39.

[41]　(日) 表面技术协会轻金属表面技术分会. 铝表面处理百题新编 [M]. 郝雪龙, 等译. 北京: 化学工业出版社, 2019.

[42]　Frank F Berg. 常用工业酸的腐蚀图集 [M]. 化工部化工设备设计技术中心站, 译. 化工部化工设备设计技术中心

站，1968.

[43] 葛科．盐酸介质中铝的腐蚀与防护研究［D］．重庆：重庆大学，2007.

[44] 王岩伟，赵丕阳，任青文，等．表面状态与时效对铝表面润湿性的影响［J］．电镀与涂饰，2017，36（13）：674-678.

[45] Straumanis M E，Wang Y N. The rate and mechanism of dissolution of purest aluminum in hydrofluoric acid［J］. Journal of the Electrochemical Society，1955，102（7）：382-386.

[46] 张天胜．缓蚀剂［M］．北京：化学工业出版社，2002.

[47] Kamarska K. Corrosion behaviour of aluminium alloys EN AW-6026 and EN AW-6082 in a sulphuric acid medium［J］. IOP Conference Series Materials Science and Engineering，2020，878：012067.

[48] 苏小红，孔小东，等．硅酸钠对5083铝合金的缓蚀作用［J］．腐蚀与防护，2010，31：65-67.

[49] 黄魁元．铝及铝合金在硝酸溶液中的腐蚀及缓蚀剂［J］．化学清洗，1999，15（2）：32-36.

[50] Horn E-M. Corrosion of pure aluminium in flowing Nitric acid［J］. Werkstoffe and Corrosion，1996，47（6）：323.

[51] 杨少华，刘增威，林明，等．7075铝合金在不同pH值NaCl溶液中的腐蚀行为［J］．有色金属科学与工程，2017，8（4）：7-11.

[52] 蔡超．纯铝在中性NaCl溶液中的腐蚀研究［D］．宁夏：宁夏大学，2005.

[53] 孔小东，汪俊英，胡会娥．两类铝合金在3%NaCl溶液中的腐蚀行为比较［J］．材料开发与应用，2015，30（1）：1-7.

[54] 凌爱华，丁新艳，谭帅霞，等．铝合金的中性盐雾腐蚀行为［J］．材料保护，2021，54（9）：32-36.

[55] 刘伟，李洪林，吴海旭，等．6061-T4铝合金在盐雾环境中的腐蚀行为［J］．材料保护，2022，55（11）：37-43.

[56] 李一，林德源，陈云翔，等．2A12-T4铝合金在盐雾环境下的腐蚀行为与腐蚀机理研究［J］．腐蚀科学与防护技术，2016，28（5）：455-460.

[57] 陈朝轶，李玲，王家伟，等．3003铝合金盐雾加速腐蚀行为［J］．轻金属，2014（2）：54-58.

[58] 钱建才，许斌，邹洪庆，等．酸性盐雾环境下铝合金基底层的防护作用及腐蚀失效规律分析［J］．材料保护，2019，52（8）：20-24.

[59] 王成，余刚．无机缓蚀剂对铝合金缓蚀作用的研究［J］．化学清洗，1999，15（6）：1-5.

[60] Samuels B W，Sotoudeh K，Foley R T. Inhibition and acceleration of aluminum corrosion［J］. Corrosion，1981，37（2）：92-97.

[61] 余存烨．铝的缓蚀剂（下）［J］．化学清洗，1997，13（4）：.28-32.

[62] 徐亮，李琴．硅酸钠对铝在氢氧化钠中缓蚀性能研究［J］．江西化工，2016（5）：106-108.

第 5 章

化学钝化前的预处理

在钝化前的所有化学处理称为化学预处理，是整个化学钝化处理工艺过程的基础。如果用户需要光亮的阳极氧化表面，那就得先进行化学抛光等预处理；如果需要均匀柔和的漫反射表面，那就选择碱浸蚀等预处理。铝材进行化学预处理还为了满足生产过程的需要，有的铝材在挤压生产过程中可能使用润滑剂或接触到润滑油脂，在轧制或深加工过程中分别使用乳液、轧制油或润滑油。这就需要对铝材进行脱脂处理，除去铝材表面的油脂，从而使铝材表面获得洁净润滑的状态，为后面的工艺过程提供良好的表面条件。

铝材经过碱蚀处理后，表面残留有一层疏松的灰褐色的灰状附着物，或者经过化学抛光后，表面附着一层浅棕色的以还原铜为主的附着物，都需要通过除灰处理来除去。

因此，化学预处理是铝材在整个钝化处理工艺过程中极为关键的第一步，对于铝材表面质量起着非常重要的作用。铝材表面处理工艺中的每一步工序都是承上启下的，一环扣一环，每一道处理工序的品质得到保证，才有可能生产出表面质量令人满意的产品。

钝化前的预处理主要包括脱脂、抛光、碱蚀、除灰等工序以及工序之间的水洗。根据对铝材表面不同的品质要求，选择不同的预处理工艺流程。

例如：

建筑铝型材涂装前表面处理流程有：碱性脱脂→水洗→酸洗出光→水洗→钝化→水洗→纯水洗，或酸性脱脂→水洗→水洗→钝化→水洗→纯水洗。

铸铝合金的化学氧化处理流程有：碱性脱脂→水洗→碱浸蚀→水洗→抛光→水洗→化学氧化→水洗→热水洗。

铝制易拉罐身的表面处理流程：酸性预脱脂→酸性脱脂→水洗→纯水洗→无铬钝化→水洗→纯水洗。

铝塑复合卷材的表面处理流程：酸性脱脂→水洗→纯水洗→硅烷化。

5.1 脱脂

铝材经过生产加工、存储、转运过程，表面黏附有各种油污是不可避免的。如果表面不做清洗或者清洗不干净，就意味着铝材的表面无法与化学处理液充分接触，各种化学反应都无法正常进行。所以铝材在进行表面处理生产线的第一道工序就是脱脂，也称为除油或清洗。

油污的种类主要有：

① 油脂类。这类污垢大都是油溶性液体或半固体，包括：动植物油、矿物油和它们的

氧化物。它们常常与各种尘埃、金属屑、碎粒混合在一起构成油污。

② 固体污垢。固体污垢包括各种尘埃、烟灰、纤维、金属氧化物等，颗粒大多数都比较小，大约在 $1\sim20\mu m$。这些固体污垢一般都带有负电荷，但也有带正电荷的。

③ 水溶性污垢。大多来自于人类分泌物、食品和其他化学处理液，它们在水中能溶解或部分溶解，有的在水中为胶态溶液，例如糖类、淀粉、有机酸、无机盐、金属加工液等。

可利用于脱脂的反应及其机理有：

① 皂化：动植物油主要是各种脂肪酸及脂肪酸酯，可与 NaOH、KOH 等碱类发生皂化反应或水解反应，生成可溶于水的皂类和醇类。皂化反应必须要在加热条件下进行。由于强碱与金属铝反应强烈，现代铝材脱脂剂，大都不使用氢氧化钠，而用有机碱来代替，从而产生可溶性的有机脂肪酸皂。

② 润湿乳化：表面活性剂是具有亲水基和亲油基双亲结构的化合物，其溶于水可以形成胶束，能降低水溶液的表面张力，通过对油污的润湿、乳化增溶、分散作用，使液体油脂蜷缩成液滴而脱离铝材表面以达到去油的目的。对于难以去除的半固体或固体油污，通常需要加温使之熔为液态才易于脱除。表面活性剂还有助于将难溶于水的油脂分子增溶、乳化或分散到水溶液中，使得油脂分子不容易重新吸附于铝材表面。

③ 络合：为了去掉黏附于铝材表面的油污，还需要与 Ca^{2+}、Mg^{2+} 等离子或不溶性盐进行反应。常常加入一些络合剂，如三聚磷酸钠、EDTA（乙二胺四乙酸）等，它们能将 Ca^{2+}、Mg^{2+} 等离子络合溶于水；一些大分子的螯合剂，如有机磷酸盐、聚羧酸等，与金属离子螯合后在金属盐的晶格中占有一定位置，从而畸变干扰其生长，起到分散阻垢的作用。

④ 机械作用：为了增加脱脂效果，可以通过刷、擦、冲等机械方式将污垢从铝材表面去除，或者加强搅拌、流动、超声波振动，加速脱除铝材表面的污垢。

根据脱脂剂的酸碱性，可以分为酸性脱脂剂、中性脱脂剂、弱碱性脱脂剂和碱性脱脂剂，根据铝材处理的需要来选择不同种类的脱脂工艺。铝用脱脂剂的种类和特征见表 5-1。

表 5-1　铝脱脂剂的种类和特征

脱脂剂种类	优点	缺点
酸性脱脂剂	容易除掉表面氧化物； 能有效除掉擦划伤； 使用寿命长； 对铝基体腐蚀小	对多种金属有腐蚀作用； 对严重油污的清洗力差； 脱脂力较弱
中性脱脂剂	不腐蚀铝基体	清洗能力弱； 不能除掉表面氧化物
弱碱性脱脂剂	对铝基体腐蚀小； 能较好洗净机械抛光的固体残渣	去除氧化物的能力弱
碱性脱脂剂	清洗能力强； 碱腐蚀处理的清洗效果好	除掉固体污垢的能力差； 容易产生碱腐蚀的不均匀性

5.1.1　碱性脱脂

碱性脱脂剂对大多数金属的脱脂都有效，碱的作用之一是与脂肪酸发生皂化反应，生成可溶性皂，从而达到脱脂的目的。对铝来说，碱对工件表面还有一定程度的均匀腐蚀，一方面脱除表面氧化膜，另一方面也与基体铝发生反应，有助于剥离表面油污。除此之外，根据组成物的功能，碱性脱脂剂还含有乳化剂、络合剂、缓蚀剂、分散剂等。碱性太强的脱脂剂有可能引起铝材表面的局部腐蚀，因为它倾向于较快地腐蚀铝材的清洁表面，而有油污的表面腐蚀速率较慢，从而可能导致铝材表面出现斑痕。

在脱脂开始阶段引入可控制的碱蚀反应是必要的，使得铝材表面的氧化膜或复合氧化膜溶解除去。适当的腐蚀速率虽然有助于铝材的脱脂，但是必须要加以控制。硅酸钠是常见的缓蚀剂，但在硬度较高的水中可能会产生硅酸钙沉淀，在碱性较低的溶液中或者进入酸性槽液会有难以除去的硅酸胶体析出，尤其是残留在复杂结构的铝材表面。硼酸盐或磷酸盐是目前较为理想的缓蚀剂。需要注意的是，加入的缓蚀剂含量不能太高，否则铝表面可能会形成一层保护膜。

实际生产实践中，根据铝件不同的材质、表面状态、处理工艺流程、处理质量要求等情况，来确定碱性脱脂液对铝材腐蚀性的强弱。有一些铝的压铸件，表面残留有难以去除的脱膜剂，需要采用强碱性的脱脂液来加强脱脂效果，强的碱蚀会造成表面生成一层灰褐色的灰状附着物，只能由后道的除灰工艺来去除。对于油污不那么严重的铝压铸件，一般就采用弱腐蚀性的脱脂液，以免工件表面变色。同样地，对于铝轮毂的脱脂，表面油污的主要成分是切削加工的乳化液，一般也采用弱碱性脱脂液，否则容易造成表面失光。

5.1.2　酸性脱脂

铝型材、精轧铝板材、铝卷材通常采用硫酸为主要成分的酸性脱脂溶液，其中含有8%～18%（体积分数）的硫酸，还添加一些表面活性剂。温度为 50～70℃，脱脂时间为3～5min。温度低于 40℃，脱脂速度太慢，脱脂效果不显著；高于 80℃时，反应速度太快，铝材表面会产生过腐蚀现象，同时水蒸气太多，硫酸浓度会升高。如果硫酸浓度高于 25%，黏度过大，反而降低了对氧化膜和油污的溶解能力。

硫酸基的酸性脱脂剂还可以添加磷酸、亚磷酸、硼酸、氢氟酸等无机酸来改善脱脂效果。含氟的脱脂剂能十分迅速有效地对铝材进行脱脂。在同样的游离酸度下，游离氟高的酸性脱脂液脱脂速度更快，对铝材的刻蚀量也大，同时，脱脂液的消耗量也比较大。对于控制要求不高的建筑用铝型材和建筑用铝卷材，监测和控制游离酸度值基本上能满足生产的需要。但不断积累的反应产物铝离子，会降低酸性脱脂液的刻蚀性，对于铝离子含量高的槽液需要提高游离酸度才能保持较好的脱脂效率。

酸性脱脂液的主要控制参数中，总酸度是指以酚酞为指示剂，滴定 10mL 工作液所消耗的 0.1mol/L 氢氧化钠标准溶液的体积（mL）。游离酸度则是指加入了少量氟化钠去除铝离子的影响后，以酚酞为指示剂，滴定 10mL 工作液所消耗的 0.1mol/L 氢氧化钠标准溶液的体积（mL）。

铝制易拉罐的酸性清洗，也多使用含氟的酸性脱脂剂，其控制参数为：

游离酸：5～15 点；

温度：50～70℃；

游离氟：15～20mg/L；

总酸度/游离酸度＜3。

游离氟过低，可能导致铝表面铝屑清除不彻底；过高则会导致表面过腐蚀，失光。铝离子作为反应产物，含量过高会影响清洗效果，为了工作液能长期稳定地使用，可以采用溢流或定期更新一部分的方法，保持工作液中的铝含量不会过高。总酸度/游离酸度值的高低可以反映铝离子的含量多少。

5.1.3　脱脂缺陷及对策

铝材表面脱脂不完全，润湿不均匀，残留油污或斑痕，其原因可能是附着在铝材表面的油脂较多，脱脂中没有完全脱除干净，或受到二次污染；也可能是脱脂工艺条件偏离正常的控制范围，如操作温度过低、脱脂时间短、槽液有效成分含量不足、反应产物过多、喷嘴阻塞等原因造成槽液与铝表面未充分接触等。常见的问题和相应的解决对策见表 5-2。

表 5-2　脱脂槽的控制

问题	可能的原因	措施
清洗不良	脱脂液浓度不足	进行槽液分析,根据分析结果调整脱脂液有效含量至控制范围内
	铝合金表面重度污染或重油污	采用机械方法预清洁,如:用加了滑石粉的软布轮进行打磨
	脱脂槽液液面浮有一层油膜,引起二次污染	应采取有效的方法进行油水分离,或者使之不与铝工件接触,采用乳化性高的表面活性剂可以减少浮油量
	表面铝屑残留过多,刻蚀量不足	通过增加酸度或碱性、减少缓蚀剂、增加游离氟、升高温度等方法来改进
	工作液中异物过多	更新工作液,或增加预脱脂
过腐蚀	酸性(或碱性)过高或缓蚀剂的量不足	调整 pH 值或补加缓蚀剂
腐蚀斑	碱残留	用稀硫酸或稀硝酸中和,加强水漂洗
点蚀	酸脱浓度过高,氟离子浓度过高	调整酸脱的浓度,降低游离氟浓度
表面形成黑灰	pH 值过高(特别是清洗含铜的铝合金时)	降低 pH 值,避免使用强腐蚀的清洗剂,使用合适的缓蚀剂
形成过多的絮状物	Cu、Mg 和 Si 的析出,配方使用过量的碳酸盐;带入过多的酸	确保清洗剂中含有足量螯合剂,如聚磷酸盐;用不含碳酸盐的清洗剂;控制酸的带入;碱脱
形成不溶膜	缓蚀剂过量,清洗后至漂洗之间的转移时间过长	选择适量的可溶性缓蚀剂;减少转移时间;选择易漂洗的无硅清洗剂

5.2　浸蚀

5.2.1　碱浸蚀

在以氢氧化钠为基础的碱性溶液中，对铝材进行浸蚀是均匀腐蚀，它们能使铝材表面在宏观上均匀地减薄，还能使铝产生均匀柔和的漫反射表面，即为哑光表面。碱蚀程度越深，表面漫反射程度越高。铝材在碱浸蚀后，能彻底除去表面在空气中生成的氧化膜，使之形成均匀的活化表面，为以后获得色泽均匀的表面创造条件；还能够使铝材表面趋于平整均匀，除去表面轻微的粗糙痕迹，如模具痕、擦痕、划伤等。但过度碱浸蚀不但会浪费铝资源，还可能会使铝材出现尺寸偏差或偏析条纹等内部组织缺陷。

（1）碱浸蚀的原理

铝及铝合金在碱浸蚀液中主要发生以下化学反应：

自然氧化膜的溶解：

$$Al_2O_3 + 2NaOH \longrightarrow 2NaAlO_2 + H_2O$$

铝迅速溶解，生成可溶的偏铝酸钠：

$$2Al + 2NaOH + 2H_2O \longrightarrow 2NaAlO_2 + 3H_2 \uparrow$$

偏铝酸钠水解生成沉淀：

$$2NaAlO_2 + 4H_2O \longrightarrow 2Al(OH)_3 \downarrow + 2NaOH$$

偏铝酸钠水解反应进行的程度取决于温度和氢氧化钠含量。碱浸蚀完成后，整个槽液处于不稳定的状态，偏铝酸钠含量会发生变化。实际情况是：偏铝酸钠的水解反应往往在生产进行中或结束后突然发生，生成大量的白色絮凝状氢氧化铝沉淀，很容易在槽底、槽壁、加热管等处形成很硬的结垢，极难除去。

（2）添加剂

为了解决结垢问题和延长槽液使用寿命，可以在碱浸蚀槽液中加入一些添加剂。如葡萄糖酸钠等络合剂，可以络合铝离子，使它以络合物的形式溶解或分散在槽液中，从而避免或抑制了偏铝酸钠的水解。这样，允许的溶铝量可提高到 60g/L 或更高。这类络合剂还有山梨醇、三乙醇胺、酒石酸钠、柠檬酸钠、甘油、甲酸钠、葡萄糖酸钠等，添加量为 2～10g/L。加入这种添加剂的优点是减少槽子清理的频度，但很高的溶铝量使槽液显得非常黏稠，槽液带出量很大，对铝材的水洗工序的要求更高。溶铝量较高的槽液，在非生产的时期也要保持温度不低于 30℃，否则仍会产生氢氧化铝沉淀或结垢。

聚硫化物、连二硫酸盐等一些添加剂能降低铝材的择优浸蚀，避免不均匀腐蚀。另外，硝酸钠、亚硝酸钠、硫化钠、山梨醇、三乙醇胺、葡萄糖酸钠也有这样的作用。

（3）第二相化合物的影响

铝合金第二相化合物的存在对铝材的碱洗的影响很大。碱洗时铝材的光泽度降低，以第二相化合物为起点生成半球状的凹坑，致使入射光发生散射。光泽度的降低程度与第二相化合物粒子的数量和尺寸相关。腐蚀行为因金属间化合物的种类不同而大不相同，未溶解的第二相化合物形成污灰残留在表面，必须以除灰工艺去除。碱洗时第二相化合物的溶解性如表5-3 所示。

表 5-3　典型的第二相化合物碱洗反应性

成分	反应性（相对铝基材）	成分	反应性（相对铝基材）
$FeAl_3$	≈	$(Fe,Cr)Al_3$	—
$FeAl_6$	—	$(Fe,Cu)Al_3$	—
Mg_2Si	+	$(Fe,Mn,Cr)Al_3$	—
Si	—	$(Mn,Fe)Al_3$	≈
$CuAl_2$	+	$(Cr,Mn)Al_3$	—
$MnAl_6$	+	$(Mn,Cu)Al_3$	—
$\beta\text{-}AlMg$	—	$\alpha\text{-}AlFeSi$	—
$TiAl_3$	—	$\beta\text{-}AlFeSi$	—
$NiAl_3$	≈	$\alpha\text{-}AlFeCuSi$	—
$CrAl_7$	—	$\alpha\text{-}AlFeMnSi$	—
$(Fe,Mn)Al_3$	—	$\alpha\text{-}AlFeCrSi$	+

注：相对铝基材的碱腐蚀速率，一表示慢，≈表示接近，＋表示快。

5.2.2 酸浸蚀

铝的酸性浸蚀早期应用之一是铝铭牌的深度浸蚀，使用酸性浸蚀工艺，建筑铝型材得到相同程度的漫反射表面效果，相对碱浸蚀工艺来说，铝的溶解损失量明显减少。

（1）盐酸-三氯化铁型酸浸蚀

含三氯化铁的酸性浸蚀溶液，可用于铝制铭牌的酸性浸蚀，其典型工艺如下：

三氯化铁	10%～20%（质量分数）
浓盐酸	25%（体积分数）
水	余量
操作温度	室温
操作时间	10～30min

该浸蚀工艺的浸蚀速度相对较慢。

（2）盐酸-磷酸-氯化镍型酸浸蚀

其典型工艺如下：

浓盐酸	25%（体积分数）
磷酸（密度1.70g/mL）	25%（体积分数）
氯化镍	1g/L
水	余量
操作温度	35～40℃
操作时间	10～15min

浸蚀后需要进行除灰处理。

（3）氟化氢铵为基的酸浸蚀

铝表面用氟化氢铵为基的酸性浸蚀工艺，可以获得一种平整柔和的、深度浸蚀的漫反射表面，其典型工艺如下：

氟化氢铵	2.5%（质量分数）
硫酸铵	1.5%（质量分数）
操作温度	室温

该酸性浸蚀工艺的反应过程有自抑制的特点，常温下反应了2分钟后其反应速率变得非常小，此时需用硝酸除灰后再浸蚀，如此循环反复进行直到达到希望的表面效果，提高操作温度有助于加快反应速度。

（4）其他浸蚀工艺

硝酸25%、氢氟酸1%，室温，用于除去铸铝氧化层。

氟化氢铵38%、双氧水12%，用于压铸铝洗白。

重铬酸钠56g/L、硫酸10%（体积分数）、氟化氢铵13.1g/L，室温，用于除去铸铝氧化层。

硝酸75%（体积分数）、氢氟酸25%，室温，用于高硅铸铝。

5.2.3 酸性化学砂面处理

化学砂面处理是通过腐蚀的控制对铝合金进行蚀刻，使铝合金表面产生不同粗细程度、色调柔和、均匀的粗糙化效果。通过砂面处理的铝合金表面是一种"砂"和"纹"的结合体，因此也被称为"纹理蚀刻"。它既有提高涂层结合力的作用，也有装饰性的效果。从处理效果上来看，砂面处理可以说是抛光的相反过程。

在酸性环境中对铝合金进行化学砂面处理，主要是利用：

卤素离子的点蚀作用；对于经热处理的铝材和铸造铝件，发生点蚀时还发生晶间腐蚀并迅速过渡到以晶间腐蚀为主。

铝合金内部的杂质和晶粒结构的不均匀性，使表面质点间存在一定的电位差，可以形成无数原电池；酸性并不太高的酸性含氟砂面蚀刻溶液中，铝容易被氧化形成钝化膜。

F^-的强渗透性，使形成的钝化膜较厚而松懈，形成的钝化膜被卤素离子破坏而溶解，溶解后瞬时裸露的金属基体又会形成新的钝化层。如此不断进行，在卤素的自催化作用下，点蚀密度增加，蚀孔趋向于均匀化，形成粗糙的砂面纹理表面。

以上过程包括多步化学反应：

钝化膜形成：$\qquad 2Al+3H_2O \longrightarrow Al_2O_3+3H_2 \uparrow$ $\qquad\qquad$ (5-1)

钝化膜溶解：$\quad Al_2O_3+6F^-+6H^+ \longrightarrow 2AlF_3 \downarrow +3H_2O$ $\qquad\qquad$ (5-2)

$\qquad\qquad Al_2O_3+6Cl^-+6H^+ \longrightarrow 2AlCl_3+3H_2O$ $\qquad\qquad$ (5-3)

副反应：
$$2Al+6F^- +6H^+ \longrightarrow 2AlF_3 \downarrow +3H_2 \uparrow \tag{5-4}$$

$$2Al+6Cl^- +6H^+ \longrightarrow 2AlCl_3 +3H_2 \uparrow \tag{5-5}$$

式(5-1)~式(5-3)是砂面纹理形成的主要过程，但还不足以形成均匀纹理，只有式(5-4)、式(5-5)反应的存在才能形成均匀的纹理。式(5-4)、式(5-5)过程在整个处理过程中的地位上升，则粗糙度和均匀性都有所增加，但这两个反应占的地位过高，蚀刻速度将会变得太快，以至于粗糙度反而降低，甚至于造成过腐蚀。式(5-4)、式(5-5)过程可以通过处理液的酸度调整来控制，也就是说，通过调整酸度可以调节铝合金表面的粗糙度和光泽度。式(5-2)、式(5-4)过程比较突出时，被蚀刻的纹理光度效果较好。式(5-3)、式(5-5)过程比较突出时，纹理光度较低，并呈现灰色效果。

在处理液中加入双氧水，会使钝化膜更容易生成，因此可以产生更为粗糙的效果。

$$3H_2O_2+2Al \longrightarrow Al_2O_3+3H_2O \tag{5-6}$$

而加入其他一些氧化剂，如硝酸盐、铬酸盐等，也会加速钝化作用，形成较厚的钝化膜，明显降低腐蚀速率，特别是硝酸盐还会使表面纹理呈现较好的光泽度。但这些氧化剂在酸度增加、温度较高的情况下，反而会使腐蚀加速。

在酸性化学砂面处理液中的，关键的是 pH 值和 F^- 浓度的高低。pH 值的高低关系到反应速度，关系到是否能形成纹理。F^- 浓度关系到溶液渗透钝化膜的能力，低浓度的 F^- 使蚀刻速度减慢、纹理不均匀、灰度增加。

由于酸性化学砂面剂的酸度都较低，还会有铝离子水解形成沉淀：

$$Al^{3+} +3H_2O \longrightarrow 2Al(OH)_3 \downarrow +3H^+ \tag{5-7}$$

$$AlCl_3 +3H_2O \longrightarrow Al(OH)_3 \downarrow +3H^+ +3Cl^- \tag{5-8}$$

酸性化学砂面处理技术是较早用于工业生产的化学粗糙加工方法，加工后的铝合金表面粗糙度 Ra 可以达到 $2\sim2.5\mu m$，其典型配方与工艺条件见表 5-4。

表 5-4 酸性化学砂面剂典型配方例与工艺条件案例

组成或参数	作用	化学成分	含量
主蚀刻剂	主要反应物	氟化氢铵	$50\sim150g/L$
速度调整剂	降低蚀刻速度，使槽液易于控制	柠檬酸盐、葡萄糖酸盐等	适量
氧化剂	调整反应速率、粗糙度	双氧水、硝酸盐、铬酸盐等	0~适量
润湿剂	润湿作用，促进纹理均匀，防止氟挥发	表面活性剂	适量
均匀化添加剂	消除铝型材的材料纹	异丙醇、丙三醇等醇类，聚乙二醇、糊精、阿拉伯胶等高分子物质	适量
氯化物	促进形成纹理、提高粗糙度，适当调节光度	Cl^-	适量
重金属离子	辅助调节粗糙度	Cu^{2+}、Ni^{2+}、Fe^{3+} 等	$0.01\sim0.2g/L$
		Pb^{2+}、Sn^{2+} 等	$0.1\sim1g/L$
pH 值	2.5~6.5		
温度	35~60℃		
时间	1~8min		

常见的故障原因及解决方法见表 5-5。

表 5-5 酸性化学砂面处理常见的故障原因及解决方法

故障特征	产生原因	解决方法
纹理太细	处理时间短；NH_4HF_2 浓度低；温度太低	适当延长处理时间；补加 NH_4HF_2 至工艺要求浓度；升高温度

故障特征	产生原因	解决方法
纹理太粗	处理时间太长； NH_4HF_2 浓度过高； 温度过高	适当缩短处理时间； 稀释溶液，降低 NH_4HF_2 浓度至工艺要求浓度； 降低温度
纹理不均	处理时间短； NH_4HF_2 浓度低； 脱脂不尽	适当延长处理时间； 补加 NH_4HF_2 至工艺要求浓度； 加强脱脂，彻底除尽油污
溶液失效快	pH 值过低； 温度过高	添加氨水，升高 pH 值至工艺要求范围； 降温

铝合金的合金成分和杂质的差异使化学砂面的效果有很大不同，一般来说合金成分高的铝材砂面形成得快，均匀度好，易于形成较粗的砂面。纯铝的组织致密均匀，形成的砂面也细腻，一般可达到类似于 250 目以上的粒度。

5.2.4 碱性化学砂面处理

由于铝在碱中呈现均匀腐蚀，不容易形成表面纹理，使用卤素离子形成点蚀的趋势小，需要优选可以形成微观选择性腐蚀的添加剂组合。

在碱性溶液中加入氧化性离子，如 Cu^{2+}、Fe^{3+} 等，会发生置换反应，被还原并附于铝表面，形成不连续的密集点状分布。有金属质点附着的部位为阴极，其他部位为阳极，从而实现微观选择性腐蚀。但由于氧化性金属离子与铝之间的电位差较大，以及较高的处理温度，置换反应比较剧烈，金属离子容易从稳定的络合态转变成氢氧化物或氧化物从溶液中析出。因此，通常以较低的浓度添加氧化性离子，作为辅助性添加剂。

常见的碱性化学砂面处理液组成与工艺条件可以参见表 5-6。

表 5-6 碱性化学砂面处理配方与工艺条件案例

组成或参数	作用	化学成分	含量
主蚀刻剂	提供碱性，溶解钝化膜	OH^-	$0\sim2.5mol/L$
氧化剂	形成钝化膜阻滞腐蚀。加速纹理形成，改善粗糙度和均匀性	NO_3^-	$0.5\sim3mol/L$
铝离子	抑制腐蚀，降低钝化膜溶解速度；协同纹理形成，一定程度上使纹理均匀	Al^{3+}	$0\sim3.3mol/L$
均匀化添加剂	不影响纹理形成，但促进均匀化	碳酸盐、磷酸盐	$0\sim2.5mol/L$
金属离子	辅助改变纹理粗糙度、光度	Cu^{2+}、Ni^{2+}、Fe^{3+}、Zn^{2+} 等	$0.05\sim0.2g/L$
高分子物质	有助于消除材料机械纹理	聚乙二醇、阿拉伯胶、糊精等	$1\sim5g/L$
络合剂	络合金属离子，调节金属离子与铝的反应速率；维持金属离子浓度的相对稳定	EDTA-2Na、柠檬酸盐	$5\sim10g/L$
温度	$60\sim80℃$		
时间	$1\sim4min$		
搅拌	需要搅拌		

OH^-/NO_3^- 浓度比值对铝合金砂面粗糙度的影响较大，当其摩尔比约为 0.47 时，处理温度适中，处理时间一般在 $1\sim2min$ 即可。处理后的粗糙度及光度适中。当比值大于 0.47 时，纹理粗糙度增加，处理温度相应较高。当比值为 $1\sim1.5$，温度为 $80\sim90℃$ 的情况下，处理后可得到较高的稳定粗糙度。当比值小于 0.47 时纹理粗糙度降低，处理时间相应较长，需要 $3\sim6min$，纹理光度增加。

铝的碱性化学砂面处理一般情况下不能得到较大的粗糙度，相比酸性化学砂面处理，粗糙度一般都要低一些。为了提高粗糙度，可以采用二步法处理。第一步在 Al^{3+} 含量较高（如 $90\sim140g/L$）的砂面处理溶液中进行处理，初步形成质量很差的分散点坑表面，或者，先在含有 Sn^{4+} 或 Pb^{2+} 的碱溶液中蚀刻，如 NaOH 浓度为 $0.5\sim1.5mol/L$、Sn^{4+} 浓度为 $0.005\sim0.04mol/L$，温度为 $70\sim80℃$ 的碱溶液，时间为 $1\sim2min$，初步形成较大粗糙度的表面。第二步再采用标准的碱性化学砂面剂处理。

常见的碱性化学砂面处理故障原因及解决方法见表 5-7。

表 5-7　碱性化学砂面处理常见的故障原因及解决方法

故障特征	产生原因	解决方法
基体明显减薄	温度过高； NaOH 浓度过高	降温至工艺范围； 分析槽液并调整至工艺范围
工件表面纹理明显不均匀	温度失控； 工作液成分失控； 装挂不当； 材料不合格； 工作液中铝离子含量过高	将温度调整至工艺范围； 分析槽液并调整至工艺范围； 正确装挂； 选用合格材料； 适量加入 $Ca(OH)_2$ 除去铝离子
工件表面有点状或岛状无纹理区	装挂不当，有气泡吸附于工件表面； 除油不尽； 工件表面有顽固印迹； 工件表面层有夹杂物； 溶液中铝离子浓度过高	选择正确的装挂方法； 加强除油工序的管理； 将顽固印迹打磨干净； 清除工件表层夹杂物； 适量加入 $Ca(OH)_2$ 除去部分铝离子

归根结底，化学砂面处理是一个腐蚀过程，腐蚀过程直接影响砂面的形成和质量。铝合金的腐蚀类型和影响因素很多，关系较复杂。不管是碱性还是酸性体系的化学砂面处理，要找到一种广泛适用于各种铝材，任意控制砂面粒度的砂面几乎是做不到的，实际进行化学砂面处理时需要根据具体的材质和要求做具体分析。

5.2.5　浸蚀后的氧化膜

铝因浸蚀清洗的类型不同，洗净后的铝氧化膜厚度有差异。

在脱脂、水洗及干燥等工序中，铝表面会发生氢氧化物的成长。在水洗中生成的氧化膜厚度约为大气中的 70 倍，在水温超过 $60℃$ 时成长为非晶态的 $Al(OH)_3$。

根据用不同类型的清洗剂处理 A3004 压延料后的 XPS 分析结果，可发现：

① 溶剂清洗：无刻蚀，基材保持自身的氧化膜，约 12nm；

② 酸性清洗：用硫酸清洗时，氧化膜约减少 4nm；

③ 碱性清洗：在只有氢氧化钠的碱蚀处理后，氧化膜层与清洗前相比厚度明显增加，约为 40nm；

④ 改良型碱性清洗：主要成分为氢氧化钠，添加络合剂等添加剂可以抑制氧化膜的生长。

5.3　化学抛光

根据不同的作用原理和工艺特性，抛光技术可分为机械抛光、电化学抛光（电解抛光）和化学抛光。

化学抛光是依靠特定化学品的腐蚀作用对工件表面凹凸不平区域进行选择性溶解，在一定温度和时间的条件下，将表面的氧化层和基体变形层腐蚀掉，消除表面磨痕、浸蚀整平的一种方法。能除去铝材表面较轻微的模具痕迹和划伤条纹，能除去机械抛光中可能生成的摩擦条纹、热变形层、氧化膜层等，使粗糙表面趋于平滑，使铝材表面获得很高光亮度的镜面反射效果。

化学抛光是铝及铝合金工件表面处理工艺的一种手段，特别是铝及铝合金工件表面的高级精饰处理，它是一道不可缺少的步骤。

铝的化学抛光基本上是通过浸蚀过程→钝化过程→黏滞性扩散层的扩散过程进行的。铝的化学抛光归根结底是一种经过特别控制的腐蚀过程。化学抛光的机理模型见图5-1。

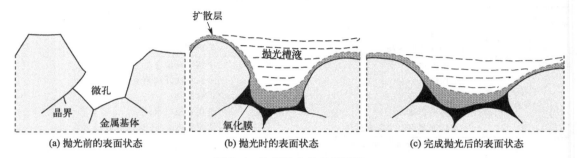

图 5-1 化学抛光机理模型图

铝的酸性浸蚀过程是指铝表面浸渍在特定的溶液中，发生强烈的酸性浸蚀反应，并溶解除去表面一层铝。

钝化过程在铝的表面发生氧化反应，形成一层只有几十个原子层厚的钝化膜覆盖在表面，铝表面暂时受到保护。钝化膜不断被酸溶解，再钝化形成一层新的钝化膜。钝化作用遏制了铝表面的酸性浸蚀，特别是遏制了铝表面凹陷处的浸蚀。如此循环进行酸蚀-钝化过程，使铝处于生成钝化膜和酸性溶解的平衡之中，来完成抛光。

黏滞性扩散层的扩散过程指的是黏度比较大的酸性溶液将铝表面溶解后，在所形成的新的铝表面上产生的金属铝盐会向溶液本体缓慢地扩散，其浓度梯度在凸起部位变化快，而在凹陷部位变化慢，结果使铝表面微观凸起部位的溶解速度大于微观凹陷部位，最后逐渐整平而获得平滑光亮的表面。

铝的抛光液中起浸蚀性的酸有硫酸、磷酸等，氧化剂有硝酸、钨酸盐等，溶液的黏性一般由磷酸来提供。通常为，磷酸用量为700mL/L以上，硝酸以2%～4%为宜。硝酸含量为6%～8%时，铝的溶解速度最低，是以钝化作用为主要过程，虽然也能得到光亮的结果，但抛光效率不高，也有的为了仅仅达到光亮目的或控制铝件的精度而采用这一条件。而硝酸浓度低于2%时，酸浸蚀为主要控制过程，铝的溶解反应激烈，完全不适宜进行抛光。

对于不同的铝合金，化学抛光的效果依铝合金材料组成各组分的种类和含量而有所不同，如铝硅合金容易氧化并在工件表面生成稳定的化合物，铝铜合金则易生成黑色钝化膜影响抛光进行。对于含锌及铜的铝合金抛光效果较差，而硅含量较高的铝合金则完全不适合用化学抛光来改善表面质量。一般来说，工件中铝的含量越高，获得的抛光效果越好，抛光后工件表面的反射率越高，光泽度也越高。

铝材化学抛光后的表面虽然有很高的光亮度，但不能长期保持，极易在空气中自然氧化变暗，并且极易黏附很轻微的污染物，甚至留有指纹。因此必须配合相应的钝化处理，如阳极氧化工艺，来生成钝化膜加以保护来维持光亮的效果。生成钝化膜后会导致一些光亮度的损失，部分因光线被钝化膜所吸收，更主要的是被金属间化合物、游离硅等质点捕获吸收。

酸性化学抛光又可以细分成磷酸系和非磷酸系化学抛光。磷酸系化学抛光经历了传统三酸化学抛光（磷酸-硫酸-硝酸或磷酸-硫酸-乙酸）、改性三酸抛光（减少抛光液中硝酸的含量）以及两酸化学抛光（磷酸-硫酸-添加剂）。

常用的化学抛光有以下几种配方体系：

磷酸-硫酸-硝酸；

磷酸-硝酸；

磷酸-乙酸-硝酸；

硝酸-氢氟酸。

磷酸-硫酸型化学抛光液对大部分铝合金只能达到半抛光的效果，纯铝特别是高纯铝可以达到镜面光泽，但表面总是会有难以消除的"麻点"。广泛使用的典型组成有：磷酸（$\rho=1.71 g/m^3$）75%（体积分数）。

硝酸-氢氟酸型化学抛光工艺对铝材的纯度有特殊要求，采用高纯度的精铝锭（Al99.99）为基生产的铝材，才能达到满意的光亮度。原始配方是由硝酸和氢氟酸组成，随后采用氟化氢铵作为氢氟酸的替代品，改进型配方中还含少量缓蚀剂，如糊精或阿拉伯胶等。对于低纯度的铝材表面，其所得的光亮度往往低于磷酸基抛光工艺的光亮度。

（1）磷酸-硫酸-硝酸体系

磷酸-硫酸-硝酸体系是三种酸液混合而成的化学抛光液，被统称为三酸抛光，是应用最早、使用时间最长的抛光工艺。三酸比例大约为磷酸 70%～80%，硫酸 10%～15%，硝酸 10%～15%。常用的几种三酸抛光工艺如表 5-8 所示。

表 5-8　常见三酸抛光配方工艺举例

成分	含量	温度/℃	时间/s
H_3PO_4	70%		
H_2SO_4	20%	100～120	60～300
HNO_3	10%		
H_3PO_4	70%		
H_2SO_4	25%		
HNO_3	5%	85～115	6～60
Ni_2SO_4	2g/L		
H_3PO_4	78%		
H_2SO_4	11%		
HNO_3	11%	95～100	15～30
$FeSO_4$	0.8g/L		
H_3PO_4	77.7%（体积分数）		
H_2SO_4	15.5%（体积分数）		
HNO_3	6%（体积分数）	110～120	60～240
硼酸	0.5%（质量分数）		
$Cu(NO_3)_2$	0.5%（质量分数）		

为减少三酸抛光排放出的大量氮氧化物气体，对传统的三酸抛光工艺进行了改进，将硝酸的含量降低，加入其他辅助抛光的添加剂成分，如表面活性剂、络合剂、缓蚀剂、还原剂等。表面活性剂有聚乙二醇、十二烷基苯磺酸钠、三乙醇胺、氨基酸等；络合剂有磺基水杨酸、柠檬酸、氨三乙酸钠、乙二胺四乙酸等；缓蚀剂有硫脲、苯并三氮唑、三聚磷酸钠等；能分解氮氧化物的还原剂有尿素、氨基磺酸等。常见的几种改进型三酸抛光工艺见表 5-9。

表 5-9 几种改进型的三酸抛光配方与工艺

项目	成分	含量	温度/℃	时间/s
AlupoIIV 法	H_3PO_4	41.6%	100	60～120
	发烟 HNO_3	4.5%		
	硼酸	0.4%		
	$Cu(NO_3)_2$	0.5%		
AlcoaR5 法	H_3PO_4	73%	95～100	60～300
	HNO_3	4%		
	HAc	10%		
	$Cu(NO_3)_2$	0.2%		
Kaiser 法	HNO_3	2.25%	90～100	180～300
	Cr_2O_3	0.6%		
	$Cu(NO_3)$	0.05%		
	NH_4HF_2	0.05%		
	丙三醇	0.6%		
	H_3PO_4	余量		

尽管改进型的三酸抛光配方中减少了硝酸含量，但没有从源头上杜绝氮氧化物的排放。

（2）两酸+添加剂

比起传统三酸抛光或者改进型的三酸抛光工艺，直接去除硝酸成分，从根本上可以解决氮氧化物黄烟的危害。但不加硝酸的磷酸-硫酸型两酸抛光后铝合金表面光泽度不够，只能获得半光亮的效果。

硝酸在抛光液中主要是起氧化作用，既可以防止铝合金表面被严重腐蚀，又可以加速表面凹起部分的溶解，起整平效果。硝酸的加入使铝建立起钝化-溶解的动态平衡。因此，需要选择一些添加剂来代替硝酸的作用。常用的添加剂有表面活性剂、氧化剂、润湿剂、缓蚀剂、重金属盐等。它们主要起着缓蚀、光亮、整平作用。

氧化剂如钨酸钠、过硫酸铵、双氧水等都具有强烈的氧化性，有利于铝合金表面的钝化，保护工件不发生过腐蚀，有利于各表面的微观平整，抑制点蚀。

抛光过程中，铝表面形成一层黏液膜，Cu^{2+}、Ni^{2+} 等金属离子穿过黏液膜向铝表面扩散，发生置换反应。凹处部分的黏液膜较厚，金属离子优先在凸起部位沉积，加速凸起部位的溶解。

三乙醇胺、硫脲等在抛光液中既起到缓蚀作用，又起到表面活性剂的作用，在铝合金表面吸附膜。一方面使得抛光过程溶解反应变得更困难；另一方面，凸起部位吸附量比凹处少，被优先溶解，最终获得光亮整平的效果。

另外，三乙醇胺、多聚磷酸钠等添加剂可以与铝络合，生成溶解性较低的产物覆盖于铝合金表面，也能起到抑制过腐蚀的作用。

5.4 除灰

铝材经过碱浸蚀后会在其表面残留灰褐色的灰状附着物，为了获得光亮洁净的金属表面，除灰是一道必不可少的工序，有时也称为出光或中和。这些"灰"主要是由铝合金中的硅、铁、镁、铜等第二相化合物（金属单质、金属间化合物）组成，这些第二相化合物和碱反应的速度与铝基体不同（参见表 5-10），甚至几乎不参与碱浸蚀反应，也不溶于碱液，因此在铝表面残留附着。它们一般采用以硝酸或硫酸为主的酸性溶液去除。

与碱反应的速度比铝基体慢甚至不发生反应的第二相化合物在碱蚀后会残留于铝表面。

表 5-10　铝合金中第二相化合物、铝基体的碱蚀速率比较（10%NaOH 溶液中）

比铝基体快	和铝基体相同	比铝基体慢
Mg_2Si、$MnAl_6$、$CuAl_2$、α-AlFeCrSi	$FeAl_3$、$NiAl_3$、$(Mn,Fe)Al_6$	$FeAl_6$、Si、$TiAl_3$、β-AlMgCrAl$_7$、$(Fe,Cr)Al_3$、$(Fe,Cu)Al_3$、$(Fe,Mn,Cr)Al_3$、$(Mn,Cu)Al_6$、α-AlFeSi、α-AlFeCuSi、α-AlFeMnSi

β-AlFeSi、β-AlCuFe 等在碱蚀后也会残留为灰。1000 系、3000 系铝合金较少产生灰，4000 系、5000 系、6000 系铝合金产生灰的情况较多。当然，即使是同类铝合金，因其组成不同产生灰的情况也有不同。

根据 pH 值-电位图，可推测各种铝合金成分氢氧化物不溶的 pH 值区域，见表 5-11。

表 5-11　金属氢氧化物不溶的 pH 值范围

金属氢氧化物	不溶的 pH 值范围	金属氢氧化物	不溶的 pH 值范围
$Al(OH)_3$	8.0～10.3	$Fe(OH)_3$	4.5～14.0
$Mg(OH)_2$	11.6～14.0	$Cu(OH)_2$	7.5～11.6
$Mn(OH)_2$	10.6～13.0	$Zn(OH)_2$	8.4～10.7
$Fe(OH)_2$	10.2～11.2		

5.4.1　硝酸除灰

因为硝酸具有强氧化性，溶解性很强，对铝的腐蚀较弱，大多数铝材采用硝酸作为除灰槽液。硝酸除灰剂能够除去各种金属化合物颗粒形成的灰状物，而几乎不损伤铝基体。以 $CuAl_2$ 为例，除灰过程的化学反应式如下：

$$CuAl_2+16HNO_3 \longrightarrow Cu(NO_3)_2+2Al(NO_3)_3+8H_2O+8NO_2\uparrow$$

硝酸的强氧化性能使铝材表面获得清洁光亮均匀的表面，此外，还能使铝材表面由碱性活化状态转变为酸性钝化状态，防止铝材表面产生雪花状腐蚀。

通常使用 10%～25%（体积分数）的硝酸在室温下持续浸渍 1～3min。也有的在化学抛光后使用 25%～50%硝酸进行除灰。硝酸浓度在 30% 左右时，腐蚀速率最大；温度升高，腐蚀速率也会增大。

室温下，铝在所有硝酸浓度下的腐蚀速率都不大，用较低的硝酸浓度，就可满足 6063 建筑铝型材的除灰要求；较高浓度的硝酸可以满足大多数铝材的除灰要求；采用更高浓度的硝酸，还有较大的钝化作用，形成致密的氧化膜，保护化学抛光中获得的光亮度。

对于含硅量高的铸造铝合金（含较多的铜、铁元素），会产生大量的灰，单单使用硝酸还达不到除尽灰的要求，需要添加氟化物。然而这些酸导致的剧烈溶解会使铝表面变得粗糙，处理这些铸造铝或压铸铝材时，较理想的是选择不产生灰的处理工艺，如非浸蚀性的碱脱脂或溶剂脱脂等。

为降低硝酸分解释放出的氮氧化物的危害，一些除灰配方中添加了多种硝酸盐组合的添加剂，其中还含有过硫酸盐等。

硝酸除灰处理后，必须水洗干净，如果除灰槽液中的硝酸带入阳极氧化槽中，硝酸根离子对氧化膜的不良作用与氯离子的作用类似，对铝的阳极氧化膜具有破坏作用。

5.4.2　硫酸除灰

硫酸除灰中硫酸含量与阳极氧化的硫酸含量大致相同，通常使用 15%～25%（体积分数）的硫酸。为了充分利用资源以降低成本，硫酸可来自阳极氧化槽液。生产实践中，阳极氧化槽液中的溶铝量未见到对除灰有害的报告，但并不代表除灰槽液中可以无限制地升高溶铝量。无论何种铝材，硫酸除灰都应该对杂质含量进行控制，否则会出现不理想的表面状态。

硫酸除灰的操作温度为室温，操作时间比硝酸要长一些，一般为 3～5min。

硫酸为非氧化性酸，铝材表面的金属间化合物在氧化性的硝酸中溶解速度要比硫酸中迅速得多，所以有的硫酸除灰液中添加双氧水等氧化剂，增加除灰槽液的氧化性，使得它接近硝酸的除灰效果。另外，还有用添加氟化物的办法，来增加除硅的效果。

铝在硫酸溶液中，浓度超 40％（体积分数）时，腐蚀速率迅速增加，大约在 85％（体积分数）浓度时，腐蚀速率达到最大。因此硫酸型除灰槽液中硫酸的浓度不宜过高。

参考文献

[1] 朱祖芳 . 铝材表面处理［M］. 长沙：中南大学出版社，2010.
[2] 杨丁 . 铝合金纹理蚀刻技术［M］. 北京：化学工业出版社，2006.
[3] （日）表面技术协会轻金属表面技术分会编 . 铝表面处理百题新编［M］. 郝雪龙，等译 . 北京：化学工业出版社，2019.
[4] 金子秀昭 . 铝表面转化膜［M］. 史宏伟，等译 . 北京：化学工业出版社，2022.

第6章
铝及铝合金铬钝化

6.1 铝及铝合金铬钝化种类

铝及铝合金铬钝化按钝化液中铬的价态可分为六价铬[Cr(Ⅵ)]钝化及三价铬钝化。

铝及铝合金的工件置于含六价铬的溶液中进行化学钝化处理，在基材表面形成铬酸盐转化膜（chromate conversion coating，CCC）的方法称为六价铬钝化法。六价铬钝化法工艺控制范围较宽，操作简单，形成的CCC与基体结合力强，结构紧密，性能稳定，耐腐蚀效果好，其导电性能也较好，广泛应用于工业上铝、镁及其合金涂覆前处理及表面防护。六价铬钝化大体分为含铬酸盐钝化液的碱性六价铬钝化及含铬酸钝化液的酸性六价铬钝化，而酸性六价铬钝化又可分为铬酸钝化及含磷酸钝化液的磷铬化两类，其成膜机理也不相同，由于磷铬化成膜及防护机理与铝磷化类似，将于第7章进行介绍。

铝及铝合金的工件置于含三价铬的溶液中进行化学钝化处理，在基材表面形成三价铬转化膜（trivalent chromium coating，TCC）的方法称为三价铬钝化法。三价铬毒性大致是六价铬毒性的1%，微量的三价铬有利于人的身体健康，且TCC具有优良耐蚀性能，所以利用三价铬进行钝化理论上可以有效缓解六价铬钝化工艺对环境的污染，是目前替代六价铬钝化行之有效且绿色环保的方案之一。三价铬钝化以是否含锆或钛元素分为不含锆钛的三价铬钝化及含锆钛的三价铬钝化，其中含磷酸的三价铬钝化成膜及防护机理与铝磷化类似，也将于第7章进行介绍。

6.1.1 碱性六价铬钝化

碱性六价铬钝化法有 BV 法、MBV 法、EW 法、Alrok（阿尔罗克）法、Pylumin（派卢明）法、Alocrom（阿洛克罗姆）法等。

铝合金工件置于温度为 90~95℃ 的钝化液（碳酸钠 25g/L，碳酸氢钠 25g/L，重铬酸钾 10g/L）中浸泡 2~4h，获得铬酸盐钝化膜，该方法就是最初的碱性六价铬钝化法即 BV 法，得到的钝化膜颜色随着浸泡时间的延长而变深，由浅灰色膜逐渐变成深灰色膜。加入明矾作为催化剂，铬钝化液（重铬酸钾 3.3g/L，纯碱 13.3g/L 和明矾 1.0g/L）得到改进，反应 0.5~1h 后生成的钝化膜可以在海水中保护铝，且钝化膜的塑性较好，弯曲变形后不会脱落。

MBV 法为改进的 BV 法，该法钝化液的成分为 30g/L 碳酸钠和 15g/L 铬酸钠，成膜温度为 90~100℃，反应时间缩短至 3~5min，钝化膜的颜色为浅灰到深灰，使用 MBV 法生成的钝化膜可以作为有机涂层的底层，也可以经过封孔后直接应用于防护，但对于含铜铝合金，MBV 法不能生成良好的钝化膜。

EW 和 LW 法是继 MBV 法后发展起来的，虽然操作成本有所提高，但是可以得到无色钝化膜，也可以在含铜铝合金表面形成，耐蚀性也优于 MBV 法制备的钝化膜。EW 法是改良的 MBV 法，EW 法的溶液中添加了 3g/L 氟化钠，是铬酸盐处理方法的先导。LW 法溶液的成分是在 MBV 法溶液的基础上添加硅酸钠或磷酸氢二钠发展起来的，LW 法与 MBV 法有很多相似之处。添加硅酸钠的 MBV 钝化液对于大多数铝合金铸件，可得到均匀、致密、有金属光泽的无色钝化膜，且与铝基体结合牢固，但着色困难，不适合用于涂装底层，钝化液使用寿命也较短。

Alrok 法也是在 MBV 法的基础上发展起来的，其钝化液中主要含有 20g/L 碳酸钠和 5g/L 重铬酸钾，处理温度为 65℃，处理时间为 20min，最后用重铬酸钾溶液封孔。

Pylumin 法是在 MBV 法基础上添加碱式碳酸铬或磷酸氢二钠，相比 MBV 法有两点改进：钝化液在生产过程中可以通过化学分析来补充调整，对于含重金属元素的硬铝合金也可以获得满意的氧化膜。

此后改进的铬酸盐处理工艺如克罗米（Cromin）工艺、帕克兹（Pacz）工艺及克罗特卡（Jirotka）工艺等不断出现，钝化液的配方也越来越复杂，以满足更高或一些特殊的性能要求。

表 6-1 列举了几种铝及铝合金碱性六价铬钝化液的基本成分、方法及应用范围。

表 6-1 几种碱性铬酸盐钝化液的基本成分、方法及应用范围

方法	钝化液组成	温度/℃	时间/min	应用范围及膜色	备注
BV 法	$K_2Cr_2O_7$ 10g/L	90～95	120～240	虹彩膜；浅灰色至深灰色	
	Na_2CO_3 25g/L	煮沸	30		
	$NaHCO_3$ 25g/L				
MBV 法	Na_2CrO_4 5～25g/L	90～100	3～5	纯铝，含 Mg、Mn 和 Si 及含 Cu 量少的铝合金；灰色	多孔膜，宜作涂装底层
	Na_2CO_3 20～50g/L				
	$Na_2Cr_2O_7$ 5～25g/L	90～95	20～30		
	Na_2CO_3 20～50g/L				
LW 法	Na_2CrO_4 15g/L	90～100	5～10	纯铝、Al-Mn（淡透明银色）合金、Al-Mn-Si 合金、Al-Mg 合金；鲜明金属色	耐蚀性好，孔隙小，不能很好着色，不宜作油漆底层
	Na_2CO_3 50g/L				
	Na_2SiO_3 0.07～1.0g/L				
Alrok 法	Na_2CrO_4 5～26g/L	100	20	各种铝合金；灰色	作涂装底层，可着色
	K_2CrO_4 1～10g/L	65	20	各种铝合金；灰绿色	
	K_2CrO_4 1～10g/L				
	Na_2CO_3 5～26g/L				
Pylumin 法	Na_2CrO_4 17g/L	100	3～5	适用于含 Cu、Zn 的 2021、2075 铝合金；灰色	作涂装底层
	Na_2CO_3 50g/L				
	碱式碳酸铬 5g/L				

碱性六价铬处理适用于纯铝、铝镁合金、铝锰合金，不同的微量元素对膜层的成膜时间及膜层颜色有一定的影响，如铝镁合金中镁的含量越高，铬化膜的颜色越浅，甚至成为无色透明膜。而在碱性六价铬溶液中添加可溶的重金属氧化物时，它们会被还原成低价氧化物（或金属单质），这些还原产物往往成为膜的组成部分，从而使氧化膜呈现各种颜色。

6.1.2 酸性六价铬钝化

通常酸性六价铬钝化液中主要含有铬酸或重铬酸盐、有促进作用的氟化物以及其他盐类或酸类等添加剂，在铝及铝合金基材表面形成氧化膜层。酸性铬酸盐钝化通常在 pH 值为 1.3～1.8、温度为 30℃左右的条件下进行，刚形成的新鲜膜呈胶态、易碰伤，而老化处理后膜层坚固、基体附着良好、具有疏水性。CCC 的颜色与铝合金基材成分有关，也随着 CCC 厚度增加而变化，可呈现无色、黄色、彩虹色、棕色或红褐色等颜色。

学术界研究报道的六价铬钝化工艺使用较多的产品为 Alodine 1000、Alodine 1200S、Alodine 5000 等，最常使用的为 Alodine 1200S，其钝化工作液主要成分为 $3.95 \sim 4.74\text{g/L}$ CrO_3、$0.79 \sim 2.37\text{g/L}$ $K_3[Fe(CN)_6]$、$0.79 \sim 2.37\text{g/L}$ $NaBF_4$、$0.08 \sim 0.79\text{g/L}$ NaF、$0.08 \sim 0.79\text{g/L}$ K_2ZrF_6，其中 CrO_3 作为参与反应的主要物质，在水中溶解并以 $Cr_2O_7^{2-}$ 和 CrO_4^{2-} 的形式存在，而 $K_3[Fe(CN)_6]$ 是以加速剂的形式参与 CCC 的生成。六价铬工艺由于成本低廉、形成的 CCC 均匀致密、技术成熟、能够有效地隔绝腐蚀介质，可以直接作为铝合金产品终端防护使用，由于六价铬钝化膜具有优异的附着性能，也可以作为涂层底层，提高涂层的整体耐腐蚀性能。

6.1.3 不含锆钛的三价铬钝化

不含锆钛的三价铬钝化液通常由成膜剂、氧化剂、配位剂和添加剂组成。三价铬盐是钝化液的主要成膜物质，它与铝离子、氢氧根离子形成的复杂化合物构成了钝化膜的骨架结构。常用的三价铬盐为硝酸铬、硫酸铬、氯化铬和铬矾，不同的三价铬盐得到的 TCC 表面形貌不同。由于三价铬离子无氧化性，通常需要加入氧化剂。常用氧化剂有过氧化物、硝酸及硝酸盐、过硫酸盐、高锰酸盐、氯酸盐、钼酸盐和四价铈化合物等。要注意钝化液中氧化剂的用量，否则会使 TCC 中因为三价铬离子被氧化而含有六价铬离子，现在大多数三价铬钝化剂用的氧化剂都是硝酸盐。在室温下，三价铬离子在水中是以稳定的六水合物的形式存在的，即 $[Cr(H_2O)_6]^{3+}$，稳定的水合三价铬离子不适用于钝化过程。使用其他配位体取代水合离子中的部分水分子，以便形成动力学较不稳定的"Cr-配体-水"混合配体络合物，有利于钝化反应的进行。因而络合剂主要用于控制成膜的速率和钝化液的稳定性。常用的络合剂分为有机酸体系和氟体系两种，有机酸主要有草酸、柠檬酸、酒石酸和丙二酸等；氟体系主要为氟化钠、氟化铵和氟化氢铵等。络合剂的螯合作用太强，则成膜速度慢，膜层薄，甚至不能形成膜层；若络合剂的螯合作用太弱，则钝化液稳定性差，膜层无光泽。因此选择合适的络合剂是获得优质钝化膜和使钝化液稳定的一个重要因素。目前由于钝化液中氟化物的消除比较困难，因此主要用的是多种有机酸复配的体系。Co、Mo 等稀土添加剂能够促进膜的形成，提高 TCC 的耐蚀性，有些金属离子还有助于形成不同色彩的钝化膜。黄旋以 2024、6061 和 7075 三种铝合金为基体开发的铝合金三价铬化学钝化工艺（硫酸铬 0.010mol/L，稀土盐 0.020mol/L，配位剂 0.010mol/L，缓蚀剂 0.025g/L，pH $3.8 \sim 3.9$，$30 \sim 35℃$，钝化 5min），所得 TCC 耐蚀性可与 CCC 媲美，且具有与漆膜较好的配套性能。

6.1.4 含锆钛的三价铬钝化

含锆和/或钛的三价铬钝化液的主要成分一般为含锆和/或钛的酸或盐（H_2ZrF_6、H_2TiF_6、K_2TiF_6、K_2ZrF_6 中的一种或多种）、三价铬化合物［Cr_2O_3、$Cr(OH)_3$ 及 $Cr_2(SO_4)_3$ 中的一种或多种］和氟化物（NaF 或 BF_4^-）等，pH 值在 $3.8 \sim 4.0$ 之间。钝化液一般含三价铬盐、锆和/或钛的酸或盐外，还可能包含如下成分：①调整钝化膜外观和改善耐蚀性的其他金属盐；②在常温下加速膜层形成以获得较厚钝化膜的无机或有机阴离子，如 NO_3^-、SO_4^{2-}、F^- 和 BF_4^- 等；③降低钝化液表面张力的表面活性剂，常用的有十二烷基硫酸钠、十二烷基磺酸钠和十二烷基苯磺酸钠等，可增加钝化液对零件表面的润湿作用，使铝合金表面的气体无法滞留而脱离，防止钝化膜表面针孔的产生。

铝合金表面含锆的 TCC 包括三价铬和四价锆氧化物和氢氧化物外层（50～100nm）及金属氧化物和氟化物内层（＜10nm）。TCC 防护性能的影响因素包括铝合金表面预处理（酸洗和碱洗）、成膜环境（钝化液 pH、温度和时间）和后处理工艺（温水浸泡、氧化处理和空置处理）。三价铬钝化处理同六价铬相似具有较好的耐蚀性，同样能得到颜色各异的膜层。国内外已有相关应用实例的公开报道，目前商业化三价铬钝化膜，即汉高 Alodine T5900、Alodine 5992、赛德克 SurTec 650，耐蚀性能达到生产要求，已经成功应用于汽车飞机蒙皮材料的绿色表面处理。C. A. Munson 报道了 SurTec 650E、SurTec 650V、SurTec 650C 三价铬钝化液，钝化液工艺条件为浓度 20%、pH＝3.9、40℃、钝化 600～1200s，形成的三种 TCC 主要由 Cr、Zr 和 Fe 组成，Zr 浓度略高于 Cr 浓度，Zr/Cr 约为 2∶1，TCC 的主要成分为 ZrO_2、$Cr(OH)_3$、CrF_3 和 $Cr_2(SO_4)_3$ 等。国内研究报告的产品有：用于铝合金铸件表面的 CHJ 系列三价铬本色钝化液，该钝化液能完全满足不同客户在色泽、耐盐雾试验、处理时间和处理成本上的需求；用于 5000、6000 系铝合金的 Allmelux-565 钝化液，TCC 耐中性盐雾试验可达 400h 以上，对富含铜的 2024 铝合金，也可以通过 336h 的中性盐雾试验。

6.2 铝及铝合金铬钝化膜的形成机理

6.2.1 碱性铬钝化膜的形成机理

铝及铝合金在铬酸盐溶液中进行了如式(6-1)的反应：

$$2Al+2CrO_4^{2-}+2H_2O \longrightarrow Al_2O_3 \downarrow +4OH^- +Cr_2O_3 \downarrow \tag{6-1}$$

当有碳酸钠存在时，碳酸钠易和铝反应生成偏铝酸钠[式(6-2)]，而偏铝酸钠发生水解产生氧化铝[式(6-3)]：

$$2Al+CO_3^{2-}+3H_2O \longrightarrow 2AlO_2^- +CO_2 \uparrow +3H_2 \uparrow \tag{6-2}$$

$$2AlO_2^- +H_2O \longrightarrow Al_2O_3 \downarrow +2OH^- \tag{6-3}$$

碳酸钠作为活化剂，起到溶解铝表面氧化膜的作用，能活化铝表面，部分溶解致密的氧化膜，可增大膜的孔隙率达到膜增厚的目的。此时铬酸盐既是氧化剂，使铝表面生成氧化铝层，又是抑制剂，抑制碳酸钠对氧化膜的过多溶解腐蚀。

6.2.2 酸性铬钝化膜的形成机理

酸性铬钝化膜（酸性 CCC）形成过程相当复杂，很多研究和论述中提出了不同的反应历程。大多数看法认为，在固液界面处铬酸和/或铬酸盐在酸性条件下与铝基材发生氧化还原反应，六价铬在阴极位置还原为三价铬，铝表面的铝氧化形成铝离子溶解，在氧还原和析氢导致活化的铝表面与溶液的界面处的 pH 值升高，此时铝及铬以氢氧化物的形式在铝表面进行沉积形成膜，随着反应时间的延长，膜不断生长，所得膜层中铬主要为三价，并以凝胶状的氢氧化铬形式沉淀，此时少量的铬酸和/或铬酸盐一起被封闭在凝胶中，并沉积在金属表面而形成 CCC。$Cr(OH)_3$ 聚合物在 CCC 中起到类似骨架的作用，具有共边的和角共享的三价铬阳离子八面体单元，不稳定的 Cr(VI) 沿着 $Cr(OH)_3$ 沉积在 CCC 的外层中。

一般认为不含铁氰化物钝化液的酸性 CCC 形成机理可以表示如下：

在铬酸盐钝化液中铝合金腐蚀溶解（阳极反应），析出氢气（阴极反应），金属/溶液界面区域 pH 值升高[式(6-4)]。

$$2Al+6HF \longrightarrow 2AlF_3 +3H_2 \uparrow \tag{6-4}$$

由于 pH 值升高，$HCr_2O_7^-$ 电离形成 $Cr_2O_7^{2-}$［式(6-5)］，接触反应的界面产生氢氧化铬沉淀［式(6-6)］、氢氧化铝［式(6-7)］及碱式铬酸盐沉淀［式(6-8)及式(6-9)］。

$$HCr_2O_7^- + OH^- \longrightarrow Cr_2O_7^{2-} + H_2O \tag{6-5}$$

$$3H_2 + HCr_2O_7^- \longrightarrow 2Cr(OH)_3\downarrow + OH^- \tag{6-6}$$

$$Al^{3+} + 3OH^- \longrightarrow Al(OH)_3\downarrow \tag{6-7}$$

$$2Cr(OH)_3 + CrO_4^{2-} + 2H^+ \longrightarrow Cr(OH)_3 \cdot Cr(OH) \cdot CrO_4\downarrow + 2H_2O \tag{6-8}$$

$$2Cr(OH)_3 + Cr_2O_7^{2-} + 2H^+ \longrightarrow Cr(OH)_2 \cdot Cr_2O_7 \cdot Cr(OH)_2\downarrow + 2H_2O \tag{6-9}$$

无定形 $Cr(OH)_3$ 固体的形貌及结构，取决于 pH 和形成条件，Cr(Ⅵ) 可能以 $Cr_2O_7^{2-}$ 或 CrO_4^{2-} 形式存在。对于铬的存在形式，有可能如式(6-8) 及式(6-9) 中产物所示，也可能在 $Cr(OH)_3$ 骨架进行不相联的两个 Cr^{3+} 与 $Cr_2O_7^{2-}$ 反应吸附。

对于含铁氰化物钝化液（如 Alodine 1200S）的酸性 CCC 形成机理可以表述如下：

Alodine 1200S 中的 K_2ZrF_6 在铝合金表面形成 Al-Zr-O-F 亲水层，降低表面张力，然后游离的氟离子会攻击表面氧化膜，活化铝合金表面；铁氰化物 $K_3[Fe(CN)_6]$ 加速铬酸盐成膜，铁氰化物在沉淀颗粒表面吸附，促进薄膜生长。图 6-1 中的两个氧化还原交叉反应比铝合金直接还原 Cr(Ⅵ) 快得多，$Fe(CN)_6^{3-}/Fe(CN)_6^{4-}$ 也是满足氧化还原介质要求的物种，类似的中介机制，其反应如式(6-10) 及式(6-11) 所示。

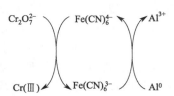

图 6-1 $Fe(CN)_6^{3-}$ 促进机理
（箭头表示氧化还原交叉反应）

$$Cr_2O_7^{2-} + 6Fe(CN)_6^{4-} + 8H^+ \longrightarrow 2Cr(OH)_3\downarrow + 6Fe(CN)_6^{3-} + H_2O \tag{6-10}$$

$$Al + 3Fe(CN)_6^{3-} \longrightarrow Al^{3+} + 3Fe(CN)_6^{4-} \tag{6-11}$$

而后续铬存在形式与不含铁氰化物钝化液形成的酸性 CCC 类似，只是在膜中会夹杂部分 $Fe(CN)_6^{3-}/Fe(CN)_6^{4-}$。

1999 年，L. Xia 等学者通过 2024-T3 铝合金铬酸盐成膜对比试验认为 $Fe(CN)_6^{3-}$ 促进了铬酸盐成膜及均匀性。铁氰化物在颗粒表面的吸附将阻止或减少铬酸盐的吸附，因此不与该金属反应的铬酸盐浓度会更高，从而反应速率增加。

CCC 生成过程因为铝及铝合金金属间化合物（intermetallic particle，IMP）的不同有较大不同。超纯铝（99.9996%）试样上成分比较均匀，因而不存在 CCC 的优先生长现象。在超纯铝上形成的 CCC 看起来相对均匀，偶尔会出现各种尺寸的孔，直径约为 10nm，随着处理时间的增加，孔洞变得更加明显，孔洞合并形成尺寸增加的簇，钝化膜逐渐增厚，孔洞也随之加深。此外，高纯铝上钝化膜超显微切片的元素分析显示钝化膜中仅存在铬和氧，未检测到铝和氟，这表明在高纯铝上钝化膜生长期间，铝和氟通过已形成的钝化膜进行传输不太可能。超纯铝表面的氧化铝层受到钝化液中氟化物的化学侵蚀，氧化铝膜厚度逐渐减小，从而钝化液与铝基材得到充分接触，铝阳极溶解，水合氧化铝得到沉积，并通过孔隙进行物质交换，钝化膜逐渐增厚，孔洞也变得更深。

高纯铝（99.99%）试样上的水合氧化铬沉积物并非随机在铝表面生长，而是沿着铝基体中杂质偏析导致的缺陷位置如晶界或胞界处生长，排列成较密集的几乎连续的条带状；在其他地方，沉积物是孤立观察到的，或作为不连续带观察到的，其外观类似于波纹状图案。氧化铬沉积物显示为直径约 50nm 的暗点，而条纹状由这些暗点连续堆积而成。高纯铝内杂质偏析的晶界或细界相关的表面不均匀性在高纯铝上 CCC 的生长初期起着关键作用，钝化膜的非均匀和片状生长是明显的，经过 5s 六价铬钝化处理的高纯铝超显微表面的 AFM 图像显示表面为厚度小于100nm的凹凸山丘状。

而对于铝合金而言，表面不同的IMP颗粒成分及不均匀性使得铝合金CCC的形成比纯铝更为复杂。CCC的形核和不均匀生长通常发生在铝合金表面的局部IMP颗粒上，并受到颗粒的大小、形状和成分以及相邻基体区域成分的显著影响。CCC生长优先发生在铝合金加工过程中轧制可能引入的微观组织缺陷以及合金元素偏析的胞和晶界。G. M. Brown等学者认为2024-T3铝合金CCC成核和生长过程中，$(Al, Cu)_6Mn$颗粒处形成薄膜材料的离散结节，$Al_6(Cu, Fe, Mn)$和S相Al_2CuMg颗粒周围形成薄膜晕，S相Al_2CuMg颗粒上的薄膜生长由颗粒的阳极溶解支持，而$Al_6(Cu, Fe, Mn)$颗粒上的薄膜生长伴随着紧邻颗粒的贫铜基体区的局部溶解，在颗粒表面充分富集铜后，颗粒随后成为重铬酸盐还原的有效场所，重铬酸盐在富铜颗粒和颗粒周围的外部合金基体上的还原由颗粒周边基体的局部溶解（局部点蚀）支持。而对于6060-T6铝合金，O. Lunder等学者认为CCC不均匀生长导致多孔形态，裂纹向下延伸至基底金属，在晶界处观察到的覆盖率尤其低，处理3min后，CCC厚度约为150~200nm，而在α-Al（Fe, Mn）Si颗粒上形成了明显较薄的薄膜。

六价铬钝化前，样品制备和预处理对铝合金上CCC生长的机制也具有重要影响。铬酸盐处理之前使用酸洗处理会影响CCC的生长，如2024铝合金表面经过酸洗后，表面铜析出，从而抑制铬酸盐还原反应，IMP和铜沉积物都会对CCC的形态产生负面影响，前者是影响膜缺陷的位置，后者降低了CCC的厚度和附着力。有报道认为通过溴酸盐预处理过程中，可降低合金表面铜IMP的含量，这导致随后形成的CCC的耐蚀性比其他预处理形成的CCC的耐蚀性提高了一个以上数量级。

6.2.3 不含锆钛的三价铬钝化膜形成机理

三价铬钝化液通常以三价铬盐体系为主，三价铬钝化膜（TCC）的主要成分为铝铬的氢氧化物或水合氧化物，其形成机理大致如下：当铝合金置于钝化液中时，由于表面不同区域成分及组织结构不同，引起反应活性及电位电势差异，在其表面局部微区就会形成原电池而发生电化学反应，钝化液与铝合金表面氧化铝层及铝基体发生反应，微阳极位置发生溶解，微阴极区OH^-形成并伴随H_2析出，界面的pH值升高，H^+浓度减小，OH^-浓度增加，从而氢氧化铬及氢氧化铝在铝合金表面初步沉积。随着钝化时间的延长，沉降的物种进一步溶解沉积再平衡，向基体表面延展，同时膜逐渐变厚，TCC最终形成。

微阳极区发生金属溶解[式(6-12)]：

$$Al \longrightarrow Al^{3+} + 3e^- \tag{6-12}$$

微阴极区会发生氧的还原或氢离子的还原[式(6-13)及式(6-14)]：

$$2H^+ + 2e^- \longrightarrow H_2 \uparrow \tag{6-13}$$

$$O_2 + 2H_2O + 4e^- \longrightarrow 4OH^- \tag{6-14}$$

在微阴极区，无论发生哪种反应，都会使微阴极区OH^-浓度增大，即pH值升高，这样为$Cr(OH)_3$及$Al(OH)_3$沉淀的形成创造了条件。当pH值升高到一定程度时，$Cr(OH)_3$及$Al(OH)_3$便在微阴极区沉积下来，形成钝化膜[式(6-15)及式(6-16)]。

$$Cr^{3+} + 3OH^- \longrightarrow Cr(OH)_3 \downarrow \tag{6-15}$$

$$Al^{3+} + 3OH^- \longrightarrow Al(OH)_3 \downarrow \tag{6-16}$$

随着时间的延长，表面不断地被覆盖，最后整个表面形成钝化膜。由于存在微阴极区、微阳极区，表面不同区域沉积量有所不同，因此造成表面钝化膜不均匀。在成膜时会产生大量的氢气，形成的气泡很快脱离基体表面，穿透膜层，从而钝化膜表面中会产生小孔。

6.2.4 含锆钛的三价铬钝化膜形成机理

铝及铝合金上含锆和/或钛的 TCC 形成机理分三步：①诱导期，TCC 不生长，天然氧化物被氟离子溶解；②TCC 快速生长，厚度与时间呈线性关系；③TCC 低增长（厚度与时间呈对数关系）或无生长。

一旦天然氧化层溶解，铝就会被氟离子氧化，形成氟铝酸盐内层，氢氧化铬和氢氧化锆沉淀在氟铝酸盐表面形成外层。为了进一步描述钝化膜的成核和生长机制，2019 年 X. Verdalet-Guardiola 等学者研究得到的 2024 铝合金在三价铬钝化液中开路电位（open circuit potential，OCP）的变化及界面处的 pH 值随时间的变化如图 6-2 所示，曲线形状与文献（J. Cerezo 等，2013；J. Qi 等，2016）中描述的 OCP 相似。初始电位迅速降低达到最低后又快速增加，随后趋于稳定。OCP 的这种变化归因于铝合金表面反应性的变化。铝合金与钝化液接触初期，铝合金表面的氧化物溶解，此时 OCP 快速下降；随着溶解过程不断进行，界面的 pH 值会逐渐增大，而使得钝化层快速沉积并生长，此时 OCP 快速增加；当铝合金被钝化层完全覆盖，此时 OCP 趋于稳定。进一步浸入钝化槽中可能会导致厚度增加，而不会引起 OCP 变化。

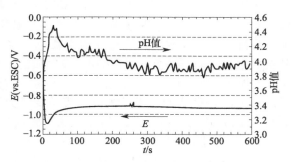

图 6-2 2024-T3 铝合金不同浸泡时间下的开路电位及界面处 pH 值

TCC 的生长基于铝合金与钝化液界面的 pH 值升高导致的 OH⁻ 浓度变大而形成沉淀。TCC 的生长受 pH 值控制，pH 值降低时，TCC 生长放缓或停止。300s 后，界面处的 pH 值与本体溶液相近。

第一步：诱导期，天然氧化物被氟离子溶解，pH 值快速升高，OCP 快速降低。铝合金表面经过预处理后，由于铝基体上的氧化膜及 IMP 的不均匀溶解，会呈现许多微小的不均匀结构，由铜和其他未溶解的杂质形成脊，而溶解的锌和铝基体形成槽。而将铝合金置于钝化液中最初几秒或十几秒内，由于钝化液中的氟离子激活基底表面，天然氧化物进一步溶解[式(6-17)]，铝基体形成可观的电子隧道，铝溶解和沉淀反应之间的竞争反应，导致氢氧化铝及氟铝酸盐的形成[式(6-18)~式(6-20)]。

$$Al_2O_3 + 2xF^- + 6H^+ \longrightarrow 2AlF_x^{3-x} + 3H_2O \tag{6-17}$$

$$2Al + 6H^+ \longrightarrow 2Al^{3+} + 3H_2\uparrow \tag{6-18}$$

$$Al^{3+} + 3OH^- \longrightarrow Al(OH)_3\downarrow \tag{6-19}$$

$$Al^{3+} + xF^- \longrightarrow AlF_x^{3-x} \tag{6-20}$$

由于 H⁺ 的消耗，铝合金界面处 pH 值增加，出现 pH 值梯度，引起了氢氧化锆[式(6-21)]、氢氧化钛[式(6-22)]以及氢氧化铬[式(6-23)]的初步沉淀，首先在表面的脊上形成少量小结节。

$$ZrF_6^{2-} + 4OH^- \longrightarrow Zr(OH)_4\downarrow + 6F^- \tag{6-21}$$

$$TiF_6^{2-} + 4OH^- \longrightarrow Ti(OH)_4\downarrow + 6F^- \tag{6-22}$$

$$Cr^{3+} + 3OH^- \longrightarrow Cr(OH)_3\downarrow \tag{6-23}$$

第一步完成后，初步形成 TCC 的内层。

第二步：TCC 快速生长期，pH 值先快速降低再缓慢降低，OCP 先快速增大，再缓慢增大。以诱导期表面的脊上形成少量小结节为促进反应的优先位点和活性位点，大量的沉积物不断沉积，并在整个表面上逐渐成核，当这些位点被完全覆盖时，整个铝合金表面都会出现 TCC 覆盖。此时铝合金表面附近的 Al^{3+} 减少，不会促进表面上氟铝酸盐的形成。由于钝化膜已经逐步覆盖，铝的溶解速度减慢，界面区域与溶液主体 pH 值梯度逐渐降低但仍存在，因此氢氧化物沉淀反应继续进行，铬、锆、钛在铝合金表面富集，形成了 TCC 的外层，该过程的时间与钝化工艺及处理的材质有一定关联，一般在 2min 内。

第三步：TCC 缓慢生长期，pH 值及 OCP 基本平稳。由于 TCC 外层的厚度增大，钝化液与铝基体的反应通道逐渐变少，因此在有限的通道中，膜继续溶解再沉积，膜表面进一步向更易沉积的物种转换，钝化膜的生长速率继续降低，铬、锆、钛的沉淀缓慢进行，TCC 外层的生长或动态平衡。pH 值梯度及物质的浓度梯度继续缓慢降低，逐渐达到溶液主体水平。此时形成的 TCC 具有双层结构，比第二步更加致密并显示出持久的防护性能。若钝化时间过长，会发现 TCC 变粗糙，厚度不变或少量减小，其原因可能为 TCC 表面的 pH 值此时与钝化液 pH 值相近，此时酸度较大导致钝化膜选择性溶解所致。

J. Qi 通过锆信号对 2024-T351 铝合金进行成膜机理研究，不同 S 相（Al_2MgCu）、θ 相（$CuAl_2$）及 α 相（Al-Cu-Fe-Mn）在处理 15s 后，仅在 S 相颗粒上方检测到显著量的锆。S 相颗粒上涂层的厚度越大，表明此位置处钝化液的 pH 值越高。在处理 120s 后，在 S 相颗粒处记录到最高的锆含量，在基体相及所有 IMP 处都检测到锆，且基体处以及其他 IMP 处的锆含量相近。TCC 在 S 相上优先形成可能是由于在铝合金浸入钝化液中时，富铜表面提供了一个优先的阴极位置，pH 值的升高有利于 TCC 在此位置沉积。

6.3　铝及铝合金铬钝化膜的组成与结构

6.3.1　六价铬钝化膜的组成与结构

六价铬钝化膜（CCC）组成及结构，研究报道中碱性 CCC 的研究较少，一般认为铝与水的反应为基本反应，铬酸盐与铝的反应为次级反应，反应历程比较复杂，这类膜的成分至少存在铝及铬的氧化物。此处以酸性 CCC 为例进行介绍。刚生成的新鲜 CCC，具有亲水性，能溶于热水，初期呈凝胶状态，加热干燥后或长时间放置后，脱水交联形成稳定的不溶于水的钝化膜，表面亲水膜变为憎水膜。CCC 的色泽主要是光的干涉成色，因而从不同角度观察，相同 CCC 的颜色也有所不同。CCC 的颜色与膜的厚度有关，一般来说，对于同种材质同种钝化工艺，颜色越浅，CCC 越薄，颜色越深，CCC 越厚。CCC 的颜色如下（由左向右，CCC 厚度递增）：

浅蓝色→浅黄色→玫瑰红色→橄榄绿色→金黄色→深金黄色→深棕色

在一定膜厚的条件下，膜的成分对膜的颜色有一定影响。当钝化膜中六价铬化合物含量较高时，CCC 呈玫瑰红色或金黄色；当 CCC 中三价铬化合物含量较高时，CCC 呈绿色较多；钝化膜不含六价铬或主要由三价铬化合物所组成，CCC 也可呈无色或浅蓝色。CCC 的透明度及均匀度与结合力和耐腐蚀性能有一定关联，通常透明度高的 CCC 比较致密均匀，与基体金属的结合力也好；而透明度不高的 CCC，则膜比较粗糙，均匀度下降，或膜层过厚，颜色发暗，此时表面有烘干后的裂纹，与后续涂层结合力也不好，从而使涂层的整体耐腐蚀性能有所下降。

CCC 成核和生长受到存在的金属间化合物（IMP）的尺寸、形状和组成以及相邻基体区域的组成的影响。通常观察到含铜和含铁颗粒上的最终涂层厚度明显比铝基体上的涂层厚度薄。CCC 的成分与铝合金本身的合金成分、钝化液的成分和钝化工艺参数如钝化处理方式、时间、温度和 pH 值等因素有密切关系，在实际生产操作中针对不同的产品而有所变化，CCC 的成分就变得更为复杂。

一般认为不含铁氰化物的 CCC 由三价与六价铬的氧化物、氢氧化物以及铬酸盐氢氧化物等组成，推测组分可能为 $Cr(OH)_3$、$Cr_2O_3 \cdot CrO_3 \cdot H_2O$ 和 $Cr(OH)_3 \cdot Cr(OH)CrO_4$ 等中的一种或多种，钝化膜多为非晶结构形态。对于含铁氰化物的 CCC，1997 年，A. E. Hughes 等学者提出在 2024-T3 铝合金上使用 Alodine 1200S 形成的 CCC 模型，钝化膜的外表面主要含有氢氧化铬（70%）、氟化铬和可能的铁氰化物（24%）以及铬酸盐（6%）。钝化膜主体与表面显著不同，主要由 $Cr_2O_3 \cdot CrOOH$、F^- 和 $Fe(CN)_6^{3-}$ 组成，钝化膜中含有的一些氟化物可能以（Cr，Al）OF 的形式存在，与合金的界面区域似乎有铜含量增加的趋势，界面上同时存在 F^- 和 $Fe(CN)_6^{3-}$。

CCC 中铬存在的形式以 Cr^{3+} 为主，1993 年，M. W. Kendig 等学者使用 Alodine 1200S 对 2024-T3 铝合金进行钝化发现 CCC 中 Cr(Ⅵ) 与 Cr^{3+} 的比例约为 1∶4，表明 Cr^{3+} 仍然是铝合金上 CCC 的主要成分。在钝化膜形成的早期阶段，在钝化膜与基材界面处，更多的 Cr(Ⅵ) 转化为 Cr^{3+}。2024-T3 铝合金上 CCC 中铬的总量和 Cr(Ⅵ) 与 Cr^{3+} 的比例在处理约 5min 后达到最高值。钝化膜中含 Cr^{3+} 物质不是结晶 Cr_2O_3，与非晶态水合 $Cr(OH)_3$ 更相似。2003 年，F. D. Quartot 等学者通过将纯铝铝箔浸泡在铬酸盐钝化液［4g/L CrO_3，3.5g/L $Na_2Cr_2O_7$，0.8g/L NaF，0g/L 或 1g/L $K_3Fe(CN)_6$，25℃，pH=1.7］中钝化 5～300s，发现氰化铁仅存在于厚度几乎恒定的 CCC 外层，CCC 中 Cr(Ⅵ) 与 Cr^{3+} 的比例不随钝化时间而变化，接近 1∶2，与 M. W. Kendig 的结论不同，可能与钝化液的组成及基材差异有关。

钝化液组成及工艺均相同的情况下，由于铝合金中的 IMP 与基体的活性不同，因此 CCC 组成及结构有所不同。CCC 成分随铝合金基体中 IMP 的分布和形态横向变化，可用于修复的 CCC 中的大部分铬酸盐位于基体区域，而在富铜 IMP 处分布少。由于铁氰化物在富铜 IMP 上可被吸收和保留，因而在富含铜的颗粒上因为铁氰化物催化形成较薄的 CCC。如 M. J. Vasquez 等学者对在 2024-T3 铝合金上形成的 CCC（Alodine 1200S 7.6g/L，23℃，5min）进行观测，发现在铝合金基体和 $Al_{20}Cu_2(MnFe)_3$ 上的形成速度比在 Al_2Cu 和 Al_2CuMg 上更快，Al_2Cu 和 Al_2CuMg 上的 CCC 厚度分别仅为 2024-T3 铝合金上形成的 CCC 平均厚度的 9% 和 12%，而 $Al_{20}Cu_2(MnFe)_3$ 上形成的薄膜 CCC 厚度似乎与 2024-T3 铝合金上形成的 CCC 平均厚度相同，在 $Al_{20}Cu_2(MnFe)_3$ 上形成的 CCC 粗糙度比 Al_2CuMg 上更大，厚度也更厚。Q. Meng 等学者使用 Alodine 1200S 对 7075-T6 铝合金进行钝化，基体上形成的钝化膜的厚度比 Al-Cu-Mg、Al-Fe-Cu 和 Mg-Si 的 IMP 颗粒上形成的钝化膜厚得多，$Al_3(FeCu)$ 颗粒上的 CCC 成分类似于在基体上形成的 CCC，主要是氧化铬，而 Al_2CuMg 和 Mg_2Si 颗粒上的 CCC 成分分别是混合的 Al/Mg/Cr 氧化物和 Mg 氧化物。CCC 的生长遵循线性对数动力学速率规律，研究的观察结果支持 CCC 形成的溶胶-凝胶模型。新形成的钝化膜形状与铝合金的表面所有特征相关，表面会呈现不均匀的结构形态，而在铝合金表面上有可见的短的微裂纹。这些裂缝通常是孤立的，长度从 0.5～0.75μm 不等，宽度从 0.03～0.2μm 不等。随着 CCC 不断老化，显示出更多的纹理，一些孤立裂纹会连成网络。CCC 的这种裂纹缺陷，有学者认为可通过适当调整铬酸盐溶液中总酸与游离酸的比例来改善。

6.3.2　不含锆钛的三价铬钝化膜的组成及结构

铝合金基体与 IMP 的成分存在差异，从而引起不同区域活性不同，三价铬钝化膜 TCC

沉积速率不同，因此造成钝化膜层表面不太均匀。不含锆钛且不含磷酸的三价铬钝化工艺应用较少，因而研究其组成及结构的较少。W. K. Chen 等学者发现不同 Cr^{3+} 浓度下，膜层的微观形貌和结构有所不同，钝化 5min 制备的 TCC 光滑且连续，当钝化时间延长到 10min 时，TCC 表面会产生许多明显的裂纹。由于在钝化期间溶解和沉积反应同时进行，如果钝化反应持续进行，TCC 会因溶解而产生许多裂纹，因而防护性能下降。

6.3.3　含锆钛的三价铬钝化膜的组成及结构

铝合金基体与 IMP 的成分存在差异，引起不同区域活性不同，含锆钛的 TCC 沉积速率不同，但一般会覆盖铝合金的所有区域，并在 IMP 及其周围富集或少量沉积。TCC 的结构模型为两层或三层结构，如 Nickerson 和 Lipnickas 认为 TCC 为三层结构，最内层由 Al/O/F 组成，中间由 Zr/Cr 氧化物组成，外层由 Zr/Cr/O/F 组成，而更多研究认为 TCC 为两层结构，外层为富铬和富锆的外层，其主要成分为铬及锆的氧化物或氢氧化物，有时也会有硫酸铬及氟化铬等；内层为更薄的富铝层，其主要成分为氟铝酸盐。含锆钛的 TCC 较薄，一般为 50～100nm，因而膜会整体保持原有铝合金的凹凸形貌，在 IMP 处更为明显。Y. Guo 等学者利用高倍透射电镜和能谱分析提出了 TCC 的双层结构，包括内层的氧化铝和/或氟氧化物、外层的 Zr 氧化物、少量 Cr^{3+}。J. Qi 等人对高纯铝及 2024-T351 铝合金在 SurTec 650 溶液中形成的 TCC 进行了研究，认为内层为富含铝的氧化物和氟化物，外层为 AlF_3、Al_2O_3、AlO_xF、$Cr(OH)_3$、CrF_3、$Cr_2(SO_4)_3$、ZrO_2 和 ZrF_4 等物质，其中 Cr 与 Zr 的原子比为 0.42～0.48。2017 年，C. A. Munson 等学者对 SurTech 650 钝化后的 7075-T6 铝合金 TCC 进行分析，发现 TCC 覆盖着铝合金表面的所有区域，包含直径为 5～10μm 的大块状 IMP（Cu-Mg-Zn 相及 Fe-Cu 相）的表面，IMP 及其周围明显存在一些钝化膜富集，形成厚度更大的 TCC。后来 L. Li 等学者对不同材质的铝合金进行研究也获得了类似结论。

成膜的过程中，钝化时间不同，TCC 的组成及结构也有所不同，2018 年 X. Verdalet-Guardiola 等学者对 2024-T3 铝合金 TCC 进行了更为详细的分析。在表面预处理去油脂后，铝合金表面呈现出典型的扇形形貌。在三价铬溶液中浸泡 1s 后，基底保持扇形形态，但在脊上观察到小结节；浸泡 3s 后，铝合金表面被结核完全覆盖，但观察到孔隙，在样品表面上检测到低浓度的铬、锆和氟，分别为 0.5％、3％和 2％，形成的钝化膜为单层结构，可视为 TCC 的前钝化膜；浸泡 13s 后，不能再检测到孔隙，钝化膜表面形态保持相似，随着钝化时间的延长，结核的大小逐渐增大（SEM-FEG 显微图片请参阅原始文献），样品表面的铬、锆和氟含量增加，在钝化膜内部观察到最大氟浓度，在 TCC/基体界面附近，铬和锆浓度显著降低，而氟信号最大，清楚显示富氟内层的存在，而铬和锆信号在最顶部表面最大。在最初的 45s 内，未观察到明显的结节生长，结节直径约为 30nm；而在 45～300s 结节直径增加，最终达到约 85nm，45s 后，铬和锆表面浓度分别达到 3％和 22％，即与文献（L. Li 等，2011）中报告的值相似；600s 后的钝化膜厚度更小，TCC 厚度约为 60nm，这与文献（K. Wagatsuma 等，1996；W. K. Chen 等，2012；L. Li 等，2013）中报告的 50～100nm 厚度一致。

6.4　铝及铝合金铬钝化膜的防护机理

6.4.1　六价铬钝化膜的防护机理

美国 ASTM B-449-67 将 CCC 分为 3 级，第 1 级是高耐蚀性膜，不作涂层底层，可以直接使用。膜为黄至褐色，膜重 0.32～1.1 g/m^2。第 2 级是中耐蚀性膜，用于涂层底层。膜为彩虹状黄色,膜重 0.11~0.38g/m²。第 3 级是装饰用铬化膜(无色),膜重更小。英国标准规定未涂层的 CCC 应该通过 96h 中性盐雾试验不发生腐蚀。从 CCC 的耐久性考虑,美国标准 MIL-C-5541 的规定比较严格,要求无有机物涂层的 CCC 必须承受 5% 中性盐雾试验 168h 不发生明显的点腐蚀。

CCC 的显著耐腐蚀性是基于其"自修复"特性,即 CCC 主动通过向缺陷或损伤区域释放缓蚀剂物种来修复,可达到主要功能完全或部分恢复的特性。Frankel 等人认为,对铝合金表面 CCC 形成的溶胶-凝胶机制解释表明,CCC 的形成始于 Cr(Ⅵ) 还原为 Cr(Ⅲ),然后经过一系列缩合反应,形成 Cr-O、Cr-OH 的聚合物链。在聚合过程中,由于 OH^- 配体的亲核试剂攻击,大量 Cr(Ⅵ) 在 $Cr(OH)_3$ 聚合物链上积累,导致共价 Cr(Ⅵ)-O-Cr(Ⅲ) 键的建立。通过这种方式,Cr(Ⅵ) 被储存起来,并在必要时释放。

由于铝基材具有不同的 IMP,这些 IMP 颗粒可与铝基体形成电偶,产生电位差和腐蚀,从而不同的铝及铝合金的电化学性能各不相同。六价铬钝化膜(CCC)用于抑制铝及铝合金的腐蚀,以铬酸盐或重铬酸盐离子形式存在的六价铬在抑制腐蚀和生成防腐蚀钝化膜方面似乎具有独特的能力。

CCC 即使在很薄的情况下也能给予金属基体极佳防护性能,不仅常用于铝合金有机聚合物喷涂层的有效底层,也可以作为铝合金最终防护钝化层直接使用,而这一点是目前磷化处理或无铬钝化处理中难以实现的。CCC 对铝及铝合金的防护机理可归于以下三点:

① CCC 结构致密且具有一定的厚度,与基体金属具有良好的结合力,CCC 膜中形成骨架的三价铬的化合物不溶于水,使膜层有足够的强度和化学稳定性,在腐蚀环境中对铝及铝合金表面起了避免铝基板与腐蚀性物质接触的隔离保护作用。

② CCC 中的可溶性六价铬化合物,对铝基材裸露处的进一步腐蚀有一定的抑制作用。由于 CCC 形成过程中 Cr(Ⅵ) 的不完全还原,CCC 保留了一些 Cr(Ⅵ) 物种,在铝及铝合金的缺陷位置或 CCC 被轻微地划伤处,在潮湿空气的条件下 CCC 腐蚀发生初期时,CCC 中可溶性的 Cr(Ⅵ) 物种会自由扩散到这些区域,与暴露的铝合金基体发生电化学反应形成新的钝化层,进而抑制腐蚀发展,实现"自修复"腐蚀缺陷的功能,CCC 此时作为铬酸盐物种的储存库。2000 年,L. Xia 通过光谱证实了 Cr(Ⅲ)-O-Cr(Ⅵ) 共价键的可逆,该共价键将铬酸盐物种与不溶性 Cr^{3+} 氧化物结合。CCC 通过释放膜中的铬酸盐进行自我修复,然后将铝氧化形成三价铬及铝的氧化物,而所形成的混合氧化物不是 CCC 的主要成分。当 CCC 老化,整个表面形成了一个微裂纹网络,而在这些裂缝底部被消耗的 Cr(Ⅵ) 形成水合氧化铬堵塞扩散路径从而阻止腐蚀过程。M. W. Kendig 等学者将 CCC 暴露于盐雾中,膜中 Cr(Ⅵ) 的相对量随时间近似呈指数下降,膜中的微溶性六价铬在需要修复时,会连续释放,从而提供了用于修复缺陷部位的 Cr(Ⅵ) 物种,达到持续防护。因此,CCC 对铝及铝合金能否形成持续有效的保护,较大程度上取决于 CCC 中溶出 Cr(Ⅵ) 的量及速度。当膜层中 Cr(Ⅵ) 的含量很低时,膜的自愈合能力将变得很差。

③ 当 CCC 作为涂层的底层使用时,CCC 与有机涂层具有优异的结合力,而有机涂层厚度较厚,起到优异的复合阻隔防腐蚀作用。当未钝化附有涂层的 2198 铝锂合金上划痕经过长时间的盐水浸泡,产生的腐蚀产物降低了阻碍作用,腐蚀反应往涂层内部发展,最终形成腐蚀凹坑,而由于涂层与铝合金之间的结合主要由机械黏合控制,腐蚀性介质从缺陷处直接接触涂层/铝合金界面,并快速横向扩散,因而产生剥离;而铬酸盐处理后的 2198 铝锂合金划痕缺陷处也存在许多腐蚀产物,这些腐蚀产物覆盖了缺陷,增强了阻碍作用,从而阻碍了腐蚀的进一步发展,不影响涂层/CCC/基体划痕缺陷的附着性能,起到了很好的保护作用。涂层整体防丝状腐蚀,CCC 也具有很好的抑制能力,原因有两方面,一方面来自机械力,

涂层与 CCC 结合力的增加往往会降低丝状腐蚀的传播速度，其原因可能是涂层的结合力和涂层的变形能力影响丝状头部电解质液滴的形状；另一方面六价铬酸盐离子有效抑制金属间颗粒的阴极反应，提高了涂层的丝状耐腐蚀性能。

6.4.2 三价铬钝化膜的防护机理

三价铬钝化膜（TCC）对铝及铝合金的腐蚀防护能力是由物理防护能力及化学防护能力两方面共同决定。TCC 的物理防护能力主要由 TCC 厚度及致密程度来决定。TCC 若致密且无孔隙，则物理阻隔能力强，即使在不含有 Cr(Ⅵ) 的情况下，TCC 也有很好的耐蚀性。含锆和/或钛的 TCC 由于致密 Zr 和/或 Ti 与 Cr 氧化物结构提供的屏障保护，TCC 通过作为限制铝合金与环境（空气/水）接触的阻挡层，抑制阳极和阴极反应，具有良好的防护性能。

TCC 的化学防护能力主要取决于 TCC 中痕量的 Cr(Ⅵ) 或自愈时生成的 Cr(Ⅵ) 组分，与 CCC 相比 Cr(Ⅵ) 的量要小得多，因而比 CCC 的耐蚀性能略差，但也具有较好的化学防护性能。目前关于 TCC 的化学防护机理主要有下面两种理论：第一种理论认为三价铬钝化与六价铬钝化的过程基本相同，只是不包括 Cr(Ⅵ) 还原成 Cr^{3+} 这一步，而钝化液中的氧化剂作用下三价铬化合物在表面沉积，形成 TCC，而 TCC 中 Cr^{3+} 在一定条件下会氧化成 Cr(Ⅵ)，与六价铬保护机理类似，具有一定的自愈性能。铬的溶解和运输归因于 Cr(Ⅵ) 的瞬时形成，TCC 可向相邻未处理表面进行主动缓蚀，因而工件的 TCC 在损伤后即表面物理防护性能缺失时，此时铬元素迁移至损失处，进行二次钝化，重新形成 TCC 膜，达到一定的自愈效果。第二种为"二价铬钝化"理论，三价铬钝化中会发生 Cr^{3+} 还原成 Cr^{2+}，即 $3Cr^{3+}+Al \longrightarrow 3Cr^{2+}+Al^{3+}$，这样 TCC 中就含有 Cr^{2+}，所以当 TCC 处于腐蚀环境时，Cr^{2+} 被氧化成 Cr^{3+}，从而避免了铝合金的腐蚀，也能解释为何三价铬钝化膜具有高的耐蚀性。由于二价铬化合物不稳定，在膜中是否存在尚无法证实，"二价铬钝化"理论存在很大的争议，目前大部分研究者都认可第一种理论。

对于第一种理论，有一些学者进行了探索及表征。L. Li 等学者利用高分辨拉曼光谱明确了铝合金表面三价铬钝化膜在富铜相出现了瞬态六价铬组分，这主要与富铜相周围 O_2/H_2O_2 反应有关。2019 年，T. K. Shruthi 等学者检测到未钝化铝合金的溶液 H_2O_2 浓度大于 TCC 铝合金的溶液，从而推理出 TCC 中 Cr(Ⅵ) 瞬时形成的机制为：在自然充气状态下，溶解氧被还原形成 H_2O_2 到铝合金表面的阴极 IMP 位置，H_2O_2 随后扩散到附近的钝化膜位置，将不溶性 $Cr(OH)_3$ 氧化成可溶的 Cr(Ⅵ) 物种，瞬时形成的 Cr(Ⅵ) 物种扩散到合金上附近的腐蚀点，被还原为 $Cr(OH)_3$ 而起到钝化效果。Y. Guo 等学者提出一种可以检测 TCC 自修复腐蚀缺陷的电化学腐蚀池，腐蚀一定时间后 X 射线光电子能谱（XPS）发现腐蚀池上面的空白样表面出现 CrOOH 和 CrO_4^{2-}。这说明 TCC 在 NaCl 溶液腐蚀过程中产生六价铬组分，进而扩散迁移到上面裸铝合金表面，发生 Cr(Ⅵ)/Cr^{3+} 还原反应，实现自修复功能。此外，国内学者采用相似装置证明在电化学腐蚀作用下 Cr(Ⅵ) 含量及空白样品的电化学阻抗性能显著提高，这也意味着铬酸盐价态的变化与电化学腐蚀密切相关。

6.5 铝及铝合金铬钝化膜防护性能的影响因素

6.5.1 六价铬钝化膜的防护性能影响因素

因工业上使用酸性六价铬钝化的比较多，此处选用酸性六价铬钝化进行介绍。

6.5.1.1 浓度对 CCC 防护性能的影响

在用工业六价铬钝化铝合金产品时，CCC 的防护性能要求不同，针对不同材质、设备、工艺及后续处理工序的不同，所使用的六价铬钝化液会有最佳配制比例范围，在此范围之下操作的成膜性能的稳定性更好。如在处理 2024-T3 铝合金时，当 Alodine 1200S 的含量在工艺要求范围内增加时，产品的耐盐雾腐蚀性能不合格的概率降低，因为 Alodine 1200S 含量的升高有利于膜层的生成，最佳的质量浓度范围是 11.3～12.5g/L。

6.5.1.2 pH 值对 CCC 防护性能的影响

CCC 成膜是溶解与沉淀动态平衡的过程，如果沉淀速度大于溶解速度就可以形成钝化膜，此时界面处参与沉降的阴阳离子浓度乘积大于浓度积常数，而阴阳离子浓度与界面的 pH 值有关。铬酸盐钝化液 pH 值的降低会导致形成更厚的层，从而提高膜的阻隔性能和抗剥离性，并导致吸附在该层中的 Cr（Ⅵ）含量更高，从而形成更具保护性的腐蚀产物。此外，低 pH 值使得 CCC 产生的应力较低，进而提高对基底的附着力。然而，铬酸盐溶液 pH 值的降低也会导致大量的气孔和缺陷，这使得膜的阻隔性能和附着力变差。因此降低铬酸盐溶液的 pH 值可以改善 CCC 的腐蚀性能，但不能降得太低，否则孔隙率和缺陷数量增加的负面影响将占主导地位。

当溶液主体 pH 值高于产品的最佳 pH 值范围上限时，溶液中氢离子浓度较低，界面处溶液与铝反应的腐蚀量降低，随着界面处 pH 值的升高，此时界面腐蚀溶解下来的 Al^{3+} 浓度处于较低的范围，虽然可以形成氢氧化铝及氢氧化铬沉淀，但此时成膜会很薄，成膜量低，膜层的均匀性及耐蚀性较差。pH 值过低时，界面处溶液与铝反应的腐蚀量增加，虽然界面处随着 H^+ 与铝反应，Al^{3+} 浓度较高，pH 值也会升高，此时形成氢氧化铝及氢氧化铬，但大部分沉积物又被溶液溶解，随着时间的延长，铝合金表面产生不均匀溶解、沉积、再溶解，致使成膜不均匀且易形成粉化，有时即使在铬酸盐中浸渍几个小时也不能形成有效的铬酸盐膜。

pH 值的工作范围通常需要针对不同的钝化液来确定最佳工艺条件，如 Alodine 1200S 一般 pH 值以 1.3～1.8 为佳，更优为 1.6～1.8，而重铬酸钾、铬酸及氟化钠体系钝化液最佳 pH 值为 1.4～2.2，铬酐、氟化钠及铁氰化钾体系钝化液 pH 值在 1.4～1.8 的范围较为合适。在使用硝酸调整 pH 值时，不能一次添加太多，只能在规定的 pH 值范围内根据耐蚀性的试验结果进行微调。

6.5.1.3 钝化时间对 CCC 防护性能的影响

在使用新液时，在 CCC 变厚前有一个诱发期，诱发期长短和溶液中含铝量有关，根据钝化液配方组成不同，需要的铝离子含量不尽相同，有文献认为开槽时至少需 0.1g/L 的铝离子。诱发期后铝材表面生成膜，钝化液对它也有一定的溶解作用，CCC 的变厚过程是成膜和溶解共同作用的结果，到达最佳成膜时间时，成膜过程与溶解过程基本达到平衡。所以成膜时间过短，表面成膜量会较低，膜的着色淡。而成膜时间过长时，虽成膜量增加影响较小，且有时会因成膜时间过长，膜层中凝胶状的氢氧化铬及氧化铝变得粗大且不致密，干燥后形成粉化现象，从而影响 CCC 的防护性能。

氧化时间太长或太短都不利于膜层的耐蚀性能。对 2198 铝锂合金进行 Alodine 1200S 化学钝化处理 90s 时铝锂合金的自腐蚀电位和击穿电位达到极大值，容抗弧和感抗弧半径最大，阻抗模值最大，耐蚀性最高。对 2024、6061、7075 铝合金进行 Alodine 1200S 钝化时，钝化时间在 60s 时能够同时满足膜层耐蚀性和漆层结合力的要求。

在同一钝化液中，CCC 的厚度在钝化初始阶段几秒至工艺最佳时间内，随着时间延长钝化膜成膜量有增长的趋势。P. Campestrini 等学者测试了工业纯铝（AA1050）在

0.03mol/L 铬酸及 0.09mol/L 氢氟酸溶液中浸泡不同时间的表面形态。反应初期激活，浸泡在存在游离氟的钝化槽中的铝氧化膜被侵蚀部分溶解，而在膜增长阶段，随着溶液和铝表面的边界层中 pH 值增大，形成氢氧化铬沉淀。氢氧化铬沉淀所涉及的位置不断变化，导致整个表面迅速被铬酸盐膜覆盖。铬酸盐膜由小的球形颗粒组成。由于该层的多孔性，铝溶解和 Cr（Ⅵ）还原仍然发生，因此会进一步沉积氢氧化铬，CCC 增厚，通过测试发现 CCC 膜厚 60s 内与转换时间呈线性关系。而 F. D. Quarto 等学者通过将纯铝铝箔浸泡在铬酸盐溶液（4g/L CrO$_3$，3.5g/L Na$_2$Cr$_2$O$_7$，0.8g/L NaF，25℃，pH＝1.7）中 5～300s 得到了钝化膜并与使用含 1g/L K$_3$Fe(CN)$_6$ 的铬酸盐溶液形成的钝化膜进行对比，在钝化不同时间的样品的 CCC 厚度与转换时间的平方根呈线性关系，且 K$_3$Fe(CN)$_6$ 的存在加快了钝化。

钝化膜颜色随时间延长而逐渐变深，如使用铬酐、铁氰化钾等对 LY12、A6061、LF5 进行工艺试验，三种材料的钝化膜颜色随时间变化的情况如表 6-2 所示。

表 6-2　基体材料、氧化时间与钝化膜颜色的关系

时间	LY12	A6061	LF5
5min	五彩色	五彩色	五彩色
10min	浅黄、略彩	五彩、色彩变深	五彩
15min	金黄色	浅黄色	五彩、色彩变深
20min	深黄色	金黄色	黄色

因此在生产实践中，六价铬钝化时间需要根据不同型号的材料、钝化液的温度、搅拌方式及槽液的老化情况来灵活控制，一般通过投放材质相同的铝合金试片来观察钝化膜的外观和盐雾试验的结果来确定最佳的浸渍时间。如 2024-T3 铝合金在 Alodine 1200S 含量为 10.5g/L、温度在 30℃时，一般控制氧化时间为 1～3min 可以满足耐蚀性要求。

6.5.1.4　钝化温度对 CCC 防护性能的影响

一般来说，钝化液温度高，离子扩散快，氧化反应快，成膜时间可缩短，随着温度升高，成膜速度加快，膜层厚实，色彩鲜艳。但温度过高，界面扩散速度快，其界面区域处 pH 值会与主体相差不大，不利于钝化膜的沉积，且钝化膜受钝化液侵蚀增大，导致膜层疏松，颜色发暗，失去光泽，耐蚀性下降；温度过低，则反应不明显，成膜慢，膜薄色浅，耐蚀性下降。2024-T3 铝合金在含量为 9.6g/L 的 Alodine 1200S 氧化 2min，一般控制温度在 25～35℃可以满足耐蚀性要求。

对于高硅压铸铝合金，使用六价铬钝化液不同温度条件下性能测试如表 6-3 所示。

表 6-3　温度对膜性能的影响

序号	温度/℃	颜色	出现点腐蚀时间/s
1	15	黄灰彩虹	40
2	20	暗黄彩虹，稍灰	45
3	25	橘黄彩虹，稍灰	54
4	30	金黄色，稍有彩虹	61
5	35	金黄色，稍暗	60
6	40	黄色，稍有彩虹	58
7	45	橘黄彩虹	61
8	50	浅黄	55

从表 6-3 中可知，钝化温度对 CCC 的成膜量及膜性能有一定的影响，最佳温度在 30～45℃。

6.5.1.5　水洗对 CCC 防护性能的影响

当形成达到要求的 CCC 后，取出工件后必须尽快进行清洗，减少零部件上的延续反应，

使膜层颜色均匀。CCC 刚开始形成的铬酸盐膜是凝胶状的，比较软，具有很好的吸附性，能溶于热水，因而钝化槽中钝化好的工件，一般使用冷水漂洗。若浸泡漂洗，需要维持一定的进水和溢流速率，水质电导率不宜太高，以保证钝化膜的品质。而如果使用热水清洗，水的温度一般不宜高于 40℃，以免膜受热水溶解，钝化膜层厚度降低，耐蚀性下降。

对于钝化后水洗方式，有些研究学者及工程师对于是否可用喷淋水洗的方式有不同意见，有的认为可以使用后续喷淋装置进行喷淋水洗，也有的认为不能使用喷淋水洗，而有一点共识是钝化膜比较软，此时水洗目的是去除残留的钝化液，尽量避免钝化膜回溶或掉落，若使用去离子水喷淋，需要严格控制喷淋水的压力，使喷淋嘴处的压力不宜大。压力大，会对软的膜层造成损伤或使膜层不均匀甚至没有膜层。生产实践中，可通过调节喷淋水的温度、压力、流速及时间，达到既去除 CCC 残留的钝化液又不发生回溶的目的，以获得更高性能的钝化膜。

6.5.1.6 老化工艺对 CCC 防护性能的影响

铝件在铬酸盐钝化水洗后需进行老化，在一定温度下进行干燥，此时胶状柔软的钝化膜干燥、收缩并硬化，变成一层很难润湿且耐水性很好的钝化干膜。CCC 老化工艺对防护性能有较大影响，因处理的工件不同及使用的钝化产品不同，烘干温度及时间在生产应用中也不同。经过一定温度下老化的钝化膜，其耐蚀性比自然干燥的膜要更好。老化温度过低，CCC 的耐蚀性较差；老化温度过高，CCC 会因失水过多而使膜层变薄，甚至产生龟裂，导致其耐蚀性下降。膜层中的可溶性铬化合物含量随着加热温度的增加而降低，例如对经铬酸盐处理的铝试片进行测定得到可溶性铬酸盐（以 CrO_3 计）约为 5.4g，而加热温度达到 100℃时，可溶性铬酸盐不到 0.3g，且表面会出现龟裂等缺陷。加温干燥除能增加膜层耐蚀性外，还能增大膜层与漆层的结合力，在实践中发现，某机型零件在用 Alodine 1200S 处理后，在室温干燥条件下喷漆后的零件常出现批次掉漆现象，但进行烘箱干燥后完全改善。

对于老化温度及时间，不同应用场景有所不同，例如铝硅合金的钝化工艺使用 Alodine 1200S 钝化烘干温度宜控制在 66℃ 以内，温度太低，膜层烘干太慢；温度太高，膜层不牢固，抗蚀能力受影响。使用汉高 Alutech 12 六价铬钝化剂处理铝合金发现，凡是砂铸铝合金件，如果温度高于 75℃ 或时间超过 20min，则铬酸盐化学钝化膜颜色偏向暗淡的黄色或暗的彩虹色。对于飞机航空铝工件，曹慧明等人认为铝合金表面最高烘干温度为 54℃，而 44～54℃、20～35min 的老化工艺条件下可获得更好的防腐蚀性能。

6.5.1.7 其他成分对 CCC 防护性能的影响

除铬酸及铬酸盐外，钝化液可含有 F^-、$K_3[Fe(CN)_6]$、K_2ZrF_6、Ce^{3+} 等中的一种或多种，故影响因素需要针对不同钝化产品的配方组成及工艺来进行综合分析。

氟化物对钝化反应有催化作用，氟化物含量愈高，所需钝化时间愈短，钝化膜的颜色也愈深，但过量的氟化物会降低铝件表面的光洁度，且使钝化膜粗糙疏松易脱落。氟化物的含量低时，其钝化膜的颜色很淡。P. Campestrini 等学者认为 CCC 形成的速率决定步骤是铝表面的活化，F^-/CrO_3 比例越高，表面覆盖的初始铝氧化膜越薄，初始化速度越快。游离氟和铬酸的量需要在一定范围，铝表面发生活化，铬酸盐钝化膜成核。实际上，溶液中游离氟化物的增加会导致氧化铝膜受到更强的腐蚀，同时铝受到更严重的电化学侵蚀。这会增加阳极电流及阳极面积，从而导致电位值更大幅度降低，并加快基板表面的活化。可通过添加 Al^{3+} 降低游离氟含量，特征电位的时间也会随之增加。氟离子与铬酸酐的比值范围一般为 0.17～0.36，理论最佳比例约为 0.27，但经验最佳比例为 0.17～0.21。因此氟化物的含量必须严格控制，其含量可根据钝化时析出气体的多少来判断，氟化物含量高时，析出气泡较多。若气泡极少，甚至看不出气泡来，则说明氟化物含量极低。若溶液氟化物含量正常，则铝件入槽后经 5s 左右便开始放出气泡。在钝化过程中，氟化物的消耗比铬酐和重铬酸钾要少，不需经常添加。在溶液使用一段时间后，应分析其成分，然后按分析结果调整槽液。

钝化液中添加 $Fe(CN)_6^{3-}$ 可促进 CCC 膜的形成，Cr（Ⅵ）的还原速率大大提高，更快地生成 Cr^{3+} 导致更快地形成水合氢氧化铬膜，并随后形成 Cr^{3+}/Cr（Ⅵ）混合氧化物，快速成膜可使 CCC 在 IMP 上生长，最终相对均匀的 Cr^{3+}/Cr（Ⅵ）薄膜覆盖在铝合金表面，提升了腐蚀防护性能。

有些六价铬钝化体系中含有氟锆酸盐，典型的如 Alodine 1200S。六氟锆酸盐的侵蚀性低于氟化物，由于六氟锆酸盐的氟离子与锆离子络合，因此 ZrF_6^{2-} 和 F^- 对天然氧化膜的侵蚀性不同，添加氟离子去除了天然氧化膜，是氧化膜变薄的原因，而 K_2ZrF_6 溶液不会影响氧化膜厚度，不涉及去除天然氧化膜的过程，导致形成具有较低界面张力和较低腐蚀阻力的新鲜 Al-Zr-O-F 基水合层。这导致表面活化，腐蚀电位降低，表面亲水性增加。上述因素共同增强了铬络合物与合金表面的相互作用，形成了均匀的钝化膜。经 NaF、KBF_4、K_2ZrF_6 溶液处理的 2024-T3 铝合金的整个区域内存在结节，Zr 出现在整个表面，但仅在结节中观察到 Na、K 和 F。此 Zr 化合物不具有保护性，在表面上形成非保护性锆酸铝（Al-Zr-O）化合物，而不是保护性的 ZrO_2。

钝化液中添加一定量的 Ce^{3+} 可以改善铝合金 CCC 的防护性能。Ce^{3+} 会以 $Ce(OH)_3$ 形式直接沉积在阴极区，形成沉积物的"形核中心"，使得膜层更加致密、连续，减少了晶体缺陷，强化了膜层与基体的附着力，腐蚀电流密度也随之降低，在一定程度上抑制了阴极和阳极区的反应。过量的添加剂 $CeCl_3$ 也可能会引起腐蚀电流密度的升高，Ce^{3+} 的浓度过高，水解反应会引起溶液 pH 值降低，进而金属阳极溶解也加快；也可能会形成过量稀土凝胶物，封闭金属阳极表面，从而阻止成膜的阳极反应，导致膜层更加松散、多孔和不连续，使得极化电阻 R_{p1} 降低和扩散阻抗 R_{p2} 升高，膜层的防护性能降低。

6.5.1.8 材质及表面状态对 CCC 防护性能的影响

不同的材质及表面状态影响六价铬钝化的品质，即便在相同工艺条件下，铝合金成分不同所形成钝化膜的状态及性能相应也不同。铝板零件划伤并经过打磨后，再经过 Alodine 1200S 处理不能生成外观连续均匀的铬酸盐钝化膜层。用 Alodine 1200S 对于不同材质如 2024、6061、7075 铝合金进行 30s、60s 及 90s 不同化学钝化时间试验，并将钝化过的试样进行膜层耐蚀性和漆层结合力的测试，发现 Alodine 1200S 钝化 60s 时性能最优，分别通过了 168h、192h、192h 的盐雾试验，涂层划痕结合力测试无脱落现象。经过 Alodine 1200S 处理的 LY12-BCZYu、LY12-CZ、LD2-M 铝合金试样通过了 192h 的盐雾试验，基体材料是 6061 和 LY12-R 的试样通过了 96h 的盐雾试验，未通过 168h 的盐雾试验。

6.5.2 三价铬钝化膜防护性能的影响因素

钝化液成分（如铬含量）和处理时间影响 TCC 成膜的厚度，钝化处理的温度和 pH 影响成膜的反应过程，从而决定着 TCC 的结构与组成，因此钝化液组成、pH 值、处理温度及时间对 TCC 的防护性能有决定性的影响。

6.5.2.1 三价铬浓度对 TCC 防护性能的影响

三价铬钝化液中主要成膜物质为三价铬盐，浓度适中时可形成均匀致密厚度适中的钝化层，其防腐蚀性能最佳，而浓度过高或过低均不利于钝化成膜后的综合性能。余会成就槽液中的硫酸铬钾对生成钝化膜的防腐蚀性能影响进行了研究，随着槽液 $KCr(SO_4)_2$ 浓度的升高，生成钝化膜的防腐蚀性能显著增加，$KCr(SO_4)_2$ 的浓度从 $15g/L$ 至 $25g/L$ 为比较理想的成膜浓度。当 $KCr(SO_4)_2$ 的浓度过低过高，生成钝化膜的防腐蚀性均较差。分析其原因为当硫酸铬钾的浓度太低时反应速率较小，生成的钝化膜层较薄，膜层不能很好地覆盖表面，防腐蚀性较低；当硫酸铬钾的浓度太高时，反应速率过大，生成的膜层结构松散，耐腐蚀性能也较低。浓度增加会提高反应速率，有利于沉积更厚的钝化膜，意味着更好的防腐蚀性。但过大的沉积速率，会造成钝化膜结构松散且多孔，最终造成腐蚀阻力降低。

6.5.2.2 pH 值对 TCC 防护性能的影响

pH 值对钝化膜的形成影响很大，因而对膜层的耐蚀性影响同样很大。钝化膜的形成是一个溶解和生成同时进行的过程，pH 值太低时，钝化膜的溶解速度大于生成速度，成膜困难；pH 值过高时，膜层太厚，导致膜层疏松不致密，且当钝化液 pH 值太高时，可能会产生氢氧化铬絮状沉淀。

对于不含锆和/或钛的三价铬钝化液，pH 值为 $2.0\sim3.0$ 比较合适。余会成通过不同 pH 值下制备的三价铬钝化膜的极化曲线来进行分析，当 pH 值从 4.0 下降到 3.0 时，腐蚀电流明显减小。pH 值从 2.0 下降到 1.0 时，腐蚀电流又增加，TCC 的生成会出现三个过程，即膜层的沉积、溶解及小孔形成。pH 值从 4.0 下降到 3.0 时，以沉积占优势。pH 值从 2.0 降到 1.0 时，膜的溶解和小孔产生过程占优势，这两个 pH 值范围内钝化膜的腐蚀电流变化显著。pH 值从 3.0 降到 2.0 时，腐蚀电流保持在一个很小并稳定的值，说明钝化膜在此 pH 值范围内具有良好的耐腐蚀性能。

对于含锆和/或钛的 TCC，因为钝化体系含有氟锆酸和/或氟钛酸，此时 TCC 开始沉降的 pH 值比不含锆和/或钛的 TCC 大，一般在 $3.0\sim4.0$，含钛为主的钝化液 pH 值略低，含锆为主的钝化液 pH 值略高。

对 2024 铝合金不同 pH 值条件下钝化膜的表面形貌进行观测发现，随着 pH 值的增大，钝化膜表面缺陷越来越少，钝化膜越来越完整，当 pH=3.14 时，可以看到钝化膜边缘和中间都有一些破损出现；pH=3.55 时，膜层只有边缘可以看到一些缺陷产生；而到 pH=3.86 时，钝化膜表面致密完整，没有裂纹和破损等缺陷产生。这一现象说明随着 pH 值的升高，钝化膜在溶液中的溶解速度下降，成膜速度变快，使膜层更加完整。对 2024 铝合金 TCC 在不同 pH 值条件下进行 168h 中性盐雾试验后的外观进行观测可以看出，经过 168h 盐雾试验后，pH=3.2 和 pH=4.0 条件下的钝化膜表面都有白锈出现，其中 pH=3.2 时，钝化膜表面白锈更多，腐蚀更为严重，而 pH=3.8 时，膜层表面基本看不见腐蚀出现，钝化膜耐蚀性能优良，因此 pH 值应选在 $3.5\sim3.9$ 的范围内。

6.5.2.3 钝化时间对 TCC 防护性能的影响

同一钝化液在不同钝化时间下得到的 TCC 膜重不同，且膜层的颜色也会有差别。2024、6061 和 7075 三种铝合金不同钝化时间结果如表 6-4 所示。

表 6-4 不同钝化时间的 TCC 颜色及膜重测试结果

牌号	1min		3min		5min		9min	
	膜重 /(mg/dm²)	颜色	膜重 /(mg/dm²)	颜色	膜重 /(mg/dm²)	颜色	膜重 /(mg/dm²)	颜色
2024	2.1	蓝(极浅)	3.3	浅蓝	3.6	蓝	5.9	蓝黄混合
6061	2.2	蓝(极浅)	3.2	浅蓝	5.2	蓝	6.1	蓝黄混合
7075	2.1	蓝(极浅)	3.3	浅蓝	5.1	蓝	6.0	蓝黄混合

由表 6-4 可知随着钝化时间的增加，膜层的重量也增加，膜层的颜色呈现从极浅的蓝色、浅蓝、蓝色到蓝黄混合的变化，在 5min 时，2024、6061 和 7075 三种铝合金的膜重分

别为 $3.6mg/dm^2$、$5.2mg/dm^2$ 和 $5.1mg/dm^2$，且在这个膜重下，膜层颜色显蓝色，膜重过低或过高，都会导致膜层夹杂别的颜色，不利于钝化膜的性能。

在同一的钝化液中，TCC 的厚度在钝化初始阶段几秒至工艺最佳时间内，随着时间延长钝化膜成膜量有增长的趋势。钝化时间过短，钝化液不能与基材充分反应，所获得的 TCC 较薄且不完整，无法起到阻隔的作用，耐蚀性较差；随着时间增加，TCC 的厚度也随之增加，耐蚀性提高，如 2024 铝合金处理时间为 3min 时所得膜层耐蚀性优良，经过 168h 盐雾试验无锈蚀出现，只是钝化膜颜色稍变暗；处理时间过长，颜色变得不均匀，膜层耐蚀性变差。

钝化时间不是固定不变的，需要根据铝合件的材质，钝化液的配方、浓度，钝化温度及后续工艺的要求等进行调整。在工业上钝化生产时，需要在推荐工艺范围内进一步优化，以获得最优的 TCC 性能。

6.5.2.4　钝化温度对 TCC 防护性能的影响

钝化温度低时，成膜速度慢，其他条件不变时，生成的钝化膜层较薄，因此防腐蚀性较低；温度太高时，成膜速度过快，膜层松散，因此防腐蚀性也较低。

温度为 30～40℃都能较好地成膜，30℃以下成膜速度较慢，延长时间仍可得到正常的淡蓝色膜，40℃以上成膜速度太快，会生成蓝黄混合色的不均匀膜，对 TCC 进行 168h 盐雾试验发现温度为 30～40℃时钝化膜耐蚀性能最好，低于 30℃，成膜速度太慢，耐蚀性较差，高于 40℃膜层过厚且疏松，耐蚀性反而变差。

6.5.2.5　老化工艺对 TCC 防护性能的影响

TCC 新生成时膜中存在微观结构缺陷，经过老化过程，膜可变得更致密，孔隙更小，最终提高膜的阻隔性能，最终可以提高 TCC 的防护性能。如 2024-T3 的 TCC 薄膜（Alodine T5900，pH＝3.85，温室，10min）老化 3～7 天后，改善了钝化膜样品的阻隔性能。在老化温度允许范围内，温度越高，最佳老化时间就越少。2013 年，L. Li 等人研究了老化工艺对 2024-T3 铝合金 TCC 防护性能的影响，在 55℃和 100℃下老化时，钝化膜脱水并致密，TCC 会发生化学变化，通过在 TCC 通道和缺陷中暴露的金属部位形成氧化铝层，钝化膜表现的孔隙率比室温下老化低。而水分损失导致钝化膜收缩，厚度从常温老化时约 90nm 减小到 70nm，因而除形成缺陷更少的 TCC 外，钝化膜失水后变得更加疏水，静态水接触角从常温的 6.6°～9.2°增加到 100℃下的 99.4°～102.2°，从而提高了防腐蚀性能。而在 150℃下老化会导致 TCC 发生严重脱水，从而形成裂缝，TCC 部分与铝合金表面分离，阻隔性能降低从而防护性能下降。而如果在常温进行老化，需要更长的老化时间（约 7 天），可将 TCC 的耐蚀性能提高 4 倍。值得注意的是 TCC 老化工艺与 CCC 的老化工艺有着明显不同。

6.5.2.6　材质与表面状态对 TCC 防护性能的影响

因铝合金不同的 IMP 及表面均匀度，在相同的三价铬钝化工艺条件下，钝化膜的厚度及性能相应也不同。以含铜的 IMP 为例，2017 年，R. Viroulaud 等学者认为 TCC 生长的动力学取决于表面铜覆盖率，高的表面铜覆盖率可能与钝化膜生长的快速动力学有关，这可能导致 TCC 更厚，但这可能主要与防腐蚀性能较低的缺陷钝化膜有关，因此此时的钝化膜防腐蚀性能无法直接与 TCC 厚度建立明确的关系，还需要考虑到表面高铜覆盖率下厚的 TCC 缺陷（分层、开裂）。铜作为催化剂，钝化膜快速生长，厚度不均匀，老化后产生从表面分离的内应力，可能导致裂纹形成，观察到更多缺陷，与基材的黏附性较低，耐腐蚀性较低。与 2024-T3 铝合金的富 Cu 层 TCC 增厚更为明显相比，2024-T351 铝合金因具有高表面铜覆盖率，所以表面上没有系统地观察到非常厚的 TCC。

不同材质由于表面状态的不同其成膜速度也不同，最终的 TCC 膜厚也不相同，如对于高纯铝（99.99％）及 2024-T351 铝合金在 SurTec 650 钝化液（1∶4 体积比去离子水稀释，pH 3.9，40℃）中钝化试验发现，高纯铝在最初的 300s 平均生长速率约为 0.27nm/s，在 300～600s 平均生长速率约为 0.08nm/s；2024-T351 铝合金在最初的 120s 平均生长速率为 0.23～0.27nm/s，而 120～600s 平均生长速率下降为 0.04～0.05nm/s，高纯铝钝化膜的平均厚度为 2024-T351 铝合金的两倍。

6.6　铝及铝合金铬钝化的应用及缺陷分析

6.6.1　六价铬钝化的应用及缺陷分析

国内外酸性六价铬钝化工艺应用及研究比较多，在不同铝合金材质上均有使用，下面以应用较多的 Alodine 1200S 为例简述铝及铝合金六价铬钝化在工业处理中的应用及缺陷。

由于 CCC 本身防护性能的稳定性极佳且与漆层有优异的结合力，加之耗费电能低及处理周期较短等原因，在飞机制造业等要求高的行业还在普遍使用，其一般流程为：除油→装挂→碱洗→热水洗→冷水洗→酸洗（出光）→冷水洗→六价铬钝化处理→冷水洗→下挂→烘干。Alodine 1200S 钝化液浓度为 7.5～22.5g/L，pH 值应控制在 1.3～1.8，操作温度为 20～35℃，处理时间为 1～3min。在实际生产中，钝化处理过程的参数控制极为重要，后续的搬运操作也必须进行控制。CCC 膜层外观及耐腐蚀试验结果是否满足要求，与处理过程的工艺参数密切相关，以下简述酸性六价铬钝化生产中常见问题以及解决方案。

6.6.1.1　CCC 起粉

CCC 起粉一般因钝化膜成膜不均或由于表面过腐蚀导致成膜部位不均匀溶解蚀刻引起，在工业生产过程中一般有如下几个原因：①铝合金进入钝化前表面存在油脂，表面状态存在较大差异，钝化前水洗后铝合金表面的水膜不连续，致使钝化膜成膜不均；②进行钝化槽前后水洗时被污染，杂质较多，从而引起铝合金表面的铝化合物残留太多，影响钝化膜的均匀性；③钝化槽中氟离子或铝离子过多影响了钝化反应；④钝化液的浓度过高、槽液温度过高、处理时间过长或 pH 值过低均可能影响反应的均匀性。

6.6.1.2　CCC 厚薄不均

经过六价铬钝化处理后，钝化膜成膜厚薄不均而表现出膜层外观差异较大，其原因如下：

① 铝合金进入钝化前表面存在油脂，致使钝化膜成膜不均。

② 铝合金进入钝化前表面碱蚀量或酸蚀量不同引起表面形态不均，致使钝化膜成膜不均。

③ 钝化后，水洗温度过高或喷淋水洗压力过大，引起表面钝化层局部回溶。喷淋水洗压力过大，会冲洗去部分钝化膜，而喷淋的水雾压力分布不均，引起钝化膜冲洗不均导致厚薄不均。

④ 铝合金中材质的不同或表面局部打磨时，引起表面钝化膜成膜不均。

⑤ 铝合金零件不同位置如重叠位置、腔体部件等不同位置界面的浓度不同引起浓差不平衡，会导致膜层出现不均匀现象，另搅动程度也会对成膜均匀性有一定影响。

6.6.1.3　CCC 太薄或太厚

相同材质的铝合金六价铬钝化膜厚度可从钝化膜的颜色来进行判断，铝合金材质、有效成分的浓度、Al^{3+} 浓度、F^- 浓度、pH 值、温度、时间及杂质等都会影响成膜的厚度，一般对于材质及工艺已经固定的生产过程，主要考虑从浓度、温度、时间等指标进行调整。如使用 Alodine 1200S 工艺中 F^-/CrO_3 偏离范围，槽液失调也会引起成膜薄。氟化物与铬酸酐有一定的比例关系，氟离子与铬酸酐的比值范围为 0.17～0.36，超过或低于这一比值会出现钝化不良或色泽变化的情况。

6.6.1.4　CCC 的耐蚀性不足

CCC 的耐蚀性是一个企业生产过程综合因素考察的指标，与企业的人、机、物、法、环均有一定的联系。应针对不同的生产材质及材料结构来设计合理的生产线的布局、前处理的工艺、烘干及后续工艺，进而评估钝化产品的工艺合理性、可操作性及稳定性。而从前处理工序来分析钝化膜耐蚀性的不足主要有以下几个方面：

① 铝合金表面碱洗未能完全清洗表面油污，水膜不连续。碱清洗阶段的水膜连续检查很重要，要保证试片表面的清洁度，必须确保碱洗后充分水洗后铝合金表面水膜连续。

② 铝合金表面在酸洗后未能清洗表面的氧化膜或酸过量反而引起表面组织成分不均。酸洗阶段是将碱清洗后的铝合金表面由于少量腐蚀产生的含铜或含硅的颗粒物进行酸蚀去除，表面获得比较均一的形态。2024-T3 铝合金在脱氧液腐蚀速率为 10.16～15.24μm/h 的状态下，试片腐蚀 10min 左右，使用腐蚀速率为 20～25μm/h 的三酸（CrO_3、HNO_3、HF）脱氧槽进行脱氧，1～3min 脱氧后，试样表面的氧化层被去除。而酸洗时间过长，因为铝合金含铜等元素引起表面分布不均匀现象，反而影响六价铬钝化液在试样表面的成膜，导致其耐盐雾腐蚀性能不合格。

③ 钝化阶段未按工艺范围进行操作。针对不同材质及设备，铬酸盐钝化槽液最佳工艺范围不尽相同，需要针对性进行操作，精细控制各项指标如钝化槽的各组分浓度、钝化温度、钝化时间、钝化 pH 值及杂质离子含量等，以使钝化槽达到最佳的成膜状态。

④ 钝化膜后处理不良。水洗过程需要控制水洗温度及杂质含量，如果使用喷淋水洗，要尽量降低流量及喷淋压力。烘干过程需要针对产品的特性进行温度工艺设计与控制，烘干不彻底或过烘干均会影响耐蚀性。

CCC 的使用在近年来受到了限制，虽然 Cr（Ⅵ）的静态存在不会直接导致 DNA 损伤引发癌症，但是从 Cr（Ⅵ）到 Cr^{3+} 的还原过程形成 Cr（Ⅴ）、Cr（Ⅳ）、Cr^{3+}、自由基和活性氧，具有潜在的遗传毒性，会诱导 DNA 发生变化。应用六价铬物质生产和排污过程中的各个环节会对环境及人体的健康产生较大的影响，六价铬工艺的工业应用受到严格限制。随着社会的发展，绿色的新发展理念深入人心，除了一些暂时无法取代的特殊行业外，六价铬钝化技术不断被新的更环保的钝化技术所取代，如三价铬钝化及无铬钝化等。

6.6.2　三价铬钝化的应用及缺陷分析

三价铬钝化液不仅易于应用，而且废水处理也不复杂，TCC 基本上符合现有 REACH 法规，同时在各种铝合金（包括锌/锌合金和铝/铝合金）上表现出令人满意的防腐蚀性能。因此，为了避免使用致癌铬酸盐化合物，迄今为止，TCC 已被许多行业用作 CCC 最有希望的替代品。三价铬的毒性仅为六价铬的 1%，采用三价铬钝化不仅可降低环境污染，而且能保留性能优良的三价铬骨架膜，因此三价铬钝化得以快速发展。

TCC 的微观结构和成分以及其腐蚀性能受不同因素的影响，包括基底材料、预处理工艺、钝化液的配方、工艺参数（钝化时间、pH 值、温度和搅拌）以及后处理（老化）等。应针对不同的应用场景确定最佳钝化工艺参数。然而新鲜的 TCC 钝化膜和空气老化钝化膜中存在一定量的六价铬成分，目前普遍接受的一种假设是推测六价铬物质的形成是由于溶解氧还原反应产生了强氧化剂双氧水，进而促进了三价铬物质的氧化。若将铝合金浸入空气饱和的三价铬钝化液中或将 TCC 暴露在潮湿空气中，氧气生成过氧化氢（H_2O_2），并扩散到铜金属间化合物位置。Cr（Ⅵ）主要在金属间化合物区域附近发现，由于 H_2O_2 是一种强氧化剂，它能够将 Cr^{3+} 氧化为 Cr（Ⅵ），Cr（Ⅵ）在 TCC 中形成。对于在 TCC 钝化过程中避免 Cr（Ⅵ）生成，科研人员做了几方面尝试。

① 在 pH 值为 3.8～4.0 的钝化液中添加还原剂，可改性钝化液，以避免 Cr^{3+} 氧化为 Cr（Ⅵ），因此硫酸亚铁被视作是一种有效的添加剂，在 TCC 形成过程中，部分溶解氧发生了二电子的还原反应形成强氧化剂 H_2O_2，而 Fe^{2+}/Fe^{3+} 可以优先发生反应，进而可抑制六价铬物质的形成。

② 向 TCC 钝化液中添加硫酸铜可减少 H_2O_2 和 Cr（Ⅵ）物种的产生（如紫外光度测量），这归因于富铜区有利于氧还原反应。

③ 用含有镧离子的溶液对生成的 TCC 进行后处理，对 TCC 钝化膜的化学分析揭示了膜中存在镧并且几乎不存在 Cr（Ⅵ），这归因于后处理溶液穿透 TCC 层上的微观结构缺陷，可能导致镧的积累，并由于缺乏与 H_2O_2 反应的 Cr^{3+} 而限制了 Cr（Ⅵ）的形成。

④ 对于形成的涂层，经过 24h 空气老化后处理可有效降低新形成的 TCC 中六价铬的浓度。利用亚硫酸盐改良钝化液，可有效去除 TCC 表面的 Cr（Ⅵ）组分，但是亚硫酸根离子难以进入 TCC 内层。

科技界一直努力在表面处理工艺中降低六价铬的有害影响，免洗铬钝化工艺问世，在铝合金带材涂装生产线运用，即涂装之前不需要水洗，只要烘干即可涂装。1974 年专利提出钝化膜是由 100～500g/L 铬酸溶液用有机还原剂（如糖、淀粉或酒精）部分还原制得，钝化液中 Cr^{6+}：Cr^{3+} 在（0.5：1）～（0.75：1）的范围内，通过氢氧化钠或氢氧化钾调节 pH 值在 2.5～3.5，提高膜的附着性，加入 5～100g/L 的二氧化硅或硅酸盐可能溶解并形成均匀的胶体溶液。而在铬酸盐钝化液中加入少量有机膜形成剂（如聚酯、丙烯酸酯、聚氟乙烯等）是免洗铬钝化的另一个方向，如双组分体系的 Alficoat Brugal 系列产品在各国广泛使用。

而为了彻底消除六价铬的有害影响，20 世纪 70 年代科学家们就已经开发出完全无铬的化学钝化工艺，以氟锆酸、硝酸和硼酸为基础的配方，提高铝罐涂料的附着性；80 年代开发的磷酸钛-磷酸锆转化处理，使用性能有所提高；90 年代在无铬钝化液中加入某些有机成分（如丙烯酸共聚体等），提高了建筑铝型材无铬转化膜的耐蚀性；2000 年以来铝合金锆钛盐钝化及磷化技术等表面处理技术逐渐被重视并在工业上推广使用。

参考文献

[1] Qi J T, Hashimoto T, Walton J R, et al. Trivalent chromium conversion coating formation on aluminium [J]. Surface and Coatings Technology, 2015, 280: 317-329.

[2] 缪树婷, 郝利峰, 韩生. 三价铬钝化液的研究进展 [J]. 电镀与精饰, 2012, 34 (12): 24-27.

[3] 胡海萍, 刘忠利, 毕四富. 铝合金、镁合金表面强化技术 [M]. 北京: 化学工业出版社, 2019.

[4] 李明祥, 张政斌, 孙宝龙, 等. 航空铝合金 Alodine 氧化工艺及质量控制 [J]. 工具技术, 2014, 48 (8): 85-88.

[5] Chen W K, Bai C Y, Liu C M, et al. The effect of chromic sulfate concentration and immersion time on the structures and anticorrosive performance of the Cr (Ⅲ) conversion coatings on aluminum alloys [J]. Applied Surface Science, 2010, 256 (16): 4924-4929.

[6] Yu H C, Chen B Z, Shi X, et al. Investigation of the trivalent-chrome coating on 6063 aluminum alloy [J]. Materials Letters, 2008, 62 (17-18): 2828-2831.

[7] Yu H, Chen B, Wu H, et al. Improved electrochemical performance of trivalent-chrome coating on Al 6063 alloy via urea and thiourea addition [J]. Electrochimica Acta, 2009, 54 (2): 720-726.

[8] Wen N T, Lin C S, Bai C Y, et al. Structures and characteristics of Cr (Ⅲ)-based conversion coatings on electrogalvanized steels [J]. Surface and Coatings Technology, 2008, 203 (3): 317-323.

［9］ 潘瑞丽，伍明华. 3价铬钝化国内外专利技术进展［J］. 化工时刊，2008，22（6）：55-57.

［10］ 蒲海丽，王建华，蒋雄. 三价铬钝化的探讨［J］. 电镀与环保，2004，24（2）：25-26.

［11］ 陈小平，潘剑锋，赵栋梁，等. 不同Cr(Ⅲ)配合物对三价铬钝化液性能的影响［J］. 材料保护，2008，41（5）：33-35.

［12］ 付蓉. 金属铬酸盐化学转化处理的替代技术［J］. 汽车工艺与材料，2004，7：71-73.

［13］ 黄旋. 铝合金环保型钝化技术及其与钝化膜的配套性研究［D］. 北京：机械科学研究总院，2012.

［14］ Huang J Z. Preparation of trivalent chromium and rare earth composite conversion coating on aluminum alloy surface ［J］. Iop Conference，2018，301：012089.

［15］ Munson C A，Swain G M. Structure and chemical composition of different variants of a commercial trivalent chromium process（TCP）coating on aluminum alloy 7075-T6［J］. Surf Coat Technol，2017，315：150-162.

［16］ Ely M，Światowska J，Seyeux A，et al. Role of post-treatment in improved corrosion behavior of trivalent chromium protection（TCP）coating deposited on aluminum alloy 2024-T3［J］. Electrochem Soc，2017，164（6）：C276-C284.

［17］ 余祖孝，梁鹏飞，孙贤，等. 添加剂对镀锌层三价铬钝化膜耐蚀性能的影响［J］. 腐蚀与防护，2008，29（6）：319-321.

［18］ Matzdorf C，Kane M，Green J. Corrosion resistant coatings for aluminum and aluminum alloys：US 6375726［P］. 2002-04-23.

［19］ 宋亮亮，李劲风，蔡超. 2024-T3铝合金三价铬转化膜的制备及耐蚀性能［J］. 电镀与涂饰，2015，34（9）：480-486.

［20］ Li L，Desouza A L，Swain G M. In situ pH measurement during the formation of conversion coatings on an aluminum alloy（AA2024）［J］. Analyst，2013，138（15）：4398-4402.

［21］ Li L，Swain G P，Howell A，et al. The formation，structure，electrochemical properties and stability of trivalent chrome process（TCP）coatings on AA2024［J］. Journal of the electrochemicalsociety，2011，158（9）：274-283.

［22］ Li L，Desouza A L，Swain G M. Effect of deoxidation pretreatment on the corrosion inhibition provided by a trivalent chromium process（TCP）conversion coating on AA2024-T3［J］. Journal of the Electrochemical Society，2014，161（5）：246-253.

［23］ 刘烈炜，林恒，赵洲. 三价铬钝化的研究进展［J］. 材料保护，2006，39（9）：46-48.

［24］ Gharbi O，Thomas S，Smith C，et al. Chromate replacement：what does the future hold？［J］. Material degradation，2018，12：1-6.

［25］ Bhatt H，Manavbasi A，Rosenquist D. Trivalent chromium for enhanced corrosion protection on aluminum surfaces ［J］. Metal Finishing，2009，107（6）：39-47.

［26］ 彭敬东，邓传跃，石燕，等. 铝合金铸件三价铬本色钝化工艺［J］. 铸造，2011，60（2）：147-149.

［27］ 敖中华. 高性能的铝合金三价铬处理工艺［C］. 首届全国电镀与精饰四新推广应用会暨化学镀技术交流会资料汇编，2009：38-39.

［28］ Xia L，McCreery R L. Chemistry of a chromate conversion coating on aluminum alloy AA2024-T3 probed by vibrational spectroscopy［J］. Journal of the Electrochemical Society，1998，145（9）：3083-3089.

［29］ Brown G M，Shimizu K，Kobayashi K，et al. The growth of chromate conversion coatings on high purity aluminium ［J］. Corrosion Science，1993，34（7）：1045-1054.

［30］ Shimizu K，Brown G M，Kobayashi K，et al. Ultramicrotomy-a route towards the enhanced understanding of the corrosion and filming behaviour of aluminium and its alloys［J］. Corrosion Science，1998，40（7）：1049-1072.

［31］ Brown G M，Kobayashi K. Nucleation and growth of a chromate conversion coating on aluminum alloy AA 2024-T3 ［J］. Mathematical Notes，2001，148（11）：B457-B466.

［32］ Lunder O，Walmsley J C，Mack P，et al. Formation and characterisation of a chromate conversion coating on AA6060 aluminium［J］. Corrosion Science，2005，47（7）：1604-1624.

［33］ Campestrini P，Terryn H，Vereecken J，et al. Chromate conversion coating on aluminum alloys Ⅱ. Effect of the microstructure［J］. Journal of the Electrochemical Society，2004，151（6）：B359-B369.

［34］ Campestrini P，Terryn H，Vereecken J，et al. Chromate conversion coating on aluminum alloys Ⅲ. Corrosion protection［J］. Journal of the Electrochemical Society，2004，151（6）：B370-B377.

［35］ Chidambaram D，Clayton C R，Halada G P，et al. Surface pretreatments of aluminum alloy AA2024-T3 and formation of chromate conversion coatings Ⅰ. Composition and electrochemical behavior of the oxide film［J］. Journal of

The Electrochemical Society, 2004, 151 (11): B605-B612.

[36] Chidambaram D, Halada G P, Clayton C R. Spectroscopic elucidation of the repassivation of active sites on aluminum by chromate conversion coating [J]. Electrochemical & Solid State Letters, 2004, 7 (9): B31-B33.

[37] Qi J, Walton J, Thompson G E, et al. Spectroscopic studies of chromium Ⅵ formed in the trivalent chromium conversion coatings on aluminum [J]. Journal of the Electrochemical Society, 2016, 163 (7): C1-C7.

[38] Verdalet-Guardiola X, Fori B, Bonino J P, et al. Nucleation and growth mechanisms of trivalent chromium conversion coatings on 2024-T3 aluminium alloy [J]. Corrosion Science, 2019, 155: 109-120.

[39] Qi J, Nemcova A, Walton J R, et al. Influence of pre- and post-treatments on formation of a trivalent chromium conversion coating on AA2024 alloy [J]. Thin Solid Films, 2016, 616: 270-278.

[40] Cerezo J, Vandendael I, Posner R, et al. Initiation and growth of modified Zr-based conversion coatings on multimetal surfaces [J]. Surface & Coatings Technology, 2013, 236: 284-289.

[41] Dong X, Wang P, Argekar S, et al. Structure and composition of trivalent chromium process (TCP) films on Al alloy [J]. Langmuir, 2010, 26 (13): 10833-10841.

[42] Kendig M W, Davenport A J, Isaacs H S. The mechanism of corrosion inhibition by chromate conversion coatings from X-ray absorption near edge spectroscopy (Xanes) [J]. Corrosion Science, 1993, 34 (1): 41-49.

[43] Hughes A E, Taylor R J, Hinton B. Chromate conversion coatings on 2024 Al alloy [J]. Surface and Interface Analysis, 1997, 25 (4): 223-234.

[44] Quarto F D, Santamaria M, Mallandrino N, et al. Structural analysis and photocurrent spectroscopy of CCCs on 99.99% aluminum [J]. The Electrochemical Society, 2003, 150 (10): B462-B472.

[45] Meng Q, Frankel G S. Characterization of chromate conversion coating on AA7075-T6 aluminum alloy [J]. Surface & Interface Analysis, 2010, 36 (1): 30-42.

[46] Vasquez M J, Halada G P, Clayton C R, et al. On the nature of the chromate conversion coating formed on intermetallic constituents of AA2024-T3 [J]. Surface & Interface Analysis, 2002, 33 (7): 607-616.

[47] Verdalet-Guardiola X, Bonino J P, Duluard S, et al. Influence of the alloy microstructure and surface state on the protective properties of trivalent chromium coatings grown on a 2024 aluminium alloy [J]. Surface and Coatings Technology, 2018, 344: 276-287.

[48] Li L, Swain G M. Effects of aging temperature and time on the corrosion protection provided by trivalent chromium process coatings on AA2024-T3 [J]. ACS Applied Materials & Interfaces, 2013, 5 (16): 7923-7930.

[49] Chen W K, Lee J L, Bai C Y, et al. Growth and characteristics of Cr (Ⅲ)-based conversion coating on aluminum alloy [J]. Journal of the Taiwan Institute of Chemical Engineers, 2012, 43 (6): 989-995.

[50] Wagatsuma K, Hirokawa K, Yamashita N. Detection of fluorine emission lines from Grimm-type glow-discharge plasmas -use of neon as the plasma gas [J]. Analytica Chimica Acta, 1996, 324 (2-3): 147-154.

[51] Campestrini P, Westing E, Hovestad A, et al. Investigation of the chromate conversion coating on Alclad 2024 aluminium alloy: effect of the pH of the chromate bath [J]. Electrochimica Acta, 2002, 47 (7): 1097-1113.

[52] Xia L, Akiyama E, Frankel G., et al. Storage and release of soluble hexavalent chromium from chromate conversion coatings on Al alloys [J]. Journal of The Electrochemical Society, 2000, 147 (7): 2556-2562.

[53] Chidambaram D, Vasquez M J, Halada G P, et al. Studies on the repassivation behavior of aluminum and aluminum alloy exposed to chromate solutions [J]. Surface & Interface Analysis, 2003, 35 (2): 226-230.

[54] 易俊兰, 刘明辉, 陈洁, 等. Alodine 1200S 化学转化处理时间对新型 2198 铝锂合金耐蚀性能的影响 [J]. 腐蚀与防护, 2012, 33 (10): 886-888.

[55] 王雷, 张东. 镀锌层三价铬钝化研究进展 [J]. 电镀与精饰, 2008, 30 (5): 15-19.

[56] 叶宗豪, 朱永强, 胡爽飞, 等. 铝表面铬酸盐转化膜的拉曼研究 [J]. 失效分析与预防, 2020, 15 (10): 301-304.

[57] Guo Y, Frankel G S. Active corrosion inhibition of AA2024-T3 by trivalent chrome process treatment [J]. Corrosion-Houston Tx-, 2012, 68 (4): 045002-1-045002-10.

[58] Cai C, Liu X Q, Tan X, et al. A Zr- and Cr (Ⅲ)-containing conversion coating on Al alloy 2024-T3 and its self-repairing behavior [J]. Material and corrosion, 2017, 68 (3): 338-346.

[59] Shruthi T K, Swain G M. Detection of H_2O_2 from the reduction of dissolved oxygen on TCP-coated AA2024-T3: Impact on the transient formation of Cr (Ⅵ) [J]. Journal of The Electrochemical Society, 2019, 166 (11): C3284-C3289.

［60］ Shruthi T K, Swain G M. Communication-role of trivalent chromium on the anti-corrosion properties of a TCP conversion coating on aluminum alloy 2024-T3 ［J］. Journal of the Electrochemical Society, 2018, 165 (2): C103-C105.

［61］ 王力强, 吕玲, 胡彦卿, 等. 阿洛丁 1200S 处理工艺参数对铝合金耐盐雾腐蚀性能的影响 ［J］. 腐蚀与防护, 2019, 40 (12): 912-915.

［62］ 欧阳新平, 叶斌, 李仲彰, 等. 高硅压铸铝合金光亮表面处理 ［J］. 表面技术, 1997, 26 (04): 40-41.

［63］ 谈华民. 铝及铝合金的铬酸盐转化膜 ［J］. 电镀与精饰, 2003, 25 (2): 7-10.

［64］ Campestrini P, Terryn H, Vereecken J, et al. Chromate conversion coating on aluminum alloys Ⅰ. Formation mechanism ［J］. Journal of the Electrochemical Society, 2004, 151 (2): B59-B70.

［65］ 曹慧明, 张世坤. 航空铝合金结构表面的阿洛丁处理方法 ［J］. 航空维修与工程, 2012, 1: 54-55.

［66］ 王花蕾. 铝及铝合金 Alondine 1200S 化学转化膜层工艺的应用研究 ［J］. 现代工业经济和信息化, 2017, 18: 37-38.

［67］ 彭玉田. 铝合金铬酸盐金黄色转化膜 ［J］. 电镀与环保, 2008, 28 (4): 44-45.

［68］ Qi J, Hashimoto T, Walton J, et al. Formation of a trivalent chromium conversion coating on AA2024-T351 alloy ［J］. Journal of The Electrochemical Society, 2016, 163 (2): C25-C35.

［69］ 田野, 赵永岗, 刘春伟, 等. 阿洛丁 1200S 化学氧化膜耐蚀性影响因素探讨 ［J］. 航空科学技术, 2014, 25 (1): 51-53.

［70］ 陆品英. 铝的铬酸盐化学转化膜工艺 ［J］. 电镀与环保, 2006, 26 (5): 20-21.

［71］ 刘新民. 铝及其合金的钝化处理 ［J］. 材料保护, 1996, 29 (7): 33.

［72］ Treverton J A, Davies N C. XPS studies of a ferricyanide accelerated chromate paint pretreatment film on an aluminium surface ［J］. Surface & Interface Analysis, 1981, 3 (5): 194-200.

［73］ Xia L, McCreery R L. Structure and function of ferricyanide in the formation of chromate conversion coatings on aluminum aircraft alloy ［J］. Journal of the Electrochemical Society, 1999, 146 (10): 3696-3701.

［74］ 张圣麟, 李维维, 张小麟, 等. 氯化铈对铝合金铬酸盐转化膜防护性能的影响 ［J］. 腐蚀与防护, 2011, 32 (4): 290-292.

［75］ Chidambaram D, Clayton C R, Halada G P. The role of hexafluorozirconate in the formation of chromate conversion coatings on aluminum alloys ［J］. Electrochimica Acta, 2006, 51 (14): 2862-2871.

［76］ 张巧凤. Alodine 1200S 防盐雾性能的试验研究与分析 ［J］. 机械研究与应用, 2018, 031 (001): 137-138.

［77］ Viroulaud R, Światowska J, Seyeux A, et al. Influence of surface pretreatments on the quality of trivalent chromium process coatings on aluminum alloy ［J］. Appl Surf Sci, 2017, 423: 927-938.

［78］ Saillard R, Viguier B, Odemer G, et al. Influence of the microstructure on the corrosion behaviour of 2024 aluminium alloy coated with a trivalent chromium conversion layer ［J］. Corros Sci, 2018, 142: 119-132.

［79］ Qi J, Miao Y, Wang Z, et al. Influence of copper on trivalent chromium conversion coating formation on aluminum ［J］. J Electrochem Soc, 2017, 164 (12): C611-C617.

［80］ Meng Q, Frankel G S. Effect of copper content on chromate conversion coating protection of 7xxx-T6 aluminum alloys ［J］. Corrosion, 2004, 60 (10): 897-905.

［81］ Garcia-Vergara S J, Khazmi K E, Skeldon P, et al. Influence of copper on the morphology of porous anodic alumina ［J］. Corros Sci, 2006, 48 (10): 2937-2946.

［82］ Verdalet-Guardiola X, Saillard R, Fori B, et al. Comparative analysis of the anticorrosive properties of trivalent chromium conversion coatings formed on 2024-T3 and 2024-T351 aluminium alloys ［J］. Corrosion Science, 2020, 167: 108508.

［83］ Qi J, Gao L, Liu Y, et al. Chromate formed in a trivalent chromium conversion coating on aluminum ［J］. J Electrochem Soc, 2017, 164 (7): C442-C449.

［84］ Li L, Swain G M. Formation and Structure of Trivalent Chromium Process Coatings on Aluminum Alloys 6061 and 7075 ［J］. Corrosion, 2013, 69 (12): 1205-1216.

［85］ Li L, Kim D Y, Swain G M, Transient formation of chromate in trivalent chromium process (TCP) coatings on AA2024 as probed by Raman spectroscopy ［J］. Electrochem Soc, 2012, 159 (8): C326-C333.

［86］ 卜红梅, 宫宁, 李焰, 等. 铝及铝合金表面新型三价铬转化膜的研究 ［C］// 2018 年全国腐蚀电化学及测试方法学术交流会论文集. 2018.

［87］ Iyer A, Willis W, Frueh S, et al. Characterization of NAVAIR trivalent chromium process (TCP) coatings and solutions ［J］. Plating and Surface Finishing，2010，97（4）：31-42.

［88］ Rochester T，Kennedy Z W. Unexpected results from corrosion testing of trivalent passivates ［J］. Plating and Surface Finishing，2007，94（10）：14-17.

［89］ Mcmurray H N，Case U，Williams G，et al. Chromate inhibition of filiform corrosion on organic coated AA2024 T3 aluminium alloy investigated using a scanning kelvin probe ［J］. Journal of The Electrochemical Society，2004，151（7）：B406-B414.

［90］ 许振明，徐孝勉. 铝和镁的表面处理 ［M］. 上海：上海科学技术文献出版社，2005.

［91］ 朱祖芳. 铝合金阳极氧化与表面处理技术 ［M］. 第 3 版. 北京：化学工业出版社，2021.

［92］ Dardona S，Jaworowski M. In situ spectroscopic ellipsometry studies of trivalent chromium coating on aluminum ［J］. Applied Physics Letters，2010，97（18）：181908.

第 **7** 章

铝及铝合金磷化

7.1 铝及铝合金磷化种类

铝及铝合金磷化是涂装前表面处理工艺常用的方法之一，磷化处理可分为含六价铬磷化液的铬磷化处理、含三价铬磷化液的铬磷化处理及不含铬磷化液的磷化处理。

7.1.1 铝及铝合金六价铬磷化

铝及铝合金六价铬磷化处理也称为磷铬化处理，磷化液一般含有磷酸、铬酸、氟化物等盐类，其中磷酸是重要成膜成分，铬酸作为氧化剂参与成膜，氟化物作为活化剂控制基体的溶解速度。六价铬 Cr（Ⅵ）磷化膜呈黄色时，Cr（Ⅵ）含量较高，也叫"黄铬化膜"；六价铬磷化膜呈绿色时，Cr^{3+} 含量较高，也叫"绿铬化膜"。六价铬磷化膜的耐腐蚀性能不如 CCC，如采用 $1.0\sim1.5g/L$ $K_2Cr_2O_7$、$3.5\sim4.5g/L$ CrO_3、$1\sim1.2g/L$ NaF 的磷化液，在 pH $1.5\sim2.0$、常温条件下磷化 $5\sim6min$ 的制备工艺，在铸造铝上获得的具有 6 个周期以上的中性盐雾腐蚀时间的钝化膜耐蚀性能比 H_3PO_4 $32mL/L$、CrO_3 $7g/L$、NaF $6g/L$ 相同条件下的磷化膜效果更好。表 7-1 列举了几种六价铬磷化工艺。

表 7-1 几种六价铬磷化液的成分和工艺

溶液组成	温度/℃	时间/min
H_3PO_4：$50\sim60ml/L$ CrO_3：$0\sim25g/L$ NH_4HF_2：$3\sim3.5g/L$ $(NH_4)_2HPO_4$：$2\sim2.5g/L$ H_3BO_3：$1\sim1.2g/L$	$30\sim40$	$2\sim8$
H_3PO_4：$30\sim40mL/L$ CrO_3：$10\sim14g/L$ NaF：$4\sim8g/L$ $Ni(NO_3)_2\cdot6H_2O$：$4\sim8g/L$	室温	$8\sim12$
H_3PO_4：$10\sim15mL/L$ CrO_3：$1\sim2g/L$ NaF：$3\sim5g/L$ H_3BO_3：$1\sim3g/L$	室温	$5\sim15$

7.1.2 铝及铝合金三价铬磷化

铝及铝合金三价铬磷化液通常由成膜剂、氧化剂、配位剂和添加剂组成，三价铬盐是磷化液的主要成膜物质，它与铝离子、氢氧根离子形成的复杂化合物构成了磷化膜的骨架结构。常用的三价铬盐为硝酸铬、硫酸铬、氯化铬和铬矾，不同的三价铬盐得到的磷化膜的表面形貌不同。由于 Cr^{3+} 无氧化性，通常需要加入氧化剂如硝酸、硝酸盐、氯酸盐、高锰酸盐、钼酸盐、过硫酸盐等，而硝酸盐最为常用。磷化液中氧化剂的用量需要适量，过多后会使三价铬磷化膜中 Cr^{3+} 被氧化而含有 Cr（Ⅵ）。在室温下，Cr^{3+} 在水中是以稳定的六水合物 $[Cr(H_2O)_6]^{3+}$ 的形式存在的，稳定的水合三价铬离子不适合于磷化过程，因而使用其他配位体取代水合离子中的部分水分子，以便形成动力学较不稳定的 Cr-配体-水混合配体络合物，有利于磷化反应进行。常用的络合剂分为有机酸体系和氟体系两种，有机酸主要有草酸、柠檬酸、酒石酸和丙二酸等；氟体系主要为氟化钠、氟化铵和氟化氢铵等。络合剂主要用于控制成膜的速率和磷化液的稳定性，络合剂的螯合作用太强，则成膜速度慢，膜层薄，甚至不能形成膜层；络合剂的螯合作用太弱，磷化液稳定性差，膜层无光泽，因此选择合适的络合剂是获得优质磷化膜和使磷化液稳定的一个重要因素，目前由于磷化液中氟化物的消除比较困难，因此主要用的是多种有机酸复配的体系。Co、Mo 等稀土添加剂能够促进膜的形成，提高磷化膜的耐蚀性，有些金属离子还有助于形成不同色彩的磷化膜。

铝合金三价铬磷化处理部分文献中工艺如下：日本专利特开平 7-6701 介绍了一种用于铝合金三价铬表面处理的免洗技术，处理液主要组成为 Cr^{3+}、F^-、H_3PO_4 以及作为成膜剂的有机聚合物，其中 Cr^{3+} 0.5～10g/L，F^- 0.55～11g/L，PO_4^{3-} 0.6～12.5g/L，三者摩尔比为 1:（2.5～3.5）:（0.3～3.0），有机成膜剂可选择 pH 值为 2～3、透明、水溶性的丙烯酸聚合物，含量为 0.5～5.0g/L，经涂覆并加热后，在基体表面形成不溶于水的保护层。J. Z. Huang 将稀土镧加入磷化液中，其三价铬磷化膜形成的最佳工艺条件为：硫酸铬 10g/L，硫酸镧 2g/L，Na_3PO_4 8g/L，pH=3，温度 40℃，钝化时间为 10min，此三价铬磷化膜是由粒径为 3～4nm 的超细球形颗粒组成，其中含有 Cr、La、P、Al、O 等元素，铬和镧的复合转化提高了三价铬磷化膜的性能。余会成等人在 6063 铝合金表面制备了三价铬磷化膜，通过优化得到的最佳工艺条件是：$KCr(SO_4)_2$ 15～25g/L，H_3PO_4 10～20g/L，温度 30～40℃，沉积时间 9min，pH 值 2.0～3.0。

7.1.3 不含锆钛的铝及铝合金无铬磷化

不含锆钛磷化液的铝及铝合金无铬磷化主要包括锰系磷化、锌系磷化和钙系磷化处理，其中锌系磷化是最常见的磷化处理，锌系磷化的转化液主要由磷酸、磷酸二氢锌、硝酸盐及添加剂等组成。磷化膜的颜色一般为浅白色至深灰色，此外在磷化液中加入 Fe^{2+}、Ni^{2+} 等可以有效改善膜层的完整度，使得膜层更加均匀致密，外观变为浅灰至灰色，磷化液中加入 Fe^{2+}，此时膜的主要成分为磷酸锌 $[Zn_3(PO_4)_2·4H_2O]$ 和磷酸铁锌 $[Zn_2Fe(PO_4)_2·4H_2O]$，具有一定的耐蚀性，但不及六价铬磷化膜。锌系磷化膜主要作为后续涂装的底层，具有较好的附着性和一定的耐蚀性。锌铁系常温磷化工艺添加氟化物调整后也可用于铝及铝合金处理，而且主要用于铝与其他金属的混合型基材。

适用于汽车工业的铝合金材料主要集中在 2000 系、5000 系、6000 系铝合金板材、型材、管材等材料，如目前国产汽车的车身外板及机盖使用的 6016/6111 铝合金，加强元件、顶盖使用的 5052 铝合金，车身内板、框架使用的 5182 铝合金。因为汽车大部分工件仍是铁件，因而铁铝混合车身无铬磷化处理工艺在工业生产中最为常见。

典型工序流程过程为：热水洗→预脱脂→主脱脂→水洗 1→水洗 2→表调→磷化→水洗→纯水洗 1→（钝化）→纯水洗 2。处理方式一般可分为浸渍式、喷淋式、喷浸混合式等。

在处理铝铁混合车身时，铝合金材料的表面积（S_{Al}）与铝铁总表面积（S_V）的比（$\eta = S_{Al}/S_V$）需要在一定范围内才可以使用铝铁同槽磷化工艺，$\eta \leqslant 20\%$ 时，可使用在磷化液中添加 F^- 的前处理同槽磷化工艺，由于铝合金板材出渣量约为同等表面积铁板的 $3 \sim 5$ 倍且产生的废渣（Na_3AlF_6）由于粒径小很难沉降，因此在采用同槽磷化工艺流程时，需要提高磷化槽液的循环次数，一般需要保证槽液循环次数大于 3 次/h，并增加除渣设备以利于快速去除槽液中的沉渣，保证车身外表面的清洁，提高后续电泳后车身的表面质量。而过高的铝板比例会产生严重的磷化残渣问题，槽液不够稳定，并且也会影响后续电泳品质，此时应使用两步钝化法工艺来进行处理。

对于高铝比的同槽磷化也有研究，如 2020 年，褚旭等人尝试对铝材占比 50% 的高铝车身（镀锌板和 6061 铝合金板）使用 PB-L3020 槽液同槽磷化，其工艺条件为游离酸：0.8 点；总酸：22 点；促进剂：3.5 点；游离 F：200mg/L；温度：42℃。两种板材磷化膜结晶致密，镀锌板磷化膜形貌呈现小叶片状，膜重为 $3.57g/m^2$，晶粒尺寸为 $3 \sim 6\mu m$；铝合金板磷化膜形貌呈现长条针状，膜重为 $2.52g/m^2$，晶粒尺寸为 $3 \sim 7\mu m$，板材电泳漆膜的物理性能和化学性能均合格。在磷化过程中，Al^{3+} 溶出量约为 $0.6 \sim 1.0g/m^2$。当 Al^{3+} 在磷化液中的含量超过一定浓度时，会严重影响其他板材成膜性能。通过添加含氟药剂将磷化槽液中的游离氟控制在 $150 \sim 250mg/L$ 范围内，能够将磷化槽液中游离态的 Al^{3+} 以 K_2NaAlF_6 形式沉降。

7.1.4 含锆钛的铝及铝合金无铬磷化

从废水处理及安全性上考虑，人们用锆钛盐磷化膜取代含铬磷化膜，该膜通常无色，膜厚与应用场景有关，一般后接有机涂层时，膜厚较薄，为 $20 \sim 200nm$，此时的锆盐钝化膜有良好的防护性和涂装性能，膜中 Zr 或 Ti 含量 $7 \sim 15mg/m^2$（以 Zr 或 Ti 计）为最佳，膜中锆的含量太高或太低对有机膜结合力都有不利的影响。日本 Parker 公司研制的典型配方见表 7-2，该体系工艺条件：$30 \sim 60℃$，$5 \sim 6s$，pH 值为 $3.0 \sim 4.9$，喷淋、浸渍均可。铝合金与处理液发生了一系列的化学反应和水解作用，生成的钝化膜实际上是由三氧化二铝、水合氧化铝、氢氧化铝、锆或钛与氟的络合物等组成的混合夹杂物，膜层平均厚度低于 $0.5\mu m$，为非晶态，浸渍、喷淋型产品已广泛应用于铝质易拉罐的生产中。

表 7-2　日本 Parker 公司磷酸锆钛体系典型配方

组分或操作条件	配方一	配方二
磷酸盐/(g/L)	0.04	—
锆/(g/L)	—	0.03
钛/(g/L)	0.05	—
氟离子/(g/L)	0.4	0.4
亚硝酸盐/(g/L)	—	0.3
单宁酸/(g/L)	0.2	—
pH 值	4.9	3.0

有研究人员研究出直接用于最终防腐蚀的应用的锆钛盐磷化膜，其膜厚可达微米级，与普通磷化膜外观及性能类似。

7.2 铝及铝合金磷化膜的形成机理

铝及铝合金磷化过程其本质是一个电化学过程，金属间化合物（IMP）在铝合金磷化过程中成为微阴极或微阳极，铝合金在阳极溶解，金属磷酸盐在阴极沉积，从而形成磷化膜。

7.2.1 六价铬磷化成膜机理

当工件置于铬磷化处理液中，由于磷化液的 H^+ 及一定量的 F^-，铝的溶解反应放出的氢气将 Cr（Ⅵ）还原为 Cr^{3+}，铝表面附近溶液 pH 值升高至 4 左右，PO_4^{3-} 浓度增大，工件表面析出 $AlPO_4$ 及 $CrPO_4$，反应如式(7-1) 所示。而 F^- 对 $AlPO_4$ 有选择性地溶解，磷化膜孔隙产生，使得磷化反应得以继续进行，膜逐渐沉积而变厚。

$$Al+CrO_3+2H_3PO_4 \longrightarrow CrPO_4 \downarrow + AlPO_4 \downarrow + 3H_2O \qquad (7-1)$$

$AlPO_4$ 和 $CrPO_4$ 使 P-Cr 膜呈绿色。而因体系中磷化液中铬酸盐的存在，在磷化过程中会有少量六价铬物种共沉积，如 $Cr(OH)_3 \cdot Cr(OH) \cdot CrO_4$ 等，此时磷化膜会呈黄色。过高浓度的 F^- 及 H_3PO_4 都会使膜疏松，甚至难以成膜。膜中 $CrPO_4$ 显绿色，当 F^- 含量相对低时，膜中 $AlPO_4$ 含量相对增多使绿色变浅。

磷化膜成分及厚度随 CrO_3/H_3PO_4 比值变化而变化。CrO_3/H_3PO_4 比值在 3～6 时磷化膜耐腐蚀性能好，CrO_3/H_3PO_4 比值在 0.2～2 时磷化膜与后续涂层结合力好而获得优异的复合耐腐蚀性能。1996 年，吴双成认为铬酐与磷酸比值在不同范围内都有磷化膜生成，其分析磷化反应方程式可能如式(7-2)～式(7-12)所示：

$$Al+H_2CrO_4+2H_2O =\!=\!= Al(OH)_3 \downarrow + Cr(OH)_3 \downarrow \qquad (7-2)$$

$$2Al+H_3PO_4+6H_2CrO_4 =\!=\!= Al(OH)CrO_4 \downarrow + AlPO_4 \downarrow + Cr_2(CrO_4)_3 + 7H_2O \qquad (7-3)$$

$$2Al+H_3PO_4+5H_2CrO_4 =\!=\!= Al(OH)CrO_4 \downarrow + AlPO_4 \downarrow + 2Cr(OH)CrO_4 \downarrow + 5H_2O \qquad (7-4)$$

$$2Al+H_3PO_4+4H_2CrO_4 =\!=\!= Al(OH)_3 \downarrow + AlPO_4 \downarrow + 2Cr(OH)CrO_4 \downarrow + 3H_2O \qquad (7-5)$$

$$2Al+H_3PO_4+3H_2CrO_4 =\!=\!= 2Al(OH)_3 \downarrow + CrPO_4 \downarrow + Cr(OH)CrO_4 \downarrow + H_2O \qquad (7-6)$$

$$2Al+H_3PO_4+2H_2CrO_4+H_2O =\!=\!= 2Al(OH)_3 \downarrow + CrPO_4 \downarrow + Cr(OH)_3 \downarrow \qquad (7-7)$$

$$Al+H_3PO_4+H_2CrO_4 =\!=\!= Al(OH)_3 \downarrow + CrPO_4 \downarrow + H_2O \qquad (7-8)$$

$$Al+2H_3PO_4+H_2CrO_4 =\!=\!= AlPO_4 \downarrow + CrPO_4 \downarrow + 4H_2O \qquad (7-9)$$

$$2Al+6H_3PO_4+2H_2CrO_4 =\!=\!= Al_2(HPO_4)_3 \downarrow + Cr_2(HPO_4)_3 \downarrow + 8H_2O \qquad (7-10)$$

$$2Al+9H_3PO_4+2H_2CrO_4 =\!=\!= Al_2(HPO_4)_3 \downarrow + 2Cr(H_2PO_4)_3 + 8H_2O \qquad (7-11)$$

$$Al+6H_3PO_4+H_2CrO_4 =\!=\!= Al(H_2PO_4)_3 + Cr(H_2PO_4)_3 + 4H_2O \qquad (7-12)$$

式(7-2) 表示铝在铬酸溶液中，因无磷酸，虽然成膜为白色带浅绿色，但反应速度很慢。

式(7-3)～式(7-5)表示因 CrO_3/H_3PO_4 比值较高，膜层含六价铬带彩虹色，磷化膜耐腐蚀性能好。

式(7-6)～式(7-11)中因 CrO_3/H_3PO_4 比值较低，磷化膜只含三价铬，所以颜色为白色带绿色，此磷化膜适合于涂装前的底层。

式(7-12) 表示 CrO_3/H_3PO_4 比值太小，没有膜层生成。

7.2.2 三价铬磷化成膜机理

三价铬磷化液通常以三价铬盐与磷酸的体系为主，三价铬磷化膜的主要成分为铝及铬的磷酸盐及氢氧化物或水合氧化物，其形成机理大致如下：

① 三价铬盐电离形成游离的 Cr^{3+}，而磷酸（H_3PO_4）是中强电解质，在工作液中会发生三级电离反应，因而磷化液中存在大量的能够自由移动的 Cr^{3+}、H^+、$H_2PO_4^-$。

② 当铝合金置于磷化液中时，由于表面的成分及组织结构不同，引起反应活性及电位差异，在其表面局部微区就会形成原电池而发生电化学反应，磷化液与铝合金表面氧化铝层及铝基体发生反应，微阳极位置发生溶解，微阴极区 OH^- 形成并伴随 H_2 析出，界面的 pH 值升高，H^+ 浓度减小，OH^- 浓度增大，$H_2PO_4^-$ 进一步电离成 HPO_4^{2-} 及 PO_4^{3-}，从而磷酸铬、磷酸铝、氢氧化铬及氢氧化铝在铝合金表面初步沉积。

③ 随着钝化时间的延长，沉降的物种进一步溶解沉积再平衡，向基体表面延展，同时膜逐渐变厚，三价铬磷化膜最终形成。

微阳极区发生金属溶解[式(7-13)]：

$$Al \longrightarrow Al^{3+} + 3e^- \tag{7-13}$$

微阴极区会发生氧的还原或氢离子的还原[式(7-14)及式(7-15)]：

$$2H^+ + 2e^- \longrightarrow H_2 \uparrow \tag{7-14}$$

$$O_2 + 2H_2O + 4e^- \longrightarrow 4OH^- \tag{7-15}$$

在微阴极区，无论发生哪种反应，都会使微阴极区 OH^- 浓度增大，即 pH 值升高，这样为 $Cr(OH)_3$、$CrPO_4$、$Al(OH)_3$ 及 $AlPO_4$ 沉淀的形成创造了条件。当 pH 值升高到一定程度时，$Cr(OH)_3$、$CrPO_4$ 及 $Al(OH)_3$ 与 $AlPO_4$ 便在微阴极区沉积下来，形成沉淀膜[式(7-16)～式(7-19)]。

$$Cr^{3+} + 3OH^- \longrightarrow Cr(OH)_3 \downarrow \tag{7-16}$$

$$Al^{3+} + 3OH^- \longrightarrow Al(OH)_3 \downarrow \tag{7-17}$$

$$Cr^{3+} + H_2PO_4^- \longrightarrow CrPO_4 \downarrow + 2H^+ \tag{7-18}$$

$$Al^{3+} + H_2PO_4^- \longrightarrow AlPO_4 \downarrow + 2H^+ \tag{7-19}$$

由于存在微阴极区、微阳极区，表面不同区域沉积量有所不同，因此造成表面磷化膜不均匀。在成膜时会产生大量的氢气，形成的气泡很快脱离基体表面，穿透膜层，从而磷化膜表面中会产生小孔。

当铝合金表面局部位置 pH 值足够高时，Cr^{3+} 及 Al^{3+} 就会分别以 $Cr(OH)_3$、$CrPO_4$、$Al(OH)_3$、$AlPO_4$ 形式沉积在铝合金表面上。

$Cr(OH)_3$ 及 $Al(OH)_3$ 开始沉积时，pH 值的估算如式(7-20) 所示：

$$pH = 14 - \frac{\lg[Cr^{3+}] + pK_{sp}}{3} \tag{7-20}$$

其中 $pK_{sp} = 30.2$。当将 $[Cr^{3+}]$ 为 0.07mol/L 代入上式计算得 pH 4.32，当微阴极区 pH 值高于 4.32 时，$Cr(OH)_3$ 便在微阴极区沉积下来。

$Al(OH)_3$ 开始沉积时，pH 值的估算如式(7-21) 所示：

$$pH = 14 - \frac{\lg[Al^{3+}] + pK_{sp}}{3} \tag{7-21}$$

其中 $pK_{sp} = 32.88$。$[Al^{3+}]$ 比较小，由于溶液呈酸性，铝会不断溶解，当界面处

$[Al^{3+}]=1.0\times10^{-5}$ mol/L 时，代入计算得到 pH 值为 4.37，当微阴极区 pH 值高于 4.37 时 $Al(OH)_3$ 便在微阴极区沉积下来。

磷酸铬 $K_{sp}=2.4\times10^{-23}$，磷酸铝 $K_{sp}=6.3\times10^{-19}$，因而磷化液中磷酸铬更易沉积。当 $[Cr^{3+}]$ 为 0.07mol/L、磷酸的浓度为 0.02mol/L 时，磷酸铬沉降所需 pH 值约为 0.64，故理论上，当微阴极区 pH 值高于 0.64 时，磷酸铬便在微阴极区沉积下来。实际上，微阴极区 pH 值远远高于 0.64，磷酸铬很容易沉积在铝合金表面上。当 $[Al^{3+}]$ 为 1.0×10^{-5} mol/L，可以推出磷酸铝沉积在铝合金表面上所需 pH 值约为 4.03，因此当微阴极区 pH 值高于 4.03 时，磷酸铝便在微阴极区沉积下来，因而微阴极区磷酸铬最容易沉降。

7.2.3 不含锆钛的无铬磷化成膜机理

D. Susac 等人及 A. S. Akhtar 等人对 2024 铝合金上不同微观结构区域的表面氧化物和下层金属基体对磷酸锌盐结晶形成的影响进行了研究发现，铝合金的微观结构影响磷酸锌盐结晶的初始形成，观察到这种结晶在 Al-Cu-Mg 第二相颗粒上引发，而不是在合金基体或含 Al-Cu-Fe-Mn 的颗粒上。与 Al-Cu-Fe-Mn 和基体区域（其中 Al 氧化物是主要成分）相比，Al-Cu-Mg 颗粒上的氧化物成分更容易蚀刻。因此，当浸入酸性涂层溶液中时，Al-Cu-Mg 颗粒是整个表面上金属与溶液接触的第一个位置，从而引发导致涂层沉积的反应。表面氧化物下方的富铜金属层比其他微观结构区域更具阴极性，是导致 Al-Cu-Mg 颗粒处涂层沉积增加的另一个因素。在磷酸锌盐结晶的初始阶段，磷酸锌盐结晶在 Al-Cu-Mg 颗粒和合金基体之间的边界区域成核，一些 Al-Cu-Mg 颗粒和几乎所有 Al-Cu-Fe-Mn 颗粒的中心区域都覆盖着非晶态磷酸锌盐，只有少量磷酸锌盐晶体出现在 Al-Cu-Fe-Mn 颗粒的表面，这可能源于氧化物去除不完全，与基体或 Al-Cu-Mg 颗粒上的氧化膜相比，Al-Cu-Fe-Mn 金属间化合物上氧化膜的性质更具保护性。

不含锆钛磷化液对铝件进行的无铬磷化处理过程机理类同钢铁件磷化过程，在游离酸作用下，铝与酸反应，铝溶解，此时界面 pH 值升高，产生的磷酸盐沉淀结晶成膜。但与钢铁件磷化不同的是铝铁共线磷化必须含有一定的游离氟，用来络合从基体表面溶解的 Al^{3+} 形成 AlF_3 络合物或形成 $NaAlF_4$ 沉淀，从而避免了 $AlPO_4$ 优先析出，导致磷化膜无法形成。

铝合金的磷化过程主要由基体侵蚀期、晶体初步形成期、基体再溶解和晶体形成期、基体再溶解和晶体生长达到平衡期组成，分为 4 个阶段：

第 1 阶段，铝在磷化液中发生溶解，金属表面 pH 值升高，如式(7-22)~式(7-24)所示。

$$2Al+6H^+\longrightarrow 2Al^{3+}+3H_2\uparrow \tag{7-22}$$

$$Al_2O_3+6H^+\longrightarrow 2Al^{3+}+3H_2O \tag{7-23}$$

$$Al^{3+}+6F^-\longrightarrow AlF_6^{3-} \tag{7-24}$$

pH 升高值，磷酸二氢盐发生电离平衡解离，如式(7-25)、式(7-26)所示。

$$H_2PO_4^-\rightleftharpoons H^++HPO_4^{2-} \tag{7-25}$$

$$HPO_4^{2-}\rightleftharpoons H^++PO_4^{3-} \tag{7-26}$$

第 2 阶段，由于第 1 阶段铝基体的溶解，表面的 H^+ 不断消耗，磷酸二氢盐不断电离，当达到 $Zn_3(PO_4)_2$ 等物质的溶度积时，这些难溶的磷酸盐便在微阴极活性点上形成晶核，并以晶核为中心不断向表面延伸增长而形成晶体。此阶段可以观察到试样表面大量析氢，磷化膜成膜很快，可能发生的反应如式(7-27)~式(7-29)所示。

$$3Zn^{2+}+2H_2PO_4^-\longrightarrow Zn_3(PO_4)_2\downarrow+4H^+ \tag{7-27}$$

$$Al^{3+}+H_2PO_4^-\longrightarrow AlPO_4\downarrow+2H^+ \tag{7-28}$$

$$2Zn^{2+} + Fe^{2+} + 2H_2PO_4^- \longrightarrow Zn_2Fe(PO_4)_2 \downarrow + 4H^+ \tag{7-29}$$

第 3 阶段，电位重新负移，铝的电化学溶解继续进行。由于第 2 阶段中 $Zn_3(PO_4)_2$ 等物质的过快形成，有可能增加铝合金表面 H^+ 的浓度，从而加快铝基体的溶解，使得电位再次负移。

第 4 阶段，电位缓慢正移，此时磷化膜已经形成，金属表面被覆盖，电子的传输和析氢过程受阻，进一步使得成膜受到抑制，析氢量逐渐减少，电位趋于稳定。

由于磷酸盐晶体的电绝缘性，磷化膜电阻随之增大，因此，微电池效应逐渐减弱，电化学浸蚀趋于终止，此时，溶液中 H^+ 浓度、pH 值等有逐步恢复初始状态的趋势，磷酸盐结晶出现了新的转折。在一定条件下，铝基体表面已形成的磷酸盐晶体在游离酸的作用下发生部分溶解[式(7-30)、式(7-31)]，同时又有新的磷酸盐晶体生成和长大，这种既有结晶溶解，又有重结晶的动态反应，可持续一段时间，当磷酸盐晶体的溶解与重结晶趋于动态平衡时，磷化膜厚度就不再变化，使得电位不再发生大的波动。

$$2AlPO_4 + H^+ + H_2PO_4^- \rightleftharpoons Al_2(HPO_4)_3 \tag{7-30}$$

$$Zn_3(PO_4)_2 + H^+ + H_2PO_4^- \rightleftharpoons 3ZnHPO_4 \tag{7-31}$$

7.2.4 含锆钛的无铬磷化机理

制备含钛锆的铝合金无铬磷化膜时，磷化膜转化过程中阳极发生铝的溶解，阴极发生氧的还原和氢气的析出，发生的电化学反应如下：

$$Al \longrightarrow Al^{3+} + 3e^- \tag{7-32}$$

$$O_2 + 4H^+ + 4e^- \longrightarrow 2H_2O \tag{7-33}$$

$$2H^+ + 2e^- \longrightarrow H_2 \uparrow \tag{7-34}$$

随着反应的进行，铝合金与溶液反应界面处局部 pH 值升高，促进了 ZrO_2、TiO_2 在铝合金表面的沉积，反应方程式如下：

$$ZrF_6^{2-} + 4OH^- \longrightarrow ZrO_2 \cdot 2H_2O \downarrow + 6F^- \tag{7-35}$$

$$TiF_6^{2-} + 4OH^- \longrightarrow TiO_2 \cdot 2H_2O \downarrow + 6F^- \tag{7-36}$$

同时在转化过程中生成的其他不溶性的颗粒同样在铝合金反应界面沉积，化学反应方程式如下：

$$Al^{3+} + 3Na^+ + 6F^- \longrightarrow Na_3AlF_6 \downarrow \tag{7-37}$$

$$Al^{3+} + PO_4^{3-} \longrightarrow AlPO_4 \downarrow \tag{7-38}$$

$$Zr^{4+} + 2HPO_4^{2-} \longrightarrow Zr(HPO_4)_2 \downarrow \tag{7-39}$$

$$Ti^{4+} + 2HPO_4^{2-} \longrightarrow Ti(HPO_4)_2 \downarrow \tag{7-40}$$

也有学者认为有如下反应发生：

$$Al(OH)_3 + H_3PO_4 + (NH_4)_2ZrF_6 \longrightarrow ZrFPO_4 + AlF_3 + 2NH_4F + 3H_2O \tag{7-41}$$

$$Al(OH)_3 + (NH_4)_2ZrF_6 \longrightarrow AlO_2 \cdot OH \cdot ZrF_2 + 2NH_4F + 2HF \tag{7-42}$$

从而形成复杂的混合磷化膜。

7.3 铝及铝合金磷化膜的组成及结构

7.3.1 六价铬磷化膜的组成与结构

铝合金的铬磷化膜主要由 O、P、Cr、Al 4 种元素组成，铬磷化膜主要成分为磷酸铬和磷酸铝，可能还会有少量铬及铝的水合氧化物，有研究报道纯铝的铬磷化薄膜由氧化铬和磷酸铬盐的球形颗粒组成，颗粒大小约为 30～60nm，膜的厚度约为 100～300nm。

不同的铬磷化液，由于不同的 CrO_3/H_3PO_4 比值，所形成的铬磷化膜的成分有所不同。用于涂装前底层的铬磷化，需要 CrO_3/H_3PO_4 比值稍低一些，此时铬以三价为主，颜色为白色带绿色，主要成分为 $AlPO_4$ 及 $CrPO_4$，铬磷化膜表面会由于铝表面形成的凝胶颗粒之间水分蒸发，铬磷化膜收缩产生裂纹，这些裂纹既提供了可发生相互作用的扩展界面，也提供了微机械相互锁定的可能性，因而有助于提高黏结耐久性。

在反应初始，氟与铝进行反应，形成 AlF_3 或 $AlOF$，大部分氟化物种滞留在铝/铬磷化膜界面，从而形成一层薄薄的铝氟化物膜，可认为铬磷化膜可能有一个较薄的内层即铝氟化物膜，大部分磷化膜是磷酸铬层。

7.3.2 三价铬磷化膜的组成及结构

铝合金基体与 IMP 的成分存在差异，从而引起不同区域活性不同，磷化膜沉积速率不同，因此造成三价铬磷化膜层表面不太均匀，也存在许多凸起的位置或小孔，其组成为铬及铝的氧化物及磷酸盐。

6063 铝合金在 $KCr(SO_4)_2$ 25g/L、H_3PO_4 20g/L、40℃、pH 值为 2、磷化 9min 条件下生成的三价铬磷化膜表面有铝跟氢离子反应产生的气孔，能谱结果表明铬、磷等元素沉积在 6063 铝合金表面上，其主要成分质量分数为 Al 53.09%、Cr 19.09%、Fe 16.27%、P 3.17%、O 6.34%、Si 0.51% 等。对三价铬磷化膜的铬元素进行分析，大约 576eV（Cr 2p3/2）及 586eV（Cr 2p1/2）处存在两个峰，符合 Cr_2O_3 及 $CrPO_4$ 的 Cr 2p3/2，铬元素以三价铬（Cr_2O_3 及 $CrPO_4$）的形式存在，同样分析出铝化合物为 $\gamma\text{-}Al_2O_3$ 及磷酸铝，磷化合物为磷酸铝及磷酸铬，因此 6063 铝合金在此工艺条件下三价铬磷化膜组成为 $\gamma\text{-}Al_2O_3$、Cr_2O_3、$AlPO_4$ 及 $CrPO_4$。$\gamma\text{-}Al_2O_3$ 是表面上的氢氧化铝在加热的条件下分解形成的产物，结构致密，具有良好的防护性能。

7.3.3 不含锆钛无铬磷化膜的组成及结构

H.C.Yu 等人在 6063 铝合金的表面上用对添加氧硫酸钛前后三价铬磷化液制得的样品（pH 2.7～2.9，35℃，9min）进行对比，发现不含钛样片的钝化层主要元素为 Al、Cr、P 和 O，含钛样片钝化层主要元素为 Al、Cr、P、O 和 Ti，两种涂层具有非常相似的表面形态、不均匀的表面和不均匀的孔隙分布，添加氧硫酸钛对涂层的形态没有显著影响。Cr 2p3/2 峰仅由一个峰组成，Cr 以 Cr^{3+} 状态存在于涂层中，而不是以 Cr^{6+} 状态存在；Ti 2p3/2 和 Ti 2p1/2 峰在约 457eV 和 462eV 处的结合能分别表明 Ti 处于 Ti^{4+} 状态。

王思生等人对工业纯铝 1A80 制备的磷化膜结构分析如图 7-1 所示，磷化结晶两端细中间粗，呈枣核状，结晶长度为 6～7μm，未见底材，颗粒之间形成网状结构，并且均匀分布于整个基材表面，白色结晶（约 1μm）主要分布于枣核状结晶体的孔隙部位，因而磷化膜的孔隙率低，耐蚀性很高。其团队通过表面能谱分析及 XRD 谱分析发现，图中 I 位置白色结晶体中的锌含量高，磷含量低，主要是 $ZnAl_2O_4$ 和 $AlPO_4$ 的混合结晶；II 位置被枣核状结晶体覆盖的白色结晶体中的铝含量非常高，磷含量更低，III 位置枣核状结晶体中的锌和磷含量比较正常，主要是 $Zn_3(PO_4)_2 \cdot 4H_2O$ 结晶体。推断磷化结晶体的生成过程为：细小的白色结晶即 $ZnAl_2O_4$ 生成之后，在其上迅速生成了 $AlPO_4$ 结晶体，$Zn_3(PO_4)_2 \cdot 4H_2O$ 结晶体则是围绕着 $ZnAl_2O_4$ 和 $AlPO_4$ 的混合结晶的周边生长，直至完成磷化。

张圣麟等人通过 XRD 衍射分析得到的 LY12 铝合金在含 Fe^{2+} 的锌系磷化液中的成膜晶体成分如图 7-2 所示。由图可知，1min 后，主要为铝基体的衍射峰，磷酸锌晶体还未形成；

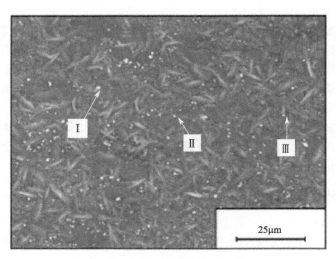

图 7-1　工业纯铝 1A80 磷化膜的表面 SEM 形貌

磷化 2min 后，磷酸锌晶体已经开始形成，其衍射角分别为 9.49°、19.28°、31.23°，且由于磷酸锌晶体的形成，铝基体的衍射强度（cps）开始减弱；随着反应的进行，铝基体的衍射强度进一步减弱，磷酸锌的衍射峰强度逐渐加强，并且磷酸二锌铁开始出现，磷化 5min 后其强度变化趋于平稳。磷化 5min 后，磷化膜在 19.28° 和 20.03° 处的衍射峰分别为 $Zn_3(PO_4)_2 \cdot 4H_2O$ 和 $Zn_2Fe(PO_4)_2 \cdot 4H_2O$ 的特征峰，经过计算"P 比"值为 14.3%。

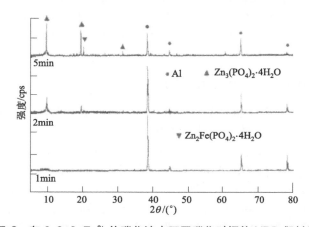

图 7-2　在 0.8g/L Fe^{2+} 的磷化液中不同磷化时间的 XRD 衍射结果

LY12 铝合金磷化前表面结构松散、凹凸不平，而磷化后表面较为平整，膜层连续、均匀，改善铝合金表面状态，磷化膜可起到保护铝合金基体的作用，从而提高其耐腐蚀性能。

7.3.4　含锆钛无铬磷化膜的组成及结构

无铬锆钛磷化膜的组成及结构与铝合金材料及钝化成分有关，本节以 5083 及 2A12 两种铝合金来进行介绍。

2016 年，Y. Liu 等人在 5083 铝合金上制备了无铬锆基钝化膜（ZrCC），钝化液成分为 15g/L NaH_2PO_4、0.5g/L K_2ZrF_6、5g/L NaF 和 1mL/L H_3PO_4，pH 值约为 3。钝化膜为厚度约为 1.5μm 的三层结构，主要成分为非晶态 Na_3AlF_6、$Zr(HPO_4)_2 \cdot H_2O$、ZrO_2 和

$AlPO_4$，这个特殊三层结构的钝化膜缺乏"自愈"能力，但具有较好的阻隔能力，因而提供了良好的保护。图 7-3（a）显示了锆基磷酸盐钝化膜的表面，可以看出，钝化层表面为直径约为数百纳米到 1 微米的结节状颗粒，铝合金表面被覆盖了一层厚度约为 $1.5\mu m$ 的连续钝化膜[图 7-3(b)]，在钝化膜中观察到明显的穿透性裂纹和裂缝，通过横截面透射电镜进一步表征了样品的结构。钝化膜是以三层结构为特征，包括合金/钝化膜界面处的厚度约为 $0.25\mu m$ 的内层、更厚的中间层（约 $1.2\mu m$）和带有结节状颗粒和外层顶部厚度为 $0.15\mu m$ 左右的层，此外每一层的选择性区域电子衍射（SAED）模式由扩散晕组成，表明三层是无定形的，如图 7-4 所示。

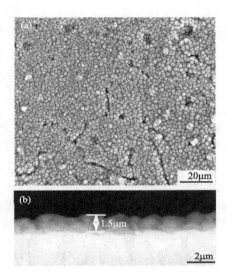

图 7-3 ZrCC 的表面（a）和截面形貌（b）

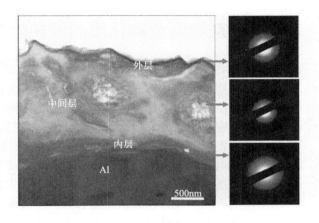

图 7-4 ZrCC 的横截面 TEM 形貌和选择区域电子衍射图

钝化膜主要由 Al、F、Na、O、P 和 Zr 组成，中间层区域富含铝、氟和钠，而 Zr 和 P 较少且分布不连续，表明较大尺寸的球状颗粒将含锆和/或磷的化合物彼此分离。而在内层和外层均观察到比中间层的锆、磷及氧元素含量更高。内层的形成可在钝化初始，在 5083 铝合金表面由于存在大量阴阳活性点迅速发生铝溶解及氢的还原反应，10s 时可发现大量不溶晶核开始沉积在铝合金表面，60s 时铝合金表面颗粒钝化膜迅速完全覆盖，这可能是图 7-4 所示的内层。由于内层大量的细颗粒堆积产生的裂缝为离子和电解质提供了唯一的运输路径，新核是在内层顶部形成和生长的，许多裂缝被新核阻断。虽然随着钝化时间的增加，钝化膜形成的速度明显降低，但由于裂缝的离子及电解质大量输送，铝合金表面细颗粒层被一层粗颗粒完全覆盖，这可能是中间层。中间层颗粒比内层大，原因如下：颗粒的大小将受到颗粒撞击的限制，当合金表面的面积不变时，原子核彼此接触。对于内层（0~60s）的形成，成核点分布在裸露表面的任何地方，成核与生长由于反应速率快，有利于形成细颗粒。至于中间层（60~260s）的形成，新的原子核的形成和生长再次被观察到因为内层裂缝是离子和电解质运输的唯一路径，所以成核由于反应速率较低，生长速度较慢，这有利于粗颗粒的形成。随着浸泡时间的延长钝化膜顶部的新核逐渐增多，由于内层及中间层屏障的存在，电解质的运输更加困难，反应速率低，这需要很长时间以完成外层沉积。在 5083 铝合金表面的小的晶核或粒子生长之前完成其覆盖，因此外层的颗粒比中层的小。

2021 年，于宏飞等人使用 $15g/L$ NaH_2PO_4、$0.5g/L$ K_2ZrF_6、$5g/L$ NaF 和 $1mL/L$

H_3PO_4 的锆基钝化液在 pH 值约 3、29～31℃、30min 条件下在 2A12 铝合金上制备了锆基磷酸盐钝化膜，在成膜 75s 时，大量颗粒在铝合金表面迅速形核长大，呈结节状，仅有少部分区域未被覆盖；成膜至 175s 时，基体表面除 IMP 外，表面被结节状颗粒完全覆盖，颗粒尺寸较小（约为 $1\mu m$），且 IMP 周围的颗粒尺寸小于其他区域；成膜至 270s 时，钝化膜颗粒继续堆垛成长，IMP 附近的颗粒尺寸约为 500nm，明显小于其他位置处，随着与 IMP 之间距离的增加，颗粒尺寸明显增大，最大颗粒尺寸约为 $4\mu m$，同时大颗粒顶部有小粒子生成；随着成膜至 1030s，大颗粒顶部生成的小颗粒数量增加并且有所长大，第二相周围的颗粒尺寸依然明显小于其他区域。在凹凸不平的铝合金表面覆盖了一层 $1～1.5\mu m$ 厚度不均匀的膜层，钝化膜主要组成元素为 F、Na 和 Al，IMP 膜层还存在 Cu，同时膜层还存在少量的 Zr、P 和 Mg。通过全谱分析得出 2A12 铝合金 ZrCC 的主要成分有 Na_3AlF_6、$Zr(HPO_4)_2 \cdot H_2O$ 和 ZrO_2。

7.4 铝及铝合金磷化膜的保护机理

作为最终防护使用的磷化膜，其保护机理如下：磷化膜对铝及铝合金的保护主要依靠磷化膜的阻隔性能，磷化后的铝合金，其腐蚀反应动力学有所改变，形成了一层耐蚀性好且相对稳定的膜层，阻碍了电子在铝合金表面的吸附与传输，磷化后电极自腐蚀电位 E_{corr} 正移，自腐蚀电流密度 I_{corr} 显著减小，耐蚀性明显提高，从而在一定程度上抑制了阴极反应，使得阴极电流密度下降。磷化膜的性能取决于铝合金成分和化学处理。随着磷化膜厚度的增加，磷化膜电阻增大而极化电阻减小，防腐蚀能力增强；但随着铬磷化膜厚度增大，较厚的薄膜显示出更多的裂纹及缺陷位置，防腐蚀能力减弱。在电化学模型中，铝合金耐腐蚀性能与膜层厚度、缺陷位置和裂纹数量有关。铝合金的腐蚀速率由腐蚀介质的穿透速度及通过裂纹电荷转移的腐蚀区域速度这两种效应的叠加产生，从而形成"浴盆"效应，即磷化膜太薄及太厚，其腐蚀速率均较膜厚度适中时快。对于含铬磷化膜防护性能，因为铬的存在，在磷化膜中会夹杂着少量铬酸盐或三价铬盐，在基材腐蚀发生时，磷化膜也会有一定的自修复性能。而欲得抗蚀性能好的六价铬磷化膜，应控制 CrO_3/H_3PO_4 比值在 3～6 范围，但如果单独作为防腐蚀层，其性能会较差，因为此时铬磷化膜有少量裂纹，裂纹处 Al 的含量明显偏高，Cr、O 的含量较低，需要进行后钝化。而经过重铬酸钾溶液封闭处理后，裂纹形状基本不变，但裂纹处成分发生了较大的变化，Al 的含量明显降低，而 O 和 Cr 的含量明显提高，可见裂纹处的 Al 得到了氧化，生成了 Al 的氧化物与 Cr 的氧化物，此时耐蚀性明显提高。对于锆钛磷化膜，主要以提供物理阻隔性能为主，锆钛磷化膜表面阻隔性能与膜的厚度及表面缺陷有关联。若磷化膜为一层又一层球状颗粒的成核堆积生长，离子和电解质从溶液/钝化膜界面到铝合金表面输送及扩散变得困难，与之相对应的磷化膜三层结构"迷宫效应"也一样很好地阻碍了腐蚀介质的传输，从而提供优异的耐腐蚀性。

而作为涂装底层使用的磷化膜，其保护机理与钢铁表面磷化膜保护机理相似，其与后续有机涂层（如电泳层、喷塑层等）一起进行综合防护。此时需要考察磷化膜的均匀致密性、与涂层的附着性能及与有机涂层的综合防护性能，磷化膜致密均匀且有适量的孔隙及裂纹，此时附着性能好，防护性能会增大，特别是耐丝状腐蚀性能。磷化膜后续也可以采取用重铬酸盐或其他钝化剂进行少量封孔措施，提升后续有机涂层整体的耐腐蚀性能。D. Susac 等人对磷化膜使用铬酸及双-1,2-（三乙氧基甲硅烷基）乙烷（BTSE）进行封闭后处理，认为使用铬酸漂洗，对磷酸膜的影响部分取决于铬酸的蚀刻，部分取决于形成的铬酸盐层的性质。例如，封闭液中在 70℃时较高浓度的 Cr（Ⅵ）降低了磷酸膜的厚度，但也有助于获得更好的耐腐蚀性，可能由于在更高的温度下形成了更多的混合 Cr-Al 氧化物，以及与 Cr（Ⅲ）氧化态相比，Cr（Ⅵ）的比例更高。当使用有机硅烷 BTSE 进行封闭时，假设 BTSE 分子渗透到磷酸盐晶体之间，并在它们之间形成 Si-O-Si 键，以及 Si-O-M 与基底结合，从而有助于钝化表面。在铬酸封闭后的磷酸膜的蚀刻产生了在 NaCl 溶液中引发腐蚀的位点，尤其是在合金基体和 Al-Cu-Mg 颗粒之间的边界处。BTSE 封闭在保护这些微区域方面更有效，但其整体性能也高度依赖于硅烷覆盖层的厚度。

作为有机涂层的底层时，与铬钝化膜相似，即使铬磷化膜较薄（厚度大约 $0.5\mu m$），铝合金表面也会出现不均匀的彩虹色外观，影响以后涂装透明漆时的均匀外观，此时会牺牲一些耐蚀性能，采用颜色比较一致的铬磷化膜。

7.5 铝及铝合金磷化膜耐腐蚀性能的影响因素

三价铬及锆钛磷化的应用及研究较少，因而此处不作介绍。

7.5.1 六价铬磷化的影响因素

7.5.1.1 六价铬磷化液成分的影响

铝及铝合金六价铬磷化液中通常含有铬酸和/或铬酸盐、磷酸、氟化钠等原料，其中铬酸和/或铬酸盐是磷化液中的氧化剂，是形成磷化膜不可缺少的成分。若溶液中铬酸和/或铬酸盐含量低，铬酸盐成膜量较少或难于形成膜层，铬酸磷化膜性能差；若铬酸和/或铬酸盐含量过高，虽然氧化能力强，成膜速度快，但环境污染严重，增加废水处理费用。因此，综合考虑铬酸酐或铬酸盐含量一般可控制在 $10\sim15g/L$。磷酸是主要成膜剂，若溶液中磷酸含量过低，不能形成较厚的均匀的六价铬磷化膜，形成的膜抗蚀性能差；含量过高时，pH 值较低，此时形成的膜不致密，且因为酸度较大，形成的膜会被溶解，因而成膜也会较薄、抗蚀性能差。氟化钠是活化剂，与铬酸酐、磷酸共同作用，能生成致密的膜层，含量低时膜薄或没有膜层生成；含量过高，则膜层疏松。在生产原料及比例确定的情况下，六价铬磷化液的浓度与总酸度近似成正比例关系，因而工业上通常通过控制总酸度来控制浓度。

7.5.1.2 pH 值的影响

在六价铬磷化处理液中，pH 值在 $1.4\sim2.0$ 时，磷酸主要以 H_3PO_4 和 $H_2PO_4^-$ 形式存在，此时游离磷酸占比较大，此种条件下，铝表面溶解速度适中，沉积速度较快。如果铬磷化槽液 pH 值过高，磷酸电离成 $H_2PO_4^-$ 形式存在，铝的溶解速度很小，成膜反应很难发生，当 pH 值高于 3.0 时，将不会生成铬磷化膜。如果槽液 pH 值过低，磷酸对铝的溶解速度过快，成膜速度太快，膜层松、多孔、结合力不良。当 pH 值小于 1.2 时，同样不会生成铬磷化膜或成膜质量较差。测定六价铬磷化液的 pH 值时，因为重铬酸盐等氧化性物质对电极具有氧化作用，且氟化物也会腐蚀玻璃电极，从而影响 pH 值测量的可靠性，需要特别注意。

7.5.1.3 温度的影响

在其他条件相同的情况下，温度较低时，成膜速度慢，形成的膜薄耐蚀性较差；而当温度上升至 $20\sim35℃$ 时，成膜速度适中，成膜膜重达到最大，膜致密，耐蚀性能最佳；温度继续升高时，结晶速度过快，界面处物质交换加快，pH 值下降，以及铬磷化膜选择性溶解，以及膜粗大多孔且不均匀，此时膜重有时也会有下降，耐蚀性变差。不同的六价铬磷化液，温度对磷化膜的成膜影响趋势相似，需要针对不同工况确定最佳温度区间。

7.5.1.4 磷化处理时间的影响

铝和铝合金六价铬磷化与铁件磷化处理不同，铁件磷化处理时，铁件表面磷化开始时有大量气体放出，而磷化结束时表面基本无气泡析出。铬磷化则不同，处理时间不管多长，铝件表面仍有气泡产生。时间过短，成膜量不足；时间过长，膜多孔粗糙，影响铬磷化膜的防护能力。因此需要根据不同的工艺条件确定最佳的磷化时间。

图 7-5 所示是 Alodine 工艺的铬磷化液操作温度与时间对膜厚的影响，斜线区域内适宜作为有机涂层的底层，由图可以看出操作温度越高，所需磷化时间越短，且可操作的时间窗口越小。因而此工艺在较低温度下操作更优。图 7-6 所示为不同的铝合金材质经过铬磷化处理后耐 1000h 盐雾性能腐蚀增量随膜重变化趋势，表明预浸蚀的无铜铝合金的膜厚（膜重 $0.4\sim2.5g/m^2$ 时）与磨蚀速度相关性小，基本无变化，而含铜铝合金磨蚀增量在膜重处于 $0.4\sim2.5g/m^2$ 时，先明显升高后缓慢下降，且是无铜铝合金腐蚀增量的 $5\sim12$ 倍，其原因可能为含铜铝合金的第二相颗粒影响了铬磷化膜成膜的均匀性，因而其不适用于铬磷化处理。

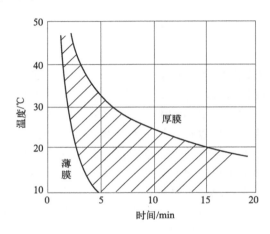

图 7-5 操作温度及时间对于膜厚的影响
（斜线部分为膜厚合格区）

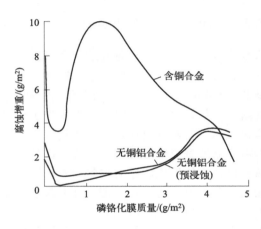

图 7-6 铝合金经过铬磷化液处理后耐盐雾腐蚀性随膜厚的变化

7.5.1.5 除油活化处理的影响

铝表面上铬磷化膜质量的好坏，在很大程度上取决于前处理的好坏。除油不彻底，氧化膜会出现斑点或长条纹，严重时不生成氧化膜。活化后必须迅速用水清洗干净，并立即在铬磷化槽中处理，否则，在空气中暴露时间太长，新鲜的铝表面又被空气重新氧化，将使铬磷化膜不连续，与铝基体结合力不良。

7.5.1.6 后处理的影响

干燥可以除去工件表面的水分，更重要的是能促进六价铬磷化膜老化，使胶态膜凝聚脱水而变得紧密，提高膜的结合力和耐蚀性。老化工艺有不同的论述，需要针对不同的材质及要求进行具体分析。温度一般为 60～70℃，据金相观察，在 75℃时磷化膜出现裂纹，随着干燥温度的升高，裂纹数目增多并变宽，温度太高反而使抗蚀性下降。在不同工艺生产过程中，需要针对铝及铝合金工件吸热面积、吸热量、烘烤时间等因素来确定炉温、工件温度及升温降温曲线等干燥工艺，来使磷化膜性能达到最佳。

7.5.2 无铬磷化的影响因素

铝合金磷化液游离酸度、总酸度、促进剂浓度、磷化温度、磷化时间、游离氟含量和所含其他离子等对磷化效果有影响，且磷化前脱脂及表调等工序也至关重要。

7.5.2.1 游离酸度的影响

游离酸度反映了磷化液中游离的磷酸含量。游离酸度低，说明磷化液中的游离磷酸含量低，在总酸度一定时，磷化成膜速度快，结晶粒子偏大，孔隙率大，磷化膜比较粗糙，耐蚀性比较低；游离酸过低时，难以对基材进行均匀溶解同样难以成膜，铝合金表面腐蚀反应慢，磷化成膜速度慢，且形成的磷化膜不完整，有时甚至会出现无法磷化的现象，同时磷化液中沉渣也会增多。游离酸度偏高，成膜速度慢，对铝合金材料产生过腐蚀难成膜或膜层结晶粗大、疏松，耐蚀性也下降；游离酸度过高，阴极会不断析出 H_2，锌盐浓度达不到成膜条件，造成成膜困难，磷化膜不均匀，颗粒较大。铝合金磷化工业生产时游离酸度通常控制在 0.6～1.2。

7.5.2.2 总酸度的影响

总酸度反映磷化液中 H_3PO_4、$H_2PO_4^-$、HPO_4^{2-}、PO_4^{3-}、Zn^{2+}、Mn^{2+}、F^- 等的含量，即成膜物质的含量。总酸度低，说明磷化液中的成膜物质含量低，在游离酸度一定时，磷化成膜速度慢，磷化膜不连续且较粗糙，耐蚀性也较低；总酸度偏高，成膜离子的浓度大有利于成膜，但酸度太高会产生大量沉渣造成浪费，成膜速度快且磷化膜粗糙，耐蚀性下降。通常铁铝混合磷化工业生产时总酸度通常控制在 21～28 点。

7.5.2.3 促进剂浓度的影响

促进剂的作用主要有两个方面：一方面，促进剂在生成磷化膜的过程中起到阴极去极化作用，促进电化学转化反应的正常进行，从而保证了化学沉积反应的正常进行，即化学转化层的生成。另一方面，这些促进剂大多是氧化类物质，在化学转化处理中，将由含铁金属材料中溶入处理液中的二价铁离子氧化成三价铁离子，从而阻止二价铁离子在化学转化过程中的富集，防止了因二价铁的富集造成的化学处理液老化，以及阻碍形成良好的转化层。常用的促进剂为亚硝酸钠。促进剂含量过低，磷化速度过慢，磷化结晶粗大，孔隙率增加，不致密，耐蚀性能下降；促进剂含量过高，磷化速度过快，磷化结晶细，附着力及耐蚀性能下降，甚至会出现工件被钝化蓝膜现象。通常铁铝混合磷化工业生产时促进剂浓度（点数）控制在 1.5～3.5。

而对单独铝合金磷化时，促进剂浓度也近似在这一范围，如王恩生对纯铝 1A80 的磷化进行研究，当游离酸度为 1.0 点、总酸度为 20.0 点、温度为 30℃，促进剂为 2.0～4.0 点时效果最佳，此时膜外观均匀、致密、光滑，膜厚为 1.86～2.33μm，膜重为 1.93～2.23g/m²，附着力为 1 级。

7.5.2.4 磷化温度的影响

磷化温度也是决定成膜的关键因素之一。温度过低，磷化膜不完整，甚至难以成膜；升高温度，可加快磷化速度，缩短磷化时间，并能提高膜层的结合力、硬度及耐蚀性；但温度过高时，磷化液中可溶性盐的电离度增大，当成膜离子的浓度超过其离子积常数时会产生大量的磷化渣，加大磷化液中有效成分的消耗，同时破坏磷化液的平衡。

铝铁混合磷化工业生产时温度通常控制在 45～50℃。

7.5.2.5 磷化时间的影响

磷化过程主要有基体侵蚀期、晶体初步形成期、基体再溶解和晶体生长，磷化时间对磷化膜的影响较明显，当磷化膜的溶解与结晶达到平衡，此时磷化达到最佳，磷化膜此时致密均匀。从图 7-7 （a）可以看出磷化 1min 后，在铝材表面上尚无磷化晶粒形成，但此时铝材表面有细小的无定形物形成；图 7-7 （b）显示磷化 2min 后，已有磷化晶粒在铝材表面形成，但此时磷化膜的孔隙率较大，磷化晶粒也较为粗大；从图 7-7 （c）可以看出磷化 5min后，此时所形成的磷化膜较为致密，孔隙率减少，磷化晶粒变小。通过肉眼观察，其外观呈浅灰色。

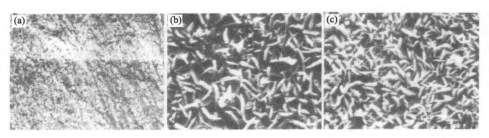

图 7-7 磷化液 Fe²⁺ 含量为 0.8g/L 时，磷化 1min (a)、 2min (b) 和 5min (c) 后的扫描电镜照片

铝铁混合磷化工业生产时间通常控制在 120～300s。

7.5.2.6 F⁻ 浓度的影响

F⁻ 是铝磷化反应的重要添加剂，磷化槽中加入氟离子，有两方面的作用：①铝及铝合金在不含 F⁻ 的磷化液中只能形成很薄的磷化膜或几乎没有膜生成，其原因在于 Al 是较为活泼的金属，在空气中被氧化形成一层致密的氧化膜，虽然磷化前经过了碱蚀，但其表面仍会有少量 Al_2O_3 薄膜，由于这层 Al_2O_3 膜的存在，磷酸锌晶体难以在铝合金表面附着，从而磷化膜难以形成。在磷化液中加入 F⁻ 后，这层氧化膜溶解，从而使得铝基体更多地暴露在磷化液中，从而加快了反应的速度，形成了较为致密的磷化膜。②在槽液中加入足够的氟化物，使表面溶出的铝离子始终保持配位状态，而不以游离 Al^{3+} 存在。氧化膜溶解产生的 Al^{3+} 在钢铁磷化过程中是杂质离子，当其达到一定浓度时，会造成磷化膜发花、挂灰甚至难成膜，必须添加 F⁻ 使其与 Al^{3+} 反应生成络合物将其去除掉。

F⁻ 浓度的高低影响磷化膜成分的组成，氟化物在槽液中以络合氟化物和游离氟化物两种状态存在，两者之间必须保持一定的比例关系。铁铝混合磷化工业一步法生产时游离氟通常控制在 120～250mg/L，对于总氟浓度一般认为，氟化物浓度应在 1200～1500mg/L。当处理液中游离氟超过 250mg/L，Na_3AlF_6 与 $Zn_3(PO_4)_2$ 一起沉积在工件上，影响膜的质量。当 F⁻ 浓度过高时会造成铝材腐蚀过度，比例失调，铝件过腐蚀而表面发黑，生成的膜层粗糙、疏松，影响其表面漆膜的附着力。

7.5.2.7 Fe²⁺ 浓度的影响

Fe^{2+} 是铝及铝合金磷化的有效添加剂，可以起到促进磷化膜形成的作用，当其他指标在操作范围时，钢材磷化过程中产生的 Fe^{2+} 成为铝材磷化的有用成分，成膜速度提高，晶粒细化，膜层均匀、致密，膜层颜色加深，膜重减轻，磷化膜形貌从片状、针状逐步转变为颗粒状。单独铝材生产时，在传统的锌系磷化液中生成的磷化膜疏松、易擦掉，而且有磷化不上的现象。Fe^{2+} 促进成膜、细化晶粒，可生成均匀、致密、浅灰色的磷化膜，磷化膜由 $Zn_3(PO_4)_2 \cdot 4H_2O$ 和少量 $Zn_2Fe(PO_4)_2 \cdot 4H_2O$ 组成，磷化膜中 $Zn_2Fe(PO_4)_2 \cdot 4H_2O$（P 相）增多。$Fe^{2+}$ 的加入能够提高 P 相含量，改善磷化膜的致密性和防腐蚀性能。

Fe^{2+} 浓度太大，磷化液的稳定性变差，溶液会变得混浊，尤其是磷化时间稍长，就会有大量沉渣，不利于工业生产。所以，就工业应用来看，Fe^{2+} 的浓度值在 $0.02 \sim 0.04g/L$ 时磷化膜的性能已可以达到要求，没必要继续提高。

7.5.2.8 槽液循环及过滤的影响

铝磷化的磷化渣较多，在槽液中会大量积累，反应过程中会包裹或积留在车身的中空部位，此种槽无法通过后水洗去除，会引发车身质量缺陷，同时大量的磷化渣还会引起槽液爆渣风险，可通过额外添加结渣剂，使残渣转化成大片的絮状物，车身出槽时容易冲洗除去。为了清除槽液中的磷化渣，磷化槽正常会配备板框式压滤机，根据槽体大小设计过滤能力，一般在槽体的两端均设置有吸口，在底部循环的带动下，将磷化渣送至压滤机的吸口。

良好的循环同样是保障铝件磷化膜结晶良好的重要因素。铝件的磷化处理中，氟离子、铝离子、钠离子结合生成六氟酸钠沉淀的过程需 $15 \sim 40min$，所以需要铝件表面磷化液的流速不小于 $0.4m/s$，用来稀释铝件表面铝离子的浓度。设备除有底部循环以外，增加层流循环，槽液整体循环量须达 $3 \sim 6$ 次/h。

7.5.2.9 其他离子的影响

铝合金磷化中可加入 Ni^{2+}，Ni^{2+} 在磷化过程中起到了两方面的作用：一是减缓了磷化液中铝合金表面 pH 值上升的速度，从而使磷化膜变薄；二是在磷化过程的后期，含 Ni 的氧化物（$NiAl_2O_4$）等会沉积在磷化膜的空隙中，$NiAl_2O_4$ 比 Al_2O_3 更难溶解，从而提高了铝合金的耐蚀性（Ni^{2+} 也可增加铝合金上的阴极面积，从而起到提高磷化膜覆盖率的作用）。Ni^{2+} 的加入，结晶形态由细长的柱状变成均匀的结晶细腻立方体颗粒，起到细化磷化膜晶粒的作用，从而提高了磷化膜对铝合金基体的耐蚀性能。

铝合金磷化中可加入 Ce^{3+}，Ce^{3+} 在磷化过程中起两种作用：一是提供更多的活性点，形成更多的晶核，细化晶粒，使结晶致密，并提高磷化膜的耐蚀性，改善了磷化膜的表面质量；二是加速磷化反应，使成膜速度加快。由于 Ce^{3+} 的加入，磷化完成时间被缩短。稀土凝胶颗粒作为形核中心，其数量的多少将影响磷化晶粒的大小和数量，稀土凝胶颗粒越多，所形成的磷化晶粒数量越多、尺寸越小，磷化膜更加致密。当磷化液中的 Ce^{3+} 含量从 0mg/L 增加到 20mg/L 时，磷化膜的覆盖率增大，磷化颗粒明显细化，若 Ce^{3+} 浓度过大（增加到 50mg/L）时，反而会出现磷化晶粒粗糙的现象，可能是由于过多的凝胶颗粒覆盖和封闭了阳极表面，抑制了阳极反应所造成的。Ce^{3+} 在低温下有助于磷化膜的形成，而在高温下，Ce^{3+} 对磷化膜膜质量的影响不太显著，而在低温下磷化液更加稳定，便于控制。另外沉淀是磷化工艺的必然产物，但低温磷化的酸度降低，基体的腐蚀量低，所以沉淀的生成也明显减少。由于 Ce^{3+} 在铝合金低温磷化过程中可以起到促进磷化膜形成的作用，因此是一种较理想的添加剂。磷酸盐与稀土铈发挥协同作用，制备以磷酸锌和磷酸铁锌为主要成膜物质的磷化膜层，膜层呈现浅灰色，成膜致密且晶粒细小。

磷化液中加入 Cu^{2+} 后，磷化膜光滑致密，颜色较深，而且膜重有所增加，Cu^{2+} 可增加铝合金表面的阴极面积，从而增加磷酸锌核数量，提高铝合金上磷化膜的覆盖率，但加入过多 Cu^{2+} 后，其腐蚀电流会上升，耐蚀性有下降的趋势。稀土镧改进后的磷化膜与有机涂层的结合力更优，耐蚀性更好。钼酸盐可以显著提升锌系磷化膜层的成膜质量以及提升对基材表面的覆盖率等，并且在磷酸盐与钼酸盐的复配转化液中，成膜阶段由偏磷酸氧化钼酸盐形成致密、具有蜂窝状膜结构的 Mo-P 磷化膜。添加 $Ba(NO_3)_2$ 亦对膜结构有明显的改善，制备的化学磷化膜层呈现双层结构，与裸露的镁合金基材相比，防腐蚀性能有了较大幅度的提升。Si-P 复合膜也是常见的一种复合膜，膜层中的硅酸盐转化膜可以增加膜层的腐蚀电阻值，提高膜层的耐蚀性能。引入植酸作添加剂，控制磷化液 pH 值介于 $3.0 \sim 5.5$ 之间，制备具有优质耐蚀性能的 Al-P 磷化膜。溶胶-凝胶涂层可以为基体提供保护作用，采用磷酸盐转化法与溶胶-凝胶涂层联合处理，制备的复合膜表现出更为优异的耐腐蚀能力，且复合膜层的综合性能要优于单一膜层。

7.6　磷化的应用及缺陷分析

铝及铝合金的磷化膜，其裸膜的耐蚀性远低于铬酸盐或三价铬盐处理后的磷化膜，一般在喷涂前进行磷化处理。在相同磷化参数条件下，铝基材可与多种可溶性磷酸盐为主盐的转化液发生磷化反应，制备的磷化膜呈现不同的微观表面结构。如 2024-T3 铝合金表面锌系磷化，磷酸锌晶体首先在 Al-Cu-Mg 相与铝合金基体界面处形核，然后在 Al-Cu-Mg 相上生长，而不是在铝基体或者 Al-Cu-Fe-Mn 颗粒上形成。相反，Al-Cu-Fe-Mn 第二相颗粒抑制了磷酸锌磷化膜的形成。不同材质的铝合金产品形成的磷化膜结构会有一定的区别，磷化槽液的配方组成及工艺参数需要相应调整，这也限制了铝磷酸盐钝化的应用范围。

由于铝合金板材出渣量约为同等表面积铁板的 3~5 倍且产生的废渣（Na_3AlF_6）由于粒径小很难沉降，而在铝铁共线生产工艺中，铝件面积超过总处理面积的 20％时，会产生严重的磷化残渣问题，槽液不够稳定也会影响后续电泳品质，限制了铝磷化的使用，此时会采用磷化+钝化二步法，即在共线处理时，磷化槽液中磷化铁件，而铝件在磷化槽中不成膜，在后续的钝化工艺中成膜，达到电泳质量要求，此时钝化处理液多以铬酸盐钝化或锆钛盐化学钝化为主。

参考文献

[1]　李克，孙宝德，王俊，等 . 铸造铝硅合金表面铬酸盐转化膜的制备及其耐蚀性 [J] . 材料保护，1999，32（8）：7-10.

[2]　Chen W K, Bai C Y, Liu C M, et al. The effect of chromic sulfate concentration and immersion time on the structures and anticorrosive performance of the Cr（Ⅲ）conversion coatings on aluminum alloys [J] . Applied Surface Science, 2010, 256（16）: 4924-4929.

[3]　Yu H C, Chen B Z, Shi X, et al. Investigation of the trivalent-chrome coating on 6063 aluminum alloy [J] . Materials Letters, 2008, 62（17-18）: 2828-2831.

[4]　Yu H, Chen B, Wu H, et al. Improved electrochemical performance of trivalent-chrome coating on Al 6063 alloy via urea and thiourea addition [J] . Electrochimica Acta, 2009, 54（2）: 720-726.

[5]　Wen N T, Lin C S, Bai C Y, et al. Structures and characteristics of Cr（Ⅲ）-based conversion coatings on electrogalvanized steels [J] . Surface and Coatings Technology, 2008, 203（3）: 317-323.

[6]　潘瑞丽，伍明华 . 3 价铬钝化国内外专利技术进展 [J] . 化工时刊，2008，22（6）：55-57.

[7]　蒲海丽，王建华，蒋雄 . 三价铬钝化的探讨 [J] . 电镀与环保，2004，24（2）：25-26.

[8]　陈小平，潘剑锋，赵栋梁，等 . 不同 Cr（Ⅲ）配合物对三价铬钝化液性能的影响 [J] . 材料保护，2008，41（5）：33-35.

[9]　付蓉 . 金属铬酸盐化学转化处理的替代技术 [J] . 汽车工艺与材料，2004，7：71-73.

[10]　Huang J Z. Preparation of trivalent chromium and rare earth composite conversion coating on aluminum alloy surface [J] . Iop Conference, 2018, 301: 012089.

[11]　余会成，陈白珍，石西昌，等 . 6063 铝合金三价铬化学钝化膜的制备与电化学性能 [J] . 物理化学学报，2008，24（8）：1465-1470.

[12]　王昕，王颖 . 磷化温度对铝合金磷化膜性能的影响 [J] . 电镀与精饰，2013，35（11）：32-34.

[13]　李敏娇，张述林，王晓波，等 . 铝合金无铬磷化技术的研究 [J] . 有色金属加工，2008，37（1）：48-50.

[14]　胡文娇，周勇，李依旋，等 . Ni^{2+} 对铝合金磷化膜结构和耐蚀性的影响 [J] . 电镀与精饰，2012，34（001）：1-4.

[15]　李思昊，任广军 . 磷化液组分对铝合金磷化膜耐蚀性能的影响 [J] . 电镀与精饰，2012，34（12）：11-13.

［16］ 张圣麟，陈华辉，张明明，等．Fe^{2+}对铝合金无铬磷化的影响［J］．金属热处理，2007，32（12）：3．

［17］ 钟雪丽，曲黎．铝合金磷化工艺探讨［J］．电镀与精饰，2016，38：19-24．

［18］ 王祝堂．铝材及其表面处理手册［M］．南京：江苏科学技术出版社，1992．

［19］ 李红玲，娄淑芳，付小宁．常温铝合金锌系磷化过程的电化学研究［J］．涂料工业，2010，40（4）：37-39，46．

［20］ 张淑芬，龚淑玲．稀土铝型材的磷化处理和钝化处理［J］．轻金属，1998，09：47-49．

［21］ 吴双成．铝及铝合金铬磷化处理［J］．电镀与环保，1996，16（5）：17-19．

［22］ 余会成．6063铝合金三价铬化学转化膜的制备及性能研究［D］．长沙：中南大学，2009．

［23］ 李红玲，刘清玲．6061铝合金表面无铬稀土镧转化膜性能的研究［J］．表面技术，2013，42（3）：42-55．

［24］ 于宏飞，邵博，张悦，等．2A12铝合金锆基转化膜的制备及性能研究［J］．中国腐蚀与防护学报，2021，41（1）：101-109．

［25］ Treverton J A, Amor M P, Bosland A. Topographical and surface chemical studies of chromate-phosphate pretreatment films on aluminium surfaces［J］. Corrosion Science, 1992, 33（9）: 1411-1426.

［26］ Critchlow G W, Brewis D M. A Comparison of chromate-phosphate and chromate-free conversion coatings for adhesive bonding［J］. The Journal of Adhesion, 1997, 61（1-4）: 213-230.

［27］ Oki M, Oki T K, Charles E. Chromate and chromate－phosphate conversion coatings on aluminium［J］. Arabian Journal for Science and Engineering, 2012, 37（1）: 59-64.

［28］ Liu Y, Yang Y, Zhang C, et al. Protection of AA5083 by a zirconium-based conversion coating［J］. Journal of The Electrochemical Society, 2016, 163（9）: C576-C586.

［29］ Ende D, Kessler W, Oelkrug D, et al. Characterization of chromate-phosphate conversion layers on Al-alloys by electrochemical impedance spectroscopy（EIS）and optical measurements［J］. Electrochimica Acta, 1993, 38（17）: 2577-2580.

［30］ 王成，江峰．LY12 Al合金铬磷化处理［J］．腐蚀科学与防护技术，2002，2：82-85．

［31］ 表面处理工艺手册编写组．表面处理工艺手册［M］．上海：上海科学出版社，1991．

［32］ 谢守德，李新立，李安忠，等．Fe^{2+}对铝件磷化的影响［J］．材料保护，2005，38（3）：55-58．

［33］ 王川里．铝件的磷化工艺［J］．广东化工，2015，42（19）：51，33．

［34］ 李红玲，付小宁．铝合金表面无铬磷酸盐稀土转化膜的成膜机理及耐蚀性研究［J］．表面技术，2011，40（0）：8-11．

［35］ 娄淑芳，李红玲．无铬磷酸盐稀土转化膜工艺研究［J］．涂料工业，2011，41（1）：38-43．

［36］ 李红玲，陈改荣．一种铝合金无铬磷酸盐稀土转化膜的结构［J］．腐蚀与防护，2011，32（9）：694-696．

［37］ Lin B L, Lu J T, Kong G, et al. Growth and corrosion resistance of molybdate modified zinc phosphate conversion coatings on hot-dip galvanized steel［J］. Transactions of Nonferrous Metals Society of China, 2007, 17（4）: 755-761.

［38］ Yong Z, Jin Z, Cheng Q, et al. Molybdate/phosphate composite conversion coating on magnesium alloy surface for corrosion protection［J］. Applied Surface Science, 2008, 255（5）: 1672-1680.

［39］ Chen Y, Luan B L, Song G L, et al. An investigation of new barium phosphate chemical conversion coating on AZ31 magnesium alloy［J］. Surface & Coatings Technology, 2012, 210（8）: 156-165.

［40］ Hamdy A S, Alfosail F, Gasem Z. Deposition, characterization and electrochemical properties of silica-phosphate composite coatings formed over A6092/Si C/17.5p aluminum metal matrix composite［J］. Electrochimica Acta, 2013, 109: 168-172.

［41］ Shi H, Han E H, Liu F, et al. Protection of 2024-T3 aluminium alloy by corrosion resistant phytic acid conversion coating［J］. Applied Surface Science, 2013, 280（9）: 325-331.

［42］ Zarras P, Stenger-Smith J D. Chapter 3-smart inorganic and organic pretreatment coatings for the inhibition of corrosion on metals/alloys［M］. Intelligent Coatings for Corrosion Control Elsevier Inc, 2014: 107-140.

［43］ Murillo-Gutiérrez N V, Ansart F, Bonino J P, et al. Protection against corrosion of magnesium alloys with both conversion layer and sol-gel coating［J］. Surface & Coatings Technology, 2013, 232（10）: 606-615.

［44］ 董首山．化学转化膜：第二讲磷酸盐转化膜（下）［J］．腐蚀科学与防护技术，1989，1（3）：45-48．

［45］ Susac D, Sun X, Li R Y, et al. Microstructural effects on the initiation of zinc phosphate coatings on 2024-T3 aluminum alloy［J］. Applied Surface Science. 2004, 239（1）: 45-59.

［46］ 刘柏山．轿车车身铝件的磷化工艺设计［J］．2009，47（9）：22-24．

［47］ 褚旭，彭杨，何源，等．高铝车身前处理工艺研究［J］．汽车工艺与材料，2020，3：28-34．

［48］ 朱进，李治东，张举全，等．高铝比钢铝混合车身磷化工艺［J］．电镀与涂饰，2021，40（22）：1723-1727.

［49］ Yu H C，Huang X Y，Lei F H，et al. Preparation and electrochemical properties of Cr（Ⅲ）-Ti-based coatings on 6063 Al alloy［J］．Surface and Coatings Technology，2013，218（1）：137-141.

［50］ Akhtar A S，Wong P C，Wong K C，et al. Microstructural effects on the formation and degradation of zinc phosphate coatings on 2024-Al alloy［J］．Applied Surface Science，2008，254（15）：4813-4819.

［51］ 朱祖芳．铝合金阳极氧化与表面处理技术［M］．第3版．北京：化学工业出版社，2021.

［52］ 王恩生，杨波，徐俊波，等．纯铝的锌条磷化工艺及机理［J］．材料保护，2010，43（6）：35-37，78.

第 **8** 章

铝及铝合金锆钛盐钝化

8.1 铝及铝合金锆钛盐钝化种类

业界一直努力在表面处理工艺中彻底消除六价铬的有害影响，最早在 20 世纪 70 年代就开发出了完全无铬的锆盐、钛盐金属表面处理技术。锆、钛与铬的化学性质相似，可以在铝合金表面生成连续、稳定的氧化膜，膜层与基体牢固结合，具有极强的保护性能。

在工业生产过程中，铝及铝合金表面化学钝化膜由于制备工艺简单而成为工业上表面预处理的首选，铬酸盐和磷酸盐钝化技术由于健康和环境问题，在可替代的工艺条件下，逐渐被锆钛盐钝化等环保技术所取代。锆钛系化学钝化体系特别适合于铝及铝合金涂装前的化学转化成膜处理，可增加有机涂层与基体的结合力，提高耐腐蚀性能；同时钝化膜本身也具有一定的防腐蚀能力，在特殊铝合金材料及厚膜工艺下，其防腐蚀能力与铬酸盐法接近，可单独用于一些要求不高的产品防护。

锆钛盐钝化根据其成膜及钝化原理的不同大致有如下五类：

① 锆钛薄膜钝化体系；

② 锆钛厚膜钝化体系；

③ 锆钛＋铬钝化体系（详见第 6 章）；

④ 锆钛＋磷酸盐钝化体系（详见第 7 章）；

⑤ 锆钛＋硅烷及自组装钝化体系（详见第 9 章）。

8.1.1 薄膜型锆钛钝化

薄膜型的锆钛钝化即膜厚小于 200nm 的锆和/或钛的钝化，因为钝化时间短、钝化膜性能稳定以及更简单的废液处置，所以此种技术具有大规模应用的吸引力，是最可行的铬酸盐钝化的绿色替代技术，已达到工业应用的成熟水平，并在汽车、家电、五金等领域广泛应用。锆和/或钛钝化液通常由 H_2ZrF_6 和/或 H_2TiF_6 及盐和一些有机/无机添加剂组成，典型的钝化工作液含有六氟金属盐络合物［如 H_2ZrF_6、H_2TiF_6 及 $(NH_4)_2ZrF_6$ 等］、用于调节 pH 值的无机酸及碱以及用于改善成膜动力学或黏附性能的添加剂，六氟金属盐络合物主要作用为成膜，同时也具有一定的表面活化作用。钝化液中一些有机和无机添加剂对锆钝化膜（ZrCC）和/或钛钝化膜（TiCC）的均匀性、缓蚀性能和与有机涂层的结合性能起改善作用。无机化合物主要影响钛钝化膜形成过程中沉积方式及速度的改变，但有些无机化合物或具有络合能力的有机化合物在钝化液中能与锆钛混合成膜，从而可提供一定的自愈能力。

锆钛钝化成膜工艺通常是在微酸（pH 值通常在 2.5～4.5）、接近室温的温和条件下，在锆和/或钛钝化液中浸泡 2～5min 或喷淋 0.5～3min 可产生性能良好的化学钝化膜。此类锆钛盐通常认为锆钛钝化膜成核和薄膜生长主要从金属间化合物（IMP）开始，由于局部 pH 值增加，水合金属氧化物如 ZrO_2、TiO_2 等沉淀，然后再不断生长延展至铝基体上沉积。应用于涂装领域的锆和/或钛钝化膜度通常在 20～100nm 之间，具体取决于工艺参数，在线检测一般以锆和/或钛的单位面积沉积量来判定成膜状态。

在工业生产过程中，一般大型槽体进行悬挂步进式生产时，钝化槽液需要加搅拌装置，让槽液在生产过程中得到一定的搅拌，从而使生产的钝化膜膜重可控及表面状态相对均匀。也有较小的槽体生产过程中进行上下来回拉动工件达到搅拌槽液及均匀成膜的目的。在工件游浸式浸泡槽生产时，工件有一定的速度在槽液中潜游，达到一定的搅拌效果。对于全喷淋锆和/或钛钝化处理工艺，因为铝合金界面的钝化液不断更新，成膜处理时间将会缩短，若与浸渍处理相比，相同处理时间，其成膜膜重将会更大。

常用的钛和/或锆钝化膜基本组成如表 8-1 所示。

表 8-1 工业用 Ti、Ti/Zr 和 Zr 基钝化膜的基本组成

商品名	厂商	主要成分
Bonderite MNT 5200	Henkel	$H_2ZrF_6 + H_2TiF_6$（1∶3）＋有机聚合物微粒
Alodine 4830	Henkel	$H_2ZrF_6 + H_2TiF_6$
Alodine 5700	Henkel	锆、钛氟化物及氧化物
Alodine 2840	Henkel	$H_2ZrF_6 + H_2TiF_6$＋聚丙烯酸
TecTalis 1800	Henkel	$H_2ZrF_6 + Cu$
Alodine 1453R	Henkel	Ti 和 Zr 的氟氧化物，有机硅聚合物
Gardobond X4591	Chemetall	$H_2ZrF_6 + H_2TiF_6$
Gardobond X4707	Chemetall	$H_2ZrF_6 + H_2TiF_6$
Gardobond X4705	Chemetall	$Zr(OBun)_4$＋乙酸＋$ZrO(NO_3)_2$
NCP	Navair	$H_2ZrF_6 + ZnSO_4$
Alodine NR 6217/18	Gerhard Collardin GmbH	H_2ZrF_6＋聚丙烯酸

8.1.2 厚膜型锆钛钝化

锆钛厚膜钝化即锆和/或钛＋有机添加剂厚膜钝化，在锆钛体系中添加有机聚合物，可提高钝化膜与底层基材的附着力，改善表面的均匀性及致密性，并为后续的有机涂层更好的黏合性能提供基础。有机聚合物的选型对良好的涂层性能至关重要。吴小松等人研究了一种含有多羟基化合物（没食子酸酯）的钛锆有机-无机复合钝化体系在 6063 铝合金上的应用，其组成见表 8-2，并与单纯的钛锆钝化膜作对比，性能比较见表 8-3。

表 8-2 有机-无机复合处理转化液配方及各组分的作用

成分	$\rho/(g/L)$	作用
氨水	1.0～2.0	pH 缓冲剂，NH_4^+ 是辅助成膜剂和成膜促进剂
硝酸	1.0～2.0	NO_3^- 是成膜促进剂，H^+ 是 pH 缓蚀剂
氟化钠	0.5～1.5	主要促进剂
氟钛酸	0.5～1.5	成膜剂，F^- 是成膜促进剂
氟锆酸	0.3～1.2	成膜剂，F^- 是成膜促进剂
多羟基化合物	0.5～1.0	成膜剂

从表 8-3 的结果可以发现多羟基化合物的加入，使钛锆钝化膜由无色变为黄色，膜重增加，改变锆钛钝化膜的膜层微观结构，钝化膜层由疏松有孔的颗粒状变为致密层状结构，膜层由 C、O、Mg、Al、Ti、Si 和 Zr 组成，有机-无机复合膜层微观结构更加致密，耐盐水性

能以及膜层与后续粉末涂料的沸水附着力、耐沸水性能、抗杯突性都显著提高，且钝化液稳定。电化学极化曲线表明，多羟基化合物的加入使复合钝化膜的腐蚀电流密度比钛锆钝化膜提高了一个数量级，阻抗值提高了近一倍，膜层耐蚀性得到进一步提高。

表 8-3　铝合金表面不同钝化膜的性能比较

转化膜类型	颜色	耐点滴时间/s	膜重/(mg/cm^2)	沸水附着力/级	涂膜抗杯突性	涂膜耐沸水性	涂膜耐盐水性
钛锆膜	无色	65	65	2	有开裂和脱落现象	膜层有脱落	脱落、颜色变白
有机-无机复合膜	黄色	120	120	0	无开裂和脱落现象	膜层无脱落	无脱落、颜色无变化
铬酸盐膜	金黄色	115	98	0	无开裂和脱落现象	膜层有脱落	无脱落、颜色无变化

锆钛钝化剂中加钒盐和有机物在 6063 铝合金上获得的复合钝化膜的膜厚是无添加剂的锆钛钝化膜的 5 倍以上，钝化膜与基体间的附着力更强。在钝化液中添加氧化剂形成的钝化膜具有一定的自愈性能，同时膜层自愈性能受氧化剂浓度的影响，随着氧化剂浓度的增加而变强。划痕腐蚀试验结果表明，膜层中的可溶性 M^{5+} 从膜层中间或底部迁移至膜层表面，并最终在划痕处聚合形成 M 的水合物，从而形成一层新的保护屏障，划痕处新生成的膜层中主要含 M^{5+} 的氧化物或水合氧化物。氧化剂浓度高的溶液获得的钝化膜中 M 含量较高，膜层更能充分释放可溶性的 M^{5+} 扩散到划痕损伤区域。含钛的有机络合物、M 的有机络合物的钛/锆有机钝化膜能有效提高铝合金表面的耐中性盐雾腐蚀，其耐长久盐雾腐蚀的能力优于铬酸盐钝化膜。铝合金钛/锆钝化膜的极化曲线显示阴极和阳极反应都被抑制，而且抑制作用明显大于铬酸盐钝化膜，说明具有更优异的耐电化学腐蚀性能。此外，钛/锆钝化膜的点蚀电位数值也高于铝合金基体和铬酸盐钝化膜，说明钝化膜具有更优异的抗局部腐蚀能力。钛/锆钝化膜的电化学阻抗谱半径远大于铝合金基体，也高于铬酸盐钝化膜，说明钛/锆钝化膜能有效提高基体的抗腐蚀能力，且耐蚀性优于铬酸盐钝化膜。

在钛和/或锆处理液中加入单宁酸和成膜促进剂，在 6063 铝合金表面成功制备出金黄色的钛锆钝化膜，该膜的主要成分为 Na$_3$AlF$_6$，其晶型状态及机理与前薄膜型锆钛钝化机理有较大不同。通过添加氧化剂和有机酸，得到了金黄色钛锆钝化膜，且成膜时间缩短为 10min，但是由于钝化液的添加剂比较复杂，钝化液的稳定性较差，不能反复使用，限制了其在工业上的应用。

采用含 Ti^{4+} 0.5g/L、Zr^{4+} 0.4g/L、氨基三亚甲基膦酸 0.4g/L 的钝化液对 6061 铝合金进行钝化，加入氨基三亚甲基膦酸后，腐蚀电位变低，腐蚀电流密度下降，铝合金的阴极反应受到抑制，更好地阻止了腐蚀发生，无机-有机复合膜可以使耐蚀性能大大提高，并且复合钝化膜与基体及漆膜的结合力更好。6063 铝合金经过钝化处理后获得均匀的黄色钝化膜，自腐蚀电位由处理前的 −0.98V 上升到 −0.74V，腐蚀电流密度为 0.24μA/cm^2，比基体下降了 97%。

8.2　锆钛盐钝化膜的形成机理

当铝及铝合金进行锆钛盐钝化时，在铝表面区域钝化液会形成 pH 值梯度，当微区 pH 值达到 2.4 左右时，溶液中的 Ti^{4+} 就会以 Ti(OH)$_4$ 的形式沉淀在铝合金表面，当微区 pH 值达到 3.9 左右时，溶液中的 Zr^{4+} 就会以 Zr(OH)$_4$ 的形式沉淀在铝合金表面，钝化膜形成。

8.2.1　锆钛薄膜形成机理

钝化膜成膜过程是由表面阴极区域［如金属间化合物（IMP）和晶界］与阳极铝合金基

体之间的电位差驱动的。这一过程由游离氟离子的化学侵蚀引发，它去除了天然氧化铝并激活了铝合金，自然保护氧化层变薄或去除，同时铝合金表面被析氢和阴极区域的氧还原反应激活，氧还原反应和析氢反应在暴露的 IMP 处发生，导致局部 pH 值升高，在这种界面环境中，锆和/或钛的氢氧化物沉积。沉积首先发生在具有更大惰性的区域，一般先覆盖 IMP，使钝化膜优先沉积于这些活性点的周围，然后以扩散生长的方式继续横向生长，覆盖整个铝合金表面，形成连续的钝化膜，锆和/或钛钝化膜最终在起始位置比在铝合金基体上厚得多。

锆盐钝化膜的形成过程是一个自限过程，6061 铝合金表面锆盐钝化（Alodine 4830）时，IMP 和基体之间的电位差可高达 1250mV，这种差异导致产生了许多微电化学电池，其中 IMP 充当阴极位置，这些阴极位置的反应引发了钝化膜的形成。当预处理的铝合金在钝化液中浸泡 15s 时，表面开始被锆钝化膜覆盖，沉淀的驱动力降低，随着钝化膜的继续形成，下降的趋势仍在继续，当试样被涂覆 30s 和 60s 时，该差异分别持续减小至 700mV 和 400mV，这意味着随着钝化膜的沉积，驱动力减小。

成膜过程如下：自然氧化膜消除/变薄，Zr/Ti 膜初步沉积，Zr/Ti 膜持续沉积，Zr/Ti 膜充分沉积，Zr/Ti 膜完全沉积且厚度增大。反应过程以 6060 铝合金为例，形成的 Ti/Zr 基钝化膜高度是非均匀的，并且受到表面上阴极 α-Al（Fe，Mn）Si 颗粒的影响。在成膜过程中，游离氟离子将溶解天然氧化铝，伴随着腐蚀电位在负方向的初始移动，并导致铝溶解和形成络合物。

阳极反应（铝的溶解），如式(8-1) 及式(8-2) 所示：

$$Al \longrightarrow Al^{3+} + 3e^- \tag{8-1}$$

$$Al^{3+} + TiF_6^{2-} \longrightarrow AlF_6^{3-} + Ti^{4+} \tag{8-2}$$

阴极反应［氧还原及析氢，主要发生在金属间颗粒 α-Al（Fe，Mn）Si 附近］，如式(8-3) 及式(8-4) 所示：

$$2H^+ + 2e^- \longrightarrow H_2 \uparrow \tag{8-3}$$

$$O_2 + 2H_2O + 4e^- \longrightarrow 4OH^- \tag{8-4}$$

由于阴极反应，在 α-Al（Fe，Mn）Si 颗粒附近形成的碱性扩散层有利于沉淀含 Ti 和 Zr 的氧化物钝化膜，如式(8-5) 及式(8-6) 所示：

$$Ti^{4+} + 4OH^- \longrightarrow TiO_2 \cdot 2H_2O \downarrow \tag{8-5}$$

$$Zr^{4+} + 4OH^- \longrightarrow ZrO_2 \cdot 2H_2O \downarrow \tag{8-6}$$

在水溶液下，$TiO_2 \cdot 2H_2O$ 和 $ZrO_2 \cdot 2H_2O$ 都是稳定的，如上述方程式所示，水合氧化物的存在更有可能。

使用开路电压（OCP）与时间的关系也能表述钝化膜形成的过程，G. Ekularac 等人将七种铝合金浸在 200mg/L H_2ZrF_6 转化槽中，电压的初始衰减时间曲线代表了表面活化的阶段和反应的开始及钝化膜的形成。在这一阶段，天然氧化铝被自由 F^- 攻击移除且表面被激活以进行钝化膜形成，在去除天然铝后立即进行氧化、析氢和氧还原反应（始于 IMP）。这些反应使局部 pH 值升高至 8.5，导致 $Zr(OH)_4$ 沉淀，OCP 曲线中的最小值表示沉淀优先开始于金属溶解的点。随着钝化膜不断铺展，导致钝化膜横向生长，OCP 图中的最大值或平台被视为最佳（或适当）转换时间，即钝化膜完全形成的时间。

8.2.2　锆钛厚膜形成机理

锆钛厚膜钝化成膜机理因有机物不同机理大同小异，在最后有机成膜阶段略有不同。成膜初期，铝合金基体表面先沉积铝氧化物或络合物，成膜中期铝及其他金属氧化物、氟化物和有机络合物同时沉积，成膜后期沉积物以有机络合物为主。且膜层没有明显分层现象，金属氧化物、氟化物、有机络合物在成膜过程中相互交替沉积，夹杂存在于膜层中。

以单宁酸加入锆钛钝化液中的研究为例，在氟钛酸 2.0～3.0g/L、氟锆酸 1.5～2.5g/L、促进剂 2.0～3.0g/L、单宁酸 2.0～4.0g/L、pH 4.0 条件下，不超过 25min 可得到金黄色的钝化膜。钝化膜的生长过程可以分为 3 个阶段：第一阶段是 Na_3AlF_6 晶体的成核阶段；第二阶段是晶体生长阶段；第三阶段是金属络合物的沉积，最终形成了金黄色的钝化膜。其反应机理如下：

在微阳极区发生的反应，如式（8-7）所示：

$$Al \longrightarrow Al^{3+} + 3e^- \tag{8-7}$$

由于 F^- 的特征吸附，F^- 易吸附在铝合金表面，造成基体表面的 F^- 浓度高，从而与 Al^{3+} 发生反应，如式（8-8）所示：

$$6F^- + Al^{3+} \longrightarrow AlF_6^{3-} \tag{8-8}$$

Na^+ 很快会与 AlF_6^{3-} 结合生成 Na_3AlF_6，反应如式（8-9）所示：

$$3Na^+ + AlF_6^{3-} \longrightarrow Na_3AlF_6 \downarrow \tag{8-9}$$

同时，在微阴极区发生氢气和氧气还原，如式（8-10）及式（8-11）所示：

$$O_2 + 4H^+ + 4e^- \longrightarrow 2H_2O \tag{8-10}$$

$$2H^+ + 2e^- \longrightarrow H_2 \uparrow \tag{8-11}$$

由于溶液中 OH^- 的增加，OH^- 会和溶液中金属离子反应，反应方程式如式（8-12）及式（8-13）所示：

$$Ti^{4+} + 4OH^- \longrightarrow TiO_2 \cdot 2H_2O \downarrow \tag{8-12}$$

$$2Al^{3+} + 6OH^- \longrightarrow Al_2O_3 \cdot 3H_2O \downarrow \tag{8-13}$$

多酚羟基结构的单宁酸水解产物为三羟基苯甲酸和葡萄糖，三羟基苯甲酸具有多邻位的酚羟基结构，容易与金属离子发生络合反应，并且两个相邻的酚羟基会以氧负离子的形式与金属离子形成五元环络合物。有机分子的体积大于无机离子，所受空间位阻大导致移动速度较慢，因此基体的表面首先析出 Na_3AlF_6，然后三羟基苯甲酸的金属络合物沉积在 Na_3AlF_6 表面。

使用 Alodine 2840（六氟锆酸、六氟钛酸和聚丙烯酸）处理的 6060 铝合金的锆钛氧化物薄膜的优先形核发生在 IMP 上和其周围，导致颗粒的阴极活性降低，并抑制进一步的薄膜生长。氢氧化物的存在可能有利于聚合物膜的成核，因为它含有丙烯酸基团。它们可以通过缩合与氢氧化物反应，见式（8-14）：

$$R\text{-}COOH + HO\text{-}M \longrightarrow R\text{-}COOM \downarrow + H_2O \tag{8-14}$$

成核后，聚合物薄膜将发生快速的二维生长。这种快速生长，加上 Zr-Ti 氧化物的有限生长机制，将导致聚合物膜比沉淀的 Zr-Ti 氧化物本身延伸得更远。

8.3　锆钛盐钝化膜的组成及结构

8.3.1　锆钛薄膜的组成及结构

ZrCC 和/或 TiCC 通常厚度为 30～100nm 的纳米钝化膜，表现出双层或三层结构。双层结构的 ZrCC 其外层通常由水合氧化锆组成，内层由氟化铝、氧化锆和氧化铝的混合物组成，ZrO_2 在钝化膜中以非晶态形式存在，钝化膜为无色，实际生产过程中可以使用显色剂来对膜层进行判断。化学蚀刻铝样品后，表面粗糙度增加，经过锆钝化进一步增加了表面粗糙度，而表面粗糙度的增加有助于有机涂层与铝表面进行物理交互。

通过剖面研究 2024 铝合金上的 Alodine 5200 钝化膜，检测到元素 Zr、Ti 和 O。这些钝化膜成分的含量在进入钝化膜约 30nm 范围内升高且相对稳定。它们反映了水合氧化钛（TiO_2）和氧化锆（ZrO_2）的形成，在钝化膜最外层 30nm 处，Ti 含量约为 Zr 含量的 2 倍，这与钝化液中 Ti 与 Zr 的浓度比正相关，钝化膜厚度约为 30nm。3003 铝合金的钛钝化膜，膜层中铝和钛的原子百分比为 6:1，钛膜中原子百分比分别为 Al 24.5%，F 24.4%，Ti 4.0%，O 36.9% 和 H 10.1%，可以推断出膜层内部结构为 $Al_2O_3 \cdot 4AlOF \cdot TiOF_2 \cdot H_2O$，膜层外层为 $4AlOF \cdot TiOF_2 \cdot H_2O$。

G. Ekularac 等人评估了七种铝合金上的 ZrCC 的结构，所有的锆钝化膜（2024 铝合金的钝化膜除外）均具有双层结构，平均厚度在 30~60nm 之间，但 2024 铝合金的钝化膜呈现出厚度为 12nm 的单层结构。其成膜后的元素对比如表 8-4 所示。

表 8-4 化学预处理和锆化预处理铝合金 EDS 分析（分析深度约 100nm）

铝合金	原子百分比/%								
	Al	O	Zr	F	Si	Mg	Zn	Cu	Fe
化学预处理后									
1050A	71.1	27.8	—	—	0.5	—	—	—	—
2024	84.0	11.8	—	—	—	1.2	—	2.4	0.5
3005	88.8	10.6	—	—	0.6	—	—	—	—
A356.0	67.8	20.9	—	—	10.8	0.5	—	—	—
380.0	62.4	27.0	—	—	8.9	—	—	1.9	—
5754	71.4	25.1	—	—	—	2.1	—	—	1.0
7075	83.1	10.4	—	—	—	2.1	2.6	1.1	0.6
锆化预处理后									
1050A	25.7	43.3	18.2	12.0	0.8	—	—	—	—
2024	72.2	16.9	5.3	2.0	—	1.0	—	2.6	—
3005	54.7	25.5	13.2	6.6	—	—	—	—	—
A356.0	37.1	35.7	14.3	7.7	5.2	—	—	—	—
380.0	32.1	38.1	16.0	9.4	3.4	—	—	0.7	—
5754	39.4	34.8	14.8	9.7	—	1.4	—	—	—
7075	42.1	27.7	16.1	9.2	—	1.3	2.5	1.1	—

8.3.2 锆钛厚膜的组成及结构

含有多羟基化合物（没食子酸酯）的钛和/或锆有机-无机复合钝化膜层的微观结构，与锆钛空白样进行对比，发现膜由疏松有孔的颗粒状变为致密层状结构，膜层由 C、O、Mg、Al、Ti、Si 和 Zr 组成，有机-无机复合膜层微观结构更加致密，锆钛基础体系＋有机物＋钒盐的膜层表面非常平整，且几乎看不到裂纹，膜层变得连续、完整，致密性高。

易爱华等人将单宁酸应用在锆钛钝化液中，在 6063 铝合金上制备出金黄色的钝化膜，该膜的主要成分为 Na_3AlF_6，具有双层结构：内层主要是 Na_3AlF_6，外层主要是单宁酸水解产物与金属离子形成的有机络合物。膜的形成可以理解为 Na_3AlF_6 晶体的形核、长大及金属络合物的沉积 3 个阶段。在成核阶段，由于有机分子体积大于无机离子，基体的表面首先析出 Na_3AlF_6，晶体的大小不一，零星分布在基体表面；在生长阶段，晶体不断长大并形成连续钝化膜覆盖整个基体；在金属有机络合物沉积阶段，溶液中由单宁酸水解得到的三羟基苯甲酸与金属离子反应形成金属络合物并逐渐覆盖在 Na_3AlF_6 晶体层表面，最终形成了金黄色的钝化膜。钝化膜主要含有 C、O、Na、Al、F 和 Ti 元素，其中 C 和 O 约占

7.8%，Na、Al 和 F 约为 91.4%。Na、Al 和 F 的比例约为 3∶1∶6，因此可以推断钝化膜的主要成分可能是 Na_3AlF_6。

8.4　锆钛盐钝化膜的保护机理

钛和/或锆膜均匀致密，覆盖了铝合金表面的阴极活性点，使得铝合金表面在氯化钠溶液中很难形成腐蚀微电池，从而抑制了腐蚀的发生，有效提高了铝合金表面的耐蚀性。简单而言，钛和/或锆膜的腐蚀抑制作用主要包括两个方面：第一，钛和/或锆膜能有效阻挡氧气和电子等在铝合金内部的传输，抑制了阳极铝的溶解和阴极去极化反应，从而降低了腐蚀发生的倾向，提高了铝合金的耐蚀性。第二，钛和/或锆钝化膜有隔离作用，钛和/或锆膜中含有金属氧化物、金属氟化物和金属有机络合物，这些物质尤其是金属有机络合物能有效隔离氯离子，使得氯离子无法轻易进入阳极区，从而抑制了氯离子的催化腐蚀作用，大大降低了腐蚀速率，提高了铝合金的防腐蚀性能。

8.4.1　锆钛薄膜的保护机理

ZrCC 及 TiCC 的裸膜耐蚀性不如 CCC 或 TCC，但相对于裸板能明显地提升铝合金耐蚀性，耐腐蚀性的提高归因于更致密氧化层的形成，从而提供了阻隔性能，即作为防止基底腐蚀的物理层，为铝合金提供屏障保护，不具备主动腐蚀保护自愈能力。ZrCC 及 TiCC 一般为无色或者浅色，后续的喷涂或电泳的有机涂料与 ZrCC 及 TiCC 的匹配度也越来越高，在与有机涂料结合后的综合防护性能，也已经接近 CCC 或 TCC。

对 6060 铝合金的锆钛钝化处理（4% Gardobond X4707，25℃，pH 2.9～4.0），认为所形成的转化层只会导致 α-Al (Fe, Mn) Si 颗粒的阴极活性略有降低，基于 Ti-Zr 的预处理不会显著提高 6060 铝合金在氯化物溶液中的耐腐蚀性。对 6060 铝合金的锆钛钝化处理（4% Gardobond X4707，90s，20℃，pH=2.9）可进一步降低接触角并增加表面自由能。ZrCC 主要通过两种途径提高铝表面的润湿性。首先，ZrCC 包含氧化物/氢氧化物成分，这些成分可以与水分子产生强氢键，从而使水分子更好地分布在铝表面。第二，ZrCC 增加了表面粗糙度，帮助水分子更容易在铝表面扩散。对铝表面进行 Zr 处理后，表面粗糙度及表面自由能增加，促使环氧涂层对铝表面的附着力增加效果显著。电化学阻抗及盐雾试验结果表明，ZrCC 可以显著提高环氧涂层的防腐蚀性能。ZrCC 提高了基底的黏附性和基材/面漆之间的界面结合力强度，降低了阴极分层/丝状腐蚀的速率，提高了不同基底上的耐腐蚀性。

ZrCC 提供屏障保护时，阻隔性能与膜的厚度及表面缺陷有关联。6060 铝合金单次沉积（一次浸渍）的 ZrCC 厚度通常非常薄（70～90nm），没有显示阻隔性能，当通过溶胶-凝胶溶液中的连续浸渍步骤（三次浸渍）在表面上沉积连续层时，ZrCC 最大可达到约 180nm，显示出与铬酸盐类似的阻隔性能，其原因是通过沉积重叠的 ZrO_2 层，该层中的缺陷数量大大减少。6060 铝合金上的 ZrCC 没有自愈能力，然而对于含有少量缺陷的 ZrCC 预处理，观察到阻隔性能的有限恢复，这是因为腐蚀产物的形成可能会堵塞该层中的缺陷。

含锰铝合金 3000 系列上的 ZrCC 具有一定主动腐蚀保护能力，G. Šekularac 阐述了 3005 铝合金上 ZrCC 的自修复机制：水在 ZrCC 内部通过裂纹和孔隙扩散到 Mn 的 IMP，并发生析氢和氧还原反应，导致 OH⁻ 浓度增加以及 H_2 的释放。在 NaCl 中浸泡 2 天后，释放的 H_2 会导致 IMP 周围尤其是 (Mn, Fe) IMP 周围肿胀。同时，OH⁻ 导致氧化铝溶解，并在 (Mn, Fe) IMP 周围以致密 $Al(OH)_3$ 的形式沉淀，从而闭合裂纹和通道。过量的 OH⁻ 与 H_2 一起被输送到 ZrCC 的外部，排出 F⁻ 来自钝化膜内部的离子，从而将 ZrF_4/ZrO_xF_y

转化为 $ZrO_2 \cdot 2H_2O$。过量 F^- 被输送到溶液中，与钠离子平衡，随着析氢反应进行，溶解的 Mn^{2+} 结合在 ZrCC 的底层，形成良好的化学和热稳定性的尖晶石 $MnAl_2O_4$。G. Ekularac 等人对七种铝合金钝化膜进行防腐蚀分析，ZrCC 为 3005 和 A356.0 铝合金提供了良好的腐蚀防护，为 1050A、380.0 和 5754 铝合金提供很好的腐蚀防护。由于铜基和锌基金属间化合物的有害影响，锆钝化膜无法为 2024 和 7075 铝合金提供充分的腐蚀防护。

在 ZrCC 中添加 Ce、V、Mo 等缓蚀剂可以对这些钝化膜提供一定程度的主动腐蚀保护。ZrCeCC 有一定的自愈能力，与 Alodine 1200 工艺进行对比，2024 铝合金 ZrCeCC 在中性盐雾暴露 168 小时后性能几乎与传统的 CCC 相当。将钒应用于 ZrCC 中提供一定程度的主动腐蚀保护，由于 H_2O_2 的强氧化作用，ZrCC 中的大多数钒离子可以停留在 V（V）而不是 V（Ⅳ）。在腐蚀性介质中，V（V）可能起到与 Cr（Ⅵ）相同的作用，可以钝化腐蚀区域。正是由于这种反应，被赋予了有效的自我修复能力。ZrVCC 主要结构是网状 ZrO_2，包裹一定量的五价氧化钒及其水合物。2013 年，Z. Xin 等人提出了 V-Zr 复合钝化膜的可能防护机理：

当钝化膜受到侵蚀时，V（V）的部分与腐蚀性介质接触并变成水合物，如式(8-15)所示：

$$VO(OH)_3 + 2H_2O \longrightarrow VO(OH)_3(H_2O)_2 \qquad (8\text{-}15)$$

然后，钒水合物可能转移并集中到发生局部腐蚀的表面，钒水合物可通过水解-缩聚聚合过程与氧化锆连接或形成一种屏障。锆钒复合钝化膜克服了单一钒、锆无定形结构钝化膜局部存在裂纹的缺点，膜层腐蚀电位较基体正移 86mV，腐蚀电流密度比基体降低了 80%。

8.4.2 锆钛厚膜的保护机理

锆钛厚膜因为有机物参与成膜，复合钝化膜较厚，在成膜过程中会共沉积或包裹一些可自修复的离子，所以有些有机-无机复合钝化膜会有一定的自修复性能，从而提高了防护性能。如祝闻通过钛锆钝化膜表面两种类型的缺陷包括划痕缺陷和孔缺陷来分析膜层的自愈性，随着浸泡时间的延长，钛锆钝化膜表面的缺陷逐渐变浅（划痕缺陷）、变小甚至消失（孔缺陷）。钛锆钝化膜具有一定的自愈性，膜层中可溶性离子可能会迁移至缺陷处，可溶性的金属氯化物与氢氧根发生反应生成氢氧化物，同时溶解出来的有机物与金属离子发生络合反应生成金属有机络合物。这些金属氢氧化物和金属有机络合物组成新的膜层，抑制腐蚀反应，降低反应速率，提高划痕处的耐蚀性，产生自愈效果。

有机-无机复合钝化膜层表面呈层状结构，无裂缝存在，膜层更加致密。多羟基化合物的加入，使铝合金上钛锆体系钝化膜的形貌由平的带裂纹的颗粒状转变为复杂的致密的片状或是层状结构，基本无孔隙和裂纹，提高了膜层阻隔性能，耐蚀性能得到提高。在钛锆体系中添加多羟基化合物后，钝化膜的自腐蚀电位略有提高，且腐蚀电流密度明显下降，表明多羟基化合物的加入使钝化膜层的腐蚀倾向进一步降低。多羟基化合物的加入使膜层的阻抗值提高了近一倍，耐蚀性显著提高；使钛锆膜由无色变为黄色，膜重增加，耐盐水性能以及膜层与后续粉末涂料的沸水附着力、耐沸水性能、抗杯突性都显著提高，且转化液稳定，电化学极化曲线表明，阻抗值提高了近一倍。

左茜等人考察了含有多羟基化合物（没食子酸酯）的 6063 铝合金钛和/或锆有机-无机复合钝化膜层的保护机理，通过极化曲线拟合的主要电化学参数可知，基础体系的钛锆钝化膜，其极化电阻提高至未经处理的铝合金试样的 52 倍，而添加有机物、钒盐及有机物＋钒盐的体系分别提高约 87 倍、115 倍及 218 倍。同样腐蚀电流密度均有不同程度的降低，添加钒及有机物的体系降低至原来的 3.5%，约为基础体系的 17%，有效地提高了铝合金的防腐蚀能力。对几种体系成膜后的交流阻抗进行测试，表明钒盐和有机物的加入使得所获得的复合锆钛钝化膜变得更加致密均匀、膜厚增加，电化学阻抗约可达到铝合金试样的 150 倍，耐蚀性能得到显著提高。

将聚丙烯酸（PAA）和聚丙烯酰胺（PAM）添加至锆盐钝化液中，在 1050 铝合金上形成的钝化膜，与铬酸盐/磷酸盐混合钝化膜相比，盐雾 1000h 后显示出相似的防腐蚀性能，PAA 分子与氧化铝和 PAA 与 PAM 之间可能存在两种化学相互作用，—COO^- 和 Al^{3+} 之间的纯离子相互作用及 —COO^- 和 —NH_3^+ 基团之间的相互作用，使得膜更致密，附着力更好。

8.5 锆钛盐钝化膜质量影响因素

因工业上以锆和/或钛钝化薄膜体系为主，故在此节以锆钛薄膜钝化体系作为主要论述。

关于对铝合金锆钛盐钝化膜已有许多研究，添加少量添加剂会影响钝化膜过程及其性能，Cu 通过引入额外的阴极位置提高了形成钝化膜的速度，F 增加表面激活过程的速度，Si 增加了钝化膜厚度，而 Ce、V 和 Mo 增加了腐蚀防护，改善了钝化膜耐蚀性能，添加高锰酸钾、双氧水及硝酸镁耐腐蚀性能也有一定的提升，而表面预处理的影响易被工业上忽视，通过产生羟基化表面的预处理可获得性能最佳的 ZrCC。

8.5.1 pH 值对锆和/或钛钝化的影响

当 pH 值达到一个工艺范围时，膜的形成质量处于较高水平。pH 值太高，体系中 H^+ 含量低，铝表面铝溶解量下降，界面 pH 值无法达到氟锆酸或氟钛酸水解的最佳 pH 值区间，成膜量低；pH 值过低时，金属主要以表面铝溶解为主，也无法形成致密的锆钛膜，因氟锆酸及氟钛酸水解 pH 值突跃区间不同，所以不同体系的操作范围不同。常见的工业用锆钛体系的 pH 值要求如表 8-5 所示。

表 8-5　常见工业用锆钛体系的 pH 值

商品名及牌号	建议 pH 值	公司
Alodine 5200	3.0～3.6	Henkel
Alodine 4595 R4	3.2～3.7	Henkel
Alodine 4595 R5	2.6～3.1	Henkel
Gardobond X 4707	2.5～3.5	Chemetall
PSi-75 无铬转化剂	3.0～4.2	浙江五源

8.5.2 钝化时间对锆和/或钛钝化的影响

锆钛膜钝化时间针对铝及铝合金工件的工况来确定，正常条件下，随着钝化时间的延长，锆钛膜的有效成膜量会逐渐增大，对于裸膜防锈产品有利，但对于后续继续涂装产品，钝化时间需要在一定的工艺范围内，而非越长越好。在生产实践中，一般可通过投放试片来观察钝化膜的外观和盐雾试验的结果来确定最佳的浸渍时间，常见的工业用锆钛体系的处理时间要求如表 8-6 所示。

表 8-6　常见工业用锆钛体系的处理时间

商品名及牌号	建议处理时间/s	公司
Alodine 5200	5～180	Henkel
Alodine 4595 R4	45～90	Henkel
Alodine 4595 R5	30～90	Henkel

商品名及牌号	建议处理时间/s	公司
Gardobond X 4707	30～90	Chemetall
PSi-75 无铬转化剂	90～180	浙江五源

锆和/或钛的沉积量太高或太低对有机膜结合力都有不利的影响。工业生产过程中处理时间较短时，铝及铝合金表面的锆和/或钛钝化膜未能完全铺展，此时钝化膜成膜不充分，不能提供与有机膜结合力良好的界面。钝化膜太厚时，经过烘烤过程，由于内应力和氢微气泡的形成，会形成较大的裂纹，失去阻隔性能，且与铝合金基底的接触面积降低，再与后续涂层进行烘干固化后，附着力会有所下降，从而影响钝化膜与有机膜复合防护的综合性能。处理时间适当的锆和/或钛钝化膜使铝及铝合金表面粗糙度和表面自由能增加，环氧涂层与铝表面的附着力显著增加，使用锆钝化膜处理的涂层的附着力损失也最低。

大多数关于钛和/或锆转化的理论研究都是在停滞的浸泡槽中进行的，而通过搅拌或喷淋有助于更快地形成薄膜。对流会加速成膜物质的传输，在基板表面提供更高浓度的氟化物来影响钝化膜转化动力学，减少了氧化物溶解所需的时间，并增加了钛和/或锆沉积在活化基体上的时间。此外，转化槽中若含有 Cu^{2+}，Cu^{2+} 通过搅拌可在表面上富集，增加表面阴极位置的数量，加速钝化膜形成过程。

8.5.3　游离氟对锆和/或钛钝化的影响

化学钝化膜的形成过程是一个电化学反应过程，在微阳极区金属原子失去电子成为金属离子，进入溶液。F^- 具有腐蚀性，能加速铝合金表面氧化铝膜的溶解速度，减少晶体表面之间张力，活化表面，降低成膜驱动力。这种腐蚀作用使铝合金基体能快速暴露，增大微阳极区面积，为离子和电子的转移和传输提供通道，促进 Na_3AlF_6 的生成。同时由于 F^- 的电荷高、半径小，易吸附在铝合金表面，造成基体表面的 F^- 浓度高，同时 F^- 具有很强的电负性，容易和金属离子发生配位反应，这样基体表面溶解的 Al^{3+} 来不及扩散到溶液中就和附近的 F^- 反应生成配位离子 AlF_6^{3-}，对 Al^{3+} 起到了屏蔽的作用，阻碍了 $Al(OH)_3$ 沉淀的生成。

8.5.4　铜元素对锆和/或钛钝化的影响

添加少量的铜可以加快转化过程并产生较厚的钝化膜，2014 年 A. Sarfraz 考察了 6014铝合金中的富铜金属间化合物颗粒和铝晶界的 ZrO_2 沉积过程，如果溶液中存在 Cu^{2+}，这个钝化膜的主要成分为 ZrO_2，覆盖整个钝化膜表面，包括富铝区、金属间化合物颗粒和富铜区粒子。金属间化合物和富铜颗粒上的铜含量高于非金属间化合物颗粒（6014 铝合金表面的富铝部分）。此外锆钝化膜覆盖表面所有区域，即在富 Al 区域、金属间化合物颗粒以及富 Cu 颗粒上的所有点上 Zr 的分数始终高于 Cu 的分数。富铜颗粒最初沉积在金属间化合物颗粒的外围，20s 后外围区域饱和，颗粒在金属间化合物颗粒上继续沉积。40～80s，金属间化合物颗粒饱和，富铜颗粒在表面的其余部分开始沉积。40s 后粒子的总体高度没有随时间发生显著变化，粒子只在平面内生长，而不是垂直于表面。如果溶液中存在 Cu^{2+}，则6014 铝合金中的金属间化合物颗粒和 Al 晶界在形成 ZrO_2 基钝化膜期间会导致富 Cu 颗粒的沉积增强。钝化膜的主要成分即 ZrO_2，覆盖整个表面，包括富 Al 区域、金属间化合物颗粒和富 Cu 颗粒；观察到金属间化合物颗粒周围的沉积增加，这是由这些颗粒的阴极性质引起的。该膜可能由羟基氧化物或氟氧化物组成。

8.5.5 硅元素对锆和/或钛钝化的影响

添加适量的硅可以产生较厚的钝化膜，在添加 Si 的情况下，含硅钝化膜的厚度是无硅铝钝化膜的两倍，原因可能是转化层的沉积对阴极反应（析氢和氧还原）的速率具有很强的依赖性，在铝上钝化膜开始在 $AlFe_3IMP$ 处形成，而在富硅合金上，因为硅共晶颗粒的阴极活性较高，钝化膜形成于硅沉淀和共晶硅铝相（晶界），硅含量增加，阴极反应速率降低，并且转化沉积是一个自熄过程（转化层覆盖的金属间化合物阻碍了钛的进一步沉积，因为基本还原过程的速率迅速降低），因而添加适量的硅也可以产生较厚的钝化膜。这意味着，如果无硅钝化膜上的阴极过程在较高的速度下进行，转化层覆盖及沉淀表面的速度更快。因此，钛的沉积速度比含硅钝化膜上的沉积速度衰减要早，这可能是含硅和不含硅的铝钝化膜上转换层厚度差异的原因。

8.5.6 预处理对锆和/或钛钝化的影响

铝合金锆钛钝化前预处理对膜层的成膜过程有着重要的影响。铝合金经预处理后，基体表面天然氧化膜和部分第二相被去除的同时，留下了大量蚀坑和部分未去除的第二相，导致铝合金表面粗糙不平，而钝化膜的好坏很大程度上取决于基体的表面状态。在浸入转化液进行成膜反应前，化学性质均一的基体表面有利于均匀、致密钝化膜的形成。不同的铝合金材质所要求的预处理参数及工艺不尽相同，一般均需要除去表面的氧化层并进行调整，以获得能够适合锆钛钝化的表面要求。

铝合金表面清洁或预处理对 ZrCC 转化过程的速率和钝化膜的最终性能有着至关重要的影响。因此，产生更多阴极位置的预处理（例如浸泡在含有铜或其他电位高金属离子的转化槽中）将提高转化率，而产生更多羟基化表面的预处理羟基化表面更容易与氟离子发生相互作用，因此，在工艺的第一阶段促进金属表面的化学溶解，从而加快沉积速度并使最终钝化层更厚。适当通过增加转化槽中游离氟离子的浓度，可提高转化率。在钝化液配方中引入无机缓蚀剂（如铈基化合物）有利于最终钝化膜形成，从而提供一定程度的主动腐蚀防护，即对钝化膜损坏作出反应的能力。

表面预处理在 ZrCC 微观结构及性能中起着重要作用。此外，表面预处理会影响表面的酸碱性能，最终影响 ZrCC 钝化膜中的羟基基团数量。

8.5.7 材质对锆和/或钛钝化的影响

铝合金材质不同，其金属间化合物（IMP）、边界及铝合金表面的微观结构就不同，初期成膜的机理就有所不同，反应速度、钝化膜形成和最佳组成取决于铝合金的微观结构，材质不同，成膜量也会不同，而 ZrCC 厚度会随着钝化液搅拌增加，但因基材不同增加幅度不同，一般可达到 2～4 倍。G. Ekularac 考察了七种铝合金在 $200mg/L$ H_2ZrF_6 钝化液中形成 ZrCC 的最佳时间，因为 2024 铝合金存在大量含铜的 IMP，所以最佳钝化时间最短为 3min，而 1050A 铝合金转化时间最长为 15min，其余几种均为 10min。对最佳成膜状态下的锆钝化膜进行腐蚀电位及电流测试，发现所有的 ZrCC 钝化膜合金的腐蚀电位向更负值移动，与基材相比，ΔE 变大，j_{corr} 减小，表明存在阴极抑制，铝合金的耐腐蚀性提高了，ZrCC 根据 ΔE 值提供的保护顺序如下：A356.0≥1050A≥5754≥3005≥2024≥7075≥380.0。

8.5.8 烘干温度对锆和/或钛钝化的影响

锆和/或钛烘干温度对钝化膜的结合力也有一定的影响，锆和/或钛一般烘干温度为

80～100℃。锆和/或钛烘干温度过低时，水会残留在锆和/或钛钝化膜中，后期在钝化膜与后续有机涂层固化过程中蒸发，容易在钝化膜与有机涂层界面处形成大小不一的孔洞，成为拉脱实验过程中产生脱落的裂纹源，从而降低钝化膜的结合力。

8.6　锆钛盐钝化应用及缺陷分析

锆钛盐钝化膜相较于铬酸盐钝化膜较薄，相比耐蚀性也有不足，但膜层与基体的结合力更好，所以在进行喷涂处理后，获得的铝合金型材便拥有了与铬酸盐处理后接近的性能。

以典型产品 Alodine 5200 为例，其工艺参数为：处理温度为 20～30℃，pH 值为3.0～3.6，成膜时间为 5～180s，转化所得的膜层由铝的氧化物、氟化物及有机聚合物组成，Alodine 5200 钝化膜为双相结构，金属氧化物外层约为 30nm，氧化铝界面层约为90nm。Alodine 5200 钝化膜可通过化学试剂快速定性检测法来进行现场检测：在无铬钝化膜表面滴一滴试剂 A（酸蚀液），试剂 A 在铝型材表面发生剧烈反应，当试剂 A 液滴表面出现大量气泡时，向试剂 A 液滴上滴一滴试剂 B（金属络合指示剂），等待 30～40s 后，当粉红色液滴出现蓝绿色变化时，证明铝型材表面有无铬钝化膜存在。无铬钝化膜的膜重可使用分光光度法定量检测：钝化的样板在常温褪膜 10min 后加入显色剂，显色剂在褪膜液中显示出的颜色深浅不一，再根据颜色深浅进行分光光度分析。

实际生产过程中，因为单纯的钛锆钝化膜绝大部分是无色或淡蓝色的，单靠人眼很难识别，导致其在工业上的推广受到了一定的限制，前处理药剂供应商提供了一些在线检测膜质量的方法，使工业上使用有了一定的质量判断依据。有些生产中为了更便利地控制成膜质量的直观判断，在单纯的钛锆钝化液中加入其他可以使钝化膜显色的物质，外面上有一定的颜色可以人眼识别，从而钛锆钝化工艺变得更加易控制。

目前市场上在裸膜防腐蚀性能要求高的行业及应用领域，锆钛盐钝化膜替代铬酸盐转化膜（CCC）还有一定的难度。在科研领域，学者们已经有一定突破，在一些特殊要求的工件上提高了耐腐蚀性（达到或超过了铬酸盐钝化膜），然而报道的锆/钛处理基板的性能并不总是一致的，这很可能是因为报道的铝合金不同且工艺参数不同，如转化时间、浓度、有机和无机添加剂等，因而这方面的技术还需要继续研究。

参考文献

[1] 王双红．铝合金表面钛锆-有机膦酸盐复合膜的制备与性能 [D]．沈阳：东北大学，2009.
[2] 孙凤仙，颜广炅，姚伟，等．铝合金非六价铬化学转化处理工艺的研究进展 [J]．电镀与涂饰，2014，33（3）：125.
[3] Milosev I, Frankel G S. Review-conversion coatings based on zirconium and/or titanium [J]．Journal of the Electrochemical Society, 2018, 165 (3): C127-C144.
[4] 左茜，李文芳，穆松林．常温下添加剂对有色 Ti-Zr 转化膜形貌与性能的影响 [J]．华南理工大学学报（自然科学版），2014，42（10）：7-13.
[5] 吴小松，贾玉玉，钟辛，等．多羟基化合物对 6063 铝合金表面钛锆转化膜的影响 [J]．电镀与涂饰，2013，32（4）：31-34.
[6] 左茜．钛锆系有色化学钝化膜快速成膜及其腐蚀机制的研究 [D]．广州：华南理工大学，2015.
[7] 祝闻．6063 铝合金表面钛-锆转化处理/静电喷涂涂层防护处理研究 [D]．广州：华南理工大学，2017.
[8] Yi A H, Li W F, Du J, et al. Preparation and properties of chrome-free colored Ti/Zr based conversion coating on aluminum alloy [J]．Applied Surface Science, 2012, 258: 5960-5964.
[9] 易爱华．铝合金表面钛/锆转化膜的着色及性能优化 [D]．广州：华南理工大学，2012.
[10] 黎雪萍．6063 铝合金有色钛锆转化膜的快速制备及成膜机理研究 [D]．广州：华南理工大学，2013.

［11］ 易爱华，黎雪芬，李文芳，等. 铝合金表面有色转化膜快速成膜工艺［J］. 电镀与涂饰，2014，33（12）：519-523.

［12］ 刘浩威. 6063 铝合金钛锆系钝化液稳定性研究［D］. 广州：华南理工大学，2014.

［13］ Andreatta F，Turco A，de Graeve I，et al. SKPFM and SEM study of the deposition mechanism of Zr/Ti based pre-treatment on AA6016 aluminum alloy［J］. Surf Coat Technol，2007，201：7668－7685.

［14］ Sarfraz A，Posner R，Lange M M，et al. Role of intermetallics and copper in the deposition of ZrO_2 conversion coatings on AA6014［J］. Journal of the Electrochemical Society，2014，161（12）：C509-C516.

［15］ Peng D D，Wu J S，Ya X L，et al. The formation and corrosion behavior of a zirconiumbased conversion coating on the aluminum alloy AA6061［J］. Journal of Coatings Technology and Research，2016，13（5）：837-850.

［16］ Ekularac G，Kovac J，Milosev I. Comparison of the electrochemical behaviour and self-sealing of zirconium conversion coatings applied on aluminium alloys of series 1xxx to 7xxx［J］. Journal of the Electrochemical Society，2020，167（11）：111506.

［17］ Nordlien J H，Walmsley J C，ØSterberg H，et al. Formation of a zirconium-titanium based conversion layer on AA 6060 aluminium［J］. Surface & Coatings Technology，2002，153（1）：72-78.

［18］ 安成强，王双红，赵时璐，等. 铝合金表面氧化锆钝化膜的结构与性能［J］. 电镀与精饰，2012，34（6）：2-4.

［19］ Li L，Whitman B W，Swain G M. Characterization and performance of a Zr/Ti pretreatment conversion coating on AA2024-T3［J］. Journal of the Electrochemical Society，2015，162（6）：C279-C284.

［20］ Phillip D D，David W R. Characterization of chromium-free no-rinse prepaint coatings on aluminum and galvanized steel［J］. Metal Finishing，1990（9）：29-34.

［21］ 刘宁华. 6063 铝合金有色钛锆转化膜的室温制备工艺及性能研究［D］. 广州：华南理工大学，2011.

［22］ Coloma P S，Izagirre U，Belaustegi Y，et al. Chromium-free conversion coatings based on inorganic salts（Zr/Ti/Mn/Mo）for aluminum alloys used in aircraft applications［J］. Applied Surface Science，2015，345：24-35.

［23］ Lunder O，Simensen C，Yu Y，et al. Formation and characterisation of Ti-Zr based conversion layers on AA6060 aluminium［J］. Surface and Coatings Technology，2004，184（2-3）：278-290.

［24］ Lunder O，Lapique F，Johnsen B，et al. Effect of pre-treatment on the durability of epoxy-bonded AA6060 aluminium joints［J］. International Journal of Adhesion & Adhesives，2004，24（2）：107-117.

［25］ Golru S S，Attar M M，Ramezanzadeh B. Effects of surface treatment of aluminium alloy 1050 on the adhesion and anticorrosion properties of the epoxy coating［J］. Applied Surface Science，2015，345（8）：360-368.

［26］ Wen Z，Wen F L，Mu S，et al. The adhesion performance of epoxy coating on AA6063 treated in Ti/Zr/V based solution［J］. Applied Surface Science，2016，384：333-340.

［27］ Zhu W，Li W F，Mu S L，et al. Comparative study on Ti/Zr/V and chromate conversion treated aluminum alloys：Anti-corrosion performance and epoxy coating adhesion properties［J］. Applied Surface Science，2017，405：157-168.

［28］ Andreatta F，Aldighieri P，Paussa L，et al. Electrochemical behaviour of ZrO_2 sol-gel pre-treatments on AA6060 aluminium alloy［J］. Electrochimica Acta，2007，52（27）：7545-7555.

［29］ Šekularac G，Kovačc J，Milošev I. Prolonged protection，by zirconium conversion coatings，of AlSi7Mg0.3 aluminium alloy in chloride solution［J］. Corrosion Science，2020，169：108615.

［30］ Šekularac G，Milošev I，Electrochemical behavior and self-sealing ability of zirconium conversion coating applied on aluminum alloy 3005 in 0.5 M NaCl solution［J］. J Electrochem Soc，2020，167：021509.

［31］ Yoganandan G，Premkumar K P，Balaraju J N. Evaluation of corrosion resistance and self-healing behavior of zirconium-cerium conversion coating developed on AA2024 alloy［J］. Surface and Coatings Technology，2015，270：249-258.

［32］ Xin Z，Wu X S，Jia Y Y，et al. Self-repairing vanadium－zirconium composite conversion coating for aluminum alloys［J］. Applied Surface Science，2013，280（12）：489-493.

［33］ 王娇，郭瑞光. 2024 铝合金表面钒锆复合转化膜的制备及其性能［J］. 材料保护，2014，47（3）：1-4.

［34］ Niknhad M，Moradian S，Mirabedini S M. The adhesion properties and corrosion performance of differently pretreated epoxy coatings on an aluminium alloy［J］. Corrosion Science，2010，52：1948-1957.

［35］ 訾赟. 铝合金无铬钝化工艺及性能研究［D］. 沈阳：沈阳理工大学，2011.

［36］ 肖鑫，徐律，郑轾轩，等. 铝及铝合金无铬氟锆酸盐化学转化膜［J］. 电镀与涂饰，2011，30（10）：37-40.

［37］ Cerezo J，Taheri P，Vandendael I，et al，Influence of surface hydroxyls on the formation of Zr-based conversion coatings on AA6014 aluminum alloy [J]．Surf Coat Technol，2014，254：277-283.

［38］ Schoukens I，Vandendael I，Strycker J D，et al. Effect of surface composition and microstructure of aluminised steel on the formation of a titanium-based conversion layer [J]．Surf Coat Technol，2013，235：628 – 636.

［39］ Cerezo J，Vandendael I，Posner R，et al. Initiation and growth of modified Zr-based conversion coatings on multi-metal surfaces [J]．Surface & Coatings Technology，2013，236：284-289.

［40］ Cerezo J，Vandendael I，Posner R，et al. The effect of surface pre-conditioning treatments on the local composition of Zr-based conversion coatings formed on aluminium alloys [J]．Applied Surface Science，2016，366：339-347.

［41］ Fockaert L I，Taheri P，Abrahami S T，et al. Zirconium-based conversion film formation on zinc，aluminium and magnesium oxides and their interactions with functionalized molecules [J]．Applied Surface Science，2017，423：817-828.

第9章

铝及铝合金硅烷及自组装钝化

9.1 硅烷及自组装钝化种类

9.1.1 硅烷钝化

9.1.1.1 硅烷化钝化

　　铝及铝合金表面硅烷化处理的工艺流程较为简单，传统方法为配制一定浓度的硅烷溶液（硅烷、水、短链醇等），在一定温度下水解一段时间后即可用于铝及铝合金表面处理，也可将硅烷溶液预水解好后形成浓缩液，使用时按一定的配比直接配制即可。通常硅烷处理时将铝及铝合金工件在硅烷溶液中处理一段时间后取出，然后再吹干、固化，处理方式可以为浸渍或喷淋。而硅烷膜电沉积制备，是通过将铝片作为工作电极电解硅烷溶液，从而实现硅烷在其铝表面吸附，其溶液制备和固化等工艺与传统方法相同。

　　硅烷偶联剂是一种具有特殊结构的低分子有机硅化合物，根据化学结构，可将硅烷偶联剂分为两种主要的类型：单硅烷和双硅烷两类。单硅烷分子中只含有一个硅原子，其分子通式可表示为 $Y(CH_2)_n SiX_3$，双硅烷分子中含有两个硅原子，分子末端有两个—SiX_3 基团，其分子通式为 $X_3Si(CH_2)_n Y(CH_2)_j SiX_3$ 或 $X_3Si(CH_2)_n SiX_3$，其中 Y 多为活性官能团，如单硅烷分子中 Y 为环氧基、乙烯基、氨基或巯基等，而双硅烷分子中为氨基或亚甲基等，这类活性官能团通常对有机聚合物有反应性或相容性；X 代表可以水解的官能团，如甲氧基、乙氧基等。在硅烷价键结构中，由于 Si 具有较低的电负性，Si—O 键呈现一定的离子性，同时，Si—O—Si 的键能和键角都大于 C—C 键，这种特殊的价键结构使碳硅杂化聚合物比基于碳化学的聚合物具有更优异的物理及化学性能。硅烷偶联剂由于具有特殊的分子结构，既能与无机材料结合，又能与有机材料反应，常被用作铝合金的表面处理剂和黏结剂。硅烷表面处理剂在铝及铝合金表面可形成优良的钝化层，该钝化层可作为金属表面的保护膜并对金属有良好的防腐蚀性能，且与金属材料表面是通过共价键（Si—O—Si 和 Me—O—Si）相连接的。大量的共价键会使硅烷钝化膜与铝及铝合金表面牢固地结合在一起。硅烷表面处理可有效提高涂层和金属基材间的结合力，进而更好地提高金属基材的耐腐蚀性能。硅烷表面处理具有成本低、运用范围广、成膜耐蚀性好的优点。硅烷钝化膜能有效地提高涂层的黏结性能、耐水性及耐候性。

　　根据硅烷的亲水性和疏水性能，可将硅烷分为水基硅烷和醇基硅烷，常见的水基硅烷有 γ-氨丙基三乙氧基硅烷等。它们在使用时需要用蒸馏水作为溶剂将其进行水解形成硅烷水溶液，其水解过程迅速并完全。醇基硅烷像双-1,2-(三乙氧基硅基)乙烷（BTSE）和双-[γ-(三乙氧基)硅丙基]四硫化物(BTESPT),它们在使用时需要大量的有挥发性的甲醇或乙醇作为溶质醇解成硅醇溶液,其醇解过程是一种动态平衡,时间相对水基硅烷水解的时间长些。

根据硅烷的防腐蚀工艺可以将硅烷分为终端防腐蚀用硅烷及后接有机涂层共同防腐蚀用硅烷。不同硅烷偶联剂对金属的防腐蚀处理效果差别很大。金属表面硅烷化处理,为获得单纯防护性的硅烷膜,一般选用无官能团的硅烷试剂(如 BTSE、BTESPT 等);而为了提高基体与有机涂层的结合力,常选用与涂层匹配的带特定官能团的硅烷(如对环氧系列涂层,一般选用 γ-GPS 等)。使用烯烃酰氧-烷氧基硅烷 50mL/L、十二烷基磷酸酯 5g/L、乙醇 60mL/L、无机添加剂 1g/L 的钝化液,pH 值为 2.0 的条件下处理 1060 工业纯铝管,硅烷膜的存在明显提高了铝管的耐蚀性能,耐蚀效果超过了铬酸盐钝化膜。钝化膜的存在可以有效地抑制电化学腐蚀反应的发生,减缓铝管的腐蚀速度,经过钝化处理后得到的硅烷钝化膜的自腐蚀电位比空白铝管的自腐蚀电位有着明显正移,自腐蚀电流密度也有较为显著的下降,硅烷钝化膜比铬酸盐钝化膜有着更小的自腐蚀电流密度且硅烷钝化膜具有较大的阻抗,从而硅烷钝化膜具有更优异的耐蚀性能。R. E. Klumpp 等人在 2198-T8 铝合金上应用了一种由基于 BTSE 的有机-无机杂化溶胶-凝胶组成的表面钝化层,其防腐蚀性能优于铬酸盐(六价铬)层,可以替代有毒和致癌的含六价铬溶液中的铬酸盐,从而改善腐蚀防护。BTESPT 属双爪型硅烷偶联剂,水解后产生更多的硅醇键,与自发形成氧化层的铝合金形成致密度良好的立体膜层;BTESPT 所含的—S₄—链段有强疏水性,可进一步增强膜层的耐腐蚀性。陈雷认为 BTESPT 应用于 2024 铝合金表面硅烷化防腐蚀处理的最佳水解条件为:采用乙醇与去离子水混合溶剂(每 100mL 溶剂中含乙醇 85mL、去离子水 15mL),BTESPT 的用量为溶剂总量的 5%(体积分数),水解 pH 值在 6 左右,水解时间为 96h 以上至不出现絮状沉淀;最佳的固化条件为:固化温度约 200℃,固化时间约 100min。2007 年,M. Quinet 等人将四氯对二苯醌作为二甲基二乙氧基硅烷与甲基三乙氧基硅烷混合溶液的添加剂,在 2017 铝合金表面制得了含有机缓蚀剂的复合硅烷膜。由电化学阻抗以及盐雾试验可以得到,这种掺杂后的硅烷膜的耐蚀性能相对单一的硅烷膜而言提高了很多倍。

金属表面硅烷化处理可通过两步浸渍法制备得两层膜,功能性硅烷膜可涂覆在非官能团硅烷膜上,该技术称为两步法成膜工艺。通过这种方法可以很好地提高硅烷杂化膜与金属基材之间的结合能力,铝及铝合金的耐腐蚀性能也得到了较大的提高,经过硅烷钝化液处理过的金属硅烷膜与经过磷酸盐钝化或铬酸盐钝化形成的防护膜相比,具有相似的防腐蚀性能。如两步法在 2024-T3 铝合金表面制备了双氨基硅烷和 BTESPT 硅烷的复合硅烷膜,对比测试结果表明复合硅烷膜对基体防护效果优于任一单层膜。常用于铝及铝合金表面处理的硅烷偶联剂如表 9-1 所示。

表 9-1　常用于铝及铝合金表面处理的硅烷偶联剂

缩写	结构	名称
BTSE	$(H_5C_2O)_3SiCH_2CH_2Si(OC_2H_5)_3$	双-1,2-(三乙氧硅基)乙烷
BTESPT	$(H_5C_2O)_3Si(CH_2)_3S_4(CH_2)_3Si(OC_2H_5)_3$	双-[γ-(三乙氧基)硅丙基]四硫化物
BTSPA	$(H_5C_2O)_3Si(CH_2)_3NH(CH_2)_3Si(OC_2H_5)_3$	双-[γ-(三乙氧基)硅丙基]胺
γ-APS(KH-550)	$H_2N(CH_2)_3Si(OC_2H_5)_3$	γ-氨丙基三乙氧硅烷
γ-GPTMS(KH-560)	$CH_2OCHCH_2O(CH_2)_3Si(OCH_3)_3$	γ-环氧基丙基三甲氧基硅烷
VTMS	$H_2C=CHSi(OCH_3)_3$	乙烯基三甲氧基硅烷
VTES	$H_2C=CHSi(OC_2H_5)_3$	乙烯基三乙氧基硅烷
DTMS	$C_{12}H_{25}Si(OCH_3)_3$	十二烷基三甲氧基硅烷
γ-APTMS	$H_2N(CH_2)_3Si(OCH_3)_3$	γ-氨丙基三甲氧基硅烷

9.1.1.2 纳米颗粒改性硅烷钝化

适量纳米粒子的掺杂还可以提高硅烷膜的机械强度并提高硅烷膜/金属界面层的结合强度，而且掺入的纳米粒子作为填料可延长水、离子等腐蚀介质扩散到金属基体的路径，从而提高硅烷膜的防护性能。纳米颗粒改性硅烷表面处理时，纳米 SiO_2、CeO_2 等粒子可能与硅烷分子间 Si 成键。在对含纳米 CeO_2 粒子硅烷溶液进行连续四个月的稳定性观察后发现，溶液的稳定性不会因 CeO_2 粒子的掺杂而受到影响。正如有机涂层的颜料存在一个临界体积一样，掺杂的纳米粒子同样存在一个最佳的用量范围。过量的纳米粒子掺杂，仅能提高硅烷膜的硬度，得到的硅烷膜孔隙率增加，其防护性能反而下降。在 2024-T3 铝合金表面电化学沉积十二烷基三甲氧基硅烷膜时掺杂了纳米 TiO_2，电沉积制备的掺杂纳米 TiO_2 的硅烷膜在均匀性、覆盖度、致密度、厚度、粗糙度及疏水性等方面均有提高。纳米 TiO_2 能起到成核作用，促进硅烷膜生长，随着 TiO_2 浓度的增加，硅烷膜层粗糙度增加，最佳掺杂量 100mg/L 时硅烷膜的耐蚀性得到了显著提高。

使用含有 50mg/L 氧化铝纳米颗粒的 5%硅烷溶液（即双氨基硅烷和乙烯基三乙酰氧基硅烷的混合物）处理 5005 铝合金，通过 336h 盐雾试验发现掺杂纳米颗粒的硅烷膜提供的腐蚀防护与铬酸盐层相当，均未发现腐蚀。针对单一硅烷膜存在的空隙、裂痕等不足，在 2024 航空铝合金表面制备乙烯基三乙氧基硅烷（VTES）膜，通过添加 TiO_2 制备了 VTES-TiO_2 复合膜，TiO_2 最佳浓度为 3.0g/L。VTES 硅烷膜具有良好的结合力、疏水性能及耐蚀性能，而 TiO_2 的添加进一步提升了硅烷膜的结合力、疏水性能及耐蚀性能。

9.1.1.3 稀土盐杂化改性硅烷钝化

稀土无机盐本身可用于铝合金表面处理工艺中，在基体表面制备一层具有缓释作用的钝化膜。在铝管表面先后制备了一层 BTESPT 硅烷和铈盐复合钝化膜，复合膜的耐蚀能力明显高于两种单一膜层。铈和硅烷对铝管表面有很好的协同改性作用，从而对基体铝起到了很好的保护作用。

用稀土盐对硅烷偶联剂改性，在提高硅烷膜耐蚀性能的同时，硅烷膜中存储无机稀土盐缓蚀剂并在膜层遭到破坏时可将它们释放出来，赋予硅烷膜一定的"自愈性"。以 2024-T3 铝合金为基体沉积了硝酸铈掺杂改性的 BTESPT 硅烷膜，发现掺杂改性的硅烷膜对金属基体的保护能力得到提高。将甲基苯丙三氮唑、苯丙三氮唑和硝酸铈加入到硅烷水解液中，在 2024-T3 铝合金表面制备出了复合膜层，通过对硅烷复合膜进行划痕测试，硝酸铈的加入使膜层具有"自修复"功能。将硝酸铈掺杂改性 GPTMS/TMOS 硅烷膜，硅烷膜在 2024-T3 铝合金表面有一定的"自修复"性能，氯化铈的加入改善了膜层的耐蚀性。A. M. Cabral 等人利用硝酸铈盐对 BTESPT 硅烷膜进行了类似掺杂改性，在 2024-T3 铝合金上掺杂后的硅烷膜提高了耐蚀性能。

硅烷-稀土复合膜加入纳米粒子，纳米粒子作为稀土缓释剂的存储和释放介质对膜层的耐蚀性有很大改善。2009 年，L. M. Palomino 等人在 2024-T3 铝合金表面制备了纳米 SiO_2 和 $CeCl_3$ 复合 BTSE 硅烷杂化膜，认为 Ce^{3+} 在固化时可以提高硅羟基之间的交联程度，而纳米 SiO_2 颗粒又能够通过溶胶方式提高铈盐对硅烷膜结构的填充。将 SiO_2 纳米粒子与 Ce^{4+} 一起添加到硅烷膜中，两者存在协同作用，在 Ce（Ⅲ）-BTSE 复合膜中进一步添加 SiO_2 纳米粒子与 Ce^{4+}，Ce^{4+} 与硅烷在成膜过程中发生了交联反应，膜层中的硅含量大大提高，效果达到最优。同年，M. F. Montemor 等人对二氧化铈掺杂的硅烷膜的化学组成和腐蚀性能进行了研究，二氧化铈作为铈离子的载体大大改善了膜层的阻隔性能和缓蚀性能。铈离子与硅烷膜之间可以形成化学键，这避免了二氧化硅纳米微粒从膜层中脱离。

稀土盐添加量需要控制在一定范围才能达到最佳协同防护的效果，如 2014 年，雷越采用浸涂法在 6061 铝合金表面制备了 γ-氨丙基三乙氧基硅烷（KH-550）硅烷膜。当硅烷溶液浓度为 3％，乙醇与水的比例为 22∶75，溶液 pH 值为 12，室温下水解 72h 后，试样浸泡 3min，180℃下固化 120min 就可以得到致密均匀的硅烷膜。在 KH-570 硅烷溶液中加入不同量的稀土氯化物，当加入量为 0.2％时，硅烷膜的耐蚀性最好，若加入量继续增加，则会使硅烷的防护能力下降。此外，当稀土氯化物（$CeCl_3$、YCl_3 及 $LaCl_3$）加入量为 0.2％时，三种不同稀土氯化物改善膜层耐腐蚀效果相近，其中 $CeCl_3$ 改性的效果最好。

9.1.1.4　电化学沉积改性硅烷钝化

铝及铝合金试样浸泡在经一定时间水解后的硅烷/水/醇溶液中，在其表面施加一定的电位，几十秒至几十分钟后取出吹干，再经一定温度一定时间固化，从而得到电化学沉积改性的硅烷膜。硅烷膜的电化学辅助制备是铝及铝合金表面硅烷化处理的一种新技术，具有一定的学术价值和应用前景。通过对沉积过程电位及电流等电化学参数的调节，可对硅烷膜的结构及性能实现可控制备，探讨电化学辅助沉积机理。通过膜耐蚀性测试及与有机涂层结合力测试，可以对制备工艺中溶液参数与电化学参数进行优化，得到性能更好的硅烷膜。

电化学辅助沉积 2024-T3 铝合金的硅烷膜耐蚀性较传统浸涂法有显著提高，原因为它通过产生更多的羟基来促进薄膜的形成。在每个硅烷膜的沉积过程中都观察到"临界阴极电位"，在该电位下制备的膜具有最高的耐腐蚀性。2006 年，胡吉明等人采用电沉积技术在 2024-T3 铝合金上制备了三种硅烷膜，也得到了类似的结论，并通过 SEM 图像表明，电沉积制备的薄膜具有最大的均匀性和致密性，基于十二烷基三甲氧基硅烷的疏水性更强的薄膜表现出最好的缓蚀性能。

9.1.2　自组装钝化

随着全世界汽车涂装的快速发展及对环境保护越来越重视，涂装中采用低污染的工艺已经成为全球企业涂装的社会责任。目前，铝合金车轮高性能的无铬转化已经取得了积极的进展，其中自组装表面处理技术已经成为铝合金车轮六价铬钝化工艺的取代技术之一。

自组装膜技术是 20 世纪 80 年代发展起来的一种在分子水平上控制材料表面性质的新型超薄膜技术。传统涂层、聚合等制膜技术有许多缺点，例如不能完全掌握有机分子的取向和排列，无法保证自组装膜的高度有序性，而且膜的许多理化性质较差，而自组装技术有效地克服了传统膜技术的缺点，这项技术不但工艺简单、快捷而且膜的稳定性和有序性都比较好。这种自组装膜为铝及铝合金的防护研究开辟了广阔的前景，因为它具有如下优点：

① 膜分子有序排列，分子与分子之间的连接紧密；
② 膜的结构比较稳定，均匀性好且厚度为几至几十纳米，不受基底材料形状的影响；
③ 不会对金属色泽、外观产生影响，也不会出现脆裂、老化、变色等；
④ 工艺简单，通过简单的化学吸附就可以形成自组装膜。

自组装膜是分子通过范德瓦耳斯力、氢键、静电力等方式自发吸附在固/液或气/固界面形成的热力学稳定和能量最低的高度取向和紧密排列的有序分子膜。自组装膜的有机分子与铝及铝合金基底之间通过多种作用力相结合形成有序薄膜，因而自组装膜根据作用力的类型可以分为共价（配位）自组装膜、氢键自组装膜和静电自组装膜等。自组装分子吸附在经过预处理的铝及铝合金表面并定向排列，可自发地形成分子层，若只为单分子层，通常简称为 SAM(self-assembly monolayer)。有机物薄膜结构高度统一有序，有机分子排列紧密均匀，具有很强的疏水性。因此这种有机物膜可以对基体金属起保护作用，阻止和避免水分子、氧分子、氯离子等对铝及铝合金产生腐蚀，并阻止腐蚀产物向表面迁移和传输。

SAM 膜从组成结构上可分为 3 部分：一是分子的头基，它与铝表面活性点以共价键或离子键结合；二是分子的烷基链，链与链之间靠范德瓦耳斯力使活性分子在基体表面紧密有序地排列；三是分子末端基，不同结构的尾基使得界面获得不同的物理化学性能。自组装膜技术在制备纳米薄膜、表面修饰、生物传感器和黏合剂等方面都有广阔的应用前景，通过自组装技术在铝表面自组装有机分子膜以使其获得特殊表面物理化学性质也成为铝及其合金表面处理技术的一个全新方向。

铝表面缓蚀自组装体系可以大致分为膦酸类、硅烷类及其他类（羧酸类、胺类等）自组装体系，其中铝合金硅烷类自组装的学术研究较多，而铝合金自组装的生产以膦酸类自组装应用为主。

9.1.2.1　膦酸类自组装钝化

纯铝表面膦酸类自组装膜与硅烷、羧酸比较更为致密，膦酸膜在强腐蚀条件下（60～90℃，pH=1.8）更为稳定，但将有机膦酸应用于铝合金表面直接作为防腐蚀用的钝化膜的应用并不多。工业中通常利用自组装膦酸膜定向吸附提供聚合物与铝合金之间的更优的黏附性能，在汽车铝车轮生产过程中使用，可单独使用或在锆和/或钛钝化膜后配套使用，应用后铝车轮的防腐蚀综合性能明显提高。

9.1.2.2　硅烷类自组装钝化

一些学者将硅烷偶联剂水解后的水溶液作为自组装液，进行铝合金表面处理后直接烘干或吹干形成的膜认为是自组装膜，此时的硅烷膜可能是化学吸附与物理吸附共同固化交联的膜，对于如何判定硅烷分子在铝合金表面发生定向排序，是否定向吸附及如何表征报道很少，因而是否是严格意义上的自组装膜需要进一步确认。

由于铝合金表面并非均匀覆盖天然氧化膜，且有许多富铜、富锌等第二相颗粒存在，表面处理不均匀，因而硅烷分子与铝合金表面的羟基进行选择性化学吸附时，在第二相颗粒会存在吸附缺陷。P. E. Hintze 等人使用癸基三甲氧基硅烷和十八烷基三甲氧基硅烷在 2024-T3 铝合金上生成自组装单分子膜对 2024-T3 铝合金表面进行改性，形成具有大量缺陷的自组装膜，虽然氧化铝表面覆盖良好，但缺陷可能集中分布在表面的富铜颗粒上。因为富铜颗粒没有受到保护，铝合金表面上自组装膜的阳极溶解受到抑制，而氧的阴极还原则没有，SAM 的表面不能提供很好的局部腐蚀保护。由此可见，铝合金表面偏析相的存在对自组装膜的有序度和致密性有一定的影响，这会减弱自组装膜的缓蚀性能。

硅烷分子中长脂肪族链的存在可显著增加硅烷层的保护作用，A. Frignani 等人认为三甲氧基硅烷的烷基链越长，对于 7075 铝合金形成的自组装膜覆盖度越高，缓蚀效果越好。这种改善与层厚度增加有关，这会导致明显阻碍侵蚀性水溶液的渗透，虽然硅烷层都可抑制阴极反应，但只有 C_{18} 能成功抑制阳极反应，即使在氯化物存在的情况下也是如此。

使用十二氟庚基丙基三甲氧基硅烷对铝合金进行自组装，所制备的自组装膜具有高阻抗、低腐蚀电流密度，能提高铝合金表面防腐蚀能力。在 BTESPT 中加入少量的 TiO_2 微粒，制得的自组装膜腐蚀电流密度比空白铝合金减小了三个数量级，提高了铝合金的耐蚀性能，其接触角测试为 133°，具有很好的疏水性。在 6061 铝合金表面制备的自组装十二氟庚基丙基三甲氧基硅烷膜匀、致密，使铝合金的腐蚀电流密度减少了三个数量级，提高了基体的耐腐蚀性能，同时实验还表明对腐蚀电流密度影响最大的因素是自组装膜的固化时间。温玉清等人在 BTESPT 中加入少量的还原石墨烯，制得的自组装膜的腐蚀电流密度比空白铝合金减小了四个数量级，提高了铝合金的耐蚀性能，其接触角测试为 159°，具有很好的疏水性。

9.1.2.3　羧酸类及胺类自组装钝化

对于羧酸类自组装分子虽可在氧化铝表面自发吸附形成致密有序的单分子膜，但因自组装性能不如硅烷和膦酸，主要集中于吸附动力学和微摩擦性能研究，应用于铝表面尤其是工业用铝合金表面作为防腐蚀自组装膜的研究较少。

9.2　钝化膜的形成机理

9.2.1　硅烷钝化膜的形成机理

自 van Ooij 将硅烷用于金属表面处理以来，已有众多国内外学者对金属表面硅烷化处理进行了深入的研究，但对于硅烷膜的成膜机理，至今仍未达成统一认识，目前该方面的主要理论有化学键理论、物理吸附理论、可逆水解平衡理论及氢键形成理论等，其中，化学键理论被认为是现阶段最有影响且最接近实际的理论。

铝合金表面硅烷膜的成膜机理如下所示：

第一步：硅烷溶液中的—Si—OR 水解生成—Si—OH，其反应如式（9-1）～式（9-3）所示：

$$—Si—(OR)_3 + H_2O \longrightarrow —Si—(OR)_2OH + R—OH \tag{9-1}$$

$$—Si—(OR)_2OH + H_2O \longrightarrow —Si—(OR)(OH)_2 + R—OH \tag{9-2}$$

$$—Si—(OR)(OH)_2 + H_2O \longrightarrow —Si—(OH)_3 + R—OH \tag{9-3}$$

其中，R 表示—CH$_2$—CH$_3$ 或—CH$_3$ 等基团。

第二步：溶液中—Si—OH 发生脱水缩合生成—Si—O—Si—，其反应如式（9-4）所示：

$$—Si—OH + —Si—OH \longrightarrow —Si—O—Si— + H_2O \tag{9-4}$$

第三步：—Si—OH 与铝合金基体表面上的 Al—OH 反应生成—Al—O—Si—，其反应如式（9-5）所示：

$$—Si—OH + —Al—OH \longrightarrow —Al—O—Si— + H_2O \tag{9-5}$$

第四步：基体表面的—Si—OH 在高温下发生脱水缩合反应，其反应如式（9-6）所示。最终形成 Si—O—Si 键和 Si—O—Al 键相互交联的三维网状膜。

$$—Si—OH + —Si—OH \longrightarrow —Si—O—Si— + H_2O \tag{9-6}$$

在烷氧基—Si—(OR)$_3$ 完全水解后的三个—Si—OH 基团之中，只有一个—Si—OH 发生如式（9-5）所示的脱水反应，生成 Al—O—Si 共价键，而其余两个—Si—OH 可能参与式（9-6）所示的反应，或处于游离状态。

网状型 Si—O—Si 结构是硅烷膜的主要组成，具有较强的疏水性，在对基体的防护过程中可以有效地降低环境中的 Cl$^-$、OH$^-$ 腐蚀介质向基体表面渗透的速度，延缓基体的腐蚀。另外硅烷膜中与 Si 原子相连的另一端中亲有机的 Y 基团还可以通过与有机物之间的交联链接，提高有机涂层在基体表面的附着力，两者协同作用，共同对金属表面起到较好的防护效果。

而当经过硅烷预处理的试样置于铈盐钝化液中时，其机理略有不同。由于基体铝表面存在能量高低差异和硅烷膜层厚度的均匀程度的不同，在膜层分子间隙处将形成众多的腐蚀微电池，此时铈盐在铝合金界面处会与 OH$^-$ 形成氢氧化铈沉淀［见（式 9-7）］，Ce(OH)$_3$ 就会附在硅烷膜层间隙的金属表面上形成一层难溶的覆盖物，从而阻止介质与基体的接触，并减少基体铝或其上膜层的溶解，使得腐蚀难以进行。水氧环境下微量 H$_2$O$_2$ 的存在，可促使 Ce(OH)$_3$ 向 Ce(OH)$_4$ 转化［如式（9-8）］所示。

$$Ce^{3+} + 3OH^- \longrightarrow Ce(OH)_3 \downarrow \tag{9-7}$$
$$2Ce(OH)_3 + H_2O_2 \longrightarrow 2Ce(OH)_4 \tag{9-8}$$

9.2.2 自组装钝化膜的形成机理

9.2.2.1 膦酸类自组装膜形成机理

有机膦酸自组装分子具有双功能官能团，第一个官能团（称为"锚"基）如膦酸以化学方式吸附在氧化物覆盖的金属上，而第二个官能团（称为"头"基）如氨基官能团，能够共价键合到有机涂层或黏合剂上。铝合金表面羟基促进有机膦酸盐的吸附，并且基于酸碱相互作用下膦酸盐基团的黏附，表面盐形成。膦酸与铝表面氧化物反应可形成稳定的、有序排列的单分子膜。烷基膦酸分子的头基带有 2 个 P—OH 基和 1 个 P=O 基，膦酸可以单齿[式(9-9)]、双齿[式(9-10)]和三齿[式(9-11)]3 种键合方式进行自组装。

$$R-(CH_2)_n-\overset{OH}{\underset{O}{\overset{|}{P}}}-OH + Al-OH \longrightarrow R-(CH_2)_n-\overset{OH}{\underset{O}{\overset{|}{P}}}-O-Al + H_2O \tag{9-9}$$

$$R-(CH_2)_n-\overset{OH}{\underset{O}{\overset{|}{P}}}-O-Al + Al-OH \longrightarrow R-(CH_2)_n-\overset{O-Al}{\underset{O}{\overset{|}{P}}}-O-Al + H_2O \tag{9-10}$$

$$R-(CH_2)_n-\overset{O-Al}{\underset{O}{\overset{|}{P}}}-O-Al + Al-OH \longrightarrow R-(CH_2)_n-\overset{O-Al}{\underset{OH}{\overset{|}{P}}}-O-Al_{O-Al} \tag{9-11}$$

除了 P—O—Al 键合方式，还可能存在离子键吸附机理。Ramsier 等人认为纯铝表面羟基和膦酸发生缩合反应形成膦酸盐。对吸附在氧化铝上的几种膦酸的振动光谱分析表明，这些酸通过缩合反应进行吸附。Peter 等人研究了极性氧化铝（0001）和非极性氧化铝（1102）表面十八烷基膦酸自组装吸附机制，非极性氧化铝的偏振调制红外光谱中未观察到 P—OH 吸收峰但存在 P=O 和弱的 P—O 伸缩振动峰，说明膦酸头基中的 2 个 P—OH 键与铝表面羟基脱水以双齿形式在氧化铝表面吸附，而前者红外光谱中观察到 PO_3^{2-} 峰，无 P—O 伸缩振动峰及 P=O 伸缩振动峰，说明此时主要通过 PO_3^{2-} 与质子化带正电的羟基化铝表面以离子键形式进行吸附。J. A. DeRose 等人通过比较纯铝上全氟癸基羧酸（PFDA）、全氟癸基膦酸（PFDP）、十八烷基膦酸（ODP）、全氟癸基二甲基氯硅烷（PFMS）自组装膜的稳定性，得出 PFDP/Al 和 ODP/Al 最稳定，并通过分子头基的化学吸附优势进行解释，认为膦酸能在氧化铝表面和羟基以三齿键结合，而 PFDA 和 PFMS 只能进行单齿键合，因此前者更为稳定。

9.2.2.2 硅烷类自组装膜形成机理

P. E. Hintze 等人认为在铝合金表面上形成硅烷自主装分两步进行，首先硅烷偶联剂水解转化为硅醇，其次硅醇与铝合金表面上的羟基发生缩合反应形成硅氧烷键（金属—O—Si）。如十二氟庚基丙基三甲氧基硅烷（G502）水解后生成具有三个—OH 活性基团的硅醇（—Si—OH），与铝合金表面富集的—OH 基团（—Al—OH）反应脱去 H_2O 分子，通过共价键与基体键合（—Al—O—Si—），含氟的长碳链则向外伸展，从而构成了独特的纳米级结构，从而使超疏水性能更稳定。用疏水性硅烷自组装膜修饰表面会导致更大的接触角。硅烷单分子膜的前进接触角比文献中碳氢化合物的要大。未处理的铝合金 2024-T3 表面、使用癸基三乙氧基硅烷（DS）及正十八烷基三乙氧基硅烷（ODS）水溶液处理铝合金 2024-T3

获得的 SAM 表面的前进接触角 θ_a、后退接触角 θ_r 与接触角滞后（$\cos\theta_r - \cos\theta_a$）如表 9-2 所示。接触角滞后可以解释为表面化学和物理均匀性的量度。小滞后是完整均匀 SAM 的特征，而大滞后则与退化或不完整层有关。此外，在优化 SAM 沉积程序时，θ_a 变化不大，而 θ_r 变化很大。这表明 θ_r 是 SAM 质量的敏感度量。2024-T3 铝合金表面的大滞后表明仅形成部分单层。

表 9-2　铝合金 2024-T3 表面的前进接触角、后退接触角和接触角滞后

试样类别	前进接触角 θ_a/(°)	后退接触角 θ_r/(°)	接触角滞后 $\cos\theta_r - \cos\theta_a$
未处理	51	10	0.6
DS-SAM	117	49	1.1
ODS-SAM	113	61	0.9

9.2.2.3　羧酸类及胺类自组装膜形成机理

羧酸与铝表面氧化物反应可形成稳定的、有序排列的单分子膜。烷基羧酸分子的头基带有 1 个 C—OH 基和 1 个 C＝O 基，羧酸可以单齿[式(9-12)]、双齿[式(9-13)]2 种键合方式与铝表面上的氢氧化铝或氧化铝位点键合进行自组装，单齿键合方案最常见于长链烷酸，如全氟十二烷酸。

$$R-(CH_2)_n-\overset{O}{\overset{\|}{C}}-OH + Al-OH \longrightarrow R-(CH_2)_n-\overset{O}{\overset{\|}{C}}-O-Al + H_2O \tag{9-12}$$

$$R-(CH_2)_n-\overset{O}{\overset{\|}{C}}-O-Al + Al-OH \longrightarrow R-(CH_2)_n-\underset{OH}{\overset{O-Al}{C}}{}^{O-Al} \tag{9-13}$$

长链烷酸被用来构筑自组装单分子膜是因为它的烷基链可以高度定向排列在氧化铝表面且形成紧密有序的单分子膜。而短链烷酸自组装是在金属表面以羰基氧键合，对于其碳链骨架定向排列构型有顺式与反式，因而存在顺式和反式构型的链段排列自组装。除了 Al—O—C 键合方式，长链烷基脂肪酸在铝氧化物表面的自组装也有可能通过羧酸阴离子与铝阳离子之间的离子键相互作用进行。

9.3　钝化膜的组成及结构

9.3.1　硅烷钝化膜的组成及结构

硅烷表面处理剂在铝及铝合金表面可形成优良的钝化层，与金属材料表面是通过共价键（Si—O—Si 和 Me—O—Si）相连接的。由于有机基团的链长及空间结构不同，形成的硅烷膜为三维网状膜。如 2014 年，雷越对 6061 铝合金上硅烷膜的研究中，KH-550 的浓度为 3%，乙醇和水的比例是 22∶75，硅烷溶液的 pH 值是 12，浸涂 10min 后，180℃ 固化 120min 制备铝合金硅烷膜。KH-570 的浓度为 8%，甲醇与去离子水的比例为 2∶8，硅烷溶液的 pH 值为 4，浸泡 3min 后，120℃ 固化 60min，制备的铝合金硅烷膜如图 9-1 所示。硅烷偶联剂 KH-550 和 KH-570 都在铝合金基体表面形成了致密的防护膜，硅烷膜覆盖在铝合金基体表面，均匀平整，没有气泡、无坑洞和划痕，如图 9-1(b) 与 (c) 所示，铝合金的腐蚀电压增大，腐蚀电流降低。KH-570 的硅烷膜表面有明显裂纹使其防护效果低于硅烷偶联剂 KH-550。这可能是由于 KH-570 有机基团的空间结构更大，硅烷溶液在铝合金表面成膜时，空间效应可能会使 KH-570 硅烷膜的三维网状膜更为疏松。

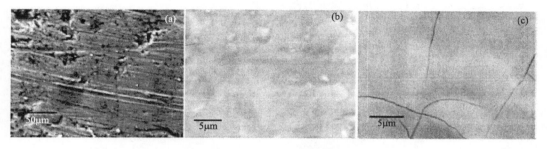

图 9-1　硅烷膜的 SEM 图 [（a）为铝基底，（b）为 KH-550 的硅烷膜，（c）为 KH-570 的硅烷膜]

2010 年，李美在 2024-T3 铝合金纳米粒子掺杂硅烷薄膜研究中采用 AFM 图分析硅烷膜的表面微观形貌。从图 9-2（a）可以看出浸涂制备的纯 DTMS 硅烷膜不能有效地覆盖整个面积，铝板基体上的划痕还清晰可见。而图 9-2（b）显示在施加－0.8V 的阴极电位下沉积得到的硅烷膜几乎可以完全掩盖基体划痕，这表明电辅助碱催化缩聚反应的发生促进了硅烷膜的生长。而当掺杂一定量的纳米 TiO_2 粒子时，得到表面呈现纳米结构的硅烷膜，见图 9-2（c）。而通过阴极电沉积得到的掺杂纳米 TiO_2 的复合硅烷膜则呈现更加清晰的类似纳米棒的结构，见图 9-2(d)。经电沉积制备的掺杂纳米粒子的复合硅烷膜其表面的纳米微观结构排列更加整齐。

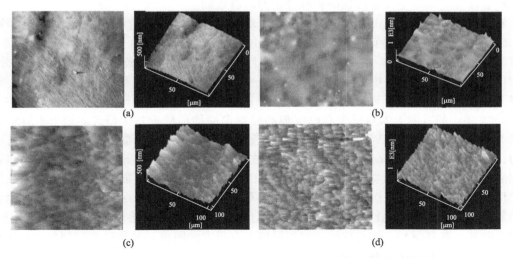

图 9-2　浸涂（a，c）和电沉积（b，d）条件下制备的硅烷膜的 AFM 图片
（a，b：纯 DTMS 硅烷膜；c，d：掺杂 40mg/L 纳米 TiO_2 复合硅烷膜；扫描面积 $100\mu m \times 100\mu m$）

从图 9-2 右边一栏的 3D 图片可以直观地看到硅烷膜的表面粗糙度变化情况。而从图 9-3 可得到硅烷膜的粗糙度在不同沉积条件下的具体变化趋势。浸涂制备的纯 DTMS 硅烷膜的平方根粗糙度（RMS）为 65.5nm，而施加阴极电位－0.8V 制备的纯 DTMS 硅烷膜其粗糙度略有增加，达到 89.7nm。掺杂纳米 TiO_2 改性过的硅烷膜其粗糙度随纳米粒子含量的增加有明显且连续的增加，浸涂条件下当硅烷前驱体中纳米 TiO_2 含量依次为 40mg/L、100mg/L 及 150mg/L 时，所得到的复合硅烷膜的粗糙度分别为 131nm、154nm 及 314nm。此外，与未改性过的硅烷膜相比，阴极电沉积制备的复合硅烷膜其粗糙度有大幅度增大，且粗糙度随沉积电位的负移而增大，见图 9-3 内插图。硅烷膜粗糙度的增大是硅烷膜生长得到促进的表现。推测在硅烷成膜过程中纳米 TiO_2 粒子可起到成核作用，从而进一步促进硅烷

膜的生长，这也就导致了硅烷膜粗糙度的明显增加。

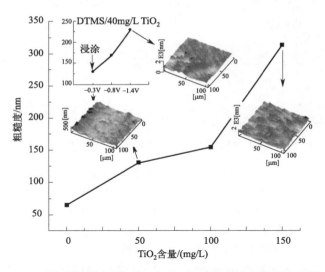

图 9-3　硅烷膜粗糙度随 TiO_2 含量及沉积电位内插图的变化情况

　　无论是掺杂纳米粒子还是应用电化学辅助技术与浸涂纯硅烷膜相比均可获得更厚、更致密、覆盖度和粗糙度更大且腐蚀防护性能更好的硅烷膜。

　　2010 年，F. Brusciotti 等人在铝合金表面制备 BTSE 硅烷膜时添加了纳米 CeO_2 粒子，BTSE 浓度为 5％时制得的薄膜厚度约为 67nm，硅烷中分散有纳米 CeO_2 颗粒。浓度为 8％时薄膜的厚度约为 84nm，浓度为 10％时薄膜厚度约为 94nm。根据硅烷膜结构的信息分析，认为即使在形成团聚时，CeO_2 颗粒也总是被一层薄薄的 BTSE 层覆盖，意味着 CeO_2 很好地嵌入硅烷膜中，形成了致密的结构，这可能是屏障性能增加的原因。

　　2006 年，胡吉明等人对浸涂和电沉积的硅烷薄膜的形貌进行了研究。图 9-4 显示了典型的 SEM 显微照片（以 VTMS 薄膜为例）。浸涂薄膜[图 9-4(a)]覆盖不连续，导致高度不均匀。EDX 在白色区域没有观察到 Si 峰，但在灰色区域检测到更高的 Si 峰，这表明前者区域比后者区域更难形成硅烷膜。Mandler 等人也观察到，PTMS 不能通过浸渍硅烷膜在铝衬底上形成完整的膜，而电沉积方法可以确保膜覆盖整个导电区域，此处使用的 2024 铝合金中的复杂相成分（例如-Al 基体、-Al_2Cu 和其他可能的相）可能会阻碍形成均匀的溶胶-凝胶膜。此外，在富铜相上进行硅烷化过程可能会有很大的困难，某些硅烷（例如 BTSE）中的硅醇基团不能有效地与铜反应。

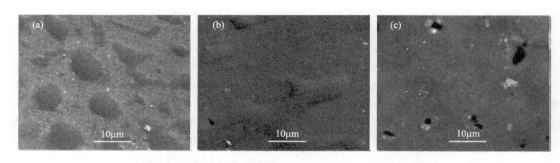

图 9-4　典型的 SEM 显微照片（以 VTMS 薄膜为例）

　　相比于浸涂表面覆盖率低，不均匀性高，电沉积制备的薄膜（−0.8V/SCE）具有更大的均匀性和致密性，如图 9-4(b) 所示。而在过负电位下（-1.2V/SCE）沉积的薄膜中形成了大量的孔隙，这可能是由于氢气泡的显著演化产生的[图 9-4(c)]。

9.3.2 自组装膜组成及结构

9.3.2.1 膦酸类自组装膜组成及结构

烷基膦酸分子的头基带有 2 个 P—OH 基和 1 个 P＝O 基，膦酸可以单齿、双齿和三齿 3 种键合方式进行自组装。膦酸基氧的不同结合能表明金属和膦酸基之间形成键，根据化学位移，可以建立膦基与金属之间化学键的模型。ω-(噻吩-3-烷基)膦酸的 1mmol/L 乙醇溶液中 24h 制得自组装膦酸膜，利用角分辨 XPS 成功地确定了长链有机酸吸附在金属氧化物上的取向，膦基位于底部，噻吩基位于顶部，根据化学位移建立膦基和金属之间化学键的模型，并表明只有 P—O(H) 键与铝结合，膦酸的两个羟基形成双齿。在 6016 铝合金上研究了双功能有机膦酸盐黏附促进分子自组装的膜，富硅相 IMP、富铁相 IMP、铝合金基底上都可以检测到显著的磷信号，而铝合金基体上的峰值强度超过了两种金属间夹杂物上的强度，有机膦酸在整个表面发生吸附，金属间化合物（IMP）处吸附密度比基底要低。吸附在铝基材上的 APPA 的 FTIR-RA 光谱显示 APPA 特有的 P—OH 和 P＝O 带缺失，而烷基膦基盐的对称和不对称价带出现，表明通过双齿键与铝合金表面键合。

M. J. Pellerite 等人监测了三种烷烃膦酸 $CF_3(CF_2)_7(CH_2)_{11}PO_3H_2$（$F_8H_{11}PA$）、$CH_3(CH_2)_{15}PO_3H_2$（$H_{16}PA$）和 $CH_3(CH_2)_{21}PO_3H_2$（$H_{22}PA$）自组装成膜的动力学，发现半氟化 $F_8H_{11}PA$ 自组装膜的亚甲基段缺乏有序性，$H_{16}PA$ 和 $H_{22}PA$ 自组装膜有序链较好，这种行为归因于氟碳链段和膦酸头基的立体效应，$F_8H_{11}PA$ 两亲系统中基团阻止插入的烃段有序化。对于所有三种膦酸，由于单分子膜红外光谱中 Al—OH 基团的损失而产生的负峰与酸和表面羟基之间的缩合反应一致，形成结合的磷酸铝盐。$F_8H_{11}PA$ 比烃膦酸更快地接近其平衡膜结构。观察烷基膦酸在铝氧化物上的吸附发现，长时间组装后膦酸膜红外反射吸收谱中 C—H 振动减弱，说明膦酸分子吸附后进行了重排，最终垂直吸附在铝表面，由于三齿键合的膦酸膜的理论倾斜角为 35°，推断此条件下膦酸与铝以单齿或双齿形式进行键合。

9.3.2.2 硅烷类自组装膜组成及结构

李姣姣等人将 6061 铝合金 35℃ 下浸泡在双-[γ-（三乙氧基）硅丙基] 四硫化物（BTESPT）自组装液（BTESPT：蒸馏水：乙醇=1:1:18 的体积比）中 60min，用蒸馏水冲洗后在 100℃ 下干燥 1h。图 9-5(b) 为样品经过 BTESPT 自组装溶液修饰后的形貌图，可以看出，样品表面能看见明显的网状结构膜层，而且自组装的膜层覆盖均匀致密、表面较平坦，几乎没有裂纹，也没有明显堆积的迹象，表面网状结构的孔径大小不一，这可能是自组装过程中自组装液中的分子水解不均匀导致的。

通过对 BTESPT 膜层的表面成分分布进行分析，BTESPT 自组装分子的特征元素 S 和 Si 在铝合金表面分布均匀，没有明显的缺陷点，说明 BTESPT 成功覆盖在铝合金表面，形成了致密的自组装膜层。

P. E. Hintze 等人对癸基三甲氧基硅烷（DS）和十八烷基三甲氧基硅烷（ODS）在 2024-T3 铝合金上的自组装的膜进行红外分析发现，DS 和 ODS 改性 Al2024-T3 表面的 CH_3 峰强度相同，而 ODS 改性的表面的 CH_2 峰强度大于 DS 表面，这与只形成单层的预期是一致的。ODS 和 DS 的每个分子都有一个 CH_3 基团，因此，如果分子数相同，该峰的强度将保持不变。ODS 表面的 CH_2 强度应该增加，因为该分子中有更长的主链，因此有更多的 CH_2 基团。在 ODS 的 SAM 中，两个 CH_2 峰的最大值相对于 DS 的 SAM 移动到较低的频率。DS 和 ODS 形成的单层覆盖率大致相同，ODS 的 SAM 比 DS 的 SAM 更紧密。

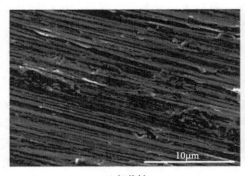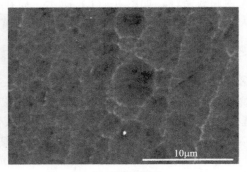

(a) 铝基材   (b) BTESPT膜层

图 9-5 BTESPT 自组装样品膜层的 SEM 形貌

9.3.2.3 羧酸类及胺类自组装膜组成及结构

2018 年，梁云龙以 6063 铝合金为研究对象，在 15g/L 硬脂酸乙醇基溶液、溶液温度 80℃、浸泡时间 1h 条件下，获得的典型试样放大 500 倍的表面凹凸不平，表层出现白色、半透明的石蜡状封闭层，膜层均匀致密。沉积的硬脂酸疏水层表面附着少量白色絮状颗粒，表面微观结构呈现未耕耘的泥地状态，存在大量半球状的囊胞凸起，具有一定的粗糙度。

端羟基聚酯胺（HTP）在铝基片上进行自组装，自组装膜随浸泡时间的延长而增厚，在 2h 后达到平衡，超支化聚合物不规则树枝状结构末端的羟基伸展在膜的表面，为以后的涂层提供大量活性基团，可以提高环氧基涂层的表面附着力。自组装膜是较为规则的团状，颗粒尺度在 10～50nm 之间，膜中的孔深约为 2～14nm，孔直径在 20～100nm 之间，呈团块紧密堆积，团块间存在着大量的孔洞缺陷。这些孔洞增大了端羟基聚酯胺组装膜的表面羟基基团含量，使铝表面上环氧基涂层的附着力得到提高。

9.4 硅烷钝化膜及自组装钝化膜的防护机理

9.4.1 硅烷钝化膜的防护机理

硅烷钝化膜在铝及铝合金上的用途分为两大类，一类以硅烷膜作为终端防护使用，另一类是与后续涂层一起交联后复合钝化防护，因此硅烷防护机理也分为两类。

9.4.1.1 终端防腐蚀硅烷膜的防护机理

终端防腐蚀硅烷膜即在硅烷处理后，不再进行喷涂等后续涂层处理，直接用来进行防护的硅烷膜，一般比较厚。此类硅烷膜含憎水性的高度交联的-Si-O-Si-结构，与金属基体结合较强且孔隙率较小，阻碍腐蚀介质及腐蚀产物的传输从而极大地抑制了膜下铝及铝合金点蚀的发生与发展。这层硅烷膜在铝及铝合金基体和腐蚀介质之间起到物理性屏障作用，延缓电解质溶液到达金属基体；不含特征官能基团的硅烷无论在固相还是液相中均不具有电化学活性，不能被氧化还原，所以铝合金表面形成的硅烷膜不具备电化学活性，硅烷膜在金属表面仅起到物理阻挡层的作用而并未改变金属腐蚀的电极过程动力学。另外，烷氧硅烷中与硅相连的氢原子带有负电荷，与腐蚀介质中的氯离子相互排斥，抑制了孔蚀的发生，而氨基硅烷中与硅相连的氢原子带有正电荷，容易吸引氯离子，因此较少用于金属的腐蚀防护。如 BTESPT 分子水解后产生大量带负电荷的硅醇羟基-Si-OH，带负电荷的-Si-OH 将被稳定地吸附在带正电荷的铝板表面上，被吸附的硅醇羟基与铝表面的羟基形成氢键，使 BTESPT

分子在铝表面排列紧密而有序；未被吸附的硅醇羟基通过相互间氢键作用，使 BTESPT 分子交联成空间网状结构，进一步提高了硅烷膜的致密性及防护性能。硅烷耐蚀膜已经与铬钝化膜具有相当的性能，可以作为单独的防护手段应用于铝及其合金的腐蚀防护。

"双硅烷"在金属表面防护方面具有优良的性能，这类硅烷的结构为 $X_3Si(CH_2)_nSiX_3$ 或者 $X_3Si(CH_2)_nY(CH_2)_nSiX_3$，它们可以在基体表面形成一层致密的 Si—O—Si 高聚物网络，并且也可以与钝化液中其他硅烷的功能基团相互连接，因此多种类型硅烷的联合应用可得到较好的效果，特别是"双硅烷"与"单硅烷"联合使用，能大幅度增强其他有机涂层与基体的附着力，只是多数"双硅烷"不能溶于水，这也限制了其应用。

硅烷膜层防腐蚀机理的理想模型是不带亲水性官能团的硅烷偶联剂在铝及铝合金表面吸附沉积，且硅烷分子间充分交联成膜，该膜层具有较好的疏水性。但由于硅氧键具有不稳定性，随着硅烷膜在溶液中的浸泡时间延长，Si—O—Si 会逐渐重新水解为 Si—OH，膜层的疏水能力逐渐下降，水和电解质渗入金属界面，并最终造成硅烷膜层防腐蚀功能的丧失。因而在此类防腐蚀中需降低膜层亲水性，避免使用带有亲水性基团的硅烷分子；增强膜层的抗水解性能，增加膜层的厚度或改变膜层的化学结构，提高硅烷分子的聚合度和增加膜层的致密性、均一性。

2018 年，韩孝强认为 VTES 硅烷膜保护机理如图 9-6(b) 所示，铝合金表面经过 VTES 硅烷处理后，生成了一层 Si—O—Si 键和 Si—O—Al 键相互交联的三维网状构造 VTES 保护膜，膜内含有的疏水性—CH＝CH_2 基团显著提升了试样表面的疏水性能。当铝合金试样与溶液接触时，由于 VTES 硅烷膜表面良好的疏水性能，NaCl 溶液较难吸附于试样表面，且单位体积溶液与试样表面的接触面积明显变小，大大减小了 Cl^-、O_2 等腐蚀介质与铝合金基体的接触机会，从而显著提升了铝合金的耐蚀性能。但需要指出的是，单一的 VTES 硅烷膜表面存在一些针孔、微裂痕等缺陷，而溶液中 Cl^-、O_2 等腐蚀介质也正是以此为渗透路径，进而与铝合金基体接触并发生反应。如图 9-6(c) 所示，添加 TiO_2 颗粒后制备的 VTES-TiO_2 复合硅烷膜，其表面的针孔等缺陷得到改善，而且与单一的 VTES 硅烷膜相比，复合膜的疏水性能有所增强，所以添加 TiO_2 可以提升硅烷膜的耐蚀性能。由图 9-6(d) 可以看出，MWCNTs（多壁碳纳米管）的加入进一步增强了膜的表面疏水性能，并减少了其表面存在的缺陷。尽管 VTES-MWCNTs 复合硅烷膜的疏水性能要略差于 VTES-TiO_2 复合硅烷膜，但 VTES-MWCNTs 复合硅烷膜中含有的独特的长链结构 MWCNTs 大幅延长了 Cl^-、O_2 等腐蚀介质的渗透路径，使其更为复杂，进而延缓了腐蚀介质与铝合金基体的接触。

加入的少量纳米粒子 SiO_2，通过与阴极生成的 OH^- 反应，形成铝硅酸盐化合物，改性后的硅烷膜在基体发生腐蚀时能够抑制阴极还原反应的进行，提高了膜层的机械强度和耐蚀能力；纳米 SiO_2 存在一定的掺杂范围，如纳米 SiO_2 改性双-[γ-(三乙氧基)硅丙基]四硫化物硅烷膜，相应硅烷溶液中的最佳 SiO_2 含量在 5～15mg/L。同样加入 CeO_2 纳米颗粒，这些纳米氧化物始终被均匀的 BTSE 膜覆盖，良好地嵌入硅烷基质中，均匀分散可改善薄 BTSE 层（小于 100nm）的阻隔性能，从而具有更好的防腐蚀性能。

9.4.1.2 与后续涂层复合防腐蚀硅烷膜的防护机理

传统意义上的硅烷膜耐蚀性能还不能令人非常满意，其中的一个重要原因是硅烷膜自身的厚度很小，所起的阻挡作用有限，同时机械强度和耐磨蚀性也不够，最终限制了防护性能的应用，因而与后续涂层复合防腐蚀成为工业使用中最常见的应用。为提高硅烷与涂层间的结合力往往使用带特殊官能团的硅烷，其容易和有机涂层相匹配，可提高有机涂层与铝及铝合金基体的结合力从而提高涂层对基体的保护性能。这种防护硅烷膜通常比较薄。

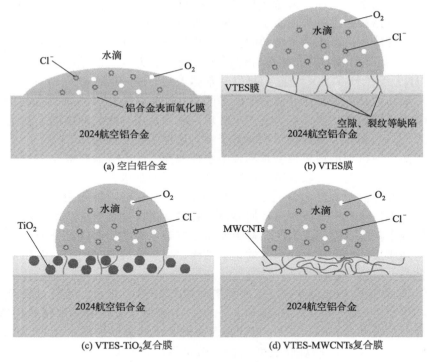

图 9-6　试样腐蚀示意图

经过硅烷钝化处理后基体表面自由能增加，表面润湿角降低，较好的润湿性能有效提高了涂层/铝基底的结合强度。硅烷与涂层的结合不仅仅是一个物理吸附过程，也发生了化学反应，涂层与铝基体的界面结合强度得到增强。

9.4.1.3　稀土盐复合防腐硅烷膜的防护机理

在 2024-T3 铝合金上利用硝酸铈盐对 BTESPT 硅烷膜进行了掺杂改性，A. M. Cabral 等人认为防护机理如下：

铝腐蚀过程中的主要阳极反应是铝的氧化，对于 2024-T3 铝合金，金属间化合物颗粒中的镁也会发生溶解，主要的阴极过程是分子氧的还原，在阴极位置，由于反应发生的局部 pH 值增加，可能会发生氢氧化铈（Ⅲ）的沉积，然而，在阴极产生 H_2O_2 的情况下，三价铈可以氧化，形成氢氧化铈（Ⅳ），氢氧化铈在阴极上的沉积阻碍了阴极反应，阻碍了整个腐蚀过程。当硅烷涂层的局部被破坏，溶液与金属基底接触，缺陷区域出现局部电偶，此时硅烷涂层中截留的铈离子可能会释放到腐蚀区域，由于 pH 值增加以及存在过氧化氢，氢氧化物/氧化物在阴极金属间化合物颗粒上沉淀，此时氢氧化物/氧化物沉淀堵塞阴极区，抑制缺陷上的腐蚀活动，阻碍了整个腐蚀过程从而硅烷膜具有了一定的自愈能力。

少量铈盐的加入，使硅烷-铈盐杂化膜较单一硅烷膜和铈盐钝化膜具有更好的致密度及疏水性，且杂化膜对铝基底的阴、阳极反应均起到了明显的抑制作用，腐蚀电流密度降低，铈盐掺杂后使膜层具有了一定的"自修复"能力，有效提高了铝的耐腐蚀性能。铈盐掺杂后将硅烷膜的厚度增加到约 500nm，并有效提高了膜层的均匀度与致密度。

9.4.2　自组装钝化膜的防护机理

自组装膜的耐蚀性主要取决于自组装分子的功能性官能团与铝合金表面及后续涂层的相

互作用。自组装膜的表面包含许多功能化羟基基团，这些羟基的存在可与环氧基等涂层发生交联，使涂层与铝合金表面的附着力得到提高。自组装膜的纳米级孔洞可能为涂层提供锚的作用，自组装分子和铝合金表面之间具有较高结合能的分子，从而漆膜与基材之间通过机械结合、物理吸附、形成氢键和化学键以及相互扩散等作用结合在一起，提高了漆膜与基材间的附着力，从而提高复合耐蚀性能，提升了防腐蚀性能。对涂有黏合剂的 6016 铝合金样品进行了丝状腐蚀试验，证明界面氨基膦酸单分子层有效抑制了阳极黏附过程，主要的防护机理为吸附的氨基膦酸单分子膜对改性铝合金表面局部阳极和阴极反应的抑制作用，增加了铝/黏附界面的吸附能力，从而阻隔了腐蚀介质的侵入，达到很好的钝化效果。

在工业铝车轮生产中，将膦酸分子作为促进黏附的单分子层在铝合金/树脂涂层界面上吸附，增强铝合金/树脂涂层间的结合力，有机分子中特殊官能团与涂层强烈结合使得铝合金的整体腐蚀性能明显提高。

不同的铝合金，所含有的金属间化合物不同，因而是否能在铝合金表面均匀全面覆盖自组装分子也是影响整体防腐蚀性能的重要因素。如在 2024-T3 铝合金和超纯铝表面吸附了癸基膦酸（DPA）的自组装单分子膜，并利用特征 P2S 信号用 XPS 绘制了横向分布图，证实了在富铜铝合金上即使存在 IMP，也可以实现吸附的癸基膦酸层的均匀分布，这种均匀分布是由于富铜金属间夹杂物上形成了氧化铝层，没有明显的铜氧化物，大颗粒上的氧化物在成分上与周围基体上的氧化物接近。在 6016 铝合金上吸附 3-氨基丙基膦酸（APPA）自组装膜，APPA 吸附层是以双齿构象通过酸碱相互作用形成的，不仅覆盖了铝钝化层，还覆盖了铝基体中的金属间化合物颗粒。2024 和 1060 铝合金表面吸附的十四烷基膦酸的自组装膜，铝基体表面形成较为致密的膜，但 IMP 表面吸附膜不致密，存在缺陷，1060 铝合金表面自组装膜比 2024 铝合金表面自组装膜更为致密，缺陷部位更少，对铝合金阴极极化区和阳极钝化区的电流抑制更为明显。

自组装膜致密程度也是影响自组装膜的耐蚀性因素。由于自组装分子一般会具有 C—C 长键、P＝O 键/Si—O 键/C＝O 键等化学键，在铝合金基体表面有序成膜，有利于增加自组装膜致密程度，从而有利于提高铝合金表面的耐腐蚀性能。如双-[γ-(三乙氧基)硅丙基]四硫化物（BTESPT）分子具有大量的 C—C 长键、C—O—C 键、Si—O 键和 C＝S 等化学键，这些基团的存在能够更好地使 BTESPT 分子在铝基体表面成膜，BTESPT 膜层静态接触角为 102°，处于疏水状态，自组装膜层表面的疏水性也有助于提高金属表面的耐腐蚀性能。

学术界研究更多的为自组装层本身的界面性能及防腐蚀性能，此时自组装钝化膜主要防护机理为有序分子定向排列后，经过烘干，形成极薄的超疏水膜，从而具有一定阻隔腐蚀介质的能力，达到保护的效果。P. E. Hintze 等人在铝合金表面制备了十二烷基和十八烷基取代的三甲氧基硅烷膜，接触角及电化学测试结果表明自组装膜存在大量缺陷，交流阻抗测试表明在溶液中测得的阻抗值迅速下降到与空白试样相当并认为膜的缺陷部位主要集中于铝表面的偏析相，从而影响到自组装膜的缓蚀性能。由于硅烷只会结合到氧化物表面，如果颗粒没有被氧化物覆盖，自组装膜可能不会在富含铜的颗粒上形成。相对于基体氧化物表面，富铜颗粒上的氧化还原活性更高，阴极反应主要发生在富铜颗粒上。

9.5 钝化膜防腐蚀性能的影响因素

9.5.1 硅烷钝化膜防腐蚀性能的影响因素

从硅烷处理的流程可以看到，影响硅烷溶液在铝及铝合金表面成膜效果的主要因素有硅烷的种类、溶剂的选择、硅烷的浓度、溶液的 pH 值、硅烷水解时间和温度以及硅烷成膜的固化温度和固化时间等。其中硅烷的种类和浓度、溶剂的成分和溶液的 pH 值以及水解时间和温度主要和硅烷水解完全以及失效相关，而固化温度和固化时间主要影响硅烷在铝及铝合金表面的成膜效果。硅烷种类的选择在铝及铝合金表面处理过程中是一个比较重要的问题，不同种类的硅烷对同一铝合金处理的效果差别很大。BTSE 等无官能团硅烷膜对铝合金的保护效果好，而 APTMS 等含有有机官能团的硅烷膜增强铝合金基体与有机涂层的结合力，适于和有机涂层结合使用。

9.5.1.1　硅烷的聚合度对铝合金耐腐蚀性能的影响

硅烷水解生成硅醇是其在铝合金表面成膜的前提，形成硅醇后，硅醇分子间有缩合形成一定聚合度大分子的趋势。一般无官能团硅烷偶联剂在水溶液体系中水解后在很短的时间内不断发生缩合，分子量逐渐增大，从溶液中析出产生絮凝，从而使得硅烷处理液失效。硅烷的失效是硅烷水解产生硅醇的副反应，它消耗了溶液中的硅醇，因此硅烷用于表面处理时应尽量避免失效的发生。一般认为硅烷的失效主要包含酯化、缩合和去质子化，其反应方程式如下：

$$-Si-(OR)_2OH + R-OH \longrightarrow -Si-(OR)_3 + H_2O \qquad (9-14)$$

$$-Si-OH + -Si-OH \longrightarrow -Si-O-Si- + H_2O \qquad (9-15)$$

$$-Si-OH + OH^- \longrightarrow -Si-O^- + H_2O \qquad (9-16)$$

控制合理的水解时间可使得硅烷溶液中—Si—OH 含量最高，通常工业上采用在硅烷水解溶液中加入醇类或多羟基醇（如乙二醇、丙三醇等）方法提高溶液的稳定性，避免在保质期内硅烷的失效。

关于硅烷水解稳定性的研究报告较少，2010 年，Brusciotti 等人在铝合金表面制备 BTSE 硅烷膜时添加了纳米 CeO_2 粒子，对制备的硅烷溶液进行测量分析。

表 9-3　通过 ^{29}Si NMR 研究的低聚物与更大聚合体的含量

时间	BTSE		BTSE+CeO_2	
	二聚体和三聚体	更大的聚合体	二聚体和三聚体	更大的聚合体
0	32%	68%	31%	69%
1 周	26%	74%	28%	72%
2.5 月	20%	80%	16%	84%
4 月	18%	83%	22%	78%
1 年	21%	80%	20%	80%

表 9-3 显示了二聚体和三聚体以及更大的凝聚态物种的百分含量，随着存储时间增加，2.5 个月之后不同物种的相对数量保持不变。添加二氧化铈颗粒不会影响膜在 BTSE 溶液中的形态形成和老化。

目前对于硅烷不同的聚合度对铝合金的耐腐蚀性能的学术研究相对较少，浙江五源对硅烷聚合度的影响进行了一定的研究，对于不同的铝合金，有些硅烷单体以二聚或三聚体的分子为主体的产品性能最佳，而有些硅烷单体以更大聚合体为主体的产品性能更佳。

9.5.1.2　硅烷选型对铝合金耐腐蚀性能的影响

硅烷偶联剂的选择是铝及铝合金表面硅烷化处理需要面对的首要问题，含不同官能团的硅烷处理铝及铝合金会带来不同的效果。一般认为 BTSE 等无官能团硅烷膜对金属的保护效果较好，用在硅烷终端防腐蚀处理，或作为两步法硅烷处理法的第一步浸渍液使用；而 APTMS 等含有有机官能团的硅烷膜能增强金属基体与有机涂层的结合力，适于和有机涂层结合使用。另外，同种硅烷试剂在不同铝合金表面的形成机制与性能也不尽相同，所以针对性不同的工艺及应用要求选择硅烷偶联剂至关重要。

9.5.1.3　硅烷钝化液 pH 值对铝合金耐腐蚀性能的影响

在硅烷水解的过程中，pH 值主要是影响着水解和缩聚的反应速率，从而影响着硅烷膜的耐腐蚀性能。硅烷溶液在酸性和碱性条件下均有利于硅烷水解的进行，而碱性条件更有利于促进硅醇的缩聚反应。合理的 pH 值选取应考虑到要利于硅烷的水解同时又要抑制硅醇的缩聚反应的发生，常见一些防护用的硅烷溶液的最佳 pH 值范围较窄，如 BTSE 为 4～5，BTSPS 为 6～6.5，但是对那些功能性的硅烷其水解 pH 值范围比较宽，如 γ-APS 为 4～11，BTSPA 为 3.5～9.5。在用硅烷溶液处理铝及铝合金时，pH 值的大小对防护性能的稳定性将有很大的影响，当酸度过大时，铝合金中 Al、Fe、Mg 以及 Zn 等金属将会溶解在溶液当中，铝合金表面遭到破坏，从而起不到保护的效果。

9.5.1.4　老化工艺对铝合金耐腐蚀性能的影响

在金属表面硅烷化防腐蚀处理中，固化成膜是硅烷溶液在铝及铝合金表面成膜的最直接步骤，水解产生的硅醇与金属表面羟基脱水键合，键合后的硅烷分子在表面脱水缩合生成立体网状的 Si-O-Si 膜层。

固化这一环节对硅烷在金属表面成膜来说特别重要，未经高温固化的硅烷膜对金属基本没有防护效果。因为固化过程主要是脱水缩合形成 Si-O-Me 和 Si-O-Si 化学键的过程，当金属表面浸渍硅烷溶液自然干燥时，膜层键合速度很慢，大部分分子间的键合不完全，而且已经键合的膜层会结合由于氢键效应吸入的水分再次水解。如果固化温度太低，脱水不完全，得到的硅烷膜结构疏松。而固化温度太高又会破坏膜的交联结构，导致膜层化学键的断开，膜层防腐蚀能力下降。不管哪种情况得到的硅烷膜对铝及铝合金的保护效果都不理想，固化温度的确定对硅烷膜的好坏起着至关重要的作用。固化时间对硅烷膜耐蚀性的影响：随着时间的延长，膜的厚度先减小后趋于不变，耐蚀性先增加后趋于恒定。

终端防腐蚀硅烷膜与后续涂层复合防腐蚀的硅烷膜对固化的工艺要求不同，后者工业上一般要求比终端防腐蚀硅烷膜固化温度略低，时间略短，其主要考虑与后续涂层的二次化学交联固化，以免硅烷膜高度交联而失活。

9.5.2　自组装钝化膜质量的影响因素

9.5.2.1　自组装分子结构的影响

对于分子链长的影响作用，以膦酸类自组装分子为例，因为长链增加了分子间的范德瓦耳斯力，补偿了膦酸大头基的斥力，而短链的烷基膦酸分子间距大，因此长链排列倾斜角小，能形成较为致密的自组装膜；而硅烷类也有类似结论，7075 铝合金上三甲氧基硅烷的烷基链越长，形成的自组装膜覆盖度越高，缓蚀效果越好，可以大大延长铝表面发生点蚀的诱导期，也证实了长链分子更致密的结论。从分子链长角度来讲，同一基材表面，结构类似的同系物分子中疏水链段越长，在基底表面形成的分子排列越紧密，自组装膜的疏水性越好，进而防腐蚀性能也越好。

由于有机氟化物具有极低表面能，因此氟取代有机自组装膜具有更好的抗氧化和耐腐蚀性能，这是因为氟碳链表面能低，能很好地阻止水分子、水合氢离子或氢氧根离子的入侵。

9.5.2.2　自组装溶剂成分的影响

铝表面羟基与自组装分子中羟基均参与自组装膜的吸附成键，因此溶剂中水通过同时影响自组装分子的水解以及金属基底的羟基化，进而影响自组装分子的吸附成膜。溶剂中含水时得到的自组装膜缓蚀效果明显优于不含水条件下的自组装膜，即溶剂中含水有利于形成更为致密的吸附膜。

膦酸分子在铝表面的自组装，主要通过膦酸分子中的羟基和铝表面水化后的羟基之间脱去水分子以形成 Al—O—P 化学吸附键，而铝表面的羟基密度会影响膦酸分子的吸附行为，如羟基密度更高的表面能吸附更多的膦酸分子，含水溶剂对铝合金表面的水化作用使得合金表面形成了更多羟基，从而可以和更多的膦酸分子形成 Al-O-P 化学吸附键，形成更为致密的吸附膜，显示更优异的缓蚀效果。采用二次蒸馏水与无水乙醇体积比为 0.25 : 1 的混合液为溶剂，2024 铝合金通过 5mmol/L 的十四烷基膦酸自组装成膜后，自腐蚀电流密度下降 1~2 个数量级，吸附膜主要为阳极型缓蚀膜，自组装后的自腐蚀电位正移，抗腐蚀性能大大提高。γ-环氧丙基三甲氧基硅烷（GPS）在氧化铝表面的自组装，XPS 测试结果表明含 GPS4%（体积分数）和含水 5% 的甲醇体系下，Si 的信号峰强度最大，表明水含量增加使硅烷分子更好地水解，从而使羟化分子和铝表面更好地相互作用。

溶剂中含水有利于铝合金表面在水化环境下得到更多羟基，从而吸附更多的膦酸分子，得到更为致密的吸附膜。然而含水更多的溶液中可以电离出更多氢离子，这样对铝表面氧化膜也有一定的溶解作用，所以水溶剂具有铝合金表面的水化作用和水电离出氢离子破坏钝化膜的双重作用。十四烷基膦酸在 2024 铝合金上自组装时，溶剂的含水量由 0% 增加至 20%，膜的缓蚀性能提高，继续增加到 40%，缓蚀效率反而略有下降。

而在工业生产过程中，膦酸体系的自组装产品以水为溶剂，极低的添加量及一定温度下在水中进行均匀分散，而达到大规模使用的要求。

9.5.2.3　自组装溶液 pH 值的影响

由于铝合金表面的活泼性，自组装溶液 pH 值对金属表面状态有显著影响，同时 pH 值还会影响自组装分子的水解状态，从而影响分子的自组装沉积。J. Kim 等人研究了 γ-环氧丙基三甲氧基硅烷（GPS）在 7075-T6 铝合金不同微区的吸附，结果表明在 Al-Cu-Mg（圆形）第二相微粒和 Al-Fe-Zn（不规则）第二相微粒的吸附规律有所不同，pH 值为 5.7 和 4.5 时圆形微粒中镁的存在阻碍了铝与硅烷结合，硅烷膜有选择性地覆盖在基质或不规则微粒上，pH＝3.2 时足够的氢离子溶解了圆形微粒中的镁，因此在铝合金各微区表面形成完整的硅烷膜。可以推断除硅烷类分子外，其他分子如膦酸和羧酸，其分子电离行为也会受到 pH 值的影响，再加上金属表面化学状态随 pH 值发生变化，pH 值同样会影响分子的自组装行为。

9.5.2.4　表面预处理的影响

常用的铝及铝合金预处理法有阳极氧化法、化学蚀刻法和打磨抛光法等，自组装前铝表面的预处理对缓蚀分子的吸附性能有很大影响。表面的均匀度及不同第二相颗粒会引起差异性吸附，如纯铝表面的膦酸膜较 2024 铝合金表面膦酸膜更为致密，防腐蚀性能更优越，由此证明对于膦酸分子在铝合金表面的吸附同样存在不同微区的差异性吸附。将 5052 铝合金先碱洗，再用硝酸和氢氟酸清洗过后，然后进行自组装得到的膦酸自组装膜，该膜的缓蚀效果比未经过酸浸而自组装的膜效果要好，分析认为酸浸后铝合金表面的富铁相粒子被溶解，并被钝化得到更为均匀的表面，所以获得的自组装膜更为均匀致密。

J. Kim 等人对 7075-T6 铝合金进行不同表面预处理后，再进行硅烷膜自组装，结果表明空气氧化或热处理导致偏析相与基底表面元素重新均匀化分布，进而有利于硅烷膜的吸附。在机械抛光样品上形成的 BTSE 膜的厚度和覆盖率受到合金表面第二相粒子分布的影响，虽然吸附发生在远离颗粒的铝合金基体以及颗粒本身上，但颗粒周围的区域 BTSE 较少。尽管涂层在覆盖率较高和较低的区域（100mm）不均匀，但空气氧化样品上的吸附平均量增加。

铝及铝合金表面的化学组成结构极大地影响了自组装分子的吸附成膜。M. Giza 等人通过低压水和氩等离子体表面改性对铝上的氧化物化学进行调整，以影响十八烷基膦酸单分子膜自组装过程的动力学，采用原位红外反射吸收光谱研究了等离子体诱导的表面化学。等离子体诱导的氢氧化物与氧化物比率的变化导致膦酸在稀乙醇溶液中的不同吸附动力学。与氩等离子体处理的表面相比，水等离子体处理导致表面羟基的密度显著增加，富含羟基的表面导致磷酸的动力学吸附过程显著加快，单层形成时间小于 1min，相反降低表面羟基密度会减缓吸附过程。

9.6 应用及缺陷分析

9.6.1 硅烷应用及缺陷分析

有机硅烷化合物在金属表面可形成优良的硅烷膜，该硅烷膜可作为金属表面的保护膜并对金属有良好的防腐蚀性能，它需具有以下优点：

① 有机硅烷化合物与金属材料表面是通过共价键（Si—O—Si 和 Me—O—Si）相连接的。大量的共价键可使硅烷杂化膜与金属表面牢固地结合在一起。

② 有机硅烷化合物可有效提高涂层和金属基材间的结合力，进而更好地提高金属基材的耐腐蚀性能。特别是两步法制备的两层膜，通过这种方法既可使硅烷膜本身具有一定的耐腐蚀性，又可以很好地提高硅烷杂化膜与金属基材之间的结合能力，此时铝合金耐腐蚀性能也得到了极大的提高，经过硅烷钝化液处理过的铝合金硅烷膜可达到或超过经过磷酸盐钝化或铬酸盐钝化形成的防护膜。

③ 用于直接防腐蚀使用硅烷钝化液处理时的控制温度较高，处理的沉积时间应维持在 2s～30min。而用于防腐蚀底层硅烷处理通常为常温，处理时间正常为 0.5～5min。

④ 在涂装工业硅烷钝化液无 P、Ni、Cr 和 Mn 等的离子，节能又环保，完全符合化工清洁生产和绿色化学的要求。有机硅烷化处理的工艺设备简单，用于防腐蚀底层硅烷的处理工艺只需在原来的磷化处理工艺基础上将磷化槽进行清洗，换为硅烷即可。后处理设备比较简单，如电泳、喷漆等，同时可以有效地使处理成本降低。

但是硅烷化处理过程也存在一系列缺陷：

① 水解过程中也同时存在硅羟基之间的脱水缩合和去质子化反应，使得硅烷处理液的稳定性下降。

② 硅烷膜层在防护过程中对腐蚀介质只是起到物理性的阻挡作用，不具有自我修复能力，一旦膜层遭到机械损伤，腐蚀介质浸入基体便会迅速发生腐蚀，虽然学术上有学者加 Ce 等进行一定的自修复，但目前在工业应用仍较少。

③ 耐蚀性高的硅烷膜中的 Y 基团大多为憎水性官能团，但同时又会降低膜层与基体间的结合力等；且虽然膜层具有疏水性，但是水分可以透过膜层进入膜层与基体的界面处。Si—O—Me 键可以发生水解反应而遭到破坏，特别是当基体金属的氢氧化物具有一定的溶解度时，这一水解反应更容易发生，进而导致膜层性能降低。

④ 涂装行业硅烷化处理因为化学吸附不牢，通常不能水洗，而不水洗条件下容易在积水位成膜过厚，通过烧烤固化后，此时与基材及后续涂层附着力会下降而引起剥离防腐蚀失败，因而工业生产过程中通常与锆钛复合成膜可以解决不能水洗的缺陷，提高防腐蚀性能。

⑤ 目前的研究中，大多致力于硅烷偶联剂水解一定时间的硅烷膜的耐蚀性能、强度、厚度或表面形态，但对于硅烷偶联剂的水解过程中的聚合度研究得较少，不同的聚合度对表

面的吸附及防腐蚀的影响研究就更少，这些方面还需要科研工作者及企业工程师进行不断的深入研究。

9.6.2 自组装钝化的应用及缺陷分析

自组装钝化膜因其为分子层定向吸附，且在富铜等 IPM 上或周围吸附存在缺陷或吸附量低，因而单独作为终端腐蚀使用在工业上应用较少，一般与后续高分子涂层进行复合钝化，膦酸型自组装钝化膜工业应用比较早，应用在汽车铝车轮产品上居多，下面以市场上代表性的产品来进行介绍：

（1） Gardobond X 4661

应用参数如下：

pH 值：2.9～3.9；电导率：130～280μS/cm；温度：45～65℃；时间：3～60s。

典型工艺如下：

a. 碱洗—水洗—纯水洗—Gardobond X 4661 处理—纯水洗（可选）—干燥。

b. 酸洗—水洗—纯水洗—Gardobond X 4661 处理—纯水洗（可选）—干燥。

c. 碱洗—水洗—酸洗—水洗—纯水洗—Gardobond X 4661 处理—纯水洗（可选）—干燥。

（2） PSA-3 处理剂

应用参数如下：

pH 值：2.5～3.5；电导率：200～800μS/cm；温度：50～70℃；时间：3～60s。

PSA-3 的标准工艺流程（高质量要求）：

热水洗—预脱脂—主脱脂—水洗—水洗—表调—水洗—纯水洗—无铬钝化—纯水洗—纯水洗—PSA-3 处理—纯水洗。

PSA-3 的精简工艺流程（低质量要求）：

脱脂—水洗—纯水洗—PSA-3 处理—纯水洗（可选）—干燥。

PSA-3 中有效成分为有机膦长链分子，在铝基底进行反应后定向吸附，实验发现最佳防护性能表现在表调出光后钛锆处理铝合金表面再进行自组装的工艺上。铝合金表面经过酸洗出光后，部分黏附表面的铝屑或 IMP 被清洗掉而得到更加均匀的铝合金表面，但此时铝合金表面仍有些 IMP 颗粒，进行钛锆钝化处理，在含一定游离氟的条件下第二相颗粒表面也能形成少量的钛锆氧化膜，而钛锆氧化膜表面进行成膜提高一定粗糙度的同时也提供了更多的 Zr-OH 及 Ti-OH 键，从而整体铝合金表面的羟基更均匀也更密集，促进有机膦分子的定向化学吸附、有序排列，烘干后与后续涂层整体钝化效果更优。

（3）自组装钝化的优缺点

工业使用的自组装工艺优点：无磷酸盐（总磷含量低）、无铬、无氟、无重金属，低 COD/BOD、无沉渣、耗料低，反应时间短，停线无显著影响，槽液相对稳定。

自组装工艺应用主要缺陷为：产品成膜为无色，无法直观检测成膜的均匀性及致密性，表征手段比较麻烦；产品对铝合金的表面状态要求高且对表面的合金成分较敏感，高性能产品稳定性控制要求高；生产过程中使用量较低，以电导率来检测其槽液浓度会因为杂质离子的带入而形成一定偏差，需使用分光光度计来检测其浓度，维护较为复杂。

参考文献

［1］ 梁永煌，满瑞林，郝丽，等. 冰箱冰柜蒸发器用铝管的硅烷钝化研究［J］. 电镀与环保，2010，30（6）：17-21.

［2］ Klumpp1 R E, Donatus U, Silva1 R M P, et al. Corrosion protection of the AA2198-T8 alloy by environmentally friendly organic-inorganic sol - gel coating based on bis-1, 2- (triethoxysilyl) ethane ［J］. Surface and Interface

Analysis，2020，53（3）：1-16.

［3］ 陈雷．硅烷偶联剂 Si-69 的合成及在铝合金表面处理中的应用研究 ［D］．长沙：中南大学，2012.

［4］ Quinet M，Neveu B，Moutarlier V，et al. Corrosion protection of sol-gel coatings doped with an organic corrosion inhibitor：Chloranil ［J］. Progress in Organic Coatings，2007，58（1）：46-53.

［5］ Zhu D，Ooij W. Enhanced corrosion resistance of AA 2024-T3 and hot-dip galvanized steel using a mixture of bis-［triethoxysilylpropyl］tetrasulfide and bis-［trimethoxysilylpropyl］amine ［J］. Electrochimica Acta，2004，49（7）：1113-1125.

［6］ Brusciotti F，Batan A，Graeve I D，et al. Characterization of thin water-based silane pre-treatments on aluminium with the incorporation of nano-dispersed CeO_2 particles ［J］. Surface ＆ Coatings Technology，2010，205（2）：603-613.

［7］ Li M，Yang Y Q，Liu L，et al. Electro-assisted preparation of dodecyltrimethoxysilane/TiO_2 composite films for corrosion protection of AA2024-T3（aluminum alloy）［J］. Electrochimica Acta，2010，55（8）：3008-3014.

［8］ 李美．纳米粒子掺杂硅烷薄膜的电化学辅助沉积及其防护性能 ［D］．杭州：浙江大学，2010.

［9］ Palanivel V，Zhu D，Ooij W．Nanoparticle-filled silane films as chromate replacements for aluminum alloys ［J］. Progress in Organic Coatings，2003，47（3-4）：384-392.

［10］ 韩孝强．航空铝合金表面复合涂层的制备与防腐性能研究 ［D］．广汉：中国民用航空飞行学院，2018.

［11］ Xiao W，Man R L，Miao C，et al. Study on corrosion resistance of the BTESPT silane cooperating with rare earth cerium on the surface of aluminum-tube ［J］. Journal of Rare Earths，2010，28（1）：117-122.

［12］ 肖闱．铝管表面复合钝化及防腐性能研究 ［D］．长沙：中南大学，2010.

［13］ Palanivel V，Huang Y，van Ooij W J. Effects of addition of corrosion inhibitors to silane films on the performance of AA2024-T3 in a 0.5M NaCl solution ［J］. Progress in Organic Coatings，2005，53（2）：153-168.

［14］ Shi H，Liu F，Han E. Corrosion behaviour of sol-gel coatings doped with cerium salts on 2024-T3 aluminum alloy ［J］. Materials Chemistry and Physics，2010，124（1）：291-297.

［15］ Cabral A M，Trabelsi W，Serra R，et al. The corrosion resistance of hot dip galvanised steel and AA2024-T3 pretreated with bis-［triethoxysilylpropyl］tetrasulfide solutions doped with $Ce(NO_3)_3$ ［J］. Corrosion Science，2006，48（11）：3740-3758.

［16］ Tavandashti N P，Sanjabi S. Corrosion study of hybrid sol-gel coatings containing boehmite nanoparticles loaded with cerium nitrate corrosion inhibitor ［J］. Progress in Organic Coatings，2010，69（4）：384-391.

［17］ Palomino L M，Suegama P H，Aoki I V，et al. Electrochemical study of modified cerium-silane bi-layer on Al alloy 2024-T3 ［J］. Corrosion Science，2009，51（6）：1238-1250.

［18］ Montemor M F，Pinto R，Ferreira M. Chemical composition and corrosion protection of silane films modified with CeO_2 nanoparticles ［J］. Electrochimica Acta，2009，54（22）：5179-5189.

［19］ 雷越．6061 铝合金上硅烷膜的制备与稀土元素改性 ［D］．新乡：河南师范大学，2014.

［20］ Hu J M，Liu L，Zhang J Q，et al. Electrodeposition of silane films on aluminum alloys for corrosion protection ［J］. Progress in Organic Coatings，2007，58（4）：265-271.

［21］ Hamdy A S. Corrosion protection of aluminum composites by silicate/cerate conversion coating ［J］. Surface and Coatings Technology，2006，200（12-13）：3786.

［22］ 杨学耕，陈慎豪，马厚义，等．金属表面自组装缓蚀功能分子膜 ［J］．化学进展，2003，15（2）：123-128.

［23］ 霍应鹏，刘洪波．新型硅烷偶联剂的合成及其防腐性能初探 ［J］．广州化工，2012，40（10）：95-97.

［24］ DeRose J A，Hoque E，Bhushan B，et al. Characterization of perfluorodecanoate self-assembled monolayers on aluminum and comparison of stability with phosphonate and siloxy self-assembled monolayers ［J］. Surface Science，2008，602（7）：1360-1367.

［25］ Liakos I L，Newman R C，Mcalpine E，et al. Study of the resistance of SAMs on aluminium to acidic and basic solutions using dynamic contact angle measurement. ［J］. Langmuir the Acs Journal of Surfaces ＆ Colloids，2007，23（3）：995-999.

［26］ Hintze P E，Calle L M. Electrochemical properties and corrosion protection of organosilane self-assembled monolayers on aluminum 2024-T3 ［J］. Electrochimica Acta，2006，51（8-9）：1761-1766.

［27］ Frignani A，Zucchi F，Trabanelli G，et al. Protective action towards aluminium corrosion by silanes with a long aliphatic chain ［J］. Corrosion Science，2006，48（8）：2258-2273.

［28］ 温玉清，尚伟，赖谭胜，等．一种在铝合金表面具有耐腐蚀功能的自组装膜的制备方法：CN102660762A

［P］. 2012-09-12.

［29］ 温玉清，郭荣，蒙术定，等．一种铝合金表面耐腐蚀自组装掺杂膜层及其制备方法：CN104630749A［P］. 2015-05-20.

［30］ 温玉清. 6061 铝合金表面硅烷自组装膜的制备及性能研究［D］. 北京：北京科技大学，2017.

［31］ 温玉清，孔丹，尚伟，等．一种在铝合金表面制备掺杂石墨烯自组装复合膜的方法：CN108468044B［P］. 2018-08-31.

［32］ 张焱琴，杨丽霞，谢鹏波．硅烷偶联剂在金属表面预处理中的应用研究进展［J］. 材料保护，2017，12：7-73.

［33］ 周洋．合金表面不同硅烷膜的制备和耐蚀性能研究［D］. 合肥：合肥工业大学，2013.

［34］ 王雷，刘常升，石磊，等．光谱学研究硅烷钒锆复合钝化膜的结构和成膜机理［J］. 光谱学与光谱分析，2015，35（2）：453-456.

［35］ Wojciechowski J，Szubert K，Peipmann R，et al. Anti-corrosive properties of silane coatings deposited on anodised aluminium［J］. Electrochimica Acta，2016，220：1-10.

［36］ Dun Y，Yu Z. Preparation and characterization of a GPTMS/graphene coating on AA-2024 alloy［J］. Applied Surface Science，2017，416：492-502.

［37］ 石敏，庞志成，许育东，等．硅烷化金属表面处理的研究进展及展望［J］. 金属功能材料，2011，18（6）：62-66.

［38］ Palomino L M，Suegama P H，Aoki I V，et al. Electrochemical study of modified non-functional bis-silane layers on Al alloy 2024-T3［J］. Corrosion Science，2008，50（5）：1258-1266.

［39］ 李爱菊，王雪明，王威强，等．金属表面硅烷化预处理制备聚乙烯涂层的研究［J］. 腐蚀科学与防护技术，2007，019（2）：126-130.

［40］ Ramsier R D，Henriksen P N，Gent A N. Adsorption of phosphorus acids on alumina［J］. Surface Science，1988，203（1-2）：72-88.

［41］ Thissen P，Valtiner M，Grundmeier G. Stability of phosphonic acid self-assembled monolayers on amorphous and single-crystalline aluminum oxide surfaces in aqueous solution［J］. Langmuir the Acs Journal of Surfaces & Colloids，2010，26（1）：156-164.

［42］ 李松梅，周思卓，刘建华．铝合金表面原位自组装超疏水膜层的制备及耐蚀性能［J］. 物理化学学报，2009，25（12）：2581-2589.

［43］ Adolphi B，Jähne E，Busch G，et al. Characterization of the adsorption of omega-（thiophene-3-ylalkyl）phosphonic acid on metal oxides with AR-XPS［J］. Analytical & Bioanalytical Chemistry，2004，379（4）：646-652.

［44］ Wapner K，Stratmann M，Grundmeier G. Structure and stability of adhesion promoting aminopropyl phosphonate layers at polymer/aluminium oxide interfaces［J］. International Journal of Adhesion & Adhesives，2008，28（1-2）：59-70.

［45］ Pellerite M J，Dunbar T D，Boardman L D，et al. Effects of fluorination on self-assembled monolayer formation from alkanephosphonic acids on aluminum：Kinetics and structure［J］. Journal of Physical Chemistry B，2003，107（42）：11726-11736.

［46］ 李姣姣，刘燕红，李家平，等．自组装膜层微观结构对铝合金表面耐腐蚀性能的影响［J］. 中国表面工程，2020，33（5）：30-39.

［47］ 梁云龙. 6063 铝合金表面预处理及新型化学转化技术研究［D］. 广州：华南理工大学，2018.

［48］ 华兰，冀克俭，周彤，等．铝表面自组装端羟基聚酯胺膜的 XPS 和 STM 表征［J］. 化学分析计量，2014，23（01）：39-42.

［49］ 乔丽英，何聪，谈安强，等．硅烷化处理在镁合金表面防腐中的应用［J］. 功能材料，2013，44（9）：1217-1220.

［50］ Hu J M，Liu L，Zhang J T. Studies of protective treatment on aluminum alloys by BTSE silane agent［J］. Acta Metallurgica Sinica，2004，40（11）：1189-1194.

［51］ Zhu D Q，van Ooij W J. Corrosion protection of AA 2024-T3 by bis-［3-（triethoxysilyl）propyl］tetrasulfide in neutral sodium chloride solution. Part 1：corrosion of AA 2024-T3［J］. Corrosion Science，2003，45（10）：2163-2175.

［52］ 徐斌，满瑞林，胡豫，等．铝表面硅烷及缓蚀剂协同改性研究［J］. 材料保护，2008，41（5）：65-69.

［53］ 张明宗，管从胜，王威强．有机硅烷偶联剂在金属表面预处理中的应用［J］. 腐蚀科学与防护技术，2001，13（2）：96-100.

［54］ 吴超云，张津. 金属表面硅烷防护膜层的研究进展［J］. 表面技术，2009，38（6）：79-82.

［55］ Zhu D Q. Corrosion protection of metals by silane surface treatment［D］. Cincinnati：University of Cincinnati，2005.

［56］ Song J，Van Ooij W J. Bonding and corrosion protection mechanisms of γ-APS and BTSE silane films on aluminum substrates［J］. Journal of Adhesion Science and Technology，2004，17（16）：2191-2167.

［57］ 谢荟. 铝表面硅烷膜制备工艺优化及膜层性能研究［D］. 长沙：湖南大学，2010.

［58］ Wen Y Q，Meng H M，Wei S. Corrosion resistance and adsorption behavior of bis-（γ-triethoxysilylpropyl）-tetrasulfide self-assembled membrane on 6061 aluminum alloy［J］. RSC Advances，2015，5：80129-80135.

［59］ Roberts A，Engelberg D，Liu Y，et al. Imaging XPS investigation of the lateral distribution of copper inclusions at the abraded surface of 2024T3 aluminium alloy and adsorption of decyl phosphonic acid［J］. Surface & Interface Analysis，2010，33（8）：697-703.

［60］ Wapner K，Stratmann M，Grundmeier G. Structure and stability of adhesion promoting aminopropyl phosphonate layers at polymer/aluminium oxide interfaces［J］. International Journal of Adhesion & Adhesives，2008，28（1-2）：59-70.

［61］ 王海人，屈钧娥，张强，等. 膦酸自组装膜在铝合金表面的吸附及缓蚀行为［J］. 表面技术，2011，40（1）：4.

［62］ 刘倞，胡吉明，张鉴清，等. 金属表面硅烷化防护处理及其研究现状［J］. 中国腐蚀与防护学报，2006，26（1）：6.

［63］ Satoshi O，Naokatsu E. Theoretical study of hydrolysis and condensation of silicon alkoxides［J］. Phys Chem，1998，102：3991-3998.

［64］ Subramanian V，van Ooij W J. Silane based metal pretreatments as alternatives to chromating［J］. Surface Engineering，2013，15（2）：168-172.

［65］ Franquet A，Laet D J，Schram T，et al. Detennination of the thickness of thin silane films on aluminium surfaces by means of spectroscopic ellipsometry［J］. Thin Solid Films，2001，384：37-45.

［66］ Subramanian V，van Ooij W J. Effect of the amine functional group on corrosion rate of iron coated with films of organofunctional silanes［J］. Corrosion，1998，54（3）：204-215.

［67］ Zhu D Q，van Ooij W J. Corrosion protection of AA 2024-T3 by bis-［3-（triethoxysilyl）propyl］tetrasulfide in sodium chloride solution. Part 2：mechanis m for corrosion protection［J］. Corros Sci，2003，45，2177-2197.

［68］ Sundararajan G P，Van Ooij W J. Silane based pretreatments for automotive steels［J］. Surface Engineering，2013，16（4）：315-320.

［69］ 胡吉明，刘琼，张金涛，等. 铝表面合金 BTSE 硅烷化处理研究［J］. 金属学报，2004，40（11）：1189-1194.

［70］ Franquet A，Pen C L，Terryn H，et al. Effect of bath concentration and curing time on the structure of non-functional thin organosilane layer on aluminum［J］. Electrochimica Acta，2003，48：1245-1255.

［71］ Blajiev O L，Hubin A，Haesendonck C V，et al. XPS study of the assembling morphology of 3-hydroxy-3-phosphono-butiric acid tert-butyl ester on variously pretreated Al surfaces［J］. Progress in Organic Coatings，2008，63：272-281.

［72］ 陈庚，屈钧娥，刘少波，等. 溶剂中水对 2024 铝合金表面膦酸自组装膜缓蚀性能的影响［J］. 表面技术，2012，41（2）：5-7，60.

［73］ Abel M L，Watts J F，Digby R P. The adsorption of alkoxysilanes on oxidised aluminium substrates［J］. International Journal of Adhesion and Adhesives，1998，18（3）：179-192.

［74］ Kim J，Wong P C，Wong K C，et al. Adsorption of BTSE and γ-GPS organosilanes on different microstructural regions of 7075-T6 aluminum alloy［J］. Applied Surface Science，2007，253（6）：3133-3143.

［75］ Reis F M，de Melo H G，Costa I. EIS investigation on Al 5052 alloy surface preparation for self-assembling monolayer［J］. Electrochim Acta，2006，51（8-9）：1780-1789.

［76］ Giza M，Thissen P，Grundmeier G. Adsorption kinetics of organophosphonic acids on plasma-modified oxide-covered aluminum surfaces［J］. Langmuir，2008，24（16）：8688-8694.

第 10 章

铝及铝合金其他化学钝化

10.1 铝及铝合金其他化学钝化种类

10.1.1 高温水合钝化

  高温水合钝化工艺是指铝及铝合金浸入高温的水或含稀土盐等溶质的水溶液中，或置于高温水蒸气中，形成一层具有一定厚度的水合氧化膜的钝化工艺。高温水合钝化工艺按钝化步骤可分为一步法、两步法及多步法工艺。一步法工艺即高温水合钝化工艺一步完成，若将一步法钝化后的铝及铝合金，浸入一定温度的稀土盐等溶质的水溶液中再进行钝化，从而形成复合水合氧化膜，此时工序步骤可为两步也可为多步。铝合金通过合适的水合钝化，耐蚀性能均可以获得提高，表面形成一层水合氧化膜，为铝合金防腐蚀提供了双重保护。首先，它形成一层阻挡层，保护其免受环境影响；其次，如果腐蚀穿透该阻挡层，则可通过牺牲性地溶解并使暴露点成为阴极，防止铝合金继续腐蚀。

  波美钝化法（boehimite）为一步钝化法，通常定义为将铝及铝合金单独使用高温热水（沸水或水蒸气）在空气的条件下氧化一定时间，一般可形成厚度达 $0.7\sim 2\mu m$ 的无色或乳白色多孔氧化铝钝化膜（波美层）的方法。波美层其本质是铝及铝合金表层在高温含氧水环境的刺激下形成的具有特殊结构的氧化铝和氢氧化铝组成的水合氧化膜，为非晶态结构，最初几分钟快速形成，然后进入缓慢生长阶段，孔隙度逐渐下降。本书中将波美钝化法归为第一类高温水合钝化法，将除波美钝化法以外的高温水合钝化法归为第二类高温水合钝化法。

  第二类高温水合钝化法将铝及铝合金浸入以氨、醇、稀土盐或镍锰等盐类中一种或几种为溶质的水溶液中高温处理，使表面生成掺杂稀土或其他元素的水合氧化铝钝化膜，或对已进行高温水合钝化的膜进行封孔或掺杂优化，从而得到耐蚀性更好的高温水合氧化膜的方法。此类钝化法可以为稀土盐或氨水等溶于热水后进行高温氧化的一步钝化法，也可以为按第一类钝化法先得到波美钝化层，在此基础上再浸泡于稀土盐等溶液中，进行钝化层成分或孔隙优化的两步或多步钝化法，其后续工艺温度不局限为高温。

  当工业纯铝置于高温水蒸气中时，水蒸气分子在铝表面吸附并与铝发生气-固界面反应，在铝表面生成钝化膜的同时，水蒸气分子发生分解产生氢，在 $140\sim 300℃$ 条件下，随着氧化时间的延长和温度的升高，铝表面钝化膜厚度增加。未钝化的铝合金样品中性盐雾试验时，$5h$ 表面就有蚀点，而高温水蒸气钝化样品通过 $72h$ 的中性盐雾实验，钝化膜具有良好的耐蚀性能。铝合金钝化后耐蚀性能提升的原因可归因为表面活性明显降低。1050 铝合金暴露于加压 $116℃$ 蒸汽中，$10min$ 形成约 $590nm$ 的波美层，由于水合氧化物层的形成以及部分溶解和/或移位的含铁金属间颗粒的共同作用下，阳极和阴极反应活性大幅降低。6060铝合金蒸汽处理可生成约650nm的高温水合钝化膜，金属间相颗粒上的氧化物层的覆盖率和厚度较高，钝化膜在乙酸盐雾试验中显示出良好的耐腐蚀性和黏附特性，粉末涂层的附着力和丝状腐蚀与铬酸盐钝化膜相当，丝状腐蚀试验在铝合金的挤压方向上显示出更低的丝状腐蚀系数，丝状腐蚀丝的最大长度为1.5mm，满足标准测试下丝状腐蚀的要求。在高温蒸汽下铝合金水合钝化膜生长时，可通过柠檬酸或磷酸调节水溶液的酸性来获得更优的性能。在柠檬酸调节后的107℃蒸汽作用下，6060铝合金在Al-Fe-Si金属间化合物颗粒上观察到较高的氧化物生长速率，在蒸汽中使用磷酸可使得磷酸盐掺合入氧化层以及金属间化合物颗粒，酸的存在引发了金属间化合物颗粒上氧化物的生长，总厚度可达1μm以上，点蚀电位增加约200～800mV，与有机涂层具有良好的黏附性，磷酸盐蒸汽处理钝化膜在乙酸盐雾和丝状腐蚀试验下表现出更好的性能。

铝合金两步法钝化为不同型号的铝合金获得性能优异的钝化膜提供了选择，A. Kindler报道了2024-T3铝合金两步钝化法，先浸泡在50～100℃去离子水中，在铝合金表面形成多孔的波美层，然后再置于铈盐和硝酸盐的水溶液中，在70～100℃处理足够长的时间，在孔内形成铈的氧化物和氢氧化物，此时的复合水合钝化膜具有一定的耐腐蚀性及良好的油漆附着力。最优选两步工艺过程为：第一步将铝合金置于97～100℃沸水中浸泡5min，使表面形成波美钝化层；第二步将铝合金在0.1%$CeCl_3$、1%$LiNO_3$及1%$Al(NO_3)_3$溶液中，pH＝4，温度97～100℃条件下浸泡5min形成复合钝化膜。烘干后试样具有很好的耐蚀性，可通过204h中性盐雾测试。A. N. Rider等人将2024-T3、5083和7075-T6铝合金先浸入80～100℃的热水4～60min，然后浸入1% GPS(3-缩水甘油醚氧基丙基三甲氧基硅烷)溶液，此工艺处理提供了同铬酸盐钝化一样有效的耐腐蚀层替代物，可以实现最佳的耐久性。

铝合金高温水合钝化更多的选择为三步或更多步钝化工艺，从而达到改性、封孔或增厚的目的。1993年，R. N. Miller将硅烷偶联剂应用于2024-T3及7075-T6铝合金的水合钝化工艺中，并在US 5356492专利中对在7505-T6铝合金上制备高温水合钝化层三步法工艺进行详细研究，进行了耐蚀性能分析，其三步法溶液的组成如表10-1所示，钝化步骤如下：

步骤1：在常温下将试样浸入溶液A_1或A_2中约10min后用常温水彻底冲洗。

步骤2：将试样浸入温度约为93.3℃的溶液B中约10min后用常温水彻底冲洗。

步骤3：然后用溶液C或溶液D擦拭试样常温干燥。

表10-1　三步法溶液的组成

溶液 A_1	溶液 A_2	溶液 B	溶液 C	溶液 D
50mL H_2O	50mL H_2O	500mL H_2O	90mL C_2H_5OH	90mL C_2H_5OH
5mL	5mL	5g Na_2MoO_4	5mL X1-6124	10mL Z-6040
H_2O_2(35%)	H_2O_2(35%)	5g $NaNO_2$	5mL Z-6040	
0.5g $CeCl_3$	0.3g $CeCl_3$	3g Na_2SiO_3		
	0.2g $SrCl_2$			

注：X1-6124为苯基三甲氧基硅烷；Z-6040为缩水甘油醚丙基三甲氧基硅烷。

在此工艺下，7505-T6铝合金表面形成多层钝化膜，提供了最大的防腐保护。溶液A_1与铝或铝合金表面的反应产生由铈和铝的氧化物和氢氧化物的混合物组成的钝化膜。当使用含有锶的溶液A_2时，钝化膜由铈、铝和锶的氧化物及氢氧化物混合组成。溶液B与铝或铝合金的反应产生一层钝化膜，由钼酸盐、硅酸盐和亚硝酸盐离子的混合物与铝的氧化物和氢氧化物混合而成。当样片浸在溶液C中后，产生含有交联硅烷结构的附加表面层，该交联硅烷结构是由苯基三甲氧基硅烷和缩水甘油醚丙基三甲氧基硅烷混合物之间的反应产生的。

使用三步法时样片的防腐性能可通过约336h盐雾试验，若步骤2省略时可通过约176h

的盐雾试验。7505-T6 铝合金样片经过不同的工艺处理后在 0.35% 的氯化钠溶液中防腐能力如表 10-2 所示。由表可得，样例 7、8 和 14 防腐蚀能力最佳。

表 10-2　7505-T6 铝合金处理工艺及腐蚀速率

样例	浸泡时间/min					磨蚀速率/(mil①/y)
	A₁ 溶液	A₂ 溶液	B 溶液	C 溶液	D 溶液	
样例 1	10					0.23
样例 2	10			10		0.15
样例 3			10			0.27
样例 4	10		15			0.11
样例 5	5		10			2.75
样例 6	10			0.5		0.36
样例 7	10		10	0.5		0.01
样例 8	10		10		0.5	0.0087
样例 9		10				2.42
样例 10		10	10			0.04
样例 11		10		0.5		0.23
样例 12		10			0.5	1.04
样例 13		10	10	0.5		0.13
样例 14		10	10		0.5	0.01
样例 15		10	10			0.35
样例 16	10		10			2.7

注：样例在 B 溶液中处理温度均为 93.3℃，其他溶液均为室温。样例 5、15 及 16 为先浸泡于 B 溶液，后浸渍于 A 溶液。
① 1mil＝25μm。

对于不同材质的铝合金获得的高温水合钝化膜的耐蚀性能可能不同，对于 2024 及 6063 铝合金，不同的工艺对耐蚀性能影响显著，如将 2024 及 6063 铝合金经过多步法制备高温水合钝化膜，铝合金的耐蚀性均能得到提高，6063 及 2024 铝合金经不同工艺处理后的钝化膜耐蚀性能相差较大。

除中性盐雾检测钝化膜的防腐蚀性能外，测定阻抗变化及腐蚀电位等也是分析耐腐蚀性能的常用方法，将 6061-T6 铝合金浸入 5mmol/L 的 $Ce(NO_3)_3$ 溶液 100℃ 浸泡 2h，水洗后浸入 5mmol/L 的 $CeCl_3$ 溶液 100℃ 浸泡 2h，水洗后再在 0.1mol/L Na_2MoO_4 溶液中 500mV 进行阳极极化 2h，所得的稀土改性的水合钝化膜的样品浸入 0.5mol/L NaCl 中 30 天期间未显示任何变化，在整个腐蚀试验过程中，6061-T6 铝合金的极化电阻 R_p 达到 $10^7\Omega\cdot cm^2$，并且在 60 天后未观察到任何均匀腐蚀及局部腐蚀现象，通过 $Ce(NO_3)_3/CeCl_3(Ce+Mo)$ 工艺实现的耐腐蚀性明显改善。对于纯铝同样工艺制得的水合钝化膜也有类似的结论，纯铝浸入 0.5mol/L NaCl 中 40 天期间未显示任何变化，将钝化样品划痕后再浸泡在 0.5mol/L NaCl 中 25 天后未显示任何腐蚀痕迹，防腐性能优异。直流阳极极化测试得到，腐蚀电位及小孔腐蚀电位都在阳极方向上移动了约 140mV，而对于 $Ce(NO_3)_3/CeCl_3(Ce+Mo)$ 处理过的样品的极化曲线，其腐蚀电位 E_{corr} 正移更多，其耐蚀性能更好。2024 铝合金样品经过含 $Ce(NO_3)_3/CeCl_3$ 沸水处理 2h 后的耐腐蚀性也有类似结果，耐蚀性得到显著提高。

10.1.2　铈盐钝化

铝及铝合金稀土盐化学钝化处理是指将铝及铝合金用添加了如铈、镧、钇等稀土元素的钝化液进行处理，在其表面上制得含有稀土元素的钝化膜技术。稀土钝化按其稀土盐可初步分为铈盐钝化、镧盐钝化、钇盐钝化等，目前研究较多的为铈盐钝化，故此处只介绍铈盐钝化工艺。常用的铈盐钝化处理可以在硝酸铈或氯化铈钝化液中直接成膜处理，钝化温度较高且时间长，也可以在铈盐钝化液中加入强氧化剂，通过加入硝酸盐、过氧化氢等强氧化剂可以明显缩短钝化成膜所需时间，降低钝化温度。铈盐转化膜（CeCC）的耐腐蚀性能一般较为优良，并且钝化工艺一般无毒或低毒，生成的膜层可带有颜色，便于在线观察生产状况且兼具装饰性能，是一种较为理想环境友好型铝合金表面处理技术。

与铈盐钝化相关的化学表面处理有多种，如高温水合氧化后进行铈盐封孔钝化或高温铈盐水溶液高温水合钝化，此类钝化在本章高温水合钝化小节已提及，铬化、磷化或锆钛钝化涉及铈盐处理的，也归集于各章介绍，还有一些采用电解沉积 CeCC 的钝化工艺不作介绍，本章主要介绍低温条件下铈的硝酸盐或氯化盐钝化液中直接成膜处理的化学钝化。

B. Hinton 等人首次报道了稀土金属盐 Ce^{3+} 的化合物对 7075 铝合金在 NaCl 溶液中的缓蚀作用。J. W. Bibber 认为稀土金属阳离子能有效抑制铝合金腐蚀，尤其对 7075 铝合金的点蚀，可以控制飞机在使用中遇到的湿/干条件下的腐蚀。刘伯生认为纯铝及 7075 铝合金在大于 100mg/L $CeCl_3$ 溶液中处理一定时间后，在 0.5mol/L NaCl 溶液中的腐蚀速率显著降低，并具有抗点腐蚀的能力。在其他纯铝及铝合金如 L3、LC4、LY12、5083、6063 等经过铈盐钝化后耐蚀性均有显著提高，有些达到或超过了铬酸盐钝化膜，例如在 LY12 铝合金上获得的铈盐钝化膜对铝合金的点蚀有较好的抑制作用，经过 21d 盐水浸泡后，空白铝合金产生大量的白色絮状腐蚀产物，点蚀严重，CeCC 除了产生少量白色腐蚀产物外，基材表面基本没有变化。

有些学者将高锰酸钾加入铈盐钝化液中，使得铝合金表面形成 Ce-Mn 复合钝化膜，改进其性能。如工业纯铝在含 $Ce(NO_3)_3$ 12g/L、$KMnO_4$ 2.5g/L、$(NH_4)_2S_2O_8$ 0.25g/L 钝化液中 20℃条件下处理 20min 后，通过试片在盐水中的腐蚀速率来进行判断，钝化膜的耐腐蚀性能略高于铬酸盐膜，并高出未处理试样约 20 倍。6063 铝合金在 pH 2.0 含 $Ce(NO_3)_3$ 10g/L、$KMnO_4$ 2g/L 钝化液中钝化 30min 后，极化曲线测试结果表明 Ce-Mn 钝化膜的腐蚀电流密度降低为铝合金的 1/27，具有良好的耐腐蚀性能；腐蚀电位负移及小孔腐蚀电位正移，阳极极化曲线存在较宽的钝化区，表明 Ce-Mn 钝化膜较难发生小孔腐蚀。钝化后铝合金表面膜电阻增加了 10 倍，膜的致密性增加，表面缺陷和针孔减少，表面更均匀，膜的介电性能减小，耐腐蚀性能得到较大提高。在 $Ce(NO_3)_3$-$KMnO_4$ 体系中加入 HF_2^- 可降低成膜温度、缩短成膜时间，同时提高了膜层的耐腐蚀性能，但并未改变钝化膜的组成。有些学者在铈钝化成膜时，添加纳米颗粒以期 CeCC 达到良好的耐蚀性效果，如左轲等人以 $CeCl_3 \cdot 7H_2O$ 0.1mol/L、BTESPE 50mL/L、H_2O_2 60mL/L、NaF 1g/L、苯并三氮唑 0.5g/L、pH 3.0、20min 的复合钝化膜工艺为基础，掺杂纳米 ZrO_2 进行改性，获得的膜层表面形貌良好，更加致密均匀，性能优异。

于兴文等人在铝合金 LY12 上制备出双层 CeCC，钝化膜色泽均匀呈金黄色，结合力良好，厚度为 3～5μm。两步钝化膜的工艺条件见表 10-3。

表 10-3　第一次和第二次 CeCC 成膜工艺参数

项目	$Ce(NO_3)_3$/(g/L)	H_2O_2/(g/L)	H_3BO_3/(g/L)	pH 值	T/℃	t/min
第一次	3.0	0.3	0.5	5.0	30	120
第二次	5.0	0.5	0.5	4.0	30	90

10.1.3　其他种类

除高温水合钝化及稀土化学钝化外，还有一些其他类型的化学钝化，如钼酸盐钝化、高锰酸盐钝化、钒盐钝化及植酸钝化等。

10.1.3.1 铝合金钼酸盐钝化

近年来，钼酸盐钝化作为一种低毒、低污染的钝化技术而被广泛关注，其中 Mo 与 Cr 同属ⅥB族，与 Cr 元素一样，Mo 元素可以形成 $Mo(Ⅱ)\sim Mo(Ⅵ)$ 的化合物，其中以 $Mo(Ⅵ)$ 化合物最为稳定。钼的含氧化物盐与铬酸盐性质十分类似，由于钼酸盐的氧化能力和还原产物的稳定性，钼酸盐已被广泛测试为铬酸盐可能的替代品。

钼酸盐钝化膜的成膜机理存在两种主流观点：一种观点是认为 MoO_4^{2-} 在成膜过程中发生"竞争吸附"，较 Cl^-、F^- 等优先吸附在膜层缺陷处结晶形核、生长。另一种观点认为 MoO_4^{2-} 在成膜过程中发生"诱导吸附"，Cl^-、F^- 等会对基体发生腐蚀作用而造成钝化膜的破坏，增强对 MoO_4^{2-} 的吸附作用，Mo^{6+} 还原为 Mo^{4+}，基材表面重新钝化。对钼酸盐钝化膜的防腐机理，一般认为钼酸盐阴离子的抑制性是由于在成膜过程中钼酸盐中的 Mo^{6+} 还原为 Mo^{4+}，钼酸盐阴离子的还原可提供额外的氧阴离子，干扰氯离子在金属/膜界面上反应的能力，阻断侵蚀性阴离子优先穿透膜的位置。钼酸盐基钝化膜在腐蚀介质中表现出阳极抑制作用，并且它们将形成一层保护屏障层，类似于 CCC 在铝合金上形成的保护屏障层，钝化膜由多个钼基物种组成，存在多种价态钼氧组分如 MoO_2、Mo_2O_5、MoO_4^{2-} 和 MoO_3。MoCC 表面主要由氧化态 Mo^{6+} 和 Mo^{5+} 组成，而内层也由还原态 Mo^{4+} 组成。来自外层的氧化钼酸盐能够迁移到活性区域，并通过还原为 Mo^{4+} 来重新钝化任何暴露的铝合金形成了保护层。

纯铝上钝化膜的沉积厚度与钝化液中含有的 MoO_4^{2-} 浓度以及溶液 pH 值密切相关。添加具有缓蚀剂功能的偏硅酸钠或偏硼酸钠可以显著提升铝表面制备膜层的抗腐蚀能力。采用钼酸盐作为主要成膜氧化剂，在溶液中添加高锰酸钾、氟化钠等成分，利用浸渍法在铝合金表面制备出金黄色的钝化膜，添加硫酸亚铈可使钼酸盐钝化膜的耐蚀效果提升。高锰酸盐加入后在 LY12 铝合金表面沉积的钝化膜比较平整，覆盖了基材前处理时产生的不平处，膜层主要含有 Mg、Al、O、F、Mn 等元素。J. D. Gormant 等人研究发现添加铈盐可以显著提升 Ce-Mo 钝化膜的耐蚀性，通过分析发现成膜物质中含有大量的 Ce^{3+} 和 Ce^{4+} 氧化物，之后国内外专家、学者对 Ce-Mo 复合钝化工艺进行不断改进与优化，现阶段可在实际生产中应用。

一些学者研究了碱性钼酸盐化学钝化工艺及膜层性能，如 6063 铝合金在 pH＝11.0、温度 50℃ 的条件下处理 6min 所得钝化膜耐蚀性最优，钝化膜微观形貌如图 10-1 所示。所得钝化膜呈均匀的灰色略泛绿，表面粗糙但无裂纹，厚度达 $30\mu m$ 以上，钝化膜由 Al、Mo、O 和 F 组成，以 Al_2O_3、MoO_3、$Al_2(MoO_4)_3$、Na_3AlF_6 等化合物形成存在。钝化膜可以提高 6063 铝合金的耐腐蚀性，极化曲线表明该钝化膜为阳极抑制钝化膜。

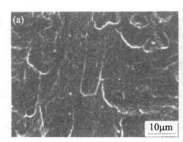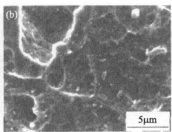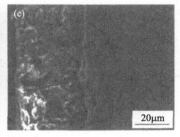

图 10-1　碱性钼酸盐钝化膜的微观形貌　[（a）、（b）为表面形貌，（c）为截面形貌]

10.1.3.2 铝及铝合金高锰酸盐钝化

高锰酸盐钝化体系主要采用高锰酸钾作为溶液的基础添加剂，在此基础上辅助添加各类无机、有机添加剂，在铝及铝合金表面形成一层有色的钝化膜。与钼酸盐体系类似，高锰酸盐体系的提出同样是因为锰的化学性质与铬相似。高锰酸盐在成膜体系中主要体现其强氧化性，提高了成膜过程中铝合金表面溶解与新膜层沉积的反应速度。铝合金在 $KMnO_4$ 溶液中通过特定的工艺条件，可在铝合金表面生成一层钝化膜，该膜层主要成分为 $Al_2O_3 \cdot MnO_2$。通过加入硝酸钴，在铝合金表面获得一层黑色钝化膜，膜层主要成分同样是氧化铝及锰的氧化物，膜层颜色的深度也会随着硝酸钴含量的改变而发生变化。通过加入强氧化剂过硫酸钠来增强膜层的耐蚀性能以及膜层的附着力，最终在铝合金表面获得一层金黄的钝化膜，膜层主要成分是氧化铝及锰的氧化物。通过改变有机酸十二烷基苯磺酸钠的含量来调节膜层颜色深浅。高锰酸盐钝化膜提高了铝合金表面的耐腐蚀能力。

高锰酸盐体系所形成的钝化膜大多会有裂纹，虽然可以通过加入钼酸盐后处理的方式来减弱开裂效果，但是其膜层的稳定性要差于铬酸盐钝化膜，而且所用的成膜溶液常伴有大量沉淀，在工业生产中的应用受到一定的制约。

10.1.3.3　铝及铝合金钒盐钝化

2015 年，J. Li 将 2024 铝合金暴露于 $NaVO_3$ 水溶液中，可在铝合金表面形成钒酸盐膜。成膜量和成膜的位置取决于溶液的温度，在低温（10℃、30℃和50℃）下，该钝化膜主要在 IMP 上形成，在基体上几乎不存在或根本不存在。高温（70℃和80℃）下在基体和 IMP 上都可以形成该钝化层，溶液温度的升高导致在 IMP 和基体上形成的薄膜量增加。在所有温度下，与基体相比，IMP 处钒酸盐薄膜更厚，这种效应在低温下更为明显。薄膜主要由聚合钒酸盐组成，大部分钒处于 +5 价状态，V(V)∶V(Ⅳ) 为 3∶2。钒酸盐对局部腐蚀具有良好的抑制作用。高温下的抑制机制似乎与聚合物钒酸盐膜密切相关，铝或镁对钒酸盐的化学还原可促进聚合物钒酸盐膜形成，从而提供残余保护。这一机制类似于铝合金上的铬酸盐，铬酸盐被铝或镁还原，并在表面形成保护性致密层。然而，钒酸盐在高温下的抑制效率不如铬酸盐，尤其是对活性 S 相颗粒的抑制效率。

10.1.3.4　铝及铝合金植酸钝化

植酸是一种金属多齿螯合剂，高螯合性能使得其络合稳定性强，可有效阻止腐蚀介质到达金属基底，从而提高耐蚀性。

在纯铝上可形成的膜层非常细密，无微裂纹，铝表面形成植酸钝化膜后出现了三种特征峰，即羟基、磷酸基和磷酸氢基。自腐蚀电流密度均比成膜前明显降低，自腐蚀电位均提高，说明耐蚀性均得到明显提高，成膜前后，阴极曲线变化不大，阳极电位升高，电流下降，由此可知，为阳极抑制型作用，植酸处理后金属表面形成的膜层中含有的羟基和磷酸基等活性基团能与有机涂层发生化学作用，因此植酸处理有利于提高金属表面与有机涂料的粘接能力，从而进一步提高合金的耐蚀性能。

不同 pH 值和植酸浓度的工艺参数对植酸钝化膜的耐蚀性影响很大。随着 pH 值的增加，6063 铝合金上钝化膜试样的耐蚀性先增加后降低；pH 值为 3.0 时为最佳。植酸钝化膜的耐蚀性随着植酸浓度和浸泡时间的增加而显著提高。当植酸浓度为 10.0 g/L，pH 3.0 条件下钝化 30min 后，6063 铝合金的阳极和阴极腐蚀过程被显著抑制，腐蚀电流密度降低两个数量级以上。对于铈盐与植酸复合钝化，不同浓度的植酸添加量下稀土植酸钝化膜照片如图 10-2 所示。

单独 CeCC 呈大片状分布，对基体的覆盖度较低，膜上可见大面积裸露的基体。当植酸浓度为 5mL/L 时，稀土植酸钝化膜已经龟裂成较小的片状结构，一小部分片状结构的内部还没有出现裂纹，比较致密、完整，大部分片状结构的内部已经出现数量较少的细小裂纹；当植酸浓度为 10mL/L 时，片状结构内部大部分开裂，出现了更多的裂纹，裂纹也在加深

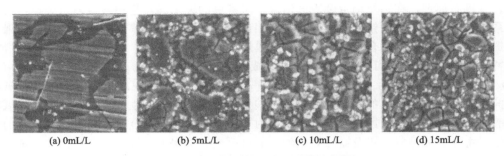

|(a) 0mL/L|(b) 5mL/L|(c) 10mL/L|(d) 15mL/L|

图 10-2　不同植酸添加量下稀土植酸钝化膜照片

$[Ce(NO_3)_3 \cdot 6H_2O \ 5mmol/L，NaF \ 0.05g/L，20℃，3min]$

加粗；当植酸浓度为 15mL/L 时，较小的片状结构碎裂成更小的独立的片状结构，片与片之间的裂纹非常清晰，此时稀土植酸钝化膜比较疏松，暴露出更多的基体。通过极化曲线可知：不同浓度的植酸形成的稀土-植酸钝化膜均有钝化现象出现，自腐蚀电位相差不大，当植酸的浓度为 5mL/L 时，稀土植酸钝化膜的自腐蚀电流密度最低，钝化电流密度也最小，形成的稀土植酸钝化膜的耐蚀性最好。

将钼酸钠对植酸钝化膜进行改性可明显提高铝合金表面植酸钝化膜的耐蚀性，复合的效果更显著，而用钼酸钠进行后处理不能提高铝合金表面植酸钝化膜的耐蚀性。

10.2　钝化膜的形成机理

10.2.1　高温水合钝化膜的形成机理

铝合金表面经抛光处理后，存在晶界、晶间化合物等缺陷，在高温水合处理过程中，铝合金表面局部构成微电池，发生电化学反应，微阳极区金属被氧化发生溶解[式(10-1)]：

$$M - ne^- \longrightarrow M^{n+} \tag{10-1}$$

微阴极区发生 O_2 的还原或 H_2 的析出[式(10-2)、式(10-3)]：

$$O_2 + 2H_2O + 4e^- \longrightarrow 4OH^- \tag{10-2}$$

$$2H^+ + 2e^- \longrightarrow H_2 \uparrow \tag{10-3}$$

金属离子和 OH^- 结合生成 $M(OH)_n$[式(10-4)]：

$$M^{n+} + nOH^- \longrightarrow M(OH)_n \downarrow \tag{10-4}$$

$M(OH)_n$ 分解后生成金属氧化物[式(10-5)]：

$$2M(OH)_n \longrightarrow M_2O_n + nH_2O \tag{10-5}$$

当 M 为 Al 时，反应过程可认为是波美钝化膜的形成过程。将铝材放入热水中或水蒸气之中，铝表面生成的氧化膜结构和化学组成随着温度而发生变化。热水处理和水蒸气处理所生成膜的厚度通常在 $0.4 \sim 2\mu m$，随着温度的升高和处理时间的延长，膜的厚度增加幅度较小。这种方法生成的膜比较致密，阻碍了水与铝基体的进一步接触，氧化膜的生长缓慢。为了使膜继续生长，就需要使铝表面生成的致密氧化膜再产生较大孔隙，能让铝基材与水溶液进一步反应，此时通常需要向水中加入一些酸、碱或可与氧化铝在高温下能够反应的盐，将已生成的氧化膜部分溶解，形成一定的孔隙，提供了膜生长所需的条件，使膜的生长能够持续，从而达到增厚的目的。

而当 M 为 Al、Ce 等混合离子时，反应过程可认为是其他高温水合钝化膜的形成过程。

铝合金表面由于存在着晶界、夹杂物、沉积物、晶间化合物以及自然氧化物膜等缺陷，是一个非均匀表面。根据 CeCC 阴极成膜理论，铝合金浸到稀土盐溶液中，试样局部会构成微电池，从而发生上述反应。反应（10-2）会使微阴极区 OH$^-$ 浓度增大，pH 值升高，为氢氧化铈沉淀的形成和铝合金表面氧化铝的溶解创造了条件，同时由于 Ce^{3+} 电势接近于氧的还原电极电势，并且 pH 值超过 8 时能形成不溶性的氢氧化物，而且当 pH 值在 9～12 的范围内，氧化铈的溶解度比氧化铝小一个数量级，所以当铝合金表面微阴极区反应达到一定程度时，铈的氧化物或氢氧化物便可沉积下来形成沉淀膜层；而高碱性条件又促使氧化铝溶解，这样在铝合金表面的微区上不断进行氧化铈及氢氧化铈的形成和氧化铝的溶解过程，随着浸泡时间的延长，氧化铝膜逐渐被氧化铈及氢氧化铈取代，从而表面氧化物中含铈比例和膜厚也随之增加。

溶液中的杂质离子多，一方面抑制反应（10-2）的进行，另一方面一些金属离子会消耗溶液中的 OH$^-$，从而影响铝和/或铈等氧化物及氢氧化物膜的生长，形成絮状悬浮于溶液中，使溶液失效。所以溶液中杂质离子的存在，一方面不利于均匀波美层的形成，另一方面不利于稀土元素的沉积，从而导致耐蚀性能产生巨大差异。因而在制备高温水合钝化膜时使用去离子水或电阻更高的高纯水。

铝与水蒸气反应生长钝化膜的机理可分为三步：①热的蒸汽与铝表面形成无定形氧化物；②无定形氧化物发生溶解；③溶解后的物种进一步沉淀成水合氧化物。蒸汽的使用增强铝的溶解，然后在高温下沉淀氧化物及氢氧化物来加速水合钝化膜反应进程。

10.2.2 铈盐钝化膜的形成机理

当铝合金浸入铈盐溶液后，由于铝合金表面存在大量的晶界和亚微结构，如中间相、偏析相、夹杂物和氧化膜的微小缝隙等，构成了电化学腐蚀微电池。铝合金表面作为微电池阳极区的基体发生溶解反应[式(10-6)]：

$$M - ne^- \longrightarrow M^{n+} \tag{10-6}$$

微阴极区发生 O$_2$ 的还原或 H$_2$ 的析出[式(10-7)及式(10-8)]：

$$O_2 + 2H_2O + 4e^- \longrightarrow 4OH^- \tag{10-7}$$

$$2H^+ + 2e^- \longrightarrow H_2 \uparrow \tag{10-8}$$

阴极区的还原反应导致阴极区局部 pH 值升高，当局部 pH 值达到一定值时（pH＞8），铈的氧化物或氢氧化物在阴极区开始析出[式(10-9)及式(10-10)]。

Ce^{n+} 和 OH$^-$ 结合生成 Ce(OH)$_n$：

$$Ce^{n+} + nOH^- \longrightarrow Ce(OH)_n \downarrow \tag{10-9}$$

Ce(OH)$_n$ 分解后生成金属氧化物：

$$2Ce(OH)_n \longrightarrow Ce_2O_n + nH_2O \tag{10-10}$$

由于 OH$^-$ 具有向阴极区周围扩散的作用，阴极区周围 pH 值呈逐渐降低的分布趋势。较高 pH 值区域 CeCC 沉积较快膜层较厚，形成形状尺寸不一的微粒和裂纹；较低 pH 值区域 CeCC 沉积较慢膜层较薄，生成一些细小的微粒构成的基膜。CeCC 的生成一方面抑制了阴极区的还原反应，同时阴极区局部高 pH 值又使其表面铝氧化膜溶解，于是原先的钝化区域变成活化区域，形成更多的阴极区域和阳极区域。这样，更多的区域重复进行着铈氧化物或氢氧化物的沉积和自然铝氧化膜的溶解过程，铝合金表面的氧化膜不断被 CeCC 取代，膜厚不断增加。当氧化膜完全被取代时，铝合金表面完全覆盖铈的化学钝化膜，阴极反应被全面抑制，铈化学钝化膜的生长速度也就明显降低。

A. J. Davenport 等人解释了四价铈与氢氧化铝共沉淀的铈的价态强烈依赖于溶液中的 pH 值和溶解氧的存在，认为如果 pH 值保持在 8 以下，则无论溶解在溶液中的 O_2 浓度如何，铈都处于三价状态；然而如果 pH 值大于 8 并且溶液充气，则铈会以四价态沉淀。A. J. Aldykiewicz 等人从热力学 Pouthaix 图预测在这些条件下铈在成膜时应处于三价状态，这表明溶液中的铈在铝合金表面沉积前存在一个氧化还原过程。富铈膜的形成取决于氧的还原，在脱气条件下，很少发生膜沉积，沉积的铈处于三价态。当存在氧时，氧的还原通过改变电极处的局部 pH 值影响溶液中 Ce^{3+} 到 Ce^{4+} 的氧化和膜的沉淀。氧还原可以通过二电子步骤[式(10-11)]或四电子步骤[式(10-7)]进行：

$$O_2 + 2H_2O + 2e^- \longrightarrow 2OH^- + H_2O_2 \tag{10-11}$$

在二电子步骤中有 H_2O_2 生成，可以加快成膜速度，这与溶液中添加双氧水的作用是一样的。氧还原反应是按二电子步骤还是四电子步骤进行，依赖于电极电位和溶液 pH 值。相对高的电极电位和 pH 值有利于氧还原反应按二电子步骤进行。由于阴极反应不断消耗氧，铝合金电极表面的氧浓度远低于溶液本体的氧浓度。富 CeCC 的形成过程包括两个步骤：

① 溶液中 Ce^{3+} 氧化为 Ce^{4+}。根据氧还原机理有两条可能路线，氧还原遵从二电子步骤，则 Ce^{3+} 按如式(10-12) 所示反应氧化为 Ce^{4+}；氧还原遵从四电子步骤，则 Ce^{3+} 按如式(10-13) 所示反应氧化为 Ce^{4+}。

$$2Ce^{3+} + 2OH^- + H_2O_2 \longrightarrow 2Ce(OH)_2^{2+} \tag{10-12}$$

$$4Ce^{3+} + O_2 + 4OH^- + 2H_2O \longrightarrow 4Ce(OH)_2^{2+} \tag{10-13}$$

② 由于电极表面局部 pH 值升高，不溶的 CeO_2 在电极表面沉积[式(10-14)]：

$$Ce(OH)_2^{2+} + 2OH^- \longrightarrow Ce(OH)_4 \longrightarrow CeO_2 + 2H_2O \tag{10-14}$$

反应 (10-12) 和反应 (10-13) 的区别在于氧化剂的位置和性质不同。对反应 (10-12) 氧化剂为双氧水，其在电极附近产生，反应就能在距离电极表面更近的位置发生，更有利于膜的生成；对反应 (10-13) 氧化剂是氧气，在电极表面附近溶液中，两种反应物质氧气和氢氧根与两种反应离子的浓度梯度方向相反，因此反应只能在距离电极一定距离处进行。

A. E. Hughes 等人将 2024 铝合金浸入含 10g/L $CeCl_3 \cdot 7H_2O$ 和 10g/L H_2O_2 的溶液中得到的富铈膜，经 XPS 和 SEM 观察分析发现在沉积过程中，铈的氢氧化物沉淀首先在铝合金表面的金属间化合物处生成，然后才逐渐覆盖在铝合金表面，最终形成一定厚度和有裂纹的膜层。金属间化合物处的膜层厚度较其他区域的膜层厚，在膜层中以 Ce^{4+} 存在。Aldvkiewicz 等人的研究表明铈的氧化物或氢氧化物只沉淀在电偶对的阴极部分，而在阳极部分没有检测到铈，从而验证了铈是优先在阴极区域成膜。

稀土钝化液中的促进剂应具有氧化能力，使 Ce^{3+} 转变为 Ce^{4+}，并在溶液中能释放 O_2 以补充微阴极区 O_2 还原造成的消耗。从这一角度出发，具有强氧化能力的 $(NH_4)_2S_2O_8$、$KMnO_4$、H_2O_2、Na_2MoO_4 以及能在溶液中释放氧气的 NaClO 等都可作为成膜促进剂。从国内外关于含氧化剂的铝合金铈盐钝化工艺研究结果来看，目前报道的氧化剂主要有 $(NH_4)_2S_2O_8$、$KMnO_4$、H_2O_2。顾宝珊等人认为用氧化性特别强的氧化剂 $(NH_4)_2S_2O_8$ 有些不太必要，$KMnO_4$ 的加入使所成膜的颜色均匀性很难控制，NaClO 的加入使溶液 pH 值变化幅度较大，不易控制，而 H_2O_2 的加入不会造成上述的不利现象，不仅如此，在成膜过程中，H_2O_2 的作用是双重的，它作为氧化剂时发生的还原反应，不但氧化了 Ce^{3+}，而且还为成膜创造了一定的碱性条件。另外它本身在光照条件下发生分解反应，释放出氧气，以补充微阴极区还原反应消耗的氧。因此，H_2O_2 在钝化液中既是氧化剂又是必要的成膜促进剂。

10.3 钝化膜的组成及结构

10.3.1 高温水合钝化膜的组成及结构

铝及铝合金与热水、沸水或水蒸气反应一般生成双层氧化膜，内层为无定形氧化物，外层多为针状结构氧化物，外层针状氧化物的存在是由于表面上产生氢气的析出引起的。

经过除油及抛光的铝合金，基体表面虽然整体光滑，但包含一种或多种金属间化合物颗粒。不同的铝合金金属间化合物颗粒形态及成分不同，表面的阴极区和阳极区初始反应活性不同从而导致沉积速率不同，因而钝化膜的组成及微观结构会有所不同。同种材质在不同的钝化液条件下，其成膜的组成也会随着钝化物共沉积的物种不同而不同。如 M. Jariyaboon 等人将 1050 铝合金在 60℃ 及 116℃ 蒸汽下高温水合钝化膜进行 SEM 分析，1050 铝合金金属间化合物的颗粒主要由 Fe 和 Si 组成。在 60℃ 下，1050 铝合金的金属间化合物颗粒边缘和铝基体之间的钝化膜存在小空隙，并且金属间化合物颗粒在暴露于加压蒸汽后松散地结合到铝基体上。在 116℃ 下，1050 铝合金表面有一些区域的膜呈现"花椰菜"结构，大小范围为 $1\sim20\mu m$，"花椰菜"结构位于含铁的金属间化合物颗粒上，"花椰菜"结构以及铝基体上检测到的大量氧元素的含量见表 10-4，1050 铝合金铝表面基体上所形成的钝化膜特征为多孔针状的氧化铝，针状长度约为 100nm。

表 10-4 1050 铝合金在 116℃ 的加压蒸汽中暴露 10min 后的 EDX 分析

检测区域	元素质量分数/%				
	C	O	Al	Si	Fe
"花椰菜"结构 1	1.70	25.43	48.89	0.98	23.00
"花椰菜"结构 2	2.01	45.62	45.75	0.35	6.27
"花椰菜"结构 3	2.94	41.88	38.54	1.31	15.34
1050 铝基体	2.41	36.68	63.91	—	—

单独使用去离子水高温水合钝化的膜较薄，而加入氯离子后的钝化膜膜厚增加，其归因于溶液中存在有助于氧化物溶解的氯离子。氯离子可以由 $CeCl_3$、NaCl 等提供，而加入铈离子后，氧化物厚度进一步增加，其原因为铈离子掺入水合氧化层中，Ce 与 Al 的离子尺寸差异较大而引入的应变，导致反应物种的扩散更大。如 J. D. Gorman 等人将 1100-O、2024-T3、3004-H19、5005-O、6061-T6 和 7075-T6 铝合金在 95℃ 下浸泡 1h，铝合金水合钝化膜的厚度相近，约 200nm；在 NaCl 溶液中，钝化膜厚度随合金成分而变化，但比单用去离子水的膜增加约 50%～70%，并保持波美层 $Al_2O_3 \cdot nH_2O$ 外观；而在 10mmol/L $CeCl_3$ 溶液中处理后，钝化膜厚度进一步增加，铈分布在整个氧化物中，但含量较低，在氧化物表面检测到少量 Ce^{4+}，其余为 Ce^{3+}。王春雨等人用含 0.1% 三乙醇胺的沸水在 6061 铝合金上制备高温水合钝化膜，对高温水合氧化膜表面再进行 $3\sim4g/L$ $Ce(NO_3)_3$、$0.3\sim0.4$ mL/L H_2O_2、$0.03\sim0.04g/L$ 稳定剂、pH 3.5～4.5、28～32℃、2h 钝化，CeCC 覆盖了 6061 铝合金的整个表面。复合钝化膜表面呈杂乱的脊状且有一些小裂纹，微观结构类似于蜂巢组织结构，其中小裂纹的产生是由于快速沉积和快速干燥造成的，此时钝化膜中的主要元素为 Ce、C、O、Si、Al。

高温水合钝化膜厚度越厚，膜耐腐蚀的物理屏蔽越好，因而有研究加入纳米颗粒如 TiO_2 进行了钝化膜沉积尝试，形成了约 $1.3\mu m$ 厚的具有三层氧化膜结构的钝化膜，氧化层顶部为显示针状结构氢氧化铝层，中间层为掺有纳米颗粒的氧化物层，内层界面为致密氧化物层。

10.3.2 铈盐钝化膜的组成及结构

CeCC 是由包括厚度不均匀的基膜和附着在其上的不同形状和大小的微粒组成,许多情况下微粒附着的基膜有缝隙,厚度要大于其他位置的基膜厚度。同时通过 X 射线吸收近边结构对膜的成分和元素价态进行了研究。研究表明 CeCC 中含有铈的三价和四价氧化物和氢氧化物等成分,间接地证明了阴极成膜机理。Arnott 等人用 Auger 和 X 射线光电子谱分析证实:CeCC 是由结晶氧化铈和呈不同价态的氢氧化铈[$Ce(OH)_3$/$Ce(OH)_4$]组成;它是由基膜和黏附于基膜上形状和尺寸不同的粒子构成,且基膜中的铈含量低,粒子中铈含量高。

M. Eslami 等人在硅含量为 2.5% 和 4.5% 的低硅铸造 HPDC 铝合金上成功地沉积了铈基钝化膜。氢氧化铈/氧化物沉积从富铁 IMP 颗粒开始,并继续覆盖整个表面,添加过氧化氢加速了氢氧化铈/氧化物的沉积,并将钝化膜形态从局部沉积改变为在某些区域具有裂纹泥结构的连续层。无过氧化氢溶液沉积的钝化膜与过氧化氢溶液沉积的钝化膜相比具有更高的 Ce^{3+} 含量,后者显示出更高的 Ce^{4+} 百分比,与裸铝样品相比,经处理的样品在耐腐蚀性方面有显著改善。铝合金中的硅含量较高,使其在浸入钝化溶液中时更为活跃。王成以 $CeCl_3$ 为主盐对 LY12 硬铝合金进行稀土钝化处理,钝化膜中含有许多球形粒子和块状物,钝化膜表面有许多微小的裂纹,CeCC 主要由氧、铈和铝 3 种元素构成,CeCC 可能由铈的氧化物和铝的氧化物构成,其中球形粒子中铈、铝、氧 3 种元素的质量比约为 3:3:4,块状物中约为 1:6:3,球形粒子含较多的氧和铈可能是由于铈的氢氧化物优先形核。顾宝珊等人认为 B95 表面 CeCC 在整个钝化膜中 Ce 元素总体分布均匀,钝化膜致密均匀,局部镶嵌一些富含 Ce 的沉积物,推断为 Ce 的氧化物或水合氧化物,钝化膜缺陷很少,只是在放大到 4000 倍时,才观察到少量细微裂纹,对 CeCC 的晶体结构进行 XRD 分析,可知钝化膜为非晶态结构,并发现 CeCC 即钝化膜的 Ce3d 谱与 CeO_2 的非常相似,即 Ce 主要以+4 价态存在,钝化膜主要由四价 Ce 的氧化物/氢氧化物和铝氧化物的混合物组成。张军军对 Ce-Mn 钝化膜进行分析,也得到类似结论。钝化膜的致密性增加,表面缺陷和针孔减少,表面更均匀,扫描电镜分析表明 Ce-Mn 钝化膜为非均匀的,铈元素的价态为三价和四价,锰元素的价态为四价,Ce-Mn 钝化膜是非晶态。

10.4 钝化膜的保护机理

10.4.1 高温水合钝化膜的保护机理

铝及铝合金由于高温水合钝化层的形成,获得几百纳米至几微米厚度的物理阻隔层,由于钝化层内层致密,渗透性低,铝合金的活性显著下降;而通过化学掺杂引入铈及钼,使得高温水合钝化膜中含有一定量的高价态的铈和钼的氧化物及氢氧化物,当铝及铝合金发生腐蚀时,这些物质在含氧水环境中与基材的铝等元素发生氧化反应,形成新的钝化膜,阻止腐蚀进一步发展,从而达到防腐蚀效果。

波美钝化层的外层是可渗透的,铝合金的活性显著下降是钝化膜内层致密的结果,这层致密的氧化物层起到了防腐层的作用。在钝化膜形成过程中,这些带有沉淀物的金属间化合物颗粒部分溶解和/或脱离了铝基体,导致阴极位置的减少,最终导致阴极电流的减少。一般来说,铝合金中的含铁金属间化合物颗粒表现为阴极位置,允许电子逃逸并提供阴极反应(氧还原),导致阴极电流增加。通过检测含铁金属间化合物颗粒部分溶解和/或排出,导致阳极和阴极活性降低为原来的 1/25。

第二类水合钝化膜在耐腐蚀过程中，一般最外层的钝化层以斑点形式溶解，并暴露出在波美钝化时形成的氧化铝和氢氧化铝层。因此，表面层的作用类似于镀锌钢上的锌层，当暴露在盐水中时，它会牺牲性地溶解，并提供电偶保护层，因而高温水合钝化膜为铝提供双重保护。如在 7075-T6 铝合金上获得的铈钼复合氧化膜在 0.5mol/L NaCl 中暴露 30 天后，铝合金表面出现直径约 $60\mu m$ 圆形斑点，其斑点中心内圈和外圈的表层化学成分不同，铈集中在内圈，在发现铜的区域也含有钼。在表面改性过程中，通过形成氧化铈/氢氧化物和引入钼物种，产生协同效应，表面改性层上的薄弱点已钝化，降低了局部腐蚀的敏感性，抗局部腐蚀性能得到显著改善。铝合金铈钼复合水合钝化膜具有同时抑制铝合金腐蚀过程中的阴极反应和阳极反应的作用，铈的氧化物通过交换反应进入氧化铝膜，它阻碍阳极溶解，控制阴极氧的还原，从而使氧化或还原反应不易发生，降低铝合金的主要腐蚀模式点蚀速率，提高耐腐蚀性能。对 6061 铝合金未钝化处理、铈钝化处理及波美氧化再铈钝化处理的三个样品进行极化曲线分析，发现钝化后的样品有更高的腐蚀电位、更低的腐蚀电流，钝化膜延缓了阴极极化和阳极极化，从而提高了耐腐蚀性，与单独铈钝化处理相比，经沸水处理的高温水合钝化膜具有更好的耐腐蚀性。

水合钝化膜掺杂纳米颗粒后，除水合钝化膜本身防护外，因膜层厚物理阻隔能力提高，防腐性能得到改善，如 R. U. Din 等人将纳米 TiO_2 掺杂于水合钝化膜中，制备出含有纳米 TiO_2 颗粒的约 $1.3\mu m$ 厚的高温水合钝化膜，厚度增加约 50%，提高了物理阻隔能力，蒸汽处理后铝合金的耐腐蚀性得到改善，而 TiO_2 颗粒的加入进一步增强了腐蚀性能，包括点蚀行为。蒸汽处理时间的增加导致 TiO_2 颗粒更高程度地结合到氧化物及氢氧化物层中，并显示出 Al-Ti-O 的形成。钝化膜中的 TiO_2 颗粒通过表现出较低的阳极和阴极活性以及减小了凹坑深度而发挥了有益的作用。与不含 TiO_2 颗粒的钝化膜相比，TiO_2 颗粒的存在将腐蚀电位值正移，阳极活性降低一个数量级，点蚀电位增加约 400mV，并在中性盐雾试验期间显示出更好的腐蚀性能。

10.4.2　铈盐钝化膜的保护机理

对于铝合金，在含 Cl^- 电解质溶液中，其腐蚀过程包括如下阴阳极反应：

$$Al-3e^- \longrightarrow Al^{3+} \tag{10-15}$$

$$O_2+2H_2O+4e^- \longrightarrow 4OH^- \tag{10-16}$$

式(10-15) 和式(10-16) 分别表示铝合金阳极溶解和阴极去极化反应。未形成化学钝化膜之前，O_2 和电子可在溶液和金属界面上自由扩散和迁移；而形成钝化膜之后，由于这层均匀致密膜的存在，且由于膜为非晶态结构的膜各向同性，表面无晶界，因此在腐蚀介质中不易形成腐蚀微电池，阻碍了 O_2 和电子在溶液与金属界面上的自由扩散和迁移，腐蚀的动力被有效控制，腐蚀过程因而减慢。在铝合金表面生成的化学钝化膜对电解质溶液起到很好的阻挡作用，能够明显降低腐蚀介质（H_2O、O_2 和 Cl^- 等）向金属基体扩散的速度，有效抑制了金属基体腐蚀反应的发生和发展，增强了金属基体的抗腐蚀能力。

一些研究人员提出了 CeCC 的自愈机制，在氯离子的作用下，CeCC 可以通过缺陷处的 Ce^{3+}/Ce^{4+} 氧化还原反应形成 Ce-Al-O 层，从而为铝基体提供动态保护，对氯离子通过钝化膜设置更多屏障。铈被认为是一种有效的阴极抑制剂，会在阴极位置沉淀，并抑制铝合金表面上氧化物质（如溶解氧）的反应。当损伤发生时，$CeO_2 \cdot 2H_2O$ 层具有的"自愈"能力可归因于 Ce^{3+} 和 $Ce(OH)^{2+}$ 的相互钝化，机理可描述为：$CeO_2 \cdot 2H_2O$ 的轻微溶解允许在溶液中形成 $Ce(OH)^{2+}$，其可扩散到局部缺陷处。当与裸露的可氧化金属接触时，这些离

子会还原为 Ce^{3+}，$Ce(OH)_3$ 沉淀，从而封闭该缺陷。因此，$CeO_2 \cdot 2H_2O$ 钝化膜的防腐蚀机理与经典的 CCC 类似。经过铈处理后的铝合金的阴极过程为电化学过程所控制，氧所起到的作用大大降低，阴极反应得到有效的抑制，腐蚀速率降低。将一个带有十字划痕的 211Z 铝合金（Al-Cu-Mn 系列）表面的 CeCC-TiO_2 样品浸泡在 3.5%（质量分数）的 NaCl 溶液中，划痕处 EDS 测试发现存在 Al、Cu、Mn 和 Ce 元素，这间接证明了复合钝化膜的自愈合能力。

而铈盐掺杂硅烷复合钝化膜具有更好的防护性能。其一：硅烷复合钝化膜具有更为显著的容抗行为，相当于一个电阻值很大、电容值很小的隔绝层，该隔绝层能够有效地将铝基体和腐蚀介质阻隔开，抑制和减缓了腐蚀反应，对金属基体起到很好的保护作用。其二：稀土铈盐作为缓蚀剂添加至硅烷复合溶胶中，当此溶胶在铝合金表面固化成膜时，Ce 离子（Ce^{3+} 和 Ce^{4+}）分布于复合钝化膜中，尤其是在钝化膜/金属基体界面处发生聚集。在铈盐掺杂硅烷复合钝化膜发生腐蚀时，在钝化膜本体 SiO_2 无机网络结构中的铈离子被释放出来，以氧化物或氢氧化物的形式沉积于金属基体的阳极区或阴极区，有效抑制阳极或阴极反应，能够显著地降低金属基体的腐蚀速率。

10.5　钝化膜质量的影响因素

10.5.1　高温水合钝化膜质量的影响因素

10.5.1.1　基材的纯度及成分的影响

高温水合钝化膜的厚度与铝的纯度有关，在加热水中铝的纯度越低，则氧化膜越薄，这是由于晶界杂质阻碍离子的扩散，从而降低了膜生长速度，同时杂质离子的存在严重影响了膜层的完整性和致密性。同样含有不同的 IMP 的铝合金高温水合钝化膜的厚度及微观结构也不相同。如用沸水水合钝化处理会导致在 2024-T3 基体、Al-4Cu 和 Al_7Cu_2Fe 上形成坚固的氧化膜，并且在含铝量较高的基底上形成更致密的膜。A. Kumar 等人对 2024-T3 铝合金的主要相在沸水中形成的水合氧化膜进行 SEM 图像表征，Al-4Cu 相与主体都形成相同紧密交织结构的山脊样薄片状结晶态钝化膜，晶粒的大小与 2024-T3 铝合金主体上观察到的相似，约为 70～120nm；Al_7Cu_2Fe 相也观察到类似的膜，但晶粒比 2024-T3 铝合金和 Al-4Cu 上形成的更大，约为 200～300nm，密度更低；而 Al_2CuMg 相未观察到此类山脊样钝化膜，只显示为少量分散的约 20nm 的粒状结构膜，这种有限的水合氧化膜是不稳定的。

10.5.1.2　水纯度的影响

铝及铝合金在纯水中形成的高温水合钝化膜为无色透明状，但是杂质离子的存在会影响氧化膜的纯度、组成和均匀性，从而导致呈现不同的颜色。溶液中的杂质离子主要来源于水溶剂中的钙、镁等不利杂质离子，在氧化铝或氢氧化铝的高温水合钝化膜形成时，会掺杂沉淀钙、镁的氧化物或氢氧化物，从而影响水合钝化膜的微观结构、完整性及连续性，导致膜的防腐性能下降。如果使用自来水配制水溶液会存在大量杂质离子，试样表面沉积会有大量杂质离子形成的化合物，故而钝化膜呈黑色。在同种工艺条件下，水的杂质离子含量越少，电阻率越高，水合钝化膜越纯、越均匀、颜色越接近无色，生成的膜层完整性、致密性越好，耐蚀性能越强；后续改性的稀土钝化溶液越稳定，膜层中沉积的稀土铈元素越多，复合水合钝化膜耐蚀性能越好。如采用电阻率为 15MΩ·mm 的去离子水作为溶剂，LY12 铝合金经 1% 的三乙醇胺溶液沸煮后，钝化膜呈白色网状且分布均匀。而后在 6g/L $Ce(NO_3)_3$、3mL/L H_2O_2、0.2g/L 脂肪酸盐、pH 4～5、25～30℃ 条件下处理 0.5～1.0h 后，稀土钝化后复合钝化膜为均匀淡金黄色，点滴试验时间达 110～123s，耐中性盐雾试验时间达 800h。2024-T3 铝合金在电阻率为 18MΩ·mm 的沸水中处理 1h，得到高孔隙率的波美层，增加了铝合金的表面积，该波美层与后续双硫硅烷复合薄膜层进行复合后，增加了后续 Al-O-Si 共价键的密度和稳定性，从而增强了复合钝化膜的防腐性能，具有协同保护作用，其腐蚀性能超过铬酸盐处理的钝化层。

10.5.1.3 钝化温度的影响

铝材在热水中或水的蒸汽之中生成的氧化膜，其结构和化学组成随着钝化温度而发生变化。在 60℃ 以上的热水中处理时生成勃姆体氧化膜，在 80℃ 左右的热水中处理时，生成的氧化膜以拜耳体氧化膜为主。如果温度超过 100℃，即在 100～160℃ 的热水中处理时勃姆体氧化膜的生成比例随温度的升高反而增大。当水中含少量三乙醇胺时，化学氧化膜生成速度的温度敏感性提高。

10.5.1.4 钝化时间的影响

波美层的厚度随着时间延长而逐渐增大，增厚速度会随着时间的增加逐渐变慢。将 2024-T3 铝合金浸入沸水处理 0.5min，铝合金表面呈现出两种微观结构：第一种微观结构为一些不规则环状凸出的山脊状结构，具有尖锐的边缘和浅的氧化层，尖锐的边缘只有 10nm 宽，径向尺寸在 90～140nm 范围内变化；第二个微观结构为在整个不规则环状山脊状结构中分布着直径为 20～50nm 的圆形孔。随着处理时间的延长，表面会发生显著变化，沸水处理 60min 的铝合金表面显示山脊状结构边缘由尖锐状发展成薄板状，且相互交错，板边缘宽在 15～30nm，堆积形成的结构从四边形盒到三角形孔不等，孔宽度在 60～20nm。在 240min 的处理后表面结构进一步变化，细胞结构似乎比 60min 处理浅，边缘明显增厚约为 35nm。

10.5.1.5 蒸汽压力的影响

蒸汽压力的增加使水合钝化层致密，特征尺寸减小，如 R. U. Din 等人用不同压力的蒸汽处理 1090 铝合金，铝合金表面形成的高温水合钝化层平均厚度约为 450～825nm。随着蒸汽压力的增加，钝化层厚度增大，形成更致密的氧化层，钝化膜成分为 $Al_2O_3 \cdot H_2O$，结晶含量随蒸汽处理时间增加而增加。与在低蒸气压下相比，在高蒸气压下的蒸汽处理导致金属间颗粒的更均匀覆盖。无论蒸汽压力如何，铝合金的蒸汽处理都会导致 Al-Fe-Si 金属间化合物颗粒的部分氧化，但氧化物层与其周围的氧化物结构不同，金属间化合物颗粒的覆盖率提高。氧化层在铝界面处有更致密的层，呈层状结构，顶部为纳米针状结构。高温蒸汽下氧化膜成膜速度很快，在蒸汽处理 5s 内，膜厚可达 350nm，随着氧化物厚度的增加，阻碍了进一步的生长。通过蒸汽处理形成的钝化膜在 NaCl 溶液中表现出良好的耐腐蚀性，其阳极和阴极活性显著降低，对蒸汽生成钝化膜的粉末涂层进行加速腐蚀和附着力试验表明钝化膜的性能高度依赖于蒸汽的蒸气压力，经蒸汽处理的表面点蚀电位是蒸汽压力的函数。

10.5.1.6 填料的影响

高温水合钝化在铝表面上生成致密的微米或亚微米厚水合氧化层，若在该层中加入纳米级的其他物种，可改变氧化层结构形貌及理化性质。R. U. Din 等人将平均粒径 200nm TiO_2 喷在 Peraluman 706^{TM} 基体表面，在 107℃ 蒸汽处理 2min 和 5min 后铝基体区域均显示有针状结构，含有 TiO_2 颗粒的表面在铝基体上显示出花状结构的形成，对这些区域的 EDS 进行分析证实，TiO_2 颗粒掺入氧化层，形成了花状结构。通过试样表面横截面的亮场透射电子显微图分析，横截面具有针状结构的层、几乎不含孔隙的致密层和包含 TiO_2 颗粒的层清晰可辨，含有 TiO_2 颗粒的表面上蒸汽生成的氧化层约比未添加 TiO_2 颗粒氧化层厚约

50％，致密氧化物的内部区域显示出 TiO_2 颗粒的存在，这些颗粒也根据观察到的形态进行了部分改性，在 TiO_2 颗粒和针状氧化物之间没有明显的界面。

10.5.2 铈盐钝化膜质量的影响因素

10.5.2.1 铝及铝合金材质的影响

由于铝合金材质的不同，铝合金表面的金属间化合物不同、表面的化学不均匀性，局部电化学电池效应就不同，因而 CeCC 的成膜及防护机理不同。如 A. Decroly 等人在室温下将 6082 铝合金板浸入钝化槽，可沉积 $CeO_2 \cdot 2H_2O$，而在合金含量很低的 1050 铝合金上很难沉积 $CeO_2 \cdot 2H_2O$，在纯铝上完全不能沉积。

10.5.2.2 处理时间的影响

形成完整 CeCC 是良好的钝化膜质量的要求，因而必须要有一定的钝化时间。成膜时间过短，CeCC 不完整或厚度太薄，影响膜的耐蚀性；而若成膜时间过长，致密的 CeCC 会发生回溶，颗粒变大，耐蚀性反而下降。

6063 铝合金表面 Ce-Mn 钝化膜常温制备中不同时间对耐蚀性的影响：钝化时间从 15min 增加到 30min 时，膜的耐蚀性随之增大；随着时间的继续增加，膜的耐腐蚀能力不增反而降低，其原因为成膜初始，随着时间的不断增加，膜层变厚，耐腐蚀能力增加；30min 后膜厚继续增加，但是膜的耐腐蚀能力降低，表明膜层的致密性降低，变得疏松。因为 Ce-Mn 钝化膜的成膜过程是一个动态平衡过程，长时间成膜后，膜层中会形成一些粗大颗粒，降低了膜层的致密性，如图 10-3 所示。

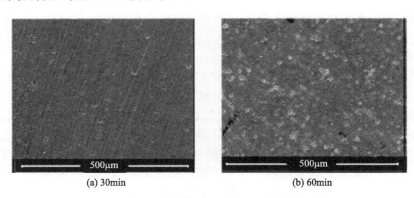

(a) 30min   (b) 60min

图 10-3 时间对钝化膜形貌的影响的 SEM 图

10.5.2.3 Ce^{3+} 浓度的影响

钝化液中铈盐浓度需要控制在一定浓度范围内，可获得均匀且致密性良好的 CeCC。由于硝酸铈参与成膜反应，浓度较低时，成膜不足，膜薄；浓度高时，反应速率大，生成的膜层结构松散，致密性降低，腐蚀性能下降。

10.5.2.4 pH 值的影响

从 CeCC 的形成机理可知，处理溶液的 pH 值也是影响 CeCC 的组成与厚度，进而影响耐蚀性的重要因素。这是因为氢离子参与成膜反应，当 pH 值太低时，氢的置换反应速率过大，表面析出氢气，生成的膜层结构不致密，因此防腐性低；pH 值太高时，反应速率较小，生成的膜层较薄，因此防腐蚀性能也较低，不同配方体系的钝化液其需要的 pH 值范围不同。

10.5.2.5 添加剂的影响

添加 H_2O_2，对 CeCC 的形成阶段影响最大，H_2O_2 可促使 CeCC 更加致密，能够阻止水在钝化膜中的渗透，增加溶液体系的阻抗值，抑制了铝合金表面发生电化学腐蚀的阴极过程和阳极过程，CeCC 产生点蚀后还具有一定的自修复能力，并没有改变成膜成长阶段和稳定平衡阶段的等效电路模型。

添加少量催化剂（$CuCl_2$）来加速成膜过程，催化钝化示意如图 10-4 所示。

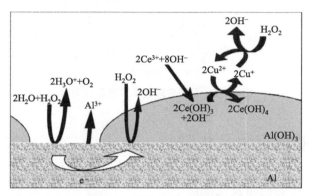

图 10-4　铈盐溶液中铝合金 6082 催化钝化可能的示意

当在碱性介质中进行蚀刻后，如果将 $CuCl_2$ 添加到钝化槽中，则通过浸入钝化溶液在金属衬底上快速形成含 $CeO_2 \cdot 2H_2O$[或 $Ce(OH)_4$]的橙色层，沉积层可能是水合 Al_2O_3、Ce_2O_3 和 CeO_2 或其相应氢氧化物的混合物。含有铜（或可能是纯金属铜）的微粒（<100nm）主要位于阳极和阴极位置之间的边界。该催化剂提高了 $CeO_2 \cdot 2H_2O$ 层的附着力，但金属铜沉淀物产生强阴极位置对耐腐蚀性产生不利影响。

张军军等人往 Ce-Mn 钝化液[$Ce(NO_3)_3$ 浓度为 10g/L，$KMnO_4$ 浓度为 2g/L]中分别添加 H_3BO_3（3.75mmol/L）、$Zr(SO_4)_2$（2.5mmol/L）、NaF（15mmol/L）、HF（15mmol/L）、$NaBF_4$（3.75mmol/L）和 Na_2ZrF_6（2.5mmol/L）成膜添加剂，调节溶液 pH 值至 2.0。6 种添加剂对钝化膜生长速度及厚度影响各不相同，见表 10-5 及图 10-5，对膜耐腐蚀性能的影响也各不相同，H_3BO_3、$Zr(SO_4)_2$ 和 Na_2ZrF_6 没有起到促进膜形成的作用，添加它们后膜的 i_{corr} 变大，说明它们不但没有促进 Ce-Mn 钝化膜的生成，反而降低了膜的质量。添加 NaF、HF、$NaBF_4$ 后膜厚大于无添加剂的膜厚，膜的 i_{corr} 变小，说明它们促进了 Ce-Mn 钝化膜的成膜，能作为 Ce-Mn 钝化膜成膜促进剂。相对未进行表面处理的铝合金，加入 NaF 后 i_{corr} 下降到 1/30 左右，而没有加入添加剂的 Ce-Mn 钝化膜 i_{corr} 只下降到 1/10 左右，表明 NaF 是有效的成膜促进剂。

表 10-5　添加剂对钝化膜生长速度的影响

序号	添加剂	3min	6min	9min	12min	15min
1	无添加剂	无	无	淡黄	黄色	黄色
2	H_3BO_3	无	无	点状黄斑	淡黄色	淡黄色
3	$Zr(SO_4)_2$	无	无	点状黄斑	局部黄色	黄色
4	NaF	淡黄	黄色	金黄	黄褐色	深褐色
5	HF	无	局部	淡黄	黄色	黄色
6	$NaBF_4$	局部淡黄	黄色	金黄	深褐色	深褐色
7	Na_2ZrF_6	无	无	局部淡黄	淡黄	黄色

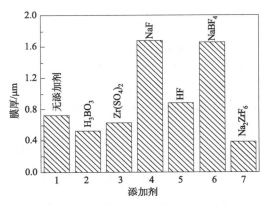

图 10-5　添加剂对钝化膜膜厚的影响

10.6　其他钝化的应用及优缺点

10.6.1　高温水合钝化的应用及优缺点

铝及铝合金的高温水合钝化膜层，具有底层致密、外层多孔的结构特点，有着良好的耐蚀性能，其耐蚀性可达到或超过六价铬钝化膜；具有优异吸附性能，可作为有机涂层的底层；设备简单、操作方便且无毒或低毒，适合于一些不适合阳极氧化且产品的环境质量要求高的表面处理工件。

波美钝化法也有不足之处，如热能消耗大，通常需要过热蒸汽或沸水；成膜速度慢，处理时间长；水的纯度、时间控制必须严格，膜的结构和厚度等质量稳定性较差，容易受污染；对基材要求高，铝表面稍有污染，膜层就会不均匀、变色等。而采用两步或多步进行铝及铝合金高温水合钝化存在着能耗大、工序复杂等不足，这些不足限制了此钝化工艺在实际生产中的应用。

10.6.2　稀土体系钝化的应用及缺陷分析

目前铝合金表面 CeCC 处理技术存在的主要问题：

① 单一稀土成本过高，周期长，增加成本，对工业化推广极为不利。虽然使用单一浸泡法工艺简单，得到的 CeCC 耐腐蚀性好，但处理时间较长。

② 部分工艺处理需要高温且比较复杂，工艺很难维护。这样的处理温度在生产中存在两个问题：一是处理溶液浓度会因水的不断蒸发而难以控制；二是处理过程中需要消耗大量能源。

③ CeCC 易出现裂纹。CeCC 出现裂纹是一种很常见的现象。裂纹的存在会对 CeCC 的耐腐蚀能力造成负面影响，CeCC 的开裂原因及有效地抑制膜层开裂的方法需要深入研究。

④ CeCC 的耐腐蚀能力，还没有达到铬酸盐膜的水平，工艺的成熟度不够。

参考文献

［1］　史宁，张书弟，李德顺，等．铝及铝合金无铬化学转化处理的研究进展［J］．化学工程与装备，2015，2：152-154.

［2］　慕伟意．铝在高温水蒸汽中氧化行为及表面氧化膜性能的研究［D］．西安：西安建筑科技大学，2004.

[3] Jariyaboon M，Møller P，Ambat R. Effect of pressurized steam on AA1050 aluminium [J] . Anti-Corrosion Methods and Materials. 2012，59 (3)：103-109.

[4] Din R U，Jellesen M S，Ambat R. Performance comparison of steam-based and chromate conversion coatings on aluminum alloy 6060 [J] . Corrosion, 2015，71 (7)：839-853.

[5] Din R U，Jellesen M S，Ambat R. Role of acidic chemistries in steam treatment of aluminium alloys [J] . Corrosion Science, 2015，99 (8)：258-271.

[6] Kindler A. Chromium-free method and composition to protect aluminum：US 5192374 [P] . 1993-03-09.

[7] Rider A N，Arnott D R. Boiling water and silane pre-treatment of aluminium alloys for durable adhesive bonding [J] . International Journal of Adhesion & Adhesives，2000，20 (3)：209-220.

[8] Miller R N. Non-toxic corrosion resistant conversion coating for aluminum and aluminum alloys and the process for making the same：US 5221371 [P] . 1993-06-22.

[9] Miller R N. Non-toxic corrosion resistant conversion coating process for aluminum and aluminum alloys：US 5356492A [P] . 1994-10-18.

[10] Bibber J W. Corrosion resistant aluminum coating composition：US 4878963A [P] . 1988-07-05.

[11] Mansfeld F，Wang Y，Shih H. The Ce-Mo process for the development of a stainless aluminum [J] . Electrochimica Acta，1992，37 (12)：2277-2282.

[12] Mansfeld F B，Shih H，Wang Y. Method for creating a corrosion-resistant aluminum surface：US 5194138A [P] . 1993-05-16.

[13] Hinton B. The inhibition of aluminum alloy corrosion by cerous cations [C] // Metal Forum. 1984.

[14] Bibber J W. Corrosion resistant aluminum coating：US 4711667 [P] . 1987-12-08.

[15] 刘伯生. 铝及铝合金上铈转化膜的研究 [J] . 材料保护，1992，25 (5)：16-19.

[16] 李久青，卢翠英，高陆生，等. 铝合金表面四价铈盐转化膜及其耐蚀性 [J] . 腐蚀科学与防护技术，1996，8 (4)：271-275.

[17] 李久青，田虹，卢翠英，等. 铝合金稀土转化膜碱性成膜工艺 T3/T7 的研究 [J] . 腐蚀科学与防护技术，1998，10 (2)：98-102.

[18] 陈根香，曹经倩. 铝合金上铈氧化膜形成的电化学研究 [J] . 材料保护，1995，28 (3)：3.

[19] 于兴文，周育红，周德瑞，等. 铝合金 LY12 表面四价铈转化膜工艺及耐蚀性研究 [J] . 电镀与环保，1998，18 (5)：27-29.

[20] 于兴文，曹楚男，林海潮，等. LY12 铝合金表面双层稀土转化膜的研究 [J] . 材料研究学报，2000，14 (3)：289-295.

[21] 王成，江峰，林海潮. LY12 铝合金三价铈盐溶液中成膜工艺 [J] . 2001，11 (2)：181-183.

[22] Bethencourt M，Botana F J，Cano M J，et al. High protective，environmental friendly and short-time developed conversion coatings for aluminium alloys [J] . Applied Surface Science，2002，189 (1)：162-173.

[23] 张军军. 铝合金表面 Ce-Mn 转化膜常温制备及表征 [D] . 广州：华南理工大学，2010.

[24] 陈溯，陈晓帆，刘传烨，等. 铝合金表面稀土转化膜工艺研究 [J] . 材料保护，2003，36 (8)：33-35.

[25] 张凯，李文芳，杜军. 含 HF_2^- 盐对铝合金稀土转化膜耐蚀性能及膜层结构研究 [J] . 功能材料，2010 (3)：512-514，519.

[26] 左轲. 铝表面稀土-硅烷复合膜的制备及性能研究 [D] . 青岛：中国海洋大学，2013.

[27] Bairamov A K，Verdiev S C. Oxidising type inhibitors for protection of aluminium and steel surfaces in sodium chloride solutions [J] . British Corrosion Journal，1992，27 (2)：128-134.

[28] Frankenthal R P，Kruger J. Passivity in Metals：proceedings of the fourth International Symposium on Passivity [M] . NJ：Electrochemical Society，1978.

[29] Rodriguez D，Misra R，Chidambaram D . Molybdate-based conversion coatings for aluminum alloys part Ⅰ：Coating formation [J] . Ecs Transactions，2013，45 (28)：1-12.

[30] Rodriguez D，Chidambaram D. Molybdate-based conversion coatings for aluminum alloys part Ⅱ：Coating chemistry [J] . ECS Transactions，2013，45 (19)：91-103.

[31] Hamdy A S，Beccaria A M，Traverso P. Corrosion protection of AA6061 T6-10% Al_2O_3 composite by molybdate conversion coatings [J] . Journal of Applied Electrochemistry，2005，35 (5)：467-472.

[32] 谌虹. 铝合金钼酸盐转化膜 [J] . 电镀与环保，1999，19 (5)：3.

[33] 马登龙，梁燕萍. 铝合金表面无铬导电转化膜工艺改进研究 [J] . 表面技术，2008，37 (5)：49-51.

[34] 陈东初，黄柱周，李文芳．铝合金表面无铬化学转化膜的研究［J］．表面技术，2005，34（6）：38-39.

[35] Gorman J D，Johnson S T，Johnston P N，et al. The characterisation of Ce-Mo-based conversion coatings on Al-alloys：Part Ⅱ［J］．Corrosion Science，1996，38（11）：1977-1990.

[36] 李国强，李久青，李荻，等．新型铝合金 Ce-Mo 基钝化膜［J］．材料工程，2001，3：6-9.

[37] Yasakau K A，Tedim J，Zheludkevich M L，et al. Cerium molybdate nanowires for active corrosion protection of aluminium alloys［J］．Corrosion Science，2012，58（5）：41-51.

[38] 穆松林，张明康，李文芳，等．6063铝合金碱性钼酸盐化学转化工艺及膜层性能［J］．电镀与涂饰，2016，35（24）：1301-1306.

[39] Huang Y，Mu S，Guan Q，et al. Corrosion resistance and formation analysis of a molybdate conversion coating prepared by alkaline treatment on aluminum alloy 6063［J］．Journal of The Electrochemical Society，2019，166（8）：C224-C230.

[40] 葛圣松，杨玉香，邵谦．铸铝表面无铬黑色转化膜的形貌及耐蚀性［J］．腐蚀科学与防护技术，2006，18（3）：228-230.

[41] 许龙，郭瑞光，唐长斌，等．铝合金表面金黄色转化膜的研究［J］．表面技术，2011，40（1）：78-80.

[42] Li J，Hurley B，Buchheit R．Inhibition Performance Study of Vanadate on AA2024-T3 at High Temperature by SEM，FIB，Raman and XPS［J］．Journal of the Electrochemical Society，2015，162（6）：C219-C227.

[43] 崔秀芳，李庆芬，王福会．镁、铝及其合金表面植酸转化膜研究［C］// 第八届全国表面工程学术会议暨第三届青年表面工程学术论坛论文集（六）．2010.

[44] 张春燕．铝合金表面植酸转化膜的制备及性能研究［J］．化工管理，2013（22）：237.

[45] Shi H w，Han E H，Liu F，et al. Protection of 2024-T3 aluminium alloy by corrosion resistant phytic acid conversion coating［J］．Applied Surface Science，2013，280：325-331.

[46] Lin B L，Xu Y Y，Yuan Z C. Effect of technological parameters on corrosion resistance of phytic acid coatings on 6063-Al alloy［J］．Applied Mechanics & Materials，2012，105-107：1634-1637.

[47] 黄晓梅，张栓，朱俊生．镁-锂-铝合金稀土-植酸转化膜的研究［J］．电镀与环保，2012，32（1）：39-42.

[48] 林碧兰．铝合金表面钼酸盐改进植酸钝化膜的耐蚀性能［J］．表面技术，2016，45（003）：115-119.

[49] Hinton B R W，Arnott D R，Ryan N E. Cerium conversion coatings for the corrosion protection of aluminium［J］．Materials Forum，1986，9（3）：162-173.

[50] Arnott D R，Ryan N E，Hinton B R W. Auger and XPS studies of cerium corrosion inhibition on 7075 aluminium alloy［J］．Application of surface science，1985，22/23（3）：236-251.

[51] Davenport A J，Isaacs H S，Kendig M W. Xanes investigation of the role of cerium compounds as corrosion inhibitors for aluminum［J］．Corrosion Science，1991，32（4）：635-663.

[52] Aldykiewicz A J，Davenport A J，Isaacs H S. Studies of the formation of cerium-rich protective films using X-ray absorption near-edge spectroscopy and rotating disk electro de methods［J］．Electrochem Soc，1996，143（1）：147-154.

[53] Hughes A E，Taylor R J，Hinton B R，et al. XPS and SEM characterization of hydrated cerium oxide conversion coatings［J］．Surface and Interface Analysis，1995，23（7/8）：540-550.

[54] Aldykewicz A J，Issacs H S，Davenport A J. The investigation of Cerium as cathodic inhibitor for aluminium-copper alloys［J］．Journal of the Electrochemical Society，1995，142（10）：3342-3350.

[55] Miller R N. Non-toxic corrosion resistant conversion process coating for aluminum and aluminum alloys：US 5356492［P］．1994-10-18.

[56] Miller R N. Non-toxic corrosion resistant conversion process coating for aluminum and aluminum alloys and the process for making the same：US 5399210［P］．1995-03-21.

[57] Miller R N. Non-toxic corrosion resistant conversion coating for aluminum and aluminum alloys：US 5419790［P］．1995-05-30.

[58] 顾宝珊，宫丽，杨培燕．铝合金表面稀土转化膜性能与耐蚀机理研究［J］．稀有金属材料与工程，2014，43（2）：429-434.

[59] Gorman J D，Hughes A E，Jamieson D，et al. Oxide formation on aluminum alloys in boiling deionised water and NaCl，CeCl$_3$ and CrCl$_3$ solutions［J］．Corros Sci，2003，45：1103-1124.

[60] Wang C Y，Zhang Q，Zhou J，et al. Study on anticorrosive cerium conversion coating of Cf/6061Al composite surface［J］．Journal of Rare Earths，2006，24（9）：64-67.

[61] Din R U，Gudla V C，Jellesen M S，et al. Microstructure and corrosion performance of steam-based conversion coatings produced in the presence of TiO₂ particles on aluminium alloys [J]. Surface & Coatings Technology, 2016, 296：1-12.

[62] Eslami M，Fedel M，Speranza G，et al. Deposition and characterization of cerium-based conversion coating on HPDC low Si content aluminum alloy [J]. Journal of the Electrochemical Society, 2017, 164 (9)：C581-C590.

[63] 顾宝珊，刘建华，纪晓春. 铈盐对铝合金的缓蚀机理研究 [J]. 中国腐蚀与防护学报, 2006, 26 (1)：53-58.

[64] Arnott D R，Ryan N E，Hinton B R W. Auger and XPS studies of cerium corrosion inhibition on 7075 aluminum alloy [J]. Applied Surface Science, 1985, 22/23：236-251.

[65] Mansfeld F，Wang Y. Corrosion protection of high copper aluminium alloys by surface modification [J]. British Corrosion Journal, 1994, 29 (3)：194-200.

[66] Rungta R. Rare earth coating process for aluminum alloys：US 5362335 [P]. 1994-11-08.

[67] Aramaki K. Self-healing protective films prepared on zinc electrodes by treatment in a cerium（Ⅲ）nitrate solution and modification with sodium phosphate and calcium or magnesium nitrate [J]. Corrosion Science, 2003, 45 (10)：2361-2376..

[68] Castano，C E，O'Keefe M J，Fahrenholtz W G，et al. Cerium-based oxide coatings [J]. Current opinion in solid state & materials science, 2015, 19 (2)：69-76.

[69] 顾宝珊，杨培燕，宫丽. 电化学阻抗谱技术研究 Ce（Ⅲ）转化膜在 3.5% NaCl 溶液中的腐蚀行为 [J]. 中国有色金属学报, 2013, 23 (6)：1640-1647.

[70] Zhou S，Mao J. Evaluation of anticorrosive and self-healing performances of TiO₂-added cerium conversion coatings developed on 211Z aluminium alloy [J]. Materials Research Express, 2020, 7 (2)：026556.

[71] 曹楚南，张鉴清. 电化学阻抗谱导论 [M]. 北京：科学出版社, 2002.

[72] Trabelsi W，Triki E，Dhouibi L，et al. The use of pre-treatments based on doped silane solutions for improved corrosion resistance of galvanised steel substrates [J]. Surface & Coatings Technology, 2006, 200 (14-15)：4240-4250.

[73] Kumar A，Kanta A，Birbilis N，et al. A pseudoboehmite-silane hybrid coating for enhanced corrosion protection of AA2024-T3 [J]. Electrochem Soc, 2010, 157 (10)：C346-C356.

[74] 鲁闯，朱利萍，熊仁章. 水溶剂电阻率对铝合金稀土铈盐转化膜性能的影响 [J]. 材料保护, 2007, 40 (4)：14-16.

[75] 李鑫庆，陈迪勤，余静琴. 化学转化膜技术与应用 [M]. 北京：机械工业出版社, 2005.

[76] Din R U，Gudla V C，Jellesen M S，et al. Accelerated growth of oxide film on aluminium alloys under steam：Part I：Effects of alloy chemistry and steam vapour pressure on microstructure [J]. Surface & Coatings Technology, 2015, 276：77-88.

[77] Din R U，Bordo K，Jellesen M S，et al. Accelerated growth of oxide film on aluminium alloys under steam：Part II：Effects of alloy chemistry and steam vapour pressure on corrosion and adhesion performance [J]. Surface & Coatings Technology, 2015, 276：106-115.

[78] Decroly A，Petitjean J P. Study of the deposition of cerium oxide by conversion on to aluminium alloys [J]. Surface & Coatings Technology, 2005, 194 (1)：1-9.

[79] 顾宝珊，刘建华. 铝合金在铈盐溶液中成膜过程的电化学阻抗谱研究 [J]. 中国稀土学报, 2007, 25 (2)：210-216.

第 11 章

性能检验与试验方法

    铝及铝合金因其具有优良的物理、化学、机械等性能，而被大量广泛地应用在工业生产中，在使用过程中人们为了更好地发挥铝及铝合金材料的性能，一般会对铝及铝合金表面进行各种方式的处理，处理后在金属制品表面会形成一层钝化膜层。铝的各种钝化膜将金属与介质机械地隔离开，大大地阻碍金属阳极发生溶解的过程，同时从一定程度上阻碍了阴极反应过程，确保铝在大气、淡水等介质中有很强的防腐蚀能力。有些膜层还可以进行各种装饰着色等，可以提高铝制品的外观品质等。

    钝化膜的质量优良与否直接关系到铝及铝合金表面处理工艺能否达到实际要求，膜层的性能测试及检验是对整个生产过程中进行质量控制的重要手段，因而显得尤为重要。

    本章主要介绍了钝化膜的各种性能检验和试验方法，以及与钝化膜质量紧密相关的涂膜性能的检验和试验方法，包括外观质量、厚度、成分、腐蚀性能和力学性能等。

11.1 外观质量

    铝和铝合金根据不同的材料和钝化处理方法，其膜层外观颜色从乳白色至暗灰色不等，例如：草酸阳极氧化呈黄绿色到深褐色，硬质阳极氧化膜由灰黑色到深褐色，磷化膜呈浅灰色至深灰色，三价铬钝化膜呈浅绿色，六价铬钝化膜呈黄色，硅烷处理膜呈金属本色，锆钛化处理膜呈金属本色至浅蓝色。所有的钝化膜层均应当致密并且均匀。

    外观是最能直观反映钝化膜或涂层的性能是否符合要求的指标。外观质量的检查常常采用目视检查法。一般来说，外观质量主要包括颜色、色差、光反射性能和表面缺陷等方面，然而由于外观质量检测主要是依靠目视检查法，因而对颜色、色差及光反射要求等只能笼统地定义为颜色和光泽均匀，而难以进行量化，这会给结果的判定带来一定的困难。鉴于此，为了更好地控制颜色、色差及表面反射性能，在一些标准如 GB 5237.4、GB 5237.5 和美国 AAMA 2604 等中将上述三个项目作为单独的检测项列出，另外也采用了相应的仪器设备进行检测。

    采用目视检查法检查外观质量，要根据产品的最终使用目的，在指定的自然光源或人工照明条件下，选择合适的观察距离进行检查。目视检查法是在光线充足的条件下，用目力观察、检查铝及铝合金表面外观的方法，指在天然散射光或无反射光的白色透明光线下用目力直接观察。光的照度应不低于 300lx（即相当于零件放在 40W 日光灯下距离 50cm 处的光照度）。这种方法可以用来对铝及铝合金表面钝化膜外观质量进行快速粗略的检查。当然该方法的使用也会受诸多因素的影响，比如环境的颜色、样品表面的粗糙度、样件的形状及大小等。为了尽可能客观地判定外观质量，GB/T 12967.6《铝及铝合金阳极氧化膜及有机聚合物膜检测方法 第6部分：色差和外观质量》对检验阳极氧化膜外观质量的观察条件，包括光源、观察距离、视点位置、观察人员等做了详细的规定，还对色标、试件、比色箱、具体的试验步骤都做了规定。

另外为了克服目视检查法存在的缺陷，人们开始研究采用一些仪器进行外观检测。这些测色仪器一般都使用了国际标准规定的颜色系统，能对有颜色的物体及色差等外观给出一个比较客观的评价。仪器检查法是通过色差仪测量试样与参照色板之间的颜色差异。该方法只适合测定反射光的颜色，即用正常视觉进行检查，能显示一种单色均匀膜层外观颜色，对于发光膜层、透明或半透明涂膜及反光涂膜等不适合，因此这种方法实际使用时还是具有很大的局限性和不确定性。

11.2 厚度

铝及铝合金钝化膜（或涂层）厚度指的是钝化膜（或涂层）表面到金属基体/钝化膜界面之间的最小距离。钝化膜（或涂层）厚度不仅对产品的耐腐蚀性能有重大影响，还对产品的装饰性及耐冲击性、抗弯曲性等都有影响，同时也是影响产品生产成本的重要因素，对产品的使用性能和使用寿命影响极大。

为了准确地测量铝及铝合金表面处理膜的厚度，国内外标准给出了各种相关测量方法。这些常见测量方法主要包括如下：库仑法、质量损失法、超声波法、涡流法、X射线荧光法、金相显微镜法、扫描电镜法、轮廓法等。一般不同的表面处理工艺选用不同的膜厚测量方法。

11.2.1 库仑法

库仑法测厚度是对被测部分的金属表面处理膜进行局部的阳极溶解，通过阳极溶解表面处理膜达到铝及铝合金表面基体时的电位变化来进行膜层厚度的测量。库仑法测厚，将被测铝及铝合金表面处理膜作为阳极，并置于电解液中进行电解，所溶解的金属量与通过的电流和溶解时间的乘积成比例，即与消耗的电量成比例。在库仑法测厚中，通常选用电解液的电流效率 η 接近于 100%。在 $\eta = 100\%$ 的情况下，若阳极溶解所溶解的表面处理膜的面积保持一定，则被测量膜层厚度 d 可以按下式计算：

$$d = XQ$$

式中，Q 为溶解被测膜层厚度 d 所消耗的电量；X 为给定的金属涂层、电解液和电解池情况下的常数。X 在电流效率 $\eta = 100\%$ 的情况下，根据阳极溶解面积、电化摩尔质量和膜层密度进行计算，也可以按已知厚度的膜层进行测量来确定。通过这种方式制作的测厚仪称为电量计式电解测厚仪。如果阳极溶解被测膜层面积和电流都保持一定值，则被测量膜层厚度按下式计算：

$$d = vt$$

式中，t 为阳极溶解被测膜层厚度 d 所经过的时间；v 为给定铝膜层、电解液、电解池和电流情况下的阳极溶解速度。按这种方式制作的测厚仪称为计时式电解测厚仪或库仑测厚仪。目前我国主要生产的是计时式电解测厚仪。

库仑法除了测量单层和多层处理膜层厚度外，还可以测试三层甚至更多的分层厚度及一些合金镀层的厚度。库仑测厚仪操作简单、测量速度快且范围广，操作者的人为影响因素小，测量结果相对较准确、可靠。该法测量范围 $0.1\sim100\mu m$，在 $1\sim30\mu m$ 厚度范围内测量误差约为±10％以内。

11.2.2 质量损失法

质量损失法是通过测量试样的质量损失来测量铝及铝合金基体上钝化膜（或涂层）的厚度，用单位面积质量来表示。适用于除铜含量大于6％的绝大部分铝及铝合金制品。该方法是一种有损测量方法，一般将与被测零件相同的材料制成的标准试片，经相关预处理后随同被测零件一起放入处理液中进行处理。处理结束后经过清洗、干燥、称重并记录样板质量后，在退膜标准溶液中进行退膜处理。退除钝化膜后，用蒸馏水或去离子水洗涤试片，干燥后称重，将前后质量相减，计算出单位面积上的膜层质量。不同钝化膜层的退膜工艺见表11-1。具体操作可参考 GB/T 8014.2、ISO 2106 和 EN 12373.2。

表 11-1　不同钝化膜层的退膜工艺

项目	阳极氧化膜	铬酸盐膜	钛锆系、硅烷系无铬钝化膜
退膜用药剂	磷酸（密度为 1.72g/mL）：35mL/L 铬酸酐：20g/L	硝酸（65％～70％）：500mL/L	硝酸（65％～70％）：500mL/L
退膜温度/℃	90～100	70～80	25
退膜时间/min	10～15	5	30

11.2.3 超声波法

超声波测厚法是根据超声波脉冲反射原理来进行厚度测量的，当探头发射的超声波脉冲通过被测物体到达材料分界面时，脉冲被反射回探头，通过精确测量超声波在材料中传播的时间来确定被测材料的厚度。凡能使超声波以一恒定速度在其内部传播的各种材料均可采用此原理测量，如金属类、塑料类、陶瓷类、玻璃类。该测量试验方法为无损测试方法。该方法测量精度影响因素主要包括：待测样件表面粗糙度、表面变形程度、温度等。一般测试时，采用网格测量法，即在制定区域划上网格，取多点测试厚度，取平均值。具体操作请参考 GB/T 37361。

11.2.4 涡流法

涡流法采用涡流测厚仪对铝及铝合金基体上的表面处理膜（或涂层）厚度进行测量，该方法具有快速、方便、无损特点。将仪器上的专用探头放在处理过的样件表面上，利用涡电流原理，要求基体金属为非磁性物质且表面不导电。专用探头与试样接触时，探头产生的高频电流磁场在基体金属中会感应产生涡流，测头离导电基体越近，则涡流越大，反射阻抗也越大。该涡电流产生的附加电磁场会改变探头参数，探头参数的改变受制于表面处理膜或涂层厚度的影响，经过设备对数据的分析处理，进而得到表面处理膜或涂层的厚度。被测量膜的厚度可直接在刻度盘上读出。测量范围为 $0～50\mu m$。为了保证测量精度，一般在使用前，需要对设备进行校准。当被测量的基体材料合金成分发生变化时，也需要进行校准。

在进行测量操作时，应将设备的探头平稳、垂直地置于待测样品表面上，测量时保持对设备施加的压力恒定。由于表面处理膜（或涂层）的厚度不是均匀一致的，一般建议进行多次测量，取平均值。具体操作参见 GB/T 4957 和 ISO 2360。

11.2.5 显微镜法

显微镜法采用光学显微镜或扫描电镜观察试样横断面，对铝及铝合金基体横断面的钝化膜（或涂层）厚度进行测量。这种方法测量的是局部厚度。该方法受多种测量精度因素的影响，比如表面粗糙度、横断面的斜度、表面处理膜（或涂层）的变形程度等，另外金相显微镜的选择及操作不当也会影响厚度的测量精度。具体操作参见 GB/T 6462 和 ISO 1463。

11.2.6　X 射线荧光法

X 射线荧光法是一种快速、高精度的非损害性测厚方法。其工作原理是利用 X 射线管或放射性同位素释放出 X 射线，激发铝及铝合金钝化膜或基体铝的特征 X 射线，通过测量被覆盖的处理膜层衰减之后的 X 射线最终强度，来测量表面处理膜或涂层的厚度。

该方法比较适合用于钝化膜或涂层厚度在 $15\mu m$ 以下的情况。一般用单位面积上的特征金属离子的质量来表示膜层的厚度。以锆系钝化膜为例，膜厚为单位面积上锆的质量，膜厚单位以 mg/m^2 表示。

11.3　钝化膜的成分

钝化膜的成分检验主要是对铝及铝合金的钝化膜成分进行分析，主要通过各种检测仪器进行成分分析，行业内也有采用点滴法对膜的成分进行鉴定。

11.3.1　仪器检测法

11.3.1.1　X 射线荧光光谱法

X 射线荧光（X-ray fluorescence）光谱分析用于元素分析，已成为一种广泛应用于冶金、地质、建材、商检、环保、卫生等各个领域的分析方法。其工作原理是：X 射线中的 X 射线是电磁波谱中的某特定波长范围内的电磁波，其特性通常用能量（单位：keV）和波长（单位：nm）描述。X 射线荧光是原子内产生变化所致的现象。一个稳定的原子结构由原子核及核外电子组成。其核外电子都具有各自特有的能量，在各自的固定轨道上运行，内层电子（如 K 层）在足够能量的 X 射线照射下脱离原子的束缚，释放出来，电子的释放会导致该电子壳层出现相应的电子空位。这时处于高能量电子壳层的电子（如：L 层）会跃迁到该低能量电子壳层来填补相应的电子空位。由于不同电子壳层之间存在着能量差距，这些能量上的差以二次 X 射线的形式释放出来，不同的元素所释放出来的二次 X 射线具有特定的能量特性。每种元素的特征 X 射线的强度除与激发源的能量和强度有关外，还与这种元素在样品中的含量有关。根据各元素的特征 X 射线的强度，也可以获得各元素的含量信息。根据以上工作原理可以对铝表面进行成分分析。

11.3.1.2　电子探针显微镜法

电子探针显微镜是利用 X 射线与物质相互作用，收集所产生的特征波长或能量来进行物质成分的分析。检测 X 射线波长的是波谱仪，检测 X 射线能量的是能谱仪，它们具有各自的特点。

波谱仪和能谱仪的特点：波谱仪分析的元素范围广、分辨率高，适应于精确的定量分析。其缺点是要求试样表面平整光滑、分析速度较慢、需要用较大的束流、易引起样品和镜筒的污染。能谱仪虽然在分析元素范围、探测极限、分辨率等方面不如波谱仪，但其分析速度快，可用较小的束流和微细的电子束，对试样表面的要求也不如波谱仪那样严格，因此特别适用于与扫描电镜配合使用。

目前扫描电镜或电子探针仪可同时配用能谱仪和波谱仪，构成扫描电镜-波谱仪-能谱仪系统，使两种谱仪互相补充，发挥长处，是非常有效的材料研究工具。应用能谱仪和波谱仪两种谱仪，均可以对试样进行点分析、线分析和面分析，获得相应的数据资料。

11.3.1.3 光电子能谱法

光电子能谱（XPS）的一个很重要的应用方面是做化学分析，常称为光电子化学分析。光电子能谱仪在元素的定性分析上有特殊优点，它可以测定除氢以外的全部元素，对物质的状态没有选择，样品需要量很少，可少至 $1\sim8g$，而灵敏度可高达 $10\sim18g$。用光电子能谱做元素的定性分析的基础是测定元素中不同轨道上电子的结合能（E_b）。由于不同元素的原子各层能级的电子结合能数值相差较大，给测定带来了极大的方便。从光电子能谱测得的信号是该物质含量或相应浓度的函数，在谱图上它表示为光电子峰的面积。在实际分析中用得更多的方法是对照标准样品校正，测量元素的相对含量。

在无机分析中不仅可以测得不同元素的相对含量，还可以测定同一种元素的不同种价态的成分含量。以 MoO_2 为例，它的表面往往被氧化成 MoO_3。为了解其氧化程度，可以选用 C_{18} 电子谱作参考谱，测 Mo 3d 3/2、Mo 3d 5/2 谱线，两谱线的能量间距为 $(30\pm0.2)eV$。MoO_3 和 MoO_2 的 Mo 3d 电子结合能有 1.7eV 的化学位移。根据这种化学位移可以区别氧化铝混合物中各不同价态的钼。如果作 MoO_3/MoO_2 不同掺量比的校正曲线，就可以定出混合物中 MoO_3 的相对含量。

11.3.2 点滴法

很多情况下，铝的无铬钝化膜是呈无色的，难以用目视法判断铝表面是否形成了钝化膜。可以使用特定配方的点滴液滴在钝化膜的表面，根据点滴液颜色的变化或者颜色变化所需的时间，来定性地判断是否生成钝化膜或半定量的粗略判断钝化膜的质量。需要注意的是，点滴测试法均为破坏性试验，不适合直接在铝制成品上采用，一般在小试片上进行试验。

（1）锆系钝化膜的点滴法鉴别

对于铝的锆系钝化膜，滴一滴 37％盐酸溶液至测试表面上。待表面形成泡沫时，立即再滴一滴 0.05％偶氮胂Ⅲ溶液于测试表面上的盐酸液滴中。如铝表面已形成转化膜，根据膜层的厚度不同，在几秒到几分钟时间内，混合溶液的颜色将会发生转变。锆化膜中含有的锆被酸液溶解下来与偶氮胂Ⅲ结合，使颜色从粉紫色变至棕绿色；如混合溶液的颜色不变，则表示铝表面未形成含有锆的钝化膜（图 11-1）。

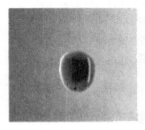 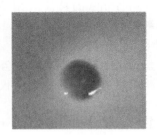

不含锆　　　　　　　　　　　含有锆

图 11-1　锆系钝化膜的点滴法鉴别

（2）钛系钝化膜的点滴法鉴别

对于铝的钛盐钝化膜，滴一滴 50％硫酸溶液至测试表面上。待表面形成泡沫时，立即再滴一滴 30％双氧水于测试表面上的盐酸液滴中。如铝表面已形成转化膜，混合溶液的颜色将会从灰色转变成黄色；如混合溶液的颜色不变，则表示铝表面未形成含有钛的钝化膜（图 11-2）。

不含钛   含有钛

图 11-2   钛系钝化膜的点滴法鉴别

（3）变色时间判断法

铝表面的无铬转化膜被酸性溶液溶解后，裸露的铝基体与显色剂会发生反应，使得显色液变色。这个过程所需的时间就是无铬转化膜被蚀穿所需的时间，可以用来半定性定量地表示无铬转化膜的质量。

将 1%重铬酸钾溶液、1mol/L 盐酸溶液按照 1：1 混合为点滴液，将点滴液分别滴在经过钝化处理和未经处理的铝材表面，观察并记录滴液处颜色变蓝时所需的时间。

没有经过钝化处理的空白铝试件，变色时间从几秒至几十秒；形成钝化膜的铝表面，其变色时间明显较长，甚至可达到数分钟。

用 40g/L 盐酸（38% HCl）＋4.0g/L 硝酸铁作酸性腐蚀剂，4.2g/L 铁氰化钾作显色剂，也有类似的现象。

11.4   耐蚀性

11.4.1   盐雾试验

盐雾腐蚀试验是众多耐腐蚀试验中比较常用的检测方法，是一种腐蚀加速测试方法，在某种程度上模拟强化了环境气候的腐蚀条件。盐雾试验是将处理好的样件放在特定的试验箱内，将规定配方或浓度的盐水通过喷雾装置（一般是压缩空气）进行喷雾，让盐雾沉降到待测试验件上，经过一定时间观察其表面腐蚀状态。常用的盐雾腐蚀试验主要包括中性盐雾腐蚀试验（NSS 试验）、乙酸盐雾腐蚀试验（AASS 试验）和铜加速乙酸盐雾腐蚀试验（CASS 试验）。

试验件在盐雾箱内放置时不要直接与箱体接触，而要悬挂或放在专用的架子上，如果是片状，要与平面呈 15°～30°角。以间歇或连续方式进行喷雾试验。一般以 24h 为一个观测期，间歇式是喷雾 8h，停 16h；连续式则是一直不停地喷雾。也可以根据需要约定不同的观测时间。测试时间根据产品的使用、运输地点/环境不同自行定制。

为尽可能较短的时间内检查产品的耐腐蚀性能，可使用 AASS 或 CASS 试验来做评价。AASS 试验采用冰乙酸将氯化钠溶液的 pH 值调整到 3.0～3.1，其余测试条件与 NSS 试验的条件一致，它的腐蚀速率比 NSS 快。CASS 试验的盐溶液中还加入了少量的铜盐，可以强烈诱发并加速腐蚀。盐雾试验的试验条件见表 11-2。

表 11-2 盐雾试验的试验条件

项目	NSS 试验	AASS 试验	CASS 试验
试验溶液	氯化钠:50g/L±5g/L	氯化钠:50g/L±5g/L 用冰乙酸调整 pH 值至范围	氯化钠:50g/L±5g/L 二水氯化铜:0.26g/L±0.02g/L 用冰乙酸调整 pH 值至范围
收集液 pH 值(25℃±2℃)	6.5~7.2	3.1~3.3	3.1~3.3
收集液的氯化钠浓度/(g/L)	50±5	50±5	50±5
试验箱温度/℃	35±2	35±2	50±2
沉降量/mL/(h·80cm²)	1.0~2.0	1.0~2.0	1.0~2.0

因为较小的容积难以保证喷雾的均匀性,GB/T 10125 规定盐雾箱的容积不应小于 0.4m³,对于大容积的箱体,需要确保在盐雾试验期间,满足盐雾的均匀分布。为了保证试验结果的重现性,还应对盐雾箱的腐蚀性能进行检验,腐蚀速率（质量损失）应达到表 11-3 的要求。盐雾试验标准对盐雾试验条件,如温度、湿度、盐业浓度及 pH 值等作了具体规定,另外也对盐雾箱性能提出了相关技术要求。

一般来说,三种腐蚀试验的腐蚀速度:CASS＞AASS＞NSS。GB/T 10125 中规定使用钢参比试样或锌参比试样来验证盐雾箱的腐蚀性能时,有以下允许范围,可以看出不同的腐蚀试验对于钢或锌的腐蚀速度不同参考表 11-3。

表 11-3 盐雾箱腐蚀性能验证时参比试样质量损失的允许范围

试验方法	试验时间/h	质量损失的允许范围/(g/m²)	
		锌参比试样	钢参比试样
NASS	48	50±25	70±20
ASS	24	30±15	40±10
CASS	24	50±20	55±15

11.4.2 丝状腐蚀试验

丝状腐蚀试验是一种比较常见的腐蚀试验,铝制品发生丝状腐蚀一般指的是从制品表面被涂敷的聚合物涂层的切割边缘或者涂层局部区域的损伤处开始产生腐蚀,发生腐蚀后会出现细丝状,腐蚀出的细丝生长的长度和方向是不规则的,但基本上平行,长度大致相等。

在进行丝状腐蚀试验之前,先在待测试样测试面上划两条相互垂直、至少 30mm 长的划痕,划痕应划穿至铝基体上 (0.05~0.1mm)。然后将试样置于装有盐酸的容器中,待测面朝下,试样划痕面与盐酸液面保持距离约 100mm±10mm,试样间距不小于 20mm,盖上容器盖子,在 23℃±2℃下放置 60min±5min,取出试样,在 GB/T 9278 规定的标准条件下放置 15~30min,然后立即将试样放入恒温恒湿箱中,保持温度在 40℃±2℃,相对湿度在 82%±5%,直至试验结束。试验结束后观察试样丝状腐蚀情况,在检查过程中要注意试样在试验箱外不超过 30min。一般可以用单边最长腐蚀线的长度 I_{max} (单位:mm)、腐蚀丝频次 H(单位:条/10mm)和丝状腐蚀程度 $F(F=I×H,I$ 为平均腐蚀线长度)来评价丝状腐蚀性能。具体操作参考 GB/T 26323、ISO 4623-2、EN 3665。

11.4.3 湿热腐蚀试验

温度和湿度会对产品的使用产生很大的影响,湿热试验通过控制一定的温度和湿度条件，在规定的试验周期后检查产品的变化状况。湿热试验主要适用于铝及铝合金表面涂覆高聚物的耐湿热性能的测定。GB/T 1740—2007 规定试样垂直悬挂于温度为 47℃±1℃、相对湿度为 96%±2% 的调温调湿试验箱中，在经过规定的时间后检查试样的外观破坏程度，并进行评级。湿热试验结果一般分为三级，一级最佳，试样的表面仅仅有轻微变色，涂层无起泡、生锈和脱落现象；三级最差，试样表面破坏严重。GB 5237.4—2017 和 GB 5237.5—2017 规定，试验后试样的变化程度≤1 级。美国 AAMA 2603、AAMA 2604 和 AAMA 2605 要求具体参照 ASTM D2247-2015 或 ASTM D4585-2018 的规定，分别将试样置于温度为 38℃、相对湿度为 100% 的调温箱中 1500h、3000h 和 4000h，试验后要求无尺寸大于 8 号的小泡。

对于本试验应注意，在悬挂试样时其待测面不能相互接触；试样在放入调温调湿箱时，其温度和湿度会下降，只有当温度和湿度回升到规定值时，才可以计算试验时间；检查时，应避免用手直接接触待测试样的表面。

11.4.4　晶间腐蚀试验

晶间腐蚀是金属材料在特定的腐蚀介质中沿晶界发生腐蚀，而使材料性能降低的现象。晶间腐蚀的实验方法一般可分为三类：①现场挂片实验，这种方法的优点是符合实际情况，缺点是实验周期太长；②实验室模拟实验，这种方法的缺点是很难完全模拟使用环境，而实验周期往往也很长；③实验室加速实验，这类方法通过选择适当的侵蚀剂和侵蚀条件对晶界区进行加速选择性腐蚀，主要用于工业生产的质量控制和筛选材料，一般在较短的时间内可确定材料的晶间腐蚀敏感性。

从原理上看，各种实验方法都是通过选择适当的侵蚀剂和侵蚀条件加速对晶界区的腐蚀。通常可以采用化学浸泡和电化学方法实现。根据国家标准 GB/T 7998—2005 对铝合金的晶间腐蚀测定方法进行简单介绍。当试样为无包铝试样时，先用有机溶剂（如汽油、乙醇、丙酮等）擦净试样表面油污，然后将其浸入氢氧化钠溶液中 5～15min。取出试样，用水洗净，再浸入硝酸溶液中，直至表面光洁。取出试样，用水洗净备用。对于有包铝的试样在氢氧化钠溶液中的处理时间以去除产品名义包铝层厚度的两倍为准。如果仍残留包铝层，该试样作废，重新取样。

对于 2 系、7 系合金试样，量取氯化钠溶液倒入容器，按每升溶液含 10mL 过氧化氢的量，将过氧化氢加入混匀；对于 5 系合金试样，量取氯化钠溶液倒入容器，按每升溶液含 10mL 盐酸的量，将盐酸加入混匀。实验在 35℃±2℃ 的恒温下进行，2 系、7 系合金实验时间为 6h，5 系合金实验时间为 24h。实验结束后对试样截面用金相显微镜进行观察。

通过金相显微镜（放大 100～500 倍）观察，如有网状晶界出现则为晶间腐蚀（典型晶间腐蚀照片如图 11-3 所示），测量其晶间腐蚀最大深度。

可以根据表 3-4 对晶间腐蚀的最大深度进行等级划分。在规定时间内腐蚀深度≤0.01mm 的耐蚀等级为 1 级，以此类推，当在规定时间内腐蚀深度＞0.30mm 时腐蚀等级定为 5 级，表示此种铝合金耐晶间腐蚀能力不强。

11.4.5　点腐蚀试验

点腐蚀（点蚀）是一典型的局部腐蚀形态，具有较大的隐蔽性和破坏性。发生和分布具有随机性，多数发生在含有卤族阴离子的溶液中，而对于铝基合金而言，Cl^- 的侵蚀性要高于 Br^- 和 I^-。由于铝离子水解过程中的缓冲效果，其发生点蚀的条件和点蚀电位都不受 pH 值的影响，因而实验室里可以利用中性的 NaCl 溶液进行铝合金的点蚀实验，也可以利用电

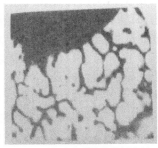

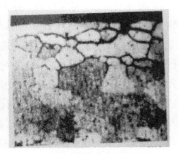

(a) 锻造结构中的枝晶间腐蚀　　(b) 锻造结构中的碎片腐蚀　　(c) 再结晶锻造结构中的晶间腐蚀

图 11-3　铝的晶间腐蚀形态

化学的方法对点蚀进行评价。国家标准 GB/T 18590—2001 给出了识别点蚀、检查蚀坑及评价点蚀的具体方法。

将样品表面的腐蚀产物清除后，对点蚀坑进行测量，包括点蚀坑大小、形状和密度。评价点蚀程度是通过失重和点蚀深度来体现，其中，点蚀深度可采用金相法、机械法、测深规或测微计法、显微法等方法测定。点蚀的评定则可以用标准图表法、金属穿透法、统计法、力学性能损失等方法进行。标准图表按照点蚀坑密度、大小和深度来对蚀坑评级；金属穿透法则是根据蚀坑的最大深度或平均深度来描述点蚀穿透的程度；统计学方法对点蚀数据进行分析，用来评价点蚀倾向性、点蚀敏感性、点蚀扩展速率，利用小面积上的最大蚀坑深度来估计大面积上的最大蚀坑深度。

11.5　耐候性

耐候性主要是指铝及铝合金表面钝化膜或高聚物涂层在自然气候诸因素作用下的耐久性，主要反映了钝化膜或涂层抵抗光、热、湿及霜等气候条件的破坏作用而保持原有性能的能力。影响产品耐候性的因素很多，主要包括膜层的性能、前处理工艺条件及涂层固化温度及时间等因素。

11.5.1　自然暴露耐候试验

为了解产品的耐候性，最常用的试验方法是自然暴露试验，我国称为大气腐蚀试验，其试验数据是非常重要的基础性数据。为了使试验样板能充分承受大气各因素的作用，作为试验用暴露场地需要平坦、空旷、不积水，并保持当地的自然植被状态，草高不能超过 30cm；如有积雪时，不要破坏积雪的自然状态；其四周障碍物至暴露场的距离通常要求至少是该障碍物高度的三倍。暴露场附近应无工厂的烟囱、通风口和能散发大量腐蚀性化学气体的设施，以避免局部严重污染的影响。工业气候暴露场应设在工厂区内，盐雾气候暴露场应设在海边或海岛上。为了了解暴露场的环境状况，暴露场内应设置气象观测仪器，位于国家气象站附近的暴露场，可直接利用该气象站的观测资料。气象资料主要包括：气温、湿度、日照时数、太阳辐射量、降雨量、风速、风向等。工业气候暴露场应测定大气中腐蚀性化工气体和杂质含盐；盐雾气候暴露场应测定大气中氯化钠含量。

试验前，应先观测涂膜的外观，如光泽、颜色以及要求测定的物理机械性能，并做好原始记录，主要包括：底材种类、表面处理方式、涂料名称、原始光泽、膜厚、涂膜表面状态以及投试日期等。由于暴露试验的结果会随试验季节而改变，因此对暴露试验季节应作规定，一般规定在每年春末夏初。进行暴露试验时，暴露架面向赤道。为了使样板表面接受最大的太阳辐射量，应将暴露架面与地平线成当地纬度角安装，暴露架的底端离地面不小于0.5m。暴露架的摆放应保证架子空间自由通风，避免互相遮挡阳光和便于工作，行距一般不小于1m。样品的检查周期通常以年和月作为耐候性测定的计时单位，投试三个月内，每半个月检查一次；投试三个月后至一年内，每个月检查一次；投试超过一年后，每三个月检查一次。当天气骤变时，应随时检查，如有异常现象，应作记录或拍照。位于风沙、灰尘较多的暴露场，应经常用软扫帚打扫样品表面，使样品充分受到大气因素的作用。试验结果的检查其检查项目通常包括失光、变色、裂纹、起泡、斑点、生锈、泛金、沾污、长霉和脱落等。

由于不同地方其气候环境条件不同，从而导致产品在不同的地方自然暴露的试验结果不同。为了客观、公正地评价产品的耐候性，应该选择能代表各种气候类型最严酷的地区或在受试产品实际使用环境条件下的地方建立暴露场。

按 ISO 2810 的规定，美国佛罗里达州海洋大气腐蚀站是国际标准推荐的标准试验场，它也是各国普遍采用的标准试验场。试验周期应保持试样待测面向上，以 45°角朝南置于样品架上进行暴露，每年四月开始，经规定试验时间后检查试样的变化情况。欧洲 Qualicoat 规范规定：1 级粉末涂料试验一年，2 级粉末涂料试验三年，并且每年都要检查试样的变化情况；试验结束后所检查的项目是光泽保持率和颜色变化。而美国 AAMA 2603、AAMA 2604 和 AAMA 2605 中分别规定试验时间为一年、五年和十年，试验结束后所需检查的项有颜色变化、粉化程度、光泽保持率和膜厚变化。

我国也在各种气候条件下建立了一系列大气腐蚀暴露场，有代表亚湿热工业气候的广州大气腐蚀试验场和武汉大气腐蚀试验场，代表湿热气候的琼海大气腐蚀试验场，代表亚湿热原气候的昆明大气腐蚀试验场和苍山大气腐蚀试验场，代表寒冷气候的海拉尔大气腐蚀试验场，以及代表寒冷高原气候的西宁大气腐蚀试验场等。广州电器科学研究院气候试验中心管理的海南琼海大气暴露试验场，其纬度和气候条件比较接近于美国佛罗里达州。

11.5.2　人工加速耐候试验

自然暴露试验虽然可以比较真实地反映产品的使用寿命，但该试验也受到诸多不确定因素的影响，即自然环境随季节、气象、地理、地形的变化其自然暴露的影响也随之变化，而更主要的是试验周期很长，不适用于企业生产时的质量控制。为了便于生产控制，企业往往采用人工加速耐候试验来检查产品的耐候性。人工加速耐候性试验是采用专用的模拟自然环境条件的试验设备进行试验，它可以大大地缩短试验时间，便于指导企业生产。

为了使试验产生与自然阳光照射相同的效果，所采用的试验光源应尽可能与阳光的光谱分布相类似。目前国内外主要采用三种人工加速耐候试验方法，即荧光紫外灯人工加速耐候试验方法、氙弧灯人工加速耐候试验方法和碳弧灯人工加速耐候试验方法。我国采用氙弧灯人工加速耐候试验方法和荧光紫外灯人工加速耐候试验方法，日本和韩国采用碳弧灯人工加速耐候试验方法，Qualicoat 技术规范只规定氙弧灯人工加速耐候试验方法，而美国 AAMA 2603、AAMA 2604 和 AAMA 2605 未采用人工加速耐候试验，在标准中只规定了自然暴露试验。以下就这三种试验方法进行分别阐述。其具体描述参见 ISO 4892：1994 和 GB/T 16422.1—2019。

（1）荧光紫外灯人工加速耐候试验方法

本试验方法采用荧光紫外灯人工加速耐候仪进行检测。在做本试验时，有以下事项应加以注意。

第一是荧光紫外灯的选择。荧光紫外灯分为 UV-A、UV-B、UV-C、UV-D、UV-E 等多种类型，各种类型的荧光紫外灯出现最大峰值的波长是不同的，其紫外线能量分布也是不同的，而这些差异将会引起试验结果有较大的不同。在 GB/T 16585—1996 中规定，一般使用 UV-B 灯。ISO 4892.3：1994 中推荐选用 UV-A 灯或 UV-A 组合灯。

第二是辐照度的控制。辐照度的设定对试验结果有很大的影响，通常辐照度越高，试样的破坏速度越快。GB/T 16585—1996 中规定，试样表面所接受的 280～400nm 波长范围的辐照度一般不大于 50W/m^2。

第三是试验温度的设定。通常温度越高，试样的破坏速度越快。GB/T 16585—1996 推荐选用以下试验条件：4h 紫外线暴露（一般温度为 50℃±3℃，根据材料的特性和应用环境可选用 60℃±3℃或其他温度），接着 4h 冷凝（温度为 50℃±3℃）。如果需要，亦可采用 8h 紫外线暴露（一般温度为 50℃±3℃，也可选用 60℃±3℃或其他温度），接着 4h 冷凝（温度为 50℃±3℃）。ISO 4892.3 推荐：4h 紫外线照射（温度为 60℃±3℃），接着 4h 冷凝（温度为 50℃±3℃），或 5h 紫外线照射（温度为 50℃±3℃，相对湿度为 10%±5%），接着在紫外线照射的同时喷水 1h（温度为 20℃±3℃）。

第四是试样安装位置，在试验周期应定期调换暴露区中央和暴露区边缘的试样位置，以减少不均匀的暴露。试验结束后应按要求对颜色变化、光泽损失率和粉化程度等项目进行评价。其具体规定参见 ISO 4892.3：1994、GB/T 16422.3—2022 和 GB/T 16585—1996。

（2）氙弧灯人工加速耐候试验方法

本试验方法是采用氙弧灯辐射耐候仪进行检测。氙弧灯辐射耐候仪是一台模拟自然气候作用或在（窗）玻璃遮盖下试验所发生的破坏过程的设备。氙弧灯辐射耐候仪采用氙弧灯作为光辐射源，辐射光经过不同滤光系统能改变所产生的辐射的光谱分布，可分别模拟太阳的紫外线和可见光辐射（即方法 1：人工气候暴露试验）或通过 3mm 厚窗玻璃滤过的太阳紫外线和可见光辐射（即方法 2：人工辐射暴露试验）的光谱分布。这两种光谱能量分布是描述被滤光器滤过的光辐射在低于波长 400nm 紫外线范围的辐照度值和允许偏差。此外，CIE 85：1989 有至波长 800nm 的辐照度标准，在该范围内，氙弧辐射能更好地模拟太阳辐射。在选择辐射通量时，应使试样架平面在 290～800nm 波长之间的平均辐照度为 550W/m^2。作用于各试样整个区域上任何点的辐照度的变化不应大于整个区域总辐照度算术平均值的±10%，否则在试验周期内要定期调换试样位置。

氙弧灯和滤光器使用后会老化，从而使辐照度产生变化，这种变化尤其发生在对高聚物材料光化学影响最大的紫外线范围。因此，氙弧灯和滤光器在一定时间后要更换。此外，脏物的积累也会使氙弧灯和滤光器产生变化，因此定期清洁是有必要的。

试验温度对于试样的破坏进程有重要影响，必须严格按规定控制试验温度。黑标准温度通常控制在 65℃±2℃，当选测颜色变化项目进行试验时，则控制在 55℃±2℃。

试验仪器内的相对湿度也是一项重要的控制参数，对于人工气候暴露试验，一般采用 18min/102min（润湿时间/干燥时间），在干燥期间的相对湿度控制在 60%～80%；而人工辐射暴露试验的相对湿度一般控制在 40%～60%。其具体规定参见 ISO 4892.2：1994 和 GB/T 1865—2009。

（3）碳弧灯人工加速耐候试验方法

本试验方法采用碳弧灯辐射耐候仪进行检测。碳弧灯辐射耐候仪是一台模拟和强化自然气候的人工加速耐候试验设备，它所采用的光源是开放式碳弧灯光源。碳弧灯光源由上、下碳棒之间的碳弧构成，碳弧灯发出的辐射中含有大量自然阳光中所没有的短波紫外辐射，经选择合适的滤光器滤过后，可滤掉大多数短波辐射，得到试验所需的光谱能量分布。随着使用时间的增加，滤光器的透光性能会因玻璃的老化和积垢等因素而产生变化，因此需定期清洗和更换。滤光片如出现变色、模糊、破裂时，应立即更换。为了尽可能使滤光器长期保持一致的透光性，建议每 500h 以一对新滤光片替换一对使用时间最长的滤光片。

另外，为了使每个试样面尽可能受到均匀的辐射，应定期以一定次序变换试样在垂直方向的位置。当试验时间不超过 24h 时，应使每个试样与光源的距离相同；当试验时间不超过 100h 时，建议每 24h 变换试样位置一次。当然经有关双方协商后，也可使用其他变换试样位置的方法。

采用连续光照试验时，应对试验条件严格加以控制，除非另有规定，一般推荐采用以下循环试验：黑板温度一般为 63℃±3℃，相对湿度一般为 50%±5%，喷水时间/不喷水时间为 18min/102min 或 12min/48min。如果需要，亦可以选用更复杂的暗周期循环暴露程序，使试验箱内有较高的相对湿度，并在试样表面形成凝露。其具体规定参见 ISO 4892.4：1994 和 GB/T 16422.4—2022。

11.6 耐化学稳定性

耐化学稳定性用于对高聚物涂层品质的评价。国内外许多高聚物涂覆产品标准对耐化学稳定性都有规定，它是涂层的一项重要的性能指标。

11.6.1 耐酸试验

为了评价高聚物涂层的耐酸性，国内外曾使用了多种试验进行检查，以下为两种常见耐酸试验方法，即盐酸试验和硝酸试验。

盐酸试验方法：GB 5237.3—2017、美国 AAMA 2603、AAMA 2604 和 AAMA 2605 等标准中的规定，其操作是将 10 滴 10%（体积分数）的盐酸滴在样品的测试面上，并用表面皿盖住，在 18～27℃ 的环境温度下放置 15min，然后取下表面皿用自来水冲洗干净，晾干后检查，要求表面无气泡和其他明显变化为合格。

硝酸试验方法：GB 5237.3—2017、美国的 AAMA 2604 和 AAMA 2605 对涂层耐硝酸性也作了规定，方法是将试样盖在装有半瓶 70% 硝酸的宽口瓶的瓶口，测试面朝下，经 30min 后用水冲净并擦干，放置 1h 后，检查涂层颜色变化，要求颜色变化 $\Delta E_{ab}^{*} \leqslant 5$。我国 GB/T 5237.5 在参照美国标准 AAMA 2605 的基础上，制定出了与我国实际情况相结合的试验方法，它与美国标准中所规定的方法相似，只是将硝酸改为我国市面上容易买到的分析纯硝酸，在结果的评定方面要求颜色变化 $\Delta E_{ab}^{*} \leqslant 5$，另外考虑到试验温度对结果的影响，特别提出试验应在 23℃±2℃ 的环境温度下进行。通过对国内产品检验发现，对于电泳漆膜经本试验之后，其颜色变化一般都不明显，但会出现起泡甚至脱膜现象；粉末喷涂膜经本试验后，不同喷涂膜之间的颜色变化差异很大；而氟碳漆喷涂膜经本试验之后，其颜色变化一般都不会太大，可达到上述产品标准的要求。

11.6.2 耐碱试验

GB 5237.3—2017、日本 JIS H 8602 2010 等标准中规定：试验采用凡士林或石蜡把玻璃（或合成树脂）环固定在试样的待测表面上，将 5g/L 氢氧化钠溶液注入到环高的 1/2 处，并盖住环口，在 20℃±2℃ 的环境温度下保持规定的时间后，用水清洗干净，放置 1h 后，用 10～15 倍放大镜观察试样的腐蚀情况，并按标准要求予以评级。在 JIS H 8602 中规定 A 类和 P 类产品试验时间为 24h，B 类产品试验时间为 16h，C 类产品试验时间为 8h，试验后要求达到 9.5 级以上为合格。

11.6.3　蒸煮试验

蒸煮试验即耐沸水性试验，主要是针对铝及铝合金表面处理的高聚物涂层提出的，它是通过水煮试验或蒸汽蒸煮试验后的涂层表面是否有气泡、皱纹、水纹和脱落等缺陷来评价产品的质量。在铝合金生产企业中，该项性能指标经常被用来检测铝合金表面处理生产时的前处理工序是否合格，虽然涂料本身的原因以及生产中的其他原因也会导致此项不合格。本试验来自于欧洲 Qualicoat 技术规范，我国 GB/T 5237.4 也参照该规范采用了该试验方法。

沸水试验在玻璃烧杯中注入一定数量的去离子水或蒸馏水，将水煮沸，把处理好的涂层悬挂浸泡入水中，煮沸 2h 后取出观察并进行评价。欧洲 Qualicoat 技术规范中对沸水试验后涂层是否脱落的评价采用了粘胶带紧贴于受检面，然后平稳地迅速撕开胶带以检查涂层是否有脱落。在进行试验的过程中，要注意一些细节，如在煮沸的过程中水可能会蒸发，可随时注入煮沸的蒸馏水或去离子水以补充保证液位，使水面尽可能地保持在 80mm 左右的深度；另外在整个试验过程中，确保水的温度不低于 95℃。在某些情况下，本试验还可以采用压力锅进行测试，其方法是在压力锅中煮沸 1h，冷却至常温后进行检查。

铝易开盖两片罐即铝制易拉罐作为食品包装物在食品生产加工过程中，要进行巴氏杀菌的工序，因此，铝制易拉罐身钝化膜、内外涂膜质量都要用巴氏杀菌试验进行检验。巴氏杀菌试验的试验条件是：在 68℃±2℃ 的蒸馏水中，恒温放置 30min，不得有变色起泡、脱落现象。同样地，铝制易拉罐罐身、盖料及拉环料，常常需要进行高温灭菌试验，其实质就是高温蒸煮试验。将罐身试片、涂层板、带材试样在高压灭菌锅中，121℃ 下蒸 30min，要求内外涂层无泛白、失光、剥离、脱落等不良现象。

11.7　力学性能

金属表面处理膜质量的好坏与涂膜附着性、耐冲击性、抗弯曲性、耐磨性等涂层力学性能相关性非常大，有机涂层作为金属的保护性屏障，没有好的力学性能将无法实现机械阻隔和屏蔽作用，它们直接影响到涂层的有效使用和工作寿命，对金属/涂层体系的耐腐蚀性能的影响非常大。这些力学性能的高低也在很大程度上反映了金属基材的表面处理质量。

11.7.1　附着性试验

附着性主要是针对防腐蚀的高聚物涂层而提出的性能要求。显而易见，附着性是涂层一项重要的性能指标，如果附着性差，涂层容易脱落，这必将影响产品的使用性能。这种涂层与底层黏合的附着牢度又常常被称为附着力。实际影响涂层附着性的因素有很多，如基材预处理清洗不干净，这是实际生产中最常见的因素之一；钝化处理时钝化膜不合格；喷涂前基材上的水未烘干；涂层固化不完全；电泳过程中氧化膜起粉、烫洗温度太高、烫洗时间太长等因素都会影响涂层的附着性。

国内的附着性测试方法一般采用以下三种：划格试验法、划圈试验法和拉开法。划格试验是以直角网格图形切割涂层穿透至底材来评定涂层从底材上脱离的抗性的一种试验方法。划圈试验是以重叠圆滚线图形划透涂膜至底材时，评定涂膜从底材上脱落程度的一种试验方法。拉开法附着力试验则是用破坏涂层与底材间附着所需的拉力来测定附着力大小。铝与铝合金行业使用最广泛的附着性测试方法是划格试验法。

（1）干式附着性试验

本试验方法主要是用于实验室检验，但也可以用于现场检验。本试验方法不适用于涂层厚度大于 $250\mu m$ 的涂层，也不适用于有纹理的涂层。

为了保证测试结果的准确性，则应确保切割刀具有规定的形状和刀刃情况良好。一般规定切割刀具的刀刃为 $20°\sim30°$，但也可以选择其他的尺寸。胶带对试验结果也有影响，因此对胶带应做出规定，一般规定采用宽 25mm、黏着力（10 ± 1）N/25mm 的胶带（国际标准规定采用美国 3M 公司的 Scotch 610 胶带）。由于涂层厚度会影响附着性，因此试验用样品的涂层厚度必须符合规定的要求。对于切割间距应该做出规定，在 GB/T 9286—2021（等同采用 ISO 2409：2020）中对于切割间距的规定如下：切割间距取决于涂层厚度和基材类型，一般来说，对于铝及铝合金产品，$0\sim60\mu m$ 其间距为 1mm；$61\sim120\mu m$ 其间距为 2mm；$121\sim250\mu m$ 其间距为 3mm。

试验时应先在试样表面切割 6 条规定间距的平行直线，所有切割线都应划透至基材表面。然后重复上述操作，在与原先切割线垂直方向作相同数量的平行切割线，并与原先切割线相交，以形成网格图形。用软毛刷在网格图形上轻扫几次，再将胶带紧密地贴在网格图形上，为了确保胶带与涂层接触良好，可用手指尖用力蹭胶带。在贴上胶带 5min 内，在 $0.5\sim1.0s$ 内以尽可能接近 $60°$ 的角度平稳地撕离胶带。然后按标准的规定进行评级，在 GB/T 9286—2021 中将试验结果分六级，0 级为切割边缘完全平滑，无一格脱落；5 级最差，有较大面积的脱落。在 GB 5237.3～5、欧洲 Qualicoat 和美国 AAMA 2605 等标准中都规定涂层无脱落（0 级）为合格。其具体操作参见 GB/T 9286—2021、ISO 2409：2020 等标准。

（2）湿式附着性试验

GB/T 5237.3～5 和美国 AAMA 2605 等标准中对湿式附着性也作了规定，其具体操作是按干式附着性试验方法的规定进行划格，接着把试样放在 38℃±5℃ 的蒸馏水或去离子水中浸泡 24h，然后取出并擦干试样，在 5min 内进行检查，其检查方法与干式附着性相同。要求涂层无脱落（0 级）为合格。

（3）沸水附着性试验

GB/T 5237.4、GB/T 5237.5 和美国 AAMA 2605 等标准中还对沸水附着性作了规定，其具体操作是按干式附着性试验方法的规定进行划格，接着把试样放在温度不低于 95℃ 的蒸馏水或去离子水中煮沸 20min，试样应在水面 10mm 以下，但不能接触容器底部。然后取出并擦干试样，在 5min 内进行检查，其检查方法与干式附着性相同。要求涂层无脱落（0级）为合格。

11.7.2 耐冲击性试验

耐冲击性是表征表面处理涂层的韧性的一种方式，一般用冲击仪进行检测，通过一个固定重量的重锤落于试样上是否引起表面处理的涂层破坏来评价涂层的质量。本试验适用于漆膜耐冲击性的测定，对于建筑用铝合金型材表面的静电粉末喷涂膜，可参照采用本试验方法。

本试验有众多因素会对试验结果产生影响，比如涂装前的预处理和钝化处理工序、涂层厚度以及冲击仪的冲头直径等。为客观、准确地评价产品的耐冲击性能，检验时必须严格按标准的规定进行。本试验有两种试验方法，一种是正冲试验方法（重锤直接冲击受检面），如 GB/T 5237.4—2017 和 GB/T 5237.5—2017 和美国 AAMA 2605 等标准的规定；一种是反冲试验方法（重锤冲击受检面的背面），如欧洲 Qualicoat（第 15 版）的规定。国内外标准规定的冲击试验操作基本相似，GB/T 5237.4—2017 和 GB 5237.5—2017 规定，本试验可采用标准试板检测，当采用标准试板进行检测时，试板用厚度为 0.8mm 或 1.0mm 的 H24 或 H14 的纯铝板作基材，其涂层应当与产品采用同一工艺且在同一生产线上制得。除另有规定外，一般应在 23℃±2℃ 和 50%±5% 的条件下进行测试，所采用的冲头直径为 16mm，重锤质量为 1000 g±1 g。试验时将试样受检面朝上（正冲试验）或将试验受检面朝下（反冲试验），试样受冲击部分距边缘不小于 15mm，每个冲击点的边缘相距不小于 15mm。然后将重锤置于适当的高度自由落下，直接冲击在试样上，使之产生一个深度为 2.5mm±0.3 mm 的凹坑，并观察凹坑及周边的涂层变化情况。涂层经冲击试验后不能有开裂和脱落现象。对于本试验结果的检查，在 GB 5237.4—2017 中特殊性能的涂层、欧洲规范 Qualicoat 中的 2 级粉末涂层和 AAMA 2605 等标准中还采用了粘胶带紧贴于受冲击处，然后迅速撕离粘胶带，要求涂层无脱落。其具体操作可参见 GB/T 1732—2020《漆膜耐冲击测定法》。

11.7.3　抗弯曲性试验

抗弯曲性是采用弯曲试验仪进行检测的，它是将试样绕圆柱轴弯曲，观察涂层的变化情况，从而评价涂层弯曲时抗开裂或从金属底材上剥离的性能。本试验用于对色漆、清漆涂层（包括单层或多层系统）抗弯曲性的测定，对于建筑用铝合金型材静电粉末喷涂膜，也可参照采用此试验所规定的方法。本试验可按规定的圆柱轴直径进行试验，评定涂层是否合格；也可以依次使用圆柱轴（圆柱轴直径从大到小）进行试验，以测定涂层刚出现开裂或开始脱离底材时的最小直径。

由于涂层厚度对本试验结果会产生影响，因此试样的涂层厚度应符合规定的要求。除另有规定外，试验应在 23℃±2℃ 的温度和 50%±5% 的相对湿度下进行。试验时首先将试样插入弯曲试验仪中，并使涂层面朝座板，然后在 1~2s 内平稳地弯曲试样，使试样在轴上转 180°。弯曲后不将试样从仪器上取出，立即以正常视力或经同意采用 10 倍放大镜检查涂层的变化情况。相关国际中规定：涂层经曲率半径为 3mm 的弯曲试验后，应无开裂和脱落现象；当供需双方商定采用具有某些特殊性能而抗弯曲性稍差的涂层时，允许抗弯曲试验后的涂层有轻微开裂现象，但采用粘胶带进一步检验时，涂层表面应无粘落现象。而 Qualicoat 中规定：涂层经轴直径为 5mm 的弯曲试验后，1 级粉末涂料不能有开裂；2 级粉末涂料除不能开裂外，还采用胶带紧贴于弯曲变形处，然后迅速撕离胶带，要求涂层无脱落。其具体操作参见 GB/T 6742—2007 和 ISO 19：2011。

11.7.4　T 弯测试

T 弯测试是通过在涂装试板被弯曲时观察其开裂或剥落的情况来评价金属基材上的有机涂层柔韧性和附着力的方法。把涂漆面朝向弯曲的外侧，以逐步减小的曲率半径将涂漆试板弯曲 180°，其中曲率半径的大小由间隔物或轴棒决定。试板弯曲后，通过放大镜检查每块试板的涂层开裂情况并通过胶带撕离试验观察涂层的剥落情况。以 T 弯等级来表示涂层不出现开裂或剥落，即不再发生破坏的情况下试板能够被弯曲的最小直径。一般 T 弯测试分为以下三种：绕轴棒的 T 弯试验，绕间隔板的 T 弯试验和绕试板自身反复折叠的 T 弯试验（折叠法）。

绕轴棒的 T 弯试验，用台钳将一块涂漆试板和一根轴棒夹紧。使试板的涂漆面朝向弯曲的外侧，然后以一种连续均匀的方式将试板绕轴棒弯曲 180°，检测弯曲面开裂和剥落的情况。重复以上的弯曲步骤，每次都用一块新的试板在不同尺寸型号的轴棒上进行试验，并确定涂层在不发生开裂或剥落的情况下所能承受的最小轴棒厚度。以 T_m 值来表示 T 弯的等级，是指与试板在不发生涂层开裂或剥落的情况下绕轴棒弯曲所能承受的最窄轴棒的厚度相当的试板块数。若相当于一块试板的厚度，即将结果记录为 T_m；若相当于两块试板的厚度，则将结果记录为 $2T_m$，以此类推。

绕间隔板的 T 弯试验，用台钳将一块涂漆试板的一端夹紧并使试板的涂漆面朝向弯曲的外侧，从台钳中取出试板，用手指将其进一步弯紧直到试板可再一次放进台钳中为止。在弯曲的试板中插入一块或多块未涂漆的试板作为间隔板，然后在台钳中将这个组合体压紧并将其快速地弯曲 180°，每块间隔板必须和测试板具有相同的厚度。重复以上的弯曲步骤，每次都用一块新的试板和不同数量的间隔板进行试验，并确定涂层在不发生开裂或剥落的情况下所能承受的间隔板的最小数量。以 T_p 值来标识 T 弯的等级，是指试板在不发生涂层开裂或剥落的情况下绕间隔板弯曲所能承受的间隔板的最小数量。若使用了一块间隔板，即将结果记录为 T_p；若使用了两块间隔板，则将结果记录为 $2T_p$，以此类推。

绕试板自身反复折叠的 T 弯试验，用台钳将一块涂漆试板的一端夹紧并使试板的涂漆面朝向弯曲的外侧，以一种连续均匀的方式将试板弯曲超 90°。继续弯曲试板直到弯曲末端能插入台钳的钳口中。压紧台钳，使该 180°的弯曲彻底完成，务必注意将台钳充分压紧，以确保弯曲内侧的试板表面之间尽可能紧密接触。如果出现了开裂或剥落的现象，则重复以上的弯曲步骤，直到不再有开裂或剥落出现。以 T_f 值来表示 T 弯的等级，是指试板初次弯曲之后，直到不再出现涂层开裂或剥落现象时其绕自身进行弯曲的次数。若初次弯曲后未再次进行弯曲，则将结果记录为 $0T_f$；若初次弯曲后进行了一次弯曲，则将结果记录为 T_f，依次类推。T 弯测试具体操作参照 GB/T 30791—2014。

11.7.5　耐磨性试验

铝及铝合金表面钝化膜（主要是阳极氧化膜）和涂层的耐磨性能与膜的质量和使用情况密切相关，可以反映膜的耐摩擦、耐磨损的潜在能力，是钝化膜及涂层的一项重要的性能指标。钝化膜及涂层的耐磨性能主要取决于铝合金成分、膜的厚度、高聚物涂料的固化条件等等。

11.7.5.1　喷磨试验

试验采用喷磨试验仪测定表面处理膜的平均耐磨性，本试验适用于膜厚不小于 $5\mu m$ 的表面钝化膜的检验，尤其适用于检验区直径为 2mm 的小试样和表面不平的试样。不同批次的磨料会使试验结果产生一定的误差，本试验只是一种相对的检验方法。

磨料对试验结果会有影响，因此对磨料应该做出规定。本试验推荐采用碳化硅颗粒作为试验用磨料，其粒度最好为 $105\mu m$ 和 $106\mu m$。磨料使用前应在 105℃下进行干燥；然后进行粗筛，以保证磨料中没有大的颗粒或条状物。磨料经多次使用以后会有一定程度的磨损，因此在使用一定次数后（一般可重复使用 50 次）应弃置，而改用新的磨料进行试验。

在试验前应对仪器进行校正，以便得到试验时所需的喷磨系数；在一系列的检测中，每天按校正步骤检验 1～2 次，以便对喷射流或磨损特性随时间的变化进行校正。校正时应选好标准试样的磨损面并作标记，用测厚仪精确地测量受检面的膜厚。将标准试样固定在试样支座上，其受检面与喷嘴相对，并与喷嘴成正确角度（通常为 45°～55°），再在供料漏斗中加入足够量的碳化硅。如果耐磨性能是按磨料用量来测量，则应称量供料漏斗中的磨料质量，精确到 1g。把压缩空气或惰性气体的流速调整到 40～70L/min、压强为 15kPa，并在整个试验周期始终保持在这一设定值。在整个试验周期内应保证磨料喷射自如，当磨损面中心出现一个直径为 2mm 的小黑点时，应立即停止喷砂和计量。记录试验时间，如果需要，还应称取供料漏斗中所剩磨料的质量，精确到 1g，通过两次称量计算出磨穿膜层时所需的碳化硅质量。然后在标准试样的其他部位至少再进行两次测量。

测试时，用待测试样置换标准试样按校正步骤进行。为了达到控制质量的目的，在试验中可以使用协议参比试样进行比较；当需要时，也可以用协议参比试样来替代标准试样进行校正。其具体操作参见相关标准。

11.7.5.2 轮式试验

试验采用轮式磨损测试仪测定铝及铝合金表面处理膜的耐磨性及磨损系数。本试验适用于表面钝化膜厚度不小于 $5\mu m$ 的板片状试样检验。

本试验所采用的研磨纸带宽为 12mm，碳化硅的粒度为 $45\mu m$（320 目），在试验前应对仪器进行校正。校正时应选好标准试样的磨损面并作标记，用测厚仪测量受检面的平均膜厚。将标准试样固定于仪器的检测位置上，在研磨轮的外缘上绕上一圈碳化硅纸带，调节研磨轮，保证在规定的研磨宽度内检验表面的磨损量均匀一致，研磨轮与检验表面之间的力调到 3.92N。仪器运行 400 次双行程后，取下标准试样仔细清扫，并测量检验面上的平均膜厚，然后在标准试样的其他部位至少再进行两次测量。

测试时，用待测试样置换标准试样按校正步骤进行，并计算出相对磨损率。为了减少误差，所用的研磨纸带应与校正时使用的纸带是同批次的。对于着色阳极氧化膜或硬质阳极氧化膜的检验，如果检验面上的膜厚损失小于 $3\mu m$，可通过调节研磨条件进行研磨，例如：增加研磨轮与检验面之间的力，采用较粗的碳化硅纸带，增加双行程的次数等。

本试验也可以通过称量试验前后的质量损失量并计算出相对磨损率来评价膜的耐磨性能。另外，为了检验膜层沿厚度方向每层的耐磨性能变化情况，可采用分层检验法进行检验。其操作是，采用适宜的双行程数，一层一层地重复磨损与测量厚度，直至基体金属裸露为止。然后计算出膜厚和耐磨性变化的关系，以及耐磨系数和磨损系数，还可以绘制膜厚和双行程之间的关系图。其具体操作参见相关标准。

11.7.5.3 落砂试验

落砂试验方法在国内外目前还没有明确统一的相关标准，试验可以参照 GB/T 8013.1—2018 的附录或日本工业标准 JIS H 8682-3：2013 执行，试验采用落砂试验仪测定膜的磨耗系数来评价膜的耐磨性能。本试验所用的磨料一般有两种，一种是 80 号黑碳化硅，另一种是标准砂（各国标准所规定的标准砂会有所区别）。为了保证试验结果的准确性，试验用磨料必须是干燥的，实验室的相对湿度不能大于 80%，并且要注意避风。

采用黑碳化硅作为磨料进行测试时，应先用测厚仪测量试样表面处理膜的厚度，再将试样固定于仪器的试样支座上，其受检面向上，并与导管相对，受检面与导管成 45°角，接着倒入已知质量的磨料，让磨料自由落下并将流速控制在 320g/min 左右，当磨损面中心出现直径约为 2mm 的小黑点时，应立即停止落砂。再次称量所剩磨料的质量，计算出磨耗系数。GB 5237.2—2017 中规定氧化膜的磨耗系数 $\geqslant 300g/\mu m$；GB 5237.3—2017 中规定电泳产品复合膜：A 级耐磨性 $\geqslant 3300g$，B 级耐磨性 $\geqslant 3000g$，S 级耐磨性 $> 2400g$。而 GB 5237.4—2017 和 GB 5237.5—2017 参照美国 ASTM D968-93 的规定采用标准砂（两个标准规定的标准砂不同）作为磨料，其流量控制为 16～18s 内流出 2L，直至逐渐磨出直径为 4mm 的基材为止。GB5237.4 规定其磨耗系数应不小于 $0.8L/\mu m$，GB 5237.5 规定其磨耗系数应不小于 $1.6L/\mu m$，美国 AAMA 2604-2005 规定其磨耗系数应不小于 $20L/mil$（1mil＝$25.4\mu m$），AAMA 2605-2005 规定其磨耗系数应不小于 $40L/mil$。其具体操作参见相关标准。

在实际检验工作中发现，本试验操作比较困难，试验结果容易造成比较大的误差。首先，磨料存在差异，不同批次、不同厂家生产的磨料都可能产生差异，有专家曾经分析过中日两国四家企业的 80♯黑碳化硅，四家企业的 80♯黑碳化硅的密度有差异，其中日本的 80♯碳化硅的密度比中国的 80♯黑碳化硅的密度大些。其次，导管角度控制困难，导管应竖直向下，以确保磨料自由落下冲刷试样待检面，否则将可能对试验结果产生比较大的影响，因此如何保证导管竖直向下、保证落砂的集中下落是保证数据具有准确性的前提。

参考文献

[1]　于美，刘建华，李松海 . 高分子涂层与金属的附着力及其研究进展［M］. 北京：科学出版社，2017.
[2]　朱祖芳 . 铝合金阳极氧化与表面处理技术［M］. 第 3 版 . 北京：化学工业出版社，2021.
[3]　丁莉峰，宋政伟，牛宇岚 . 金属表面防护处理及实验［M］. 北京：科学技术文献出版社，2018.
[4]　方志刚 . 铝合金防腐蚀技术问答［M］. 北京：化学工业出版社，2011.
[5]　柳玉波 . 表面处理工艺大全［M］. 北京：中国计量出版社，1996.
[6]　韩顺昌 . 金属腐蚀显微组织图谱［M］. 北京：国防工业出版社，2008.
[7]　梁成浩 . 现代腐蚀科学与防护技术［M］. 上海：华东理工大学出版社，2007.
[8]　刘道新 . 材料的腐蚀与防护［M］. 西安：西北工业大学出版社，2007.
[9]　刘永辉 . 电化学测试技术［M］. 北京：北京航空学院出版社，1987.
[10]　王富耻 . 材料现代分析测试方法［M］. 北京：北京理工大学出版社，2006.
[11]　宋诗哲 . 腐蚀电化学研究方法［M］. 北京：化学工业出版社，1994.
[12]　陈克忠 . 金属表面防腐蚀工艺［M］. 北京：化学工业出版社，2010.
[13]　曹楚南 . 腐蚀电化学原理［M］. 北京：化学工业出版社，2004.
[14]　朱祖芳 . 铝合金表面处理膜层性能及测试［M］. 北京：化学工业出版社，2012.

附录

附录 A 外观质量和厚度的常用检测标准

项目	标准号	标准名称
外观质量	GB/T 12967.6—2022	铝及铝合金阳极氧化膜及有机聚合物膜检测方法 第6部分:色差和外观质量
	GB/T 9761—2008	色漆和清漆 色漆的目视比色
	GB/T 6749—1997	漆膜颜色表示方法
	GB/T 11186.1—1989	涂膜颜色的测量方法 第一部分:原理
	GB/T 11186.2—1989	涂膜颜色的测量方法 第二部分:颜色测量
	GB/T 11186.3—1989	涂膜颜色的测量方法 第三部分:色差计算
	GB/T 9754—2007	色漆和清漆 不含金属颜料的色漆漆膜的20°、60°和85°镜面光泽的测定
	ISO 3668:2017	Paints and varnishes—Visual comparison of colour of paints
	GB/T 5237.4—2017	铝合金建筑型材 第4部分:喷粉型材
	GB/T 5237.5—2017	铝合金建筑型材 第5部分:喷漆型材
	AAMA 2603	Voluntary Specification, Performance Requirements and Test Procedures for Pigmented Organic Coatings on Aluminum Extrusions and Panels
	AAMA 2604	Voluntary Specification, Performance Requirements and Test Procedures for High Performance Organic Coatings on Aluminum Extrusions and Panels
	AAMA 2605	Voluntary Specification, Performance Requirements and Test Procedures for Superior Performing Organic Coatings on Aluminum Extrusions and Panels
膜层厚度	GB/T 8014.1—2005	铝及铝合金阳极氧化氧化膜厚度的测量方法 第1部分:测量原则
	GB/T 8014.2—2005	铝及铝合金阳极氧化氧化膜厚度的测量方法 第2部分:质量损失法
	GB/T 8014.3—2005	铝及铝合金阳极氧化氧化膜厚度的测量方法 第3部分:分光束显微镜法
	GB/T 4957—2003	非磁性基体金属上非导电覆层 覆盖层厚度测量 涡流法
	GB/T 6462—2005	金属和氧化物覆盖层 厚度测量 显微镜法
	GB/T 9792—2003	金属材料上的转化膜 单位面积膜质量的测定 重量法
	GB/T 13452.2—2008	色漆和清漆 漆膜厚度的测定
	GB/T 37361—2019	漆膜厚度的测定 超声波测厚仪法
	ISO 2106:2019	Anodizing of aluminium and its alloys—Determination of mass per unit area (surface density) of anodic oxidation coatings—Gravimetric method

项目	标准号	标准名称
膜层厚度	ISO 2360:2017	Non-conductive coatings on non-magnetic electrically conductive base metals—Measurement of coating thickness—Amplitude-sensitive eddy-current method
	ISO 1463:2021	Metallic and oxide coatings—Measurement of coating thickness—Microscopical method
	ASTM D1005-95(2020)	Standard Test Method for Measurement of Dry-Film Thickness of Organic Coatings Using Micrometers

附录 B　耐蚀性、耐候性和耐化学稳定性的常用检测标准

项目	标准号	标准名称
耐蚀性试验	GB/T 2423.17—2008	电工电子产品环境试验 第2部分:试验方法 试验 Ka:盐雾
	GB/T 2423.18—2021	环境试验 第2部分:试验方法 试验 Kb:盐雾,交变(氯化钠溶液)
	QB/T 3826—1999	轻工产品金属镀层和化学处理层的耐腐蚀试验方法 中性盐雾试验(NSS)法
	GB/T 9278—2008	涂料试样状态调节和试验的温湿度
	GB/T 26323—2010	色漆和清漆 铝及铝合金表面涂膜的耐丝状腐蚀试验
	GB/T 7998—2023	铝合金晶间腐蚀敏感性评价方法
	GB/T 18590—2001	金属和合金的腐蚀 点蚀评定方法
	GB/T 14165—2008	金属和合金 大气腐蚀试验 现场试验的一般要求
	GB/T 14293—1998	人造气氛腐蚀试验 一般要求
	GB/T 10125—2021	人造气氛腐蚀试验 盐雾试验
	GB/T 1771—2007	色漆和清漆 耐中性盐雾性能的测定
	GB/T 6461—2002	金属基体上金属和其它无机覆盖层 经腐蚀试验后的试样和试件的评级
	GB/T 12967.3—2022	铝及铝合金阳极氧化膜与有机聚合物膜检测方法 第3部分:盐雾试验
	GB/T 9789—2008	金属和其他无机覆盖层 通常凝露条件下的二氧化硫腐蚀试验
	GB/T 1740—2007	漆膜耐湿热测定法
	JB/T 8424—1996	金属覆盖层和有机涂层 天然海水腐蚀试验方法
	ISO 9227:2022	Corrosion tests in artificial atmospheres—Salt spray tests
	ISO 4623-2:2016	Paints and varnishes - Determination of resistance to filiform corrosion—Part 2: Aluminium substrates
	ASTM D2803-09(2020)	Standard Guide for Testing Filiform Corrosion Resistance of Organic Coatings on Metal
	BS EN 3665:1997	Test methods for paints and varnishes—Filiform corrosion resistance test on aluminium alloys
	ASTM D2247-15(2020)	Standard Practice for Testing Water Resistance of Coatings in 100% Relative Humidity
	ASTM D4585-18	Standard Practice for Testing Water Resistance of Coatings Using Controlled Condensation
	JIS Z 2371:2015	Methods of salt spray testing
	ASTM D 5796-10	Standard Test Method for Measurement of Dry Film Thickness of Thin-Film Coil-Coated Systems by Destructive Means Using a Boring Device
	GMW 14885-2012	Painted Aluminum Road Wheels—Paint Performance Requirements
	GMW 15287-2013	Filiform Corrosion Test Procedure for Painted Aluminum Wheels and Painted Aluminum Wheel Trim
	GMW 14458-2020	Copper-Accelerated Acetic Acid Salt Spray (CASS) Test

项目	标准号	标准名称
耐候性试验	GB/T 14165—2008	金属和合金 大气腐蚀试验 现场试验的一般要求
	GB/T 9276—1996	涂层自然气候曝露试验方法
	GB/T 12967.4—2022	铝及铝合金阳极氧化膜及有机聚合物膜检测方法 第4部分:耐光热性能的测定
	GB/T 6808—1986	铝及铝合金阳极氧化着色阳极氧化膜耐晒度的人造光加速试验
	GB/T 1865—2009	色漆和清漆 人工气候老化和人工辐射曝露 滤过的氙弧辐射
	GB/T 16259—2008	建筑材料人工气候加速老化试验方法
	GB/T 16422.1—2019	塑料 实验室光源暴露试验方法 第1部分:总则
	GB/T 16422.3—2022	塑料 实验室光源暴露试验方法 第3部分:荧光紫外灯
	GB/T 16422.4—2022	塑料 实验室光源暴露试验方法 第4部分:开放式碳弧灯
	GB/T 26323—2010	色漆和清漆 铝及铝合金表面涂膜的耐丝状腐蚀试验
	GB/T 1766—2008	色漆和清漆 涂层老化的评级方法
	GB/T 16585—1996	硫化橡胶人工气候老化(荧光紫外灯)试验方法
	ISO 4628-3:2016	Paints and varnishes—Evaluation of degradation of coatings—Designation of quantity and size of defects, and of intensity of uniform changes in appearance—Part 3: Assessment of degree of rusting
	ISO 4892-2:2013	Plastics—Methods of exposure to laboratory light sources—Part 2: Xenon-arc lamps
	ISO 4892-3:2016	Plastics—Methods of exposure to laboratory light sources—Part 3: Fluorescent UV lamps
	ISO 4892-4:2013	Plastics—Methods of exposure to laboratory light sources—Part 4: Open-flame carbon-arc lamps
	ISO 2810:2020	Paints and varnishes—Natural weathering of coatings—Exposure and assessment
	JIS Z 2381:2001	General requirements for atmospheric exposure testing
耐化学稳定性试验	GB/T 5237.3—2017	铝合金建筑型材 第3部分:电泳涂漆型材
	GB/T 5237.4—2017	铝合金建筑型材 第4部分:喷粉型材
	JIS H 8602:2010	Combined coatings of anodic oxide and organic coatings on aluminium and aluminium alloys

附录C 力学性能的常用检验标准

项目	标准号	标准名称
膜层耐磨性	GB/T 12967.1—2020	铝及铝合金阳极氧化膜及有机聚合物膜检测方法 第1部分:耐磨性的测定
	GB/T 1768—2006	色漆和清漆 耐磨性的测定 旋转橡胶砂轮法
	GB/T 8013.1—2018	铝及铝合金阳极氧化膜与有机聚合物膜 第1部分:阳极氧化膜
	ASTM D968-22	Standard Test Methods for Abrasion Resistance of Organic Coatings by Falling Abrasive
	JIS H 8682-1:2013	Anodizing of aluminium and its alloys—Measurement of abrasion resistance of anodic oxidation coatings—Part 1: Abrasive-wheel-wear abrasion resistance test
	JIS H 8682-2:2013	Anodizing of aluminium and its alloys—Measurement of abrasion resistance of anodic oxidation coatings—Part 2: Abrasive jet abrasion resistance test

项目	标准号	标准名称
膜层耐磨性	JIS H 8682-3:2013	Anodizing of aluminium and its alloys—Measurement of abrasion resistance of anodic oxidation coatings—Part 3：Falling sand abrasion resistance test
	EN 12373-10:1998	Aluminium and aluminium alloys—Anodizing—Part 10：Measurement of mean specific abrasion resistance of anodic oxidation coatings using an abrasive jet test apparatus
	EN 12373-9:1998	Aluminium and aluminium alloys—Anodizing—Part 9：Measurement of wear resistance and wear index of anodic oxidation coatings using an abrasive wheel wear test apparatus
	ISO 8251:2018	Anodizing of aluminium and its alloys—Measurement of abrasion resistance of anodic oxidation coatings
膜层硬度	GB/T 4340.1—2009	金属材料 维氏硬度试验 第1部分：试验方法
	GB/T 4340.2—2012	金属材料 维氏硬度试验 第2部分：硬度计的检验与校准
	GB/T 4340.3—2012	金属材料 维氏硬度试验 第3部分：标准硬度块的标定
	GB/T 1730—2007	色漆和清漆 摆杆阻尼试验
	GB/T 9275—2008	色漆和清漆 巴克霍尔兹压痕试验
	GB/T 6739—2022	色漆和清漆 铅笔法测定漆膜硬度
	GB/T 9279.1—2015	色漆和清漆 耐划痕性的测定 第1部分：负荷恒定法
	GB/T 9279.2—2015	色漆和清漆 耐划痕性的测定 第2部分：负荷改变法
	GB/T 9790—2021	金属材料 金属及其他无机覆盖层的维氏和努氏显微硬度试验
	YS/T 420—2000	铝合金韦氏硬度试验方法
	ASTM D1474/D1474M-13	Standard Test Methods for Indentation Hardness of Organic Coatings
	JIS Z 2244:2009	Vickers hardness test—Test method
膜层附着性	GB/T 9286—2021	色漆和清漆 划格试验
	GB/T 1720—2020	漆膜划圈试验
	GB/T 5210—2006	色漆和清漆 拉开法附着力试验
	ISO 2409:2020	Paints and varnishes—Cross-cut test
涂层耐冲击性	GB/T 1732—2020	漆膜耐冲击测定法
涂层抗弯曲性	GB/T 6742—2007	色漆和清漆 弯曲试验（圆柱轴）
	GB/T 11185—2009	色漆和清漆 弯曲试验（锥形轴）
	ISO 1519:2011	Paints and varnishes—Bend test (cylindrical mandrel)
涂层杯突性	YS/T 419—2000	铝及铝合金杯突试验方法
	GB/T 9753—2007	色漆和清漆 杯突试验
T弯测试	GB/T 30791—2014	色漆和清漆 T弯试验